暖卫通风空调工程施工技术交底
编制实例应用手册

欧阳金练　　刘建刚　　编著

中国建筑工业出版社

图书在版编目(CIP)数据

暖卫通风空调工程施工技术交底编制实例应用手册/
欧阳金练等编著.—北京:中国建筑工业出版社,2005
ISBN 7 – 112 – 07732 – X

Ⅰ.暖… Ⅱ.欧… Ⅲ.①采暖设备—建筑安装工
程—工程施工—技术档案—编制—手册②卫生设备—建
筑安装工程—工程施工—技术档案—编制—手册③通风
设备—建筑安装工程—工程施工—技术档案—编制—手
册④空气调节设备—建筑安装工程—工程施工—技术档
案—编制—手册 Ⅳ.TU83 – 62

中国版本图书馆 CIP 数据核字(2005)第 104979 号

暖卫通风空调工程施工技术交底编制实例应用手册

欧阳金练 刘建刚 编著

*

中国建筑工业出版社出版、发行(北京西郊百万庄)
新 华 书 店 经 销

*

开本:787×1092 毫米 1/16 印张:29½ 字数:718 千字
2005 年 11 月第一版 2005 年 11 月第一次印刷
印数:1—2500 册 定价:**58.00** 元
ISBN 7 – 112 – 07732 – X
(13686)

本书是编者依据从事建筑工程建设和施工现场管理的体会和北京市地方标准 DBJ 01—51—2003《建筑工程资料管理规程》的有关要求编写而成，是编者长期参与实际工程施工技术管理的总结。全书以工程的实例为主，并结合暖卫通风空调工程施工技术交底的实际需要，对实际工程未能包含的分项工程项目，也进行全面阐述，使暖卫通风空调工程施工技术交底的全过程有比较完整的概念。

　　本书除了供现场管理人员编写施工技术交底资料参考外，对编写施工组织设计（或方案）中的分项工程施工方法和施工试验、系统调试、参数检测也很有参考价值。但是，随着科学技术的发展，在实际工作中，应依据技术交底的规律和工程实际的需要，进行延伸和扩展、补充修改，并删除与实际工程无关部分（或进行调整），增加新的或更结合实际工程需要的内容。

＊　　＊　　＊

责任编辑　常　燕

前　　言

　　"施工技术交底"是一项技术性很强的工作,它对工程施工质量的保障至关重要。其目的直言之是施工单位主要技术负责人将工程设计意图,技术特点、技术难度和实现设计意图的技术措施向现场工程质量管理和实现最后作品的施工人员交待的重要步骤,也是施工过程中不可缺少的过程。然而,在实际施工过程中往往因时间紧迫、专业管理人员短缺或个别管理人员知识水平欠缺等各种原因而被忽略,或为了应付施工技术资料管理的需要而被简化,致使工程施工质量和功能受到一定的损害。

　　本书力图以一个实际工程的实例,对暖卫通风空调工程施工技术交底的全过程进行阐述,以供参考。但是一个实际工程并不可能包含暖卫通风空调工程中的所有分部或分项内容,为了进行全面阐述,在论述的过程中也引入其他实际工程的相关内容。而随着科学技术的发展,即使引入其他实际工程的相关内容也不可能包含所有的分项工程项目,因此在实际工作中,应依据技术交底的规律,进行延伸和扩展,并删除与实际工程无关部分(或进行调整),增加新的或更结合实际工程需要的内容。

　　在单位工程施工技术交底(即施工组织设计的技术交底)中,对一个实际工程的工程概况介绍,主要是为了说明此工程有多少个分部工程(即建筑给水排水及采暖、通风与空调)和有多少个子分部工程(即室内给水系统、室内排水系统、室内热水供应系统、卫生器具安装、室内采暖系统、室外给水管网、室外排水管网、室外供热管网、建筑中水系统及游泳池系统、供热锅炉及辅助设备安装;送、排风系统,防、排烟系统,除尘系统、空调系统、净化空调系统、制冷系统、空调水系统、冷却循环水系统等),以及有多少个分项工程。并阐明在单位工程施工技术交底和子单位工程施工技术交底中应交待的其他问题。

　　引入第二个实际工程的实例中相关部分的内容,其目的也是介绍在一个实际工程实例中不能包括的子分部工程或分项工程的内容。

　　由于本书是以若干个实际工程为实例,因此在分层阐述中会出现部分内容的重复,这也是必然的,在此特予说明。另一方面在实际的应用中,应依据工程实际,加以补充修改,删除无关部分,增加符合实际工程的内容。

　　本书是依据从事建筑工程建设和施工现场管理的体会和北京市地方标准 DBJ 01—51—2003《建筑工程资料管理规程》的有关要求编写的,文中引用的记录表格,请查阅 DBJ 01—51—2003《建筑工程资料管理规程》的相关部分。

　　本书除了供现场管理人员编写施工技术交底资料参考外,对编写施工组织设计(或方案)也有参考价值,特别是对施工组织设计中分项工程施工方法和施工试验、系统调试、参数检测的编写也很有参考价值。

　　编写此书的目的仅为抛砖引玉和对建筑工程的施工质量管理起到些微作用而已,但是由于编者水平有限、参考资料不多,因此差错在所难免,请读者指教和见谅。

编　　者

目　　录

1

第一篇　概要和单位工程施工技术交底

　　本篇包括暖卫通风空调工程施工技术交底概要、暖卫通风空调工程设计技术交底、暖卫通风空调工程单位(子单位)工程施工技术交底共计三章及第三章的附件"暖卫通风空调现场技术管理人员阅读的资料",重点放在第三章"暖卫通风空调工程单位(子单位)工程施工技术交底"。其中第三章的附件共列出 10 篇编制工程施工技术交底时供现场技术人员在编写中参考的材料。

　　第二篇介绍分部(子分部)工程施工技术交底的编制,由于某些专业(如通风空调系统和锅炉设备安装等)的分部工程与分项工程交底的内容难以明显分开,且工程施工中的主要问题在第一篇第三章"暖卫通风空调工程单位(子单位)工程施工技术交底"和第三篇"分项工程施工技术交底"的各章中均作了详细的说明。因此"分部(子分部)工程施工技术交底"仅以较省略的篇幅进行阐述,或个别项目全部放在"分项工程施工技术交底"中阐述,以避免不必要的重复。

　　第三篇介绍分项工程施工技术交底。在分项工程施工技术交底中,若按照表 1.3.1和表 1.3.2 所列的分项内容逐项编写,则篇幅将显得臃肿,内容重复。因此本文采用按材质归类的方法编写,以避免内容繁杂与重复。

　　各篇中涉及到的施工技术交底记录表格,请查阅 DBJ 01—51—2003《建筑工程资料管理规程》的相关部分。

1　暖卫通风空调工程施工技术交底概要

1.1　暖卫通风空调工程施工技术交底的重要性

　　施工技术交底是将设计意图、技术特点、技术难度和实现设计意图的技术措施向现场工程质量管理和实现最后作品的施工人员交待的重要步骤,也是施工过程中不可缺少的过程。然而,在实际施工过程中往往因各种原因而被忽略或被简化,致使工程施工质量和功能受到一定的损害。

1.2 暖卫通风空调工程施工技术交底的分类

暖卫通风空调工程施工技术交底有设计交底、工程施工技术交底两大类。而工程施工技术交底又由单位工程施工技术交底,即施工组织设计(施工方案)交底及子单位工程施工技术交底(如室外给排水与采暖工程)、分部工程(及子分部工程)施工技术交底和分项工程施工技术交底等部分组成。在单位(子单位)工程施工技术交底中,应着重对工程施工概况、重点和技术难点进行技术交底。

1.3 建筑分项工程、分部工程和单位工程的划分

1.3.1 建筑分项工程的划分

建筑设备安装工程分项工程的划分一般应按主要工种种类、材料、施工工艺、设备类别等进行划分;也可以按系统、区段来划分。如碳素钢管给水管道、排水管道等;再如管道安装有碳素钢管道、铸铁管道、混凝土管道等;从设备组别来分有锅炉安装、锅炉附属设备安装、卫生器具安装等。另外对于管道的工作压力不同,质量要求也不同,也应分别划分为不同的分项工程。同时还应根据工程特点,按系统或区段来划分各自的分项工程,如住宅楼的下水管道,可把每个单元排水系统划分为一个分项工程。对于大型公共建筑的通风管道工程,一个楼层可分为数段,每段则为一个分项工程来进行质量控制和验收。

考虑到分部工程涉及到人身安全以及它在单位工程中的重要性,对楼房还必须按楼层(段),单层建筑应按变形缝划分分项工程。这有利于质量控制和验收,完成一层验收一层,及时发现问题,及时返修。分项工程可由一个或若干个检验批组成,但是不能漏项。

总之,分项工程的划分要视工程的具体情况;既要便于质量管理和控制,也要便于质量验收。划分的好坏反映了施工单位的工程管理水平。因为划得太小增加工作量,划得太大验收通不过时的返工量太大;分项工程划分的大小过于悬殊,又使得验收结果的可比性差。建筑设备工程分项工程的划分可按表1.3.1进行。

建筑设备工程分部工程、分项工程的划分 表1.3.1

分部工程	子分部工程	分 项 工 程
建筑给水排水及采暖	室内给水系统	给水管道及配件安装、室内消火栓系统安装、室内消防喷淋系统安装、气体灭火系统安装、给水设备安装、管道防腐、绝热
	室内排水系统	排水管道及配件安装、雨水管道及配件安装
	室内热水供应系统	热水供应管道及配件安装、辅助设备安装、防腐、绝热
	卫生器具安装	卫生器具安装、卫生器具给水配件安装、卫生器具排水管道安装
	室内采暖系统	采暖管道及配件安装、辅助设备及散热器安装、金属辐射板安装、低温热水地板辐射采暖系统安装、系统水压试验及调试、防腐、绝热

分部工程	子分部工程	分 项 工 程
建筑给水排水及采暖	室外给水管网	给水管道安装、消防水泵结合器及室外消火栓安装、管沟及管井
	室外排水管网	排水管道安装、排水管沟与井池
	室外供热管网	室外供热管道及配件安装、系统水压试验及调试、防腐、绝热
	建筑中水系统及游泳池系统	建筑中水系统管道及辅助设备安装、游泳池水系统安装
	供热锅炉及辅助设备安装	锅炉安装、辅助设备及管道安装、安全附件安装、烘炉、煮炉和试运行、换热站安装、防腐、绝热
通风与空调	送排风系统	风管与配件的制作、部件的制作、风管系统的安装、空气处理设备安装、消声设备制作与安装、风管与设备防腐、风机安装、系统调试
	防排烟系统	风管与配件的制作、部件的制作、风管系统的安装、防排烟风口、常闭正压风口与设备安装、风管与设备防腐、风机安装、系统调试
	除尘系统	风管与配件的制作、部件的制作、风管系统的安装、除尘器与排污设备安装、风管与设备防腐、风机安装、系统调试
	空调风系统	风管与配件的制作、部件的制作、风管系统的安装、空气处理设备安装、消声设备制作与安装、风管与设备防腐、风机安装、风管与设备的绝热、系统调试
	净化空调系统	风管与配件的制作、部件的制作、风管系统的安装、空气处理设备安装、消声设备制作与安装、风管与设备防腐、风机安装、风管与设备的绝热、高效过滤器安装、净化设备的安装、系统调试
	制冷设备系统	制冷机组的安装、制冷剂管道及配件安装、制冷附属设备安装、管道及设备的防腐与绝热、系统调试
	空调水系统	冷热（媒）水管道系统的安装、冷却水系统安装、冷凝水系统的安装、阀门及部件安装、冷却塔安装、水泵及附属设备的安装、管道与设备的防腐与绝热、系统调试

1.3.2 建筑分部工程的划分

建筑分部工程的划分应符合 GB 50300—2001 第 4.0.3 条的规定，即：

(1) 分部工程的划分应按专业性质、建筑部位确定。

(2) 当分部工程较大或较复杂时，可按材料种类、施工特点、施工工序、专业系统及类别等划分为若干个子分部工程。建筑设备工程、分部工程的划分也可按表 1.3.1 进行。

1.3.3 建筑单位工程的划分

建筑单位工程的划分应符合 GB 50300—2001 第 4.0.2 条的规定，即：

(1) 具备独立施工条件并能形成独立使用功能的建筑物及构筑物为一单位工程。

（2）建筑规模较大的单位工程，可将其能形成独立使用功能的部分划为一子单位工程。

1.3.4 室外工程的划分

室外工程可依据专业类别和工程规模划分单位（子单位）工程，或依据 GB 50300—2001 附录 C 划分。

室外单位（子单位）工程和分部工程的划分按表 1.3.4 进行。

室外单位（子单位）工程和分部工程的划分   表 1.3.4

单位工程	子单位工程	分部（子分部）工程
室外建筑环境	附属建筑	车棚、围墙、大门、挡土墙、垃圾收集站
	室外环境	建筑小品、道路、亭台、连廊、花坛、场坪绿化
室外安装	给排水与采暖	室外给水系统、室外排水系统、室外供热系统
	电　气	室外供电系统、室外照明系统

1.4 暖卫通风空调工程施工技术交底的组成

工程施工技术交底由单位工程施工技术交底[单位工程施工技术交底即施工组织设计（施工方案）交底，此交底着重对工程施工概况、重点和技术难点进行技术交底]、分部（子分部）工程施工技术交底和分项工程施工技术交底等部分组成。

分项、分部（子分部）和单位工程（子单位工程）的具体划分应依据工程的特点进行，其划分都应方便质量管理和控制工程质量、能取得较完整的技术数据，并防止划分范围过于庞大或大小过于悬殊，影响质量验收结果的可比性为原则。

1.5 编制暖卫通风空调工程施工技术交底的相关 规范、标准及参考资料

1.5.1 编制依据

编制依据见表 1.5.1。

编制依据   表 1.5.1

1	工程暖卫通风空调工程施工图设计图纸
2	总公司《综合管理手册》
3	工程设计技术交底、施工工程概算、现场场地概况
4	国家及北京市有关文件规定

1.5.2 采用标准

采用标准见表1.5.2。

采用标准 表1.5.2

序号	标准编号	标 准 名 称
1	GB 50242—2002	建筑给水排水及采暖工程施工质量验收规范
2	GB 50243—2002	通风与空调工程施工质量验收规范(2002年修订版)
3	GB 50038—94	人民防空地下室设计规范
4	GB 50041—92	锅炉房设计规范
5	GB 50045—95	高层民用建筑设计防火规范(2001年修订版)
6	GB 50073—2001	洁净厂房设计规范
7	GB 50098—98	人防工程设计防火规范(2001年修订版)
8	GB 50151—92	低倍数泡沫灭火系统设计规范(2000年修订版)
9	GB 50166—92	火灾自动报警系统施工及验收规范
10	GB 50193—93	二氧化碳灭火系统设计规范(1999年修订版)
11	GB 50219—95	水喷雾灭火系统设计规范
12	GB 50231—98	机械设备安装工程施工及验收通用规范
13	GB 50235—97	工业金属管道工程施工及验收规范
14	GB 50236—98	现场设备、工业管道焊接工程施工及验收规范
15	GB 50261—96	自动喷水灭火系统施工及验收规范
16	GB 50263—97	气体灭火系统施工及验收规范
17	GB 50264—97	工业设备及管道绝热工程设计规范
18	GB 50268—97	给水排水管道工程施工及验收规范
19	GB 50270—98	连续输送设备安装工程施工及验收规范
20	GB 50273—98	工业锅炉安装工程施工及验收规范
21	GB 50274—98	制冷设备、空气分离设备安装工程施工及验收规范
22	GB 50275—98	压缩机、风机、泵安装工程施工及验收规范
23	GB 50352—2001	民用建筑工程室内环境污染控制规范
24	GB 6245—98	消防泵性能要求和试验方法
25	GBJ 31—2003	体育建筑设计规范
26	GB/T 17116.1、2、3—97	管道支吊架

序号	标准编号	标 准 名 称
27	CJ 94—1999	饮用净水水质标准
28		建筑中水设计规范
29	CJ 25.1—1989	生活杂用水水质标准
30	CECS 61:1994	城市污水回用设计规范
31	CJJ 33—89	城镇燃气输配工程施工及验收规范
32	CJJ 63—95	聚乙烯燃气管道工程技术规程
33	CECS 14:89	游泳池给水排水设计规范
34	CECS 17:2000	埋地硬聚氯乙烯给水管道工程技术规程
35	CECS 41:92	建筑给水硬聚氯乙烯管道设计与施工验收规范
36	CECS 94:97	建筑排水用硬聚氯乙烯螺旋管管道工程设计、施工及验收规范
37	CECS 105:2000	建筑给水铝塑复合管道工程技术规程
38	CECS 108:2000	公共浴室给水排水设计规程
39	CECS 125:2001	建筑给水钢塑复合管道工程技术规程
40	CECS 126:2001	叠层橡胶支座隔振技术规程
41	CECS 135:2002	建筑给水超薄壁不锈钢塑料复合管道工程技术规程
42	CECS 151:2003	沟槽式连接管道工程技术规程
43	CJJ/T 29—98	建筑排水硬聚氯乙烯管道工程技术规程
44	CJJ/T 81—98	城镇直埋供热管道工程技术规程
45	CJJ 28—89	城市供热管网工程及验收规范
46	JGJ 26—95	民用建筑节能设计标准(采暖居住建筑部分)
47	JGJ 71—90	洁净室施工及验收规范
48	JGJ 75—2003	夏热冬暖地区居住建筑节能设计标准
49	GBJ 14—87	室外排水设计规范(1997年版)
50	GBJ 15—88	建筑给水排水设计规范(1997年版)
51	GBJ 16—87	建筑设计防火规范(1997年版)
52	GBJ 19—87	采暖通风与空气调节设计规范
53	GBJ 67—84	汽车库设计防火规范
54	GBJ 84—85	自动喷水灭火系统设计规范

序号	标准编号	标 准 名 称
55	GBJ 93—86	工业自动化仪表工程施工及验收规范
56	GBJ 126—89	工业设备及管道绝热工程施工及验收规范
57	GBJ 134—90	人防工程施工及验收规范
58	GBJ 140—90	建筑灭火器配置设计规范(1997版)
59	GB 50184—93	工业金属管道工程质量检验评定标准
60	GB 50185—93	工业设备及管道绝热工程质量检验评定标准
61	GB 50352—2001	民用建筑工程室内环境污染控制规范
62	GB/T 16293—1996	医药工业洁净室(区)悬浮菌的测试方法
63	GB/T 16294—1996	医药工业洁净室(区)沉降菌的测试方法
64	DBJ 01—26—96	北京市建筑安装分项工程施工工艺规程(第三分册)
65	DBJ 01—605—2000	新建集中住宅分户热计量设计技术规程
66	DBJ/T 01—49—2000	低温热水地板辐射供暖应用技术规程
67	GB/T 3091—1993	低压流体输送用镀锌焊接钢管
68	GB/T 3092—1993	低压流体输送用焊接钢管
69	GB/T 8163	输送流体用无缝钢管
70	GB/T 14976	流体输送用不锈钢无缝钢管
71	JC/T 591—1995	复合玻璃纤维板风管
72	劳动部(1990)	压力容器安全技术监察规程
73	劳动部(1996)276号	蒸汽锅炉安全技术监察规程
74	劳动部(1997)	热水锅炉安全技术监察规程
75	建设部(2000)第76号令	关于实施《民用建筑节能管理规定》
76	FT	防空地下室通用图(通风部分) 北京市建筑设计院
77	京01SSB1	新建集中供暖住宅分户热计量设计和施工试用图集
78	91SB系列	华北地区标准图册
79	国家建筑标准设计图集	暖通空调设计选用手册 上、下册
80	98T901	《管道及设备保温》 中国建筑标准设计研究所
81	99S201	《消防水泵结合器安装》 中国建筑标准设计研究所
82	99S202	《室内消火栓安装》 中国建筑标准设计研究所
83	95R402	《室内热力管道支吊架》 中国建筑标准设计研究所

1.5.3 相关的参考资料

相关的参考资料见表 1.5.3。

参考资料 表 1.5.3

1	《建筑设备安装分项工程施工工艺标准》 中国建筑工业出版社
2	《最新常用五金手册》 江西科学技术出版社
3	《通风空调工长手册》 中国建筑工业出版社
4	《管道工长手册》 中国建筑工业出版社
5	《水暖工长手册》 中国建筑工业出版社
6	《暖通空调常用数据手册》 中国建筑工业出版社
7	《建筑工程施工质量验收规范应用讲座》 中国建筑工业出版社
8	《暖卫通风空调施工技术与资料管理手册》 中国建筑工业出版社

2 暖卫通风空调工程设计技术交底

设计技术交底是建立在施工图纸会审的基础上，并于各方施工图纸会审完成之后，由建设单位组织、设计单位负责交底的一个不可缺少的工序。

设计技术交底由设计图纸交底、设计变更技术交底、工程洽商技术交底三部分组成。

2.1 施工设计图纸的交底

2.1.1 设计技术交底的前提

设计技术交底应建立在施工设计图纸会审的基础上，参加施工设计图纸审图的人员应有建设单位的技术负责人员(实验室、工厂车间应当有使用单位的技术负责人参加)、工程监理单位的技术人员、施工单位的技术人员参加。通过各方对设计图纸的认真审阅，了解设计意图是否达到使用功能要求和存在的问题。在审查图纸的过程中各方应认真做好记录、汇总成文，以便在设计技术交底的会议上，由设计单位进行解答和各方共同协商加以解决。对于重要和复杂的工程项目，施工单位应尽力组织两套审图班子，进行背靠背的审核，然后再进行汇总，以便在施工实施之前把设计中的问题了解透彻和解决好，促使施工阶段工程的顺利进行。

2.1.2 设计技术交底的组织

设计技术交底应由建设单位组织实施，也可以由建设单位委托监理单位召集与组织。参加设计技术交底的成员有建设单位、监理单位、设计单位、施工单位的相关人员；依据工程的性质不同,应邀请建设单位内部的具体用户(使用或工艺流程编制的单位负责人、相关人员和技术负责人)参加(例如重要的或复杂的实验室工程、厂房建设工程等),这有利于对建筑设计功能的审定。

2.1.3 设计技术交底的主要程序

设计技术交底应由设计单位的工程设计总负责人首先介绍工程建筑的设计风格、建筑的重要使用功能、设计意图、工程的关键部位、重点部位、特殊部位的特殊作用及其采用的设计技术规范要求进行介绍与讲解,并对工程的重要的技术措施、工程建设中的难点和特殊的技术措施等进行介绍与讲解。然后由建设单位技术总负责人或使用单位的相关领导和技术负责人对工程的功能、设计意图、重要的技术要求进行补充说明。同时各参加单位(建设、使用、监理、特别是施工单位各工种)依据图纸会审中涉及到相关各专业之间出现的问题和疑问进行提问,由各专业的设计负责人对相关的问题予以阐述、进行讲解和解答;并对这一过程中提出的问题拟定解决的意见。然后,按专业分组进行细致的设计交底,并对出现的问题提出解决的意见。最后办理设计变更或洽商等手续。

2.1.4 设计技术交底会议记录和纪要

在整个交底的全过程,都应由专人对会议提出的问题和解决方案进行记录,最后将这些记录经各方审阅,形成统一的会议纪要。

2.1.5 设计技术交底会议上讨论问题的处理

在会议纪要中,意见统一的问题作为以后施工过程贯彻的设计变更或工程洽商内容加以贯彻执行。对于一些会议上不能统一的问题或比较复杂的问题,再在会后由相关单位的人员加以协商解决,形成设计变更或工程洽商。

2.1.6 设计技术交底易出现的通病

(1) 各方人员(建设、监理、施工)审图时间短或审图不够认真,因此对施工设计图纸中存在的问题未能彻底查清。

(2) 设计技术交底流于形式、走过场,因此施工、监理人员对设计意图、工程质量控制重点不明确。

(3) 设计方对工程设计的重要细节、要达到的质量标准未认真考虑,将某些重要的技术问题(如热力管道的固定支座的设置和节点详图)未作交待,给工程的最终质量埋下隐患。

2.1.7 设计技术交底的文件(C2-3)

设计技术交底的文件主要有图纸审查记录(表式 C2-3-1)、设计交底记录(表式 C2-3-2)和设计变更、洽商记录(表式 C2-3-3)三项。

(1) 图纸审查记录(表式 C2-3-1)

图纸审查应包括本专业图纸审查、各专业之间的图纸会审两部分。图纸审查和图纸会审一般在领到施工图纸后,设计技术交底前进行。它们由项目主管工程师(项目负责人)组织各专业的专业技术负责人、施工工长、质量检查人员进行实施。在图纸审查和图纸会审中除了应结合相关的规范、规程、中央或地方政府的规定去了解设计意图和设计图纸存在的问题、图纸中各专业存在的矛盾,并归纳成文,以备设计技术交底中向设计和建设单位等相关部门提出并获得解决。在条件具备时还可以依据设备产品样本要求提出更深的问题,争取将设计图纸中隐藏较深的矛盾在实施前予以彻底解决。

(2) 图纸审查记录(表式 C2-3-1)的填写

此表的填写较为简单,编号的填写按 DBJ 01—51—2003《建筑工程施工资料管理规程》(以下简称《规程》)的要求填写。应填写的有专业分类码和顺序码、提出单位、提出人及提出问题的具体内容。内容应条理分明,简明扼要,切中要害,笔迹清楚。

《规程》规定"图纸审查记录(表式 C2-3-1)"为工程施工的设计文件,不得在图纸审查记录(表式 C2-3-1)上涂改或变更其内容。

(3) 设计技术交底记录(表式 C2-3-2)的填写

设计技术交底记录应按《规程》中规定设计技术交底记录(表式 C2-3-2)格式进行填写,填写工作由施工单位整理、汇总,各参加交底的单位技术负责人会签后,加盖建设单位公章,形成正式设计文件。

编号的填写:设计技术交底记录(表式 C2-3-2)的编号与其他施工技术管理资料记录有所不同,不同点是编号仅占一行。因此,如何填写值得研究,依据实际运作中的规律是:在设计技术交底会上,先由设计单位项目总负责人对工程设计概况进行统一介绍后,然后分专业进行对口交底;在施工单位图纸会审时也是分专业审图与整理设计中的书面材料。因此建议编号栏内按专业分类码加顺序码填写,但为了减少篇幅在专业分类码方面,还应适当合并,仅分暖卫(给水、排水、中水、雨水、供暖等)JN 和通风(一般通风和空调)JT 两大专业。即 J×/××,分子为专业分类码,分母为顺序码。顺序码仍然用阿拉伯数字 01、02、03……表达,它代表第几次设计交底的编号。专业分类码适当合并也有利将来竣工决算时避免因施工合同预约在一张设计变更或洽商单中,变更项目造价累计必须达到一定金额才参加工程决算的要求,但是与设计变更、洽商单一样,为了将来工程结算时不发生重复计算,在记录单内应增加注明"本记录单的内容已包括某专业部分"。

一般栏目有:工程名称、日期、时间、地点、建设单位、设计单位、监理单位、施工单位技术负责人会签栏和建设单位加盖公章栏。

主要栏目的填写:序号应填写交底内容问题的顺序号码。提出的图纸问题列应填写需要解决问题的相应内容。图纸修订意见列应填写要求解决问题的相应处理办法、技术措施或意见。设计负责人列应填写专业设计负责人(该专业的设计人员或设计单位指定的替代人员)的签名(不得用打印签名)。

2.2　设计变更的技术交底

2.2.1　编制设计变更技术交底的文件依据

编制设计变更技术交底的文件依据有工程设计图纸交底记录和施工期间出现的无法

用工程洽商解决的问题,此类问题必须由设计部门办理设计变更文件。

2.2.2　设计变更技术交底的内容

设计单位出示的设计变更不一定都要进行技术交底,但是对于较为重大和复杂问题的设计变更,为了保证工程质量和设计意图的正确贯彻,设计单位应向施工、监理、建设单位的相关专业技术人员进行面对面的口头交底或文字的书面技术交底。而施工单位接受交底的人员应向下属的施工实施技术人员和相关的技术工人进行书面的技术交底。

2.2.3　设计变更记录和设计变更技术交底

(1) 设计变更记录

设计变更应由设计单位对原设计图纸个别问题,或施工、建设、监理单位对工程图纸设计中问题向设计方提出合理化建议被设计单位采纳后提出的对原设计图纸局部修改的变更技术文件。它的功效与设计图纸等同,是施工单位施工和编制工程决算、图纸存档的依据。

(2) 设计变更技术交底的编制与交底

施工单位接受设计院技术交底的人员应向下属的施工实施技术人员和相关的技术工人进行书面的技术交底,将设计单位对此设计变更的交底内容和进一步实现此设计变更的质量要求、相关技术措施、注意事项,完成期限和质量目标作详实和可行的交待。

办理此工程设计交底的交与接人员应在交底记录单内签名认可。

2.3　工程洽商技术交底

2.3.1　工程洽商的分类

工程洽商记录分技术洽商和经济(建设经费)洽商两类。洽商记录本来主要是施工单位在施工过程中因自身的施工技术条件达不到设计要求,或施工单位掌握了比原设计技术条件更先进的施工工艺、施工方法或设计图纸中局部存在某些缺陷,依据施工单位自身的技术条件、施工设备配置的情况,而向设计单位(或建设单位)提出并被设计单位(或建设单位)采纳的技术性或功能性修改意见的文字记录。它是工程验收、今后工程改扩建、维修、竣工决算和竣工图纸编制的重要基础资料。

2.3.2　工程洽商的含义

"洽商"顾名思义就是商量的意思。因施工单位或其他非设计单位不具备"工程设计的资质",无权对设计图纸中的问题进行修改,为了改变原设计来达到自身合理建议的目的,而与设计单位进行洽商,以便争得设计单位的认同。而设计单位是受建设单位委托并按照建设单位提出的工程设计资料进行设计的工程设计者,按理建设单位在施工过程中要对某些设计进行修改,理应通过设计单位下达设计变更文件。但是在实际施工过程中,为了加速问题的解决,对于一些不关大局的技术变动,经某一方提出,由设计、监理、施工

（涉及到功能性和较大的经费支出的应有建设方参加）共同协商后，也可以以洽商记录形式予以变动。

2.3.3　工程洽商的编制与交底

施工单位办理技术洽商的人员应向下属的施工实施技术人员和相关的技术工人进行书面的技术交底，将此变更洽商的内容和实现此变更洽商的质量要求、相关技术措施、注意事项、完成期限和质量目标作详实和可行的交待。

办理此工程洽商的交与接双方人员应在交底记录单内签名认可。

2.4　设计变更、洽商记录（表式 C2－3－3）的填写

（1）在工程开工前应将设计变更、洽商单的格式通知设计单位，以免以后发生格式不符合工程资料组卷要求的情况。在工程开工时间较紧迫的情况下，可以先依据设计院的设计变更、洽商通知单或传真件进行施工。但是过后应及时去设计院按设计变更、洽商单的格式更换原件。

（2）应阐明变更原因，并说明提出改变要求的单位（即设计方、监理方、施工方、建设方，且四方均应签字才有效），设计变更和洽商中还应明确承担经济责任方。

（3）内容必须明确具体，应有具体的变更内容所在的图纸编号、变更部位（轴编号或网格编号）、变更内容，文字表达应简明扼要；文字无法表达清楚的，应有附图或样板示范。尤其经济洽商中，对变更原因、结论和承担经济责任方必须清楚，必要时应有附图，以利工程经济结算。

（4）应阐明变更或洽商的日期，有关各方——设计、施工、建设、监理——单位负责人（或代表）应签名认可。签名应及时、齐全，签名不得用圆珠笔，应按《规程》规定的签字笔和黑色墨水填写和签字。设计单位若要委托建设或监理单位承办，应有设计单位的委托文件，委托手续应完善，委托文件应与施工管理资料一起存档。

（5）在一个工程中，如果相同的单位工程需要同一份洽商记录单时，可以用复印件，但是应注明原件的编号和保存地点。

（6）分包单位有关设计变更或洽商记录，应通过总包单位办理。这是指总包单位与分包单位的关系而言，但相关的设计技术变更或洽商，尚应经过各专业之间（土建、暖卫、通风、电气、工艺等）会审、交圈对口，以利于单位工程整体性合理、可靠。避免因变更引起其他专业发生矛盾。

（7）设计变更、洽商记录采用 DBJ 01—51—2003《建筑工程施工资料管理规程》的表式 C2－3－3。

3 暖卫通风空调工程单位(子单位)工程施工技术交底

由于施工组织设计是一个单位(子单位)工程施工实施的总体计划,在施工组织设计中必须对整个单位(子单位)工程的施工方案进行全面的统筹安排。因此,对现场施工人员进行施工组织设计的交底,可以认为是对一个单位(子单位)工程施工的技术交底。

3.1 施工组织设计(施工方案)的编制

3.1.1 暖卫通风空调专业施工组织设计编写的一般规定和存在的问题

(1) 暖卫通风空调专业施工组织设计编写的一般规定

单位工程施工组织设计(或施工方案)应在组织施工前编制,并应依据施工组织设计编制更细致的分部位、阶段和专项施工方案。编制的内容应齐全,不应漏项,且应有审批手续。发生较大的施工措施和工艺变更时,应对施工组织设计进行补充修改,并上报审批。

(2) 暖卫通风空调专业施工组织设计编制中存在的问题

A. 施工组织设计的类型分辨不清:经常出现将施工现场需要实施执行的施工组织设计按照招投标时需要的格式进行编写。

B. 工程概况编制混乱无序:对分部、分项工程和工序分辨不清,因此工程概况编制内容组合无序与混乱,让第三者审阅困难,难以理解作者的表达意思。例如将锅炉房内的通风分部工程与锅炉设备安装中的风烟系统混合阐述;又如将锅炉房内的供暖、给水、排水系统分部工程与锅炉设备安装中的水汽系统、排污系统混合阐述等。

C. 缺乏概括能力,照搬照套题义致使内容重复:如在"主要分项项目施工方法与技术措施"的编写中同样内容反复出现,文章冗长,重复现象严重。

D. 照本宣科、文无重点:照搬书本,该说的不说,不该说的篇幅繁多。例如在施工方法中,将常规的、人所共知的安装流程不厌其烦地照抄无误,而特别需要阐述的工序流程(工序搭接)、工程重点、难点与解决这些重点、难点的相应技术措施和管理措施,却只字不提。同样对易产生质量事故的问题及其防止出现质量事故的操作规程、技术措施也一言不发,而一般的操作工艺流程却反复阐述。

E. 脱离工程实际、内容短缺严重:主要表现在不按上级编制施工组织设计的文件要求编写,内容短缺,避重就轻,空喊口号,言之无物,技术和管理措施奇缺,起不到指导施工的作用。

F. 文理不顺、错误百出:文件打印后不加校对,就草率上报。因此经常出现错字、别字繁多。用词不当,文理不顺。以口语替代科学语言等现象。

G．责任心不强、文字编辑水平差劲,错误百出:主要表现在打印水平差劲,排版混乱,段落编排杂乱无序,主字与角码(上、下标)不清,单位英文代码不规范,该用附图(插图)才能表达清楚的仅用文字表达,致使存在文字内容表达不清的现象等等。

H．缺乏对施工组织设计作用的认识:主要体现在不是将施工组织设计作为施工全过程的指导性技术文件来认识,而是将其作为应付差使的手段。

3.1.2　施工组织设计的类别

按施工组织设计的用途可分为三类。它们之间的编制格式、包含内容、编写要求相同,不同的是编写条件、深度和对内容的修饰性有所不同。

(1) 工程招投标的施工组织设计

A．它是为工程投标而编写的。在编写条件上往往建设方提供的图纸不齐,有时提供的图纸属于扩初设计图纸,甚至有的工程暖卫通风空调某项图纸尚未设计,仅在标书上有简单的文字说明。因此它对编制人员的专业知识和对各种建筑物的用途及内部设备的配置情况应具备有较广泛的知识,否则就难以编制出比较完整的、有水平的施工组织设计。

B．在编制依据项目中应有招标文件等内容。

C．在整篇文件中不得出现投标单位公司名称、人员名字(领导或一般人员)、公司的标志(图标、图框、专有名词)等。

(2) 施工现场实施的施工组织设计

A．它是为整个工程施工全过程而编制的施工组织设计文件。

B．它是为工程质量目标和工程施工全过程的工程进度、工种搭接与协调、工序安排、工程质量及工程物资保证的技术与管理措施而编写的指导性文件。

C．在编制依据项目中不得有招标文件内容,但应有施工合同文件的内容。

D．在施工组织机构中应明确各类人员的具体姓名和职务,可以显示公司和项目经理部的具体名称。

E．应删除投标稿中为了工程中标所使用的对工程进度计划和施工质量保障中带有夸大成分的内容,用与实际的设备、实际技术力量配置相适应的技术措施取代原有内容。

F．施工组织设计无特殊情况时,应在工程开工前 20 天编制完和内部审批完毕,送监理审批。

G．施工组织设计一般四份,在内部报审时应随附施工文件和贯标文件、工程审图记录、设计交底记录、施工组织设计研讨记录各一份。

H．施工组织设计审批后,应及时向相关人员进行技术交底,并向上级主管部门上报贯标文件施工组织设计交底记录一份。

(3) 部分修改或补充的施工组织设计

A．它是随工程进展中因某些工程内容的变动而补充编制的施工组织设计内容。

B．它分为两类:

(A) 变动范围较小的可将修改内容附加在原施工组织设计中即可。

(B) 变动范围较大的,应将修改或增补的内容上报上级主管部门审批后实施。

C．修改或补充的施工组织设计应归并到原施工组织设计中一起归档。

3.2 施工组织设计(施工方案)技术交底的组织

3.2.1 施工组织设计交底的时限性

施工组织设计的交底应及时,应将整个工程的特点、工程难点、施工全过程的安排及重要的技术措施向现场施工人员交待清楚,以利于对工程施工起到指导性的作用。

3.2.2 参加施工组织设计交底的人员

施工组织设计交底应由主要负责编制人向专业技术负责人、质量检查人员、施工工长、资料管理人员、施工班组长、材料供应负责人与采购人员等相关人员交底。

3.2.3 施工组织设计交底内容的要求

(1)交底内容应简明扼要,重点明确、条理清晰,实用性和可操作性强。

(2)交底内容应突出重点、难点与相应的技术和管理措施,措施和实施条件应明确。

(3)交底内容应突出与其他工种交叉可能出现的矛盾和位置,并提出协调办法与计划。

(4)交底内容应突出各工序连接的环境条件和通病的预防措施。

(5)交底内容应突出预防人身安全和质量事故的管理措施和处罚奖励制度。

(6)交底内容应突出防止环境污染的措施。

(7)交底内容应突出保证工程质量的组织措施和对建设单位的重要承诺。

3.3 施工组织设计(施工方案)工程实施概况的交底

3.3.1 工程施工依据标准、规程的说明

应着重阐明工程涉及到的主要规范、规程的条文内容及图集,并对实施中与规范、规程的条文内容及图集有矛盾或执行有困难的问题,提出解决的意见和具体的技术措施。此条工程涉及到的主要规范、规程的内容应依据第一章的1.5节(编制暖卫通风空调工程施工技术交底的相关规范、标准及参考资料)进行编写,指明涉及较多的规范、标准及参考资料,并说明施工中按标准图集处理问题有困难的具体处理办法。

(1)阐明工程需要注意的涉及到主要规范、规程及图集的条文内容

A.各主要规范、规程的强制性执行的条文内容

如:GB 50242—2002《建筑给水排水及采暖工程施工质量验收规范》的第8.2.1条第3款中规定"散热器支管的坡度应为1%,坡向应利于排气和泄水",这条在交底时应着重说明两点。

(A)"坡向应利于排气和泄水":这应依据散热器支管的具体形式而定,不能笼统地理

解坡向一定是指向散热器,如果是下分式的连接,则坡向是坡向立管;

(B)"散热器支管的坡度应为1%":这点在具体实施时会遇到困难,如果支管的长度很短,要强制性地执行条文的规定,会造成管道的连接件损坏,因此可以依据旧的规范规定,采用较小的坡度连接或水平连接就可以。

B. 净化空调系统施工的特殊规定

如:净化空调系统风管和部件的制作必须符合 GB 50243—2002《通风与空调工程施工质量验收规范》的第4.2.13条(其内容详见 GB 50243—2002《通风与空调工程施工质量验收规范》第17、18页)和 JGJ 71—90《洁净室施工及验收规范》第3.2.1条~第3.2.13条的要求。即:

其中 GB 50243—2002 第4.2.13条第1款"矩形风管边长等于或小于900mm时,底面板不应有拼接缝;大于900mm时,不应有横向拼接缝"。JGJ 71—90 第3.2.2条"风管不得有横向拼接缝,尽量减少纵向拼接缝。矩形风管底边宽度等于或小于800mm时,其底边不得有纵向拼接缝"。这就是说:矩形风管底边宽度等于或小于900mm时,底面板不应有拼接缝;大于900mm时,底面板不应有横向拼接缝。其余各边应尽量减少纵向拼接缝。

JGJ 71—90 第3.2.8条"金属风管与法兰连接时,风管翻边应平整并紧贴法兰,宽度不得小于7mm(一般通风空调系统为9mm),翻边处裂缝和孔洞应涂密封胶。"

GB 50243—2002 第4.3.11条规定"风管法兰铆钉孔的间距,当洁净度等级为1~5级,不应大于65mm;为6~9级时,不应大于100mm"和 JGJ 71—90 第3.2.9条"法兰螺钉孔和铆钉孔间距不应大于100mm"(而 GB 50243—2002 第4.2.6条规定一般通风空调低中压系统为150mm、高压系统为100mm)。这就是说:风管法兰铆钉孔的间距,当洁净度等级为1~5级时,不应大于65mm;为6~9级时,不应大于100mm;而风管法兰螺钉孔间距不应大于100mm。矩形法兰四角应设螺钉孔。螺钉、螺母、垫片和铆钉应镀锌。不得选用空心铆钉。

JGJ 71—90 第3.2.12条"净化空调系统管径大于500mm的风管应设清扫孔和风量、风压测定孔,过滤器前后应设测尘孔、测压口,孔口安装时应除去尘土和油污,安装后必须将孔口封闭。"

GB 50243—2002 第4.2.13条第3款规定"不应在风管内设加固框及加固筋,风管无法兰连接不得使用 S 形插条及立联合角形插条等形式"。

GB 50243—2002 第4.2.13条第4款规定"空气洁净度等级为1~5级的净化空调系统风管不得采用按扣式咬口"。

GB 50243—2002 第6.2.8条第2款规定"净化空调系统风管的严密性检验,1~5级的系统按高压系统风管的规定执行;6~9级的系统按规范第4.2.5条的规定执行(即按一般通风空调系统的低、中、高压系统的检验标准执行)"。

又如:GB 50243—2002《通风与空调工程施工质量验收规范》的第6.3.12条"净化空调系统风口的安装"还应符合下列规定:

① 风口安装前应清扫干净,其边框与建筑顶棚或墙面间的接缝应加设密封垫料或密封胶,不应漏风。

② 带高效过滤器的送风口,应采用可分别调节高度的吊杆。

又如:高效过滤器的送风口的安装前提必须符合 JGJ 71—90《洁净室施工及验收规范》第 3.4.1 条"高效过滤器安装前,必须对洁净室进行全面清扫、擦净,净化空调系统内部如有积尘,应再清扫、擦净,达到清洁要求。如在技术层或吊顶内安装高效过滤器,则技术层或吊顶内也应进行全面清扫、擦净"以及第 3.4.2 条"洁净室及净化空调系统达到清洁要求后,净化空调系统必须试运转。连续运转 12h 以上,再次清扫、擦净洁净室后,立即安装高效过滤器"的规定。

(2)不能按照规范、规程、图集要求处理问题的解决措施

例如:当管线距离顶板较近、而距离隔墙较远无法按照标准图集设置管道支、吊架时,可以采取如下的技术措施(图 3.3.1)。在执行自行设计的技术措施时,有时也会遇到监理人员的无理挑剔,此时应求助于设计人员的帮助,争得设计人员的认可。因为按惯例,设计人员在设计过程中,可以依据具体情况采取与规范、规程有出入的具体实用的技术措施。

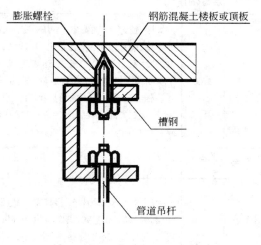

图 3.3.1 吊杆示意图

3.3.2 工程中各分部(子分部)工程的具体划分

应提出对单位工程(子单位工程)各分部工程(子分部工程)的数量和具体划分原则,并提供详细的明细表。

现以某市港口医院的"医技楼和新病房楼"工程为例,阐明各分部工程(子分部工程)、分项工程的数量和具体划分情况如下:

(1)建筑各层的主要用途(表 3.3.2 - 1)

建筑各层的主要用途　　　　　　　　　　　　　　表 3.3.2 - 1

层数	医 技 楼 工 程		新 病 房 楼 工 程	
	层高(m)	用　途	层高(m)	用　途
-1	4.20	人防工程(平时自行车库)	5.25 ~ 5.70	变配电室、制冷机房、生活消防泵房、水箱间、换热间、强电间、弱电间、楼电梯间等
1	3.75	大厅、登记室、值班室、办公室、阅片室、洗片室、控制室、MIR 室、CT 室、储片室、医生休息室、注射室、强电间、弱电间、管道间、电梯间、楼梯间、男女厕所、男女更衣间(放射科)	6.00	大堂、住院部办公室、病案室、咖啡厅、消防控制室、保安监控室、网络机房、新风机房、通信公司办公室、强电间、弱电间、楼电梯间、鲜花礼品店、休息室、卫生间等(住院办公室等)

层数	医技楼工程		新病房楼工程	
	层高(m)	用途	层高(m)	用途
2	3.60	大厅、登记室、档案室、主任办公室、医生办公室、阅片讨论室、乳腺机、候诊区、洗片室、储片室、万东X光机、岛诊X光机、西门子X光机、操作间、胃肠造影、机房、强电间、弱电间、管道间、电梯间、楼梯间、男女厕所、男女更衣间、洁品间、污品间(放射科和碎石中心)	3.90	大堂上空、男女更衣室、衣帽间、血透室、CCU病房、主任办公室、医生办公室、医生值班室、护士站、护士值班室、护士办公室、治疗室、消毒室、器械室、复用间、盥洗室、开水间、备餐室、水处理间、新风机房、强电间、弱电间、管道间、电梯间、楼梯间、病床电梯间(血透科、CCU治疗科)
技术夹层		无	—	管道层
3	3.60	大厅、办公室、储片室、多普勒、肌电图、肝肿瘤、候诊区、B超室、操作间、彩超室、动态室、心电图室、脑电图室、平板室、介入治疗室、扫描间、强电间、弱电间、管道间、电梯间、楼梯间、男女厕所、男女更衣间、刷手间、器品库(功能科)	6.10	病房、护士站、护士值班室、医生值班室、护士办公室、医生办公室、男女更衣室、治疗室、观察室、药品室、急救室、处置室、备品室、污物洗刷间、家化室、游戏室、备餐室、开水间、家属等候室、办公室、强电间、弱电间、管道间、新风机房、电梯间、楼梯间、病床电梯间(儿科)
4	3.60	大厅、值班室、取样室、常规化验室、细菌室、临床检查室、候诊区、生化室、微机室、消毒室、试剂室、办公室、测定室、操作间、洁品间、污品间、强电间、弱电间、管道间、电梯间、楼梯间、男女厕所、男女更衣间(放免科)	3.90	待产室、产房、婴儿室、洗婴室、配奶室、隔离产房、观察室、器械室、治疗室、检查室、家化室、病房、护士站、护士值班室、医生值班室、护士办公室、医生办公室、男女更衣室、备餐室、开水间、家属等候室、办公室、强电间、弱电间、管道间、新风机房、电梯间、楼梯间、病床电梯间(妇产科)
5	3.60	大厅、登记室、技术室、资料室、标本室、浴室及更衣室、解剖室、心血管治疗中心、肝功能治疗中心、肝肿瘤、椎间盘、乳腺检查、诊室、内窥室、洁品间、污品间、强电间、弱电间、管道间、电梯间、楼梯间、男女厕所、男女更衣间(病理科、内窥镜)	3.90	病房、备品室、药品室、急救室、处置室、眼科暗室、办公室、家化室、病房、护士站、护士值班室、医生值班室、护士办公室、医生办公室、男女更衣室、备餐室、开水间、家属等候室、强电间、弱电间、管道间、新风机房、电梯间、楼梯间、病床电梯间(综合科)
6	—		3.90	病房、阳光室、备品室、药品室、急救室、处置室、观察室、治疗室、护士站、护士值班室、医生值班室、护士办公室、医生办公室、男女更衣室、备餐室、开水间、家属等候室、强电间、弱电间、管道间、新风机房、电梯间、楼梯间、病床电梯间(外一、二科)
7	—	新风机房、电梯机房(局部)	3.90	

层数	医 技 楼 工 程		新 病 房 楼 工 程	
	层高(m)	用　　途	层高(m)	用　　途
8	—		3.90	烧伤病房、病房、备品室、药品室、急救室、处置室、观察室、治疗室、护士站、护士值班室、医生值班室、护士办公室、医生办公室、男女更衣室、备餐室、开水间、家属等候室、强电间、弱电间、管道间、新风机房、电梯间、楼梯间、病床电梯间(烧伤外科——外三科)
9	—	—	3.90	病房、阳光室、备品室、药品室、急救室、处置室、观察室、治疗室、护士站、护士值班室、医生值班室、护士办公室、医生办公室、男女更衣室、备餐室、开水间、家属等候室、强电间、弱电间、管道间、新风机房、电梯间、楼梯间、病床电梯间(高干病房)
10	—		3.90	ICU病房、病房主任办公室、会诊室(会议室)、消毒室、器械室、休息室、接待室、病房、库房、教室、衣帽间、备品室、药品室、急救室、处置室、观察室、治疗室、护士站、护士值班室、医生值班室、护士办公室、医生办公室、男女更衣室、开水间、强电间、弱电间、管道间、新风机房、电梯间、楼梯间、病床电梯间(ICU病房)
11	—		4.70	洁净手术室
12	—			洁净手术室技术层
13	—		—	水箱间、电梯机房(局部)

（2）通风空调工程

A．冷热源和设计参数

（A）冷热源：院内锅炉房及小区的蒸汽供热管网，热媒为 $P \geqslant 0.4\mathrm{MPa}$ 低压蒸汽经热交换为60℃/50℃热水。冷源由冷冻机房内的溴化锂吸收式制冷机组供应，冷冻水温度为7℃/12℃。

（B）室内设计参数（表3.3.2-2～表3.3.2-4）。

新病房楼设计参数　　　　　表3.3.2-2

房间名称	夏季室内温湿度		冬季室内温湿度		新风补给量(m³/h)	换气次数(m³/h)	噪声 dB(A)
	温度(℃)	相对湿度	温度(℃)	相对湿度			
办公室	24～26	50%～60%	20～22	≥40%	30	—	40

房间名称	夏季室内温湿度		冬季室内温湿度		新风补给量（m³/h）	换气次数（m³/h）	噪声 dB(A)
	温度（℃）	相对湿度	温度（℃）	相对湿度			
病 房	25～26	50%～55%	20～22	≥40%	25	—	45
休息厅	25～27	50%～65%	18～20	≥40%	25	—	45
大 厅	25～27	50%～60%	18～20	≥40%	20	—	50
产 房	24～25	50%～60%	24～25	≥40%	30	—	40
手术室	24～25	50%～60%	24～25	≥40%	30	—	40
诊 室	25～26	50%～55%	20～22	≥40%	30	—	40
其他空调房间	24～27	50%～60%	18～22	≥40%	20～35	—	45
制冷机房	—	—	—	—	—	6	
热交换间	—	—	—	—	—	6	
变配电室	—	—	—	—	—	10	
卫生间	—	—	—	—	—	10	

手术室洁净室设计参数　　表3.3.2-3

编 号	夏季室内		冬季室内		洁净级别		室内静压（Pa）	室内噪声 dB(A)	过滤级数
	温度（℃）	湿度（%）	温度（℃）	湿度（%）	旧标准	新标准			
OR-1	25±1	60±5	25±1	50±5	1000	6	+12	<40	
OR-2	25±1	60±5	25±1	50±5	1000	6	+12	<40	
OR-3	25±1	60±5	25±1	50±5	100	5	+15	<40	
OR-4	25±1	60±5	25±1	50±5	1000	6	+12	<40	
OR-5（负压洁净室）	25±1	60±5	25±1	50±5	10000	7	-5～-8	<40	初、中、高三级过滤
OR-6	25±1	60±5	25±1	50±5	10000	7	+10	<40	
OR-7	25±1	60±5	25±1	50±5	10000	7	+10	<40	
洁净走道	—	—	—	—	100000	8	0～+5	<40	
辅助用房	—	—	—	—	100000	8	0～+5	<40	
过滤器效率要求	100级手术室为≥99.999%				其他级别手术室为≥99.99%				

房间名称	夏季室内		冬季室内		换气次数(m³/h)		噪声 dB(A)
	温度(℃)	相对湿度	温度(℃)	相对湿度	送风	排风	
办公室	24～26	50%～60%	18～20	≥40%	—	—	40
大 厅	25～27	50%～60%	18～20	≥40%	—	—	50
休息厅	25～27	50%～65%	18～20	≥40%	—	—	45
诊 室	25～26	50%～55%	20～22	≥40%	1.5	2	40
X光诊断及治疗室	24～26	50%～55%	18～22	≥40%	5	7	40
CT诊室	20	50%～55%	18～20	<60%	—	—	40
病人浴室	—	—	21～25	—	—	2	—
其他空调房间	24～27	50%～60%	18～22	≥35%	20～35	—	45
标本室	—	—	—	—	—	6	—
操作间	—	—	—	—	—	6	—
资料室	—	—	—	—	—	6	—
解剖室	—	—	—	—	—	6	—
生化室	—	—	—	—	—	6	—
技术室	—	—	—	—	—	6	—
卫生间	—	—	—	—	—	10	—
X光室	—	—	—	—	—	7	—
测定室	—	—	—	—	—	6	—
B超室	—	—	—	—	—	6	—

（C）设计参数（表 3.3.2－5）。

项 目	空调负荷(kW)		空调冷热水温度(℃)		蒸汽用量 (kg/h)	管道试验压力 (MPa)
	夏季冷负荷	冬季热负荷	冷冻水	热水		
医技楼	485	590	7/12	60/50	—	1.0
新病房楼	2096	1711	7/12	60/50	4150	1.0

B. 通风和医用动力管线系统的划分、采用材质与连接方法

[1] 医技楼

主要服务对象为地下一层人防通风、屋顶风机排风、墙上的轴流风机排风、地下和地

21

上一层主要入口的热风幕、空调房间新风和空调房间的风机盘管系统。

（A）通风（排风）系统的划分：主要服务对象和设备情况见表3.3.2-6。

通风（排风）系统的划分　　　　　　　　表3.3.2-6

系统编号	设备风量、风压与功率				服务对象	设备安装位置	台数
	型号	风量（m³/h）	风压（Pa）	功率（kW）			
KM-1	热风幕 FM1512	2300	—	0.21	地上一层	大门入口	2
KM-2	热风幕 FM1512	2300	—	0.21			2
KMB-1	热风幕 FM1512	2300	—	0.21	地下一层	大门入口	2
KMB-4	热风幕 FM1512	2300	—	0.21			2
墙上轴流风机排风	No2.2C 方形壁式轴流风机	—		0.06	地上二层万东X光室	距地2.5m	1
		—		0.06	地上二层诊断X光室	距地2.5m	1
		—		0.06	地上二层西门子X光室	距地2.5m	1
		—		0.06	地上三层彩超室	距地2.5m	1
		—		0.06	地上三层B超室	距地2.5m	1
		—		0.06	地上四层污物储藏室	距地2.5m	1
				0.06	屋顶电梯机房	无图	1
P-1	低噪声轴流风机 No4	3500		0.25	地上一至五层卫生间	五层屋顶	1
P-2	No2.5 屋顶风机	400		0.06	五层解剖室的浴室	五层屋顶	1
P-3	低噪声轴流风机 No2.5	650		0.025	四层操作间	五层屋顶	1
P-4	低噪声轴流风机 No2.5	400		0.025	四层测定室	五层屋顶	1
P-5	低噪声轴流风机 No2.5	650		0.025	四层生化室	五层屋顶	1
P-6	低噪声轴流风机 No2.5	650		0.025	五层解剖室	五层屋顶	1
P-7	低噪声轴流风机 No2.5	450		0.025	四层细菌、五层标本室	五层屋顶	1
P-8	低噪声轴流风机 No2.5	650		0.025	五层资料室	五层屋顶	1
P29	低噪声轴流风机 No2.5	650		0.025	五层技术室	五层屋顶	1
KF-1	分体式空调机组	—		1.5	屋顶电梯机房		1

（B）新风和送、排风系统的划分：主要有地上一层至五层空调房间风机盘管空调系统的补风，它通过安装于送风竖井内的竖风道送至各层的送风干管，然后由送风支管分别与各组安装于吊顶内的风机盘管连接；其余送风和排风系统，主要有地下室人防通风和送风排风系统。

a. 新风系统流程图（图3.3.2-1）

22

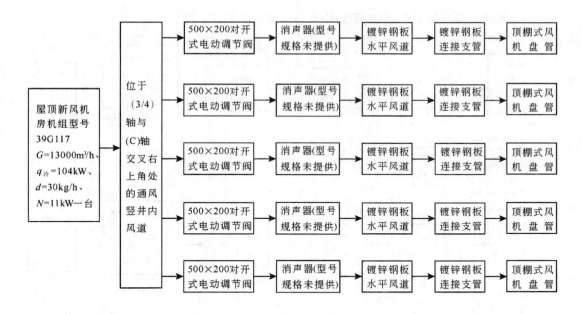

图 3.3.2-1　新风系统流程图

b. 地下一层人防排风系统流程图(图 3.3.2-2)

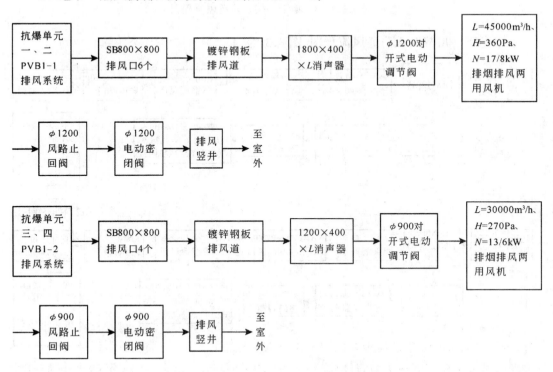

图 3.3.2-2　地下一层人防排风流程图

c. 地下一层人防送风系统流程图(图 3.3.2-3)

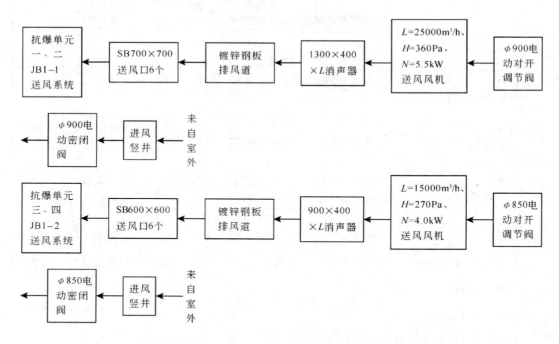

图 3.3.2-3 地下一层人防送风流程图

d. 地下一层战时人防通风流程图(图 3.3.2-4)

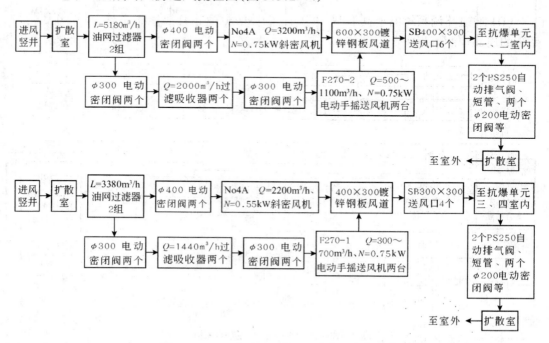

图 3.3.2-4 地下一层战时人防通风流程图

（C）风机盘管空调系统和空调冷热水系统的划分：详见表3.3.2－7。

风机盘管空调系统和空调冷热水系统的划分 表3.3.2－7

空调冷热水机组位置	新病房楼地下一层	空调冷热水入口位置	（E）轴外墙（－4）轴左侧
空调冷热水入口管径	LRG＝125、LRH＝125	空调冷热水入口标高	—
空调立管竖井位置	（C/D）与（－4）轴交叉左下角	空调冷热水总立管管径	LRG＝125、LRH＝125
空调冷却塔位置	五层屋顶 LRCM－H－500 L＝500m³/h 两台	空调冷却水管入口管径	TG＝300、TH＝300 补水管 DN＝80
空调冷却水管入口标高	—	空调冷却水立管位置	（C/D）与（－4）轴交叉左下角

系统编号	干管直径 DN	服务对象	风机盘管型号与台数
FP－1	LRG＝LRH＝50	一层空调系统	4－FP3.5Z、7－FP3.5Y、7－FP5Z、7－FP5Y、1－FP6.3Z
FP－2	LRG＝LRH＝50	二层空调系统	1－FP2.5Z、1－FP2.5Y、5－FP3.5Z、9－FP3.5Y、5－FP5Z、7－FP5Y
FP－3	LRG＝LRH＝50	三层空调系统	5－FP3.5Z、6－FP3.5Y、6－FP5Z、8－FP5Y
FP－4	LRG＝LRH＝50	四层空调系统	5－FP3.5Z、7－FP3.5Y、7－FP5Z、7－FP5Y
FP－5	LRG＝LRH＝50	五层空调系统	6－FP3.5Z、8－FP3.5Y、5－FP5Z、8－FP5Y
XF	LRG＝LRH＝70	六层新风机组	—

（D）通风空调系统的连锁控制：本工程采用DDC数字直接控制系统，详见通风空调系统的连锁控制流程图3.3.2－5。

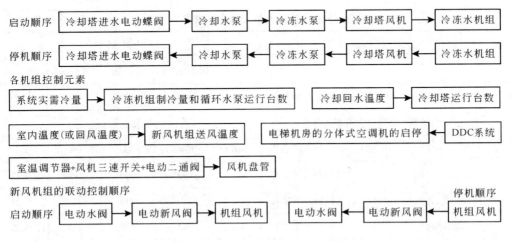

图3.3.2－5　通风空调系统的连锁控制流程图

（E）材质和连接方法：

材质及附件：新风送风管道和排风管道采用镀锌薄钢板折边咬口成型管道，消防排烟

管道采用 $\delta = 2mm$ 冷轧薄板折边焊接成型风道。法兰采用优质型钢,垫圈采用 9501 阻燃密封胶带,软风道采用带玻璃棉保温的双层复合柔性玻纤软管。凝结水管采用镀锌钢管,其余采用焊接钢管。镀锌钢管采用丝扣连接,焊接钢管 $DN \leqslant 32$ 采用丝扣连接,$DN \geqslant 40$ 采用焊接连接,软接头采用工作压力 $\geqslant 1.0MPa$ 的 JGD 软接头,系统试验压力 1.0MPa。水路手动调节阀采用 T40H 系列调节阀,手动蝶阀采用法兰连接,其余为铜质截止阀。

管道保温。空调送、回风管道采用 $\delta = 25mm$ 的不燃型保温材料、新风管道采用 $\delta = 10mm$ 的不燃型保温材料、防火阀两侧 2m 处采用 $\delta = 25mm$ 厚外带铝箔玻璃棉保温。

空调冷热水管、凝结水管均采用难燃型发泡橡胶保温,其厚度分别为 $DN > 250$ 时 $\delta = 40mm$,$DN \leqslant 250$ 时 $\delta = 30mm$,$DN \leqslant 100$ 时 $\delta = 25mm$,凝结水管 $\delta = 9mm$,分水器、集水器 $\delta = 40mm$。

(F)医用动力管线系统:医用动力管线的气源设在新病房楼地下一层医用气体中心机房内(详见[Ⅱ]新病房楼工程),医用动力管线有镀锌钢管的吸引(X)系统、紫铜管的氧气(Y)供应系统和压缩空气(YQ)系统。本工程仅三层沿内走道吊顶敷设的干管(标高 +2.25m),主要向介入治疗室提供服务。

[Ⅱ]新病房楼

主要系统有卫生间排风系统,地下一层空调机房、热交换间、水泵房、配电室的送风系统和排风系统,地上各层的新风系统和各楼电梯间的消防排烟系统,地上一至十层的风机盘管系统,十二层手术室的洁净空调系统及若干房间的分体式空调机组等。

(A)卫生间的排风系统:共有 6 个大系统,它们均通过室内顶棚上的方形散流器式排风口,通过排风支管(系统 P1 和 P2 部分卫生间的排风支管上还安装有 70℃防火阀,详见原设计施工图)排入土建式的排风竖井,然后由屋顶上的排风机排出室外。其排风机规格详见表 3.3.2 - 8。

卫生间的排风系统风机规格表　　表 3.3.2 - 8

系统编号	服务对象	排风机规格				
		规格	风量(m³/h)	风压(Pa)	转速(r/nim)	功率(kW)
P - 1	(A)~(E)与(4/5)-(5)网格内卫生间	No6B	9800	500	960	2.2
	二层男女更衣卫生间直排室外	型号规格未交代				
P - 2	三至十一层(A)~(D)与(1)~(3)网格内卫生间	No6B	10400	500	960	2.2
P - 3	三至九层(D)~(F)与(1)-(2)网格内卫生间	No3.5	1400	300	1450	0.12
P - 4	三至九层(D)~(F)与(2)-(3)网格内卫生间	No2.8	2800	350	2900	0.25
P - 5	三至九层(D)~(F)与(3)-(4)网格内卫生间	No2.8	2800	350	2900	0.25
P - 6	一、二、十层(D)~(F)与(4)-(5)网格内卫生间	No2.8	2100	400	1450	0.25
注解	除了 P-3 为屋顶风机外,其余均为低噪声轴流风机					

（B）消防排烟排风系统：消防排烟排风系统有两个，PY－1 服务地上二至十一层、PY－2服务于地下一层至地上十一层，见表3.3.2－9。

消防排烟排风系统 表3.3.2－9

系统编号	竖井位置	排烟风口		防火阀		风机型号		
		规格	个数	规格	个数	型号	风量 (m³/h)	风压(Pa)
PY－1	(B)－(C)与(2)－(3)	500×800	10	φ703 t＝280℃	1	No7.0－Ⅰ	22800	600
PY－2	(E)－(F)与(4)－(5)	500×800	12	φ653 t＝280℃	1	No6.5－Ⅰ	17500	500

（C）楼电梯间消防正压送风系统：楼电梯间消防正压送风系统共四个，见表3.3.2－10。

消防正压送风系统 表3.3.2－10

系统编号	竖井位置	送风口		防火阀		风机型号		
		规格	个数	规格	个数	型号	风量(m³/h)	风压(Pa)
JY－1	(B)与(4)交叉处	500×400 自垂百叶	6	φ840 t＝70℃	1	No8B 斜流风机	19500	450
JY－3	(B)与(4/5)交叉处	600×400	12	φ703 t＝70℃	1	No7B 斜流风机	15500	400
JY－2	(F)与(6)交叉右上角	500×400 自垂百叶	6	φ840 t＝70℃	1	No8B 斜流风机	19500	450
JY－4	(F)与(5)交叉右上角	500×500	12	φ703 t＝70℃	1	No7B 斜流风机	24000	400

（D）空气幕设置：详见表3.3.2－11。

空气幕设置 表3.3.2－11

系统编号	设备风量、风压与功率			服务对象	设备安装位置	台数
	型号	风量(m³/h)	功率(kW)			
KM－1	热风幕 FM1512	2300	0.21	地上一层	正门入口	4
KM－2	热风幕 FM1512	2300	0.21	地上一层	右上角楼梯外入口	2

（E）分体式空调机组：详见表3.3.2－12。

27

分体式空调机组 表 3.3.2-12

系统编号	规格与参数		服务地点	数量	
	参数	规格		单位	台数
KFB-1	$Q=4.2kW$ $N=1.5kW$	单冷机	地下一层配电间值班室	台	1
KF$_1$-1	$Q=4.2kW$ $N=3.0kW$	冷暖机	地上一层消防控制中心	台	1
KF$_1$-2	$Q=4.2kW$ $N=3.0kW$	冷暖机	地上一层保安监控室	台	1
KF$_1$-3	$Q=4.2kW$ $N=1.5kW$	单冷机	地上一层网络机房	台	2
KF$_{12}$-1	$Q=5.0kW$ $N=3.7kW$(柜式机)	单冷机	地上十二层电梯机房	台	1
KF$_{12}$-2	$Q=4.2kW$ $N=1.5kW$	单冷机	地上十二层电梯机房	台	1
KF$_{12}$-3	$Q=3.0kW$ $N=1.5kW$	单冷机	地上十二层电梯机房	台	1

（F）新风系统的划分:详见表 3.3.2-13。

新风系统的划分 表 3.3.2-13

系统编号	新风机组型号规格				机房所在位置	服务对象	消声器	附件
	风量 (m³/h)	风压 (Pa)	冷量 (kW)	热量 (kW)				
X$_1$-1	5000	450	56	90	一层新风机房	一、二层	折板式	防火阀 $t=70℃$
X$_3$-1	3000	400	33	53	三层新风机房	三层	折板式	防火阀 $t=70℃$
X$_4$-1	3000	400	33	53	四层新风机房	四层	折板式	防火阀 $t=70℃$
X$_5$-1	3000	400	33	53	五层新风机房	五层	折板式	防火阀 $t=70℃$
X$_6$-1	3000	400	33	53	六层新风机房	六层	折板式	防火阀 $t=70℃$
X$_7$-1	3000	400	33	53	七层新风机房	七层	折板式	防火阀 $t=70℃$
X$_8$-1	3000	400	33	53	八层新风机房	八层	折板式	防火阀 $t=70℃$
X$_9$-1	3000	400	33	53	九层新风机房	九层	折板式	防火阀 $t=70℃$
X$_{10}$-1	3000	400	33	53	十层新风机房	十层	折板式	防火阀 $t=70℃$

消声器尺寸详见施工图总说明第七-9条,个数见设施38及各层平面图。进风口和手动百叶调节阀见各新风机房平面图

（G）风机盘管空调系统及冷热源系统:

a. 空调冷热水源流程图(图 3.3.2-6)

b. 风机盘管空调系统的划分(图 3.3.2-7)

（H）通风空调系统的连锁控制:

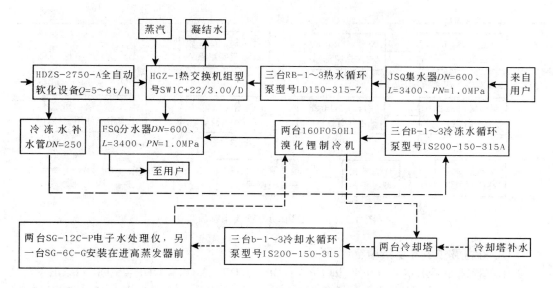

图 3.3.2－6　空调冷热水源流程图

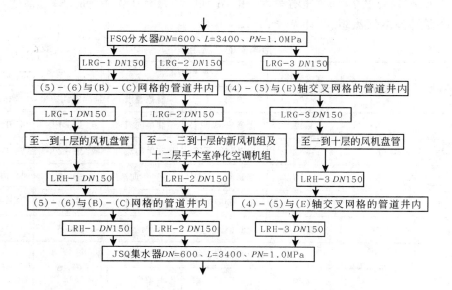

图 3.3.2－7　风机盘管空调系统与空调冷热水系统的划分

本工程采用 DDC 数字直接控制系统,详见［Ⅰ］通风空调系统的连锁控制流程图。

(Ⅰ) 材质和连接方法:详见［Ⅰ］－(E)。

(J) 医用动力管线系统(图 3.3.2－8):

医用动力管线的气源设在新病房楼地下一层医用气体中心机房内,医用动力管线有镀锌钢管的吸引(X)系统、紫铜管的氧气(Y)供应系统和压缩空气(YQ)系统。本工程医用动力管线供应系统向二层至十层各病房提供服务,至于手术室在设计图中没有明确标注。

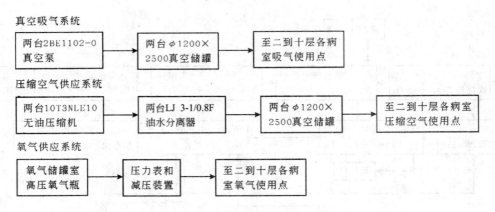

图 3.3.2-8 医用动力管线系统流程图

C. 新病房楼手术室洁净空调系统

本工程洁净手术室共有 7 个,即 OR-1、OR-2、OR-3、OR-4、OR-5、OR-6、OR-7,其中 OR-3 为百级(新标准 5 级)洁净室,OR-1、OR-2、OR-4 为千级(新标准 6 级)洁净室,OR-5 为万级(新标准 7 级)负压洁净室,OR-6、OR-7 为十万级(新标准 8 级)洁净室。

(A) 洁净室的气流组织:详见表 3.3.2-14。

洁净室的气流组织　表 3.3.2-14

手术室编号	洁净级别	室内静压 (Pa)	气流组织形式		空调机组组合	
			设计	规范要求	洁净空调机组	下排风机组
OR-1	6	+12	上送侧回下排	非单向流	JH-1	PF-1
OR-2	6	+12	上送侧回下排	非单向流	JH-2	PF-2
OR-3	5	+15	上送侧回下排	垂直单向流	JH-3	PF-3
OR-4	6	+12	上送侧回下排	非单向流	JH-4	PF-4
OR-5	7	-5～-8	上送侧回下排	非单向流	JH-5	PF-5
OR-6	7	+10	上送侧回下排	非单向流	JH-6	PF-6
OR-7	7	+10	上送侧回下排	非单向流		
洁净走道	8	0～+5	上送侧回下排	非单向流	JH-7	PF-7

(B) 净化空调系统流程图(图 3.3.2-9)。

(C) 手术室空调系统的运行开机、关机顺序(图 3.3.2-10)。

(D) 材质和连接方法:详见[Ⅰ]-(E)。

(3) 给水工程

A. 水源及设计参数

(A) 水源

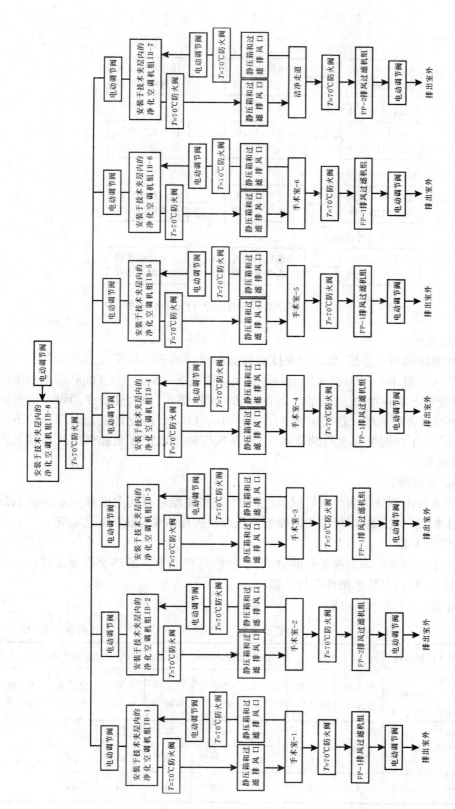

图 3.3.2-9　净化空调系统流程图

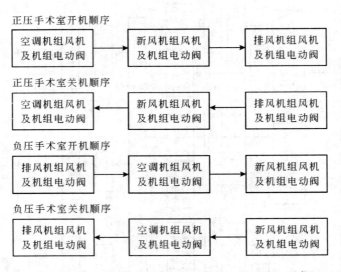

正压手术室开机顺序

空调机组风机及机组电动阀 → 新风机组风机及机组电动阀 → 排风机组风机及机组电动阀

正压手术室关机顺序

空调机组风机及机组电动阀 ← 新风机组风机及机组电动阀 ← 排风机组风机及机组电动阀

负压手术室开机顺序

排风机组风机及机组电动阀 → 空调机组风机及机组电动阀 → 新风机组风机及机组电动阀

负压手术室关机顺序

排风机组风机及机组电动阀 ← 空调机组风机及机组电动阀 ← 新风机组风机及机组电动阀

图 3.3.2－10　手术室空调系统的运行开机、关机顺序

a．生活给水水源

分低区和高区的两个系统，低区为医技楼和新病房楼地下一层至地上二、四层，由市政给水管网引入一根 $DN = 100$ 进水管至设于新病房楼地下一层的 $V = 125m^3$ 的不锈钢组合水箱，再由变频给水装置加压，向低区以 0.35MPa 恒压供水；原有建筑专门设一套恒压 0.55MPa 变频给水装置供水。新病房楼五层以上为高区供水，由设置于新病房楼地下一层的 $V = 125m^3$ 的不锈钢组合水箱的蓄水，经由高区变频给水加压泵和高压气压罐装置加压，向高区供水。

b．消防给水水源

消防给水水源由室外消防给水管网供应，在十二层屋顶水箱间内设有 $V = 18m^3$ 的高位水箱和稳压泵组、气压罐，以保证消防喷洒系统和消火栓给水系统的压力稳定。

c．热水供应水源

热水供应水源由医院锅炉房提供的蒸汽，于新病房楼地下室的热交换间通过四组热交换器获得热水，然后由热水循环泵加压供应。

（B）设计参数（表 3.3.2－15）

设计参数　　　　　　　　　　　　　　　　表 3.3.2－15

工程项目	全院生活用水量		设计秒流量		消火栓给水			消防喷洒给水		
	日总用水量（m³/d）	最大小时用水量（m³/h）	生活给水（L/s）	生活热水（L/s）	总用水量（m³）	设计流量（L/s）	火灾延续时间	总用水量（m³）	设计流量（L/s）	火灾延续时间
全院	550	46	—	—	—	—	—	—	—	—
医技楼	—	—	12	6	108	15	2h	108	30	1h
新病房楼	—	—	4	2	216	30	2h	100	30	1h

B. 系统划分

[Ⅰ] 医技楼

（A）生活给水系统的划分：详见表 3.3.2-16。

生活给水系统的划分 表 3.3.2-16

引入管编号	入口位置	管径 DN	标高(m)
J/1	E 与 5/6 轴交叉右侧	100	-2.30/-0.60

立管编号	管径 DN	位置	服务对象
JL1	32	C 与(4/5)轴左上角	一至五层用水点
JL2	32	C 与(4/5)轴右上角	一至五层用水点
JL3	20	1/D 与(2)轴左上角	一、二、五层用水点
JL4	32	1/D 与(4)轴右上角	一至五层用水点
JL5	32	1/D 与(6)轴左上角	一至五层用水点
JL6	32	C 与(6)轴右上角	一、二、四、五层用水点
JL7	25	OA 与(6)轴右上角	一、二、四、五层用水点
JL8	32	OA/C 与(5/6)轴右下角	一至五层用水点
JL9	25	OA/C 与(5/6)轴左下角	一至四层用水点
JL10	32	OA/C 与(3/4)轴左下角	一至五层用水点
JL11	25	D 与(6)轴下角	二至五层用水点
JL12	80	C/D 与 3/4 轴交叉的管道井内	至五层屋顶向新风机组和冷却塔补水

（B）生活热水给水系统的划分：详见表 3.3.2-17。

生活热水给水系统的划分 表 3.3.2-17

引入管编号	入口位置	管径 DN	标高(m)
R/1	E 与 2/3 轴交叉右侧	80	-2.40/-0.40
RH/1	E 与 2/3 轴交叉右侧	50	-2.40/-0.40

立管编号	管径 DN	位置	服务对象
RL1	50	C 与(4/5)轴左上角	一至五层用水点
RL2	32	C 与(4/5)轴右上角	一至五层用水点
RL3	20	1/D 与(2)轴左上角	一、二、五层用水点
RL4	32	1/D 与(4)轴右上角	一至五层用水点
RL5	32	1/D 与(6)轴左上角	一至五层用水点

引入管编号	入口位置	管径 DN	标高(m)
R/1	E 与 2/3 轴交叉右侧	80	−2.40/−0.40
RH/1	E 与 2/3 轴交叉右侧	50	−2.40/−0.40

立管编号	管径 DN	位置	服务对象
RL6	32	C 与(6)轴右上角	一、二、四、五层用水点
RL7	25	OA 与(6)轴右上角	一、二、四、五层用水点
RL8	32	OA/C 与(5/6)轴右下角	一至五层用水点
RL9	25	OA/C 与(5/6)轴左下角	一至四层用水点
RL10	32	OA/C 与(3/4)轴左下角	一至五层用水点
RL11	25	D 与(6)轴下角	二至五层用水点
RHL−1	50	C 与(4/5)轴左上角	回水总立管,上接敷设于五层吊顶内的 各立管回水水平管

（C）地下一层人防生活给水系统见图 3.3.2−11。

（1）抗爆单元一、二人防生活给水系统

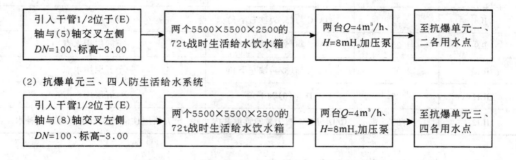

图 3.3.2−11　地下一层人防生活给水系统

（D）地下消防给水系统的划分:详见表 3.3.2−18。

消火栓给水系统的划分　　　　　　　　表 3.3.2−18

系统分区	引 入 管				上下连通管		连接立管标号	室外水泵结合器连管
	编号	管径(mm)	位置	标高(m)	管径	位置		
地上系统	H/1	150	E 与 3 轴交叉左侧	−1.1/−0.4	150	地下一层顶板下	HL−1 至 −4	DN=150
	H/2	150	E 与 5 轴交叉右侧	−1.1/−0.4	150	地上五层顶板下		由 H/1 干管接出
地下系统	H/3	100	F 与 4 轴交叉左侧	−3.00	100	地下一层顶板下	接三个消火栓箱	—
	H/4	100	F 与 7 轴交叉右侧	−3.00				—

34

（E）消防喷洒给水系统的划分（图 3.3.2 – 12）（注：下面流程图中标高 0.6 改为 – 0.60，– 2.15 改为 – 3.85。）。

（1）地上一至五层消防喷洒给水系统

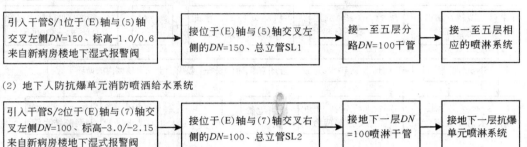

（2）地下人防抗爆单元消防喷洒给水系统

图 3.3.2 – 12　消防喷洒给水系统的划分

[Ⅱ] 新病房楼

（A）生活给水系统的划分（图 3.3.2 – 13）。

（1）低区生活给水流程图

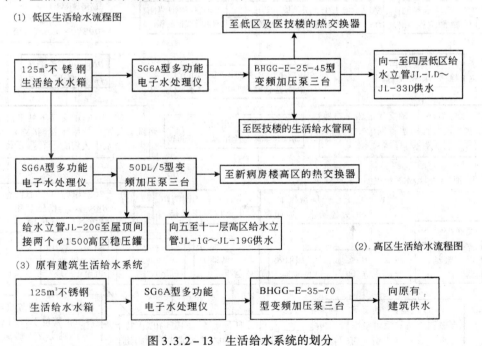

（2）高区生活给水流程图

（3）原有建筑生活给水系统

图 3.3.2 – 13　生活给水系统的划分

（B）热水供应系统（图 3.3.2 – 14）。

（C）消防给水系统的划分（图 3.3.2 – 15）。

（D）开水供应系统：

在一至十层的开水间内均设置电热开水器。

(1) 低区生活热水系统流程图

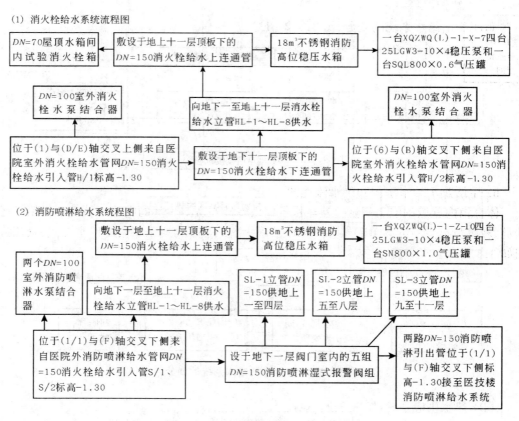

```
┌──────────────┐    ┌────────────────────┐    ┌─────────────────────┐
│ SN600膨胀罐   │    │来自低区生活热水DN=70总│◄───│敷设于四层顶棚内的    │
└──────────────┘    │循环立管RHL-D        │    │循环干管             │
                    └────────────────────┘    └─────────────────────┘

┌──────────────┐  ┌──────────────┐  ┌──────────────┐  ┌──────┐  ┌──────────────────┐
│来自医院锅炉房的│  │Q=2t/h、H=15m生│  │SW1B-0.7/2.00半即│  │总立管 │  │向一至四层低区热水立管│
│0.4MPa低压蒸汽 │─►│活热水循环泵两台│─►│热式热交换器两台 │─►│RL-D │─►│RL-1D～RL-32D供水   │
└──────────────┘  └──────────────┘  └──────────────┘  └──────┘  └──────────────────┘
```

```
┌──────────────┐    ┌────────────────────┐    ┌─────────────────────┐
│ SN600膨胀罐   │    │来自高区生活热水DN=50总│◄───│敷设于十一层顶棚内的   │
└──────────────┘    │循环立管RHL-G        │    │循环干管             │
                    └────────────────────┘    └─────────────────────┘

┌──────────────┐  ┌──────────────┐  ┌──────┐  ┌──────────────────┐  ┌────────────┐
│Q=2t/h,H=20m生 │  │SW1B-0.7/2.00半即│  │总立管 │  │向五至十一层高区热水立管│  │V=10m³不锈  │
│活热水循环泵两台│─►│热式热交换器两台 │─►│RL-D │─►│RL-1D～RL-18G供水   │  │钢凝结水箱   │
└──────────────┘  └──────────────┘  └──────┘  └──────────────────┘  └────────────┘
                                                                            ▲
                                                                    ┌────────────────┐
                                                                    │来自半即热式热交换器│
                                                                    └────────────────┘
```

(2) 高区生活热水系统流程图

图 3.3.2-14 热水供应系统

(1) 消火栓给水系统流程图

```
┌──────────────┐  ┌──────────────────┐  ┌──────────────┐  ┌──────────────────┐
│DN=70屋顶水箱间 │◄─│敷设于地上十一层顶板下的│◄─│18m³不锈钢消防  │◄─│一台XQZWQ(L)-1-X-7四台│
│内试验消火栓箱  │  │DN=150消火栓给水上连通管│  │高位稳压水箱    │  │25LGW3-10×4稳压泵和一│
└──────────────┘  └──────────────────┘  └──────────────┘  │台SQL800×0.6气压罐  │
                                                          └──────────────────┘
┌──────────────┐        ┌──────────────────┐        ┌──────────────┐
│DN=100室外消火 │        │向地下一至地上十一层消火│        │DN=100室外消火 │
│栓水泵结合器   │        │栓给水立管HL-1～HL-8供水│        │栓水泵结合器   │
└──────────────┘        └──────────────────┘        └──────────────┘
       ▲                         ▲                         ▲
┌──────────────┐  ┌──────────────────┐  ┌──────────────────┐
│位于(1)与(D/E) │  │敷设于地下十一层顶板下的│  │位于(6)与(B)轴交叉下侧来自医│
│轴交叉上侧来自医│─►│DN=150消火栓给水下连通管│─►│院室外消火栓给水管网DN=150消│
│院室外消火栓给水 │  └──────────────────┘  │火栓给水引入管H/2标高-1.30 │
│管网DN=150消火 │                         └──────────────────┘
│栓给水引入管H/1标高-1.30│
└──────────────┘
```

(2) 消防喷淋给水系统流程图

```
                  ┌──────────────────┐  ┌──────────────┐  ┌──────────────────┐
                  │敷设于地上十一层顶板下的│◄─│18m³不锈钢消防  │◄─│一台XQZWQ(L)-1-Z-10四台│
                  │DN=150消火栓给水上连通管│  │高位稳压水箱    │  │25LGW3-10×4稳压泵和一│
                  └──────────────────┘  └──────────────┘  │台SN800×1.0气压罐   │
                                                          └──────────────────┘
┌──────────────┐  ┌──────────────────┐  ┌────────┐ ┌────────┐ ┌────────┐
│两个DN=100    │  │向地下一层至地上十一层消火│  │SL-1立管DN│ │SL-2立管DN│ │SL-3立管DN│
│室外消防喷   │  │栓给水立管HL-1～HL-8供水│  │=150供地上│ │=150供地上│ │=150供地上│
│淋水泵结合   │  └──────────────────┘  │一至四层 │ │五至八层 │ │九至十一层│
│器           │                         └────────┘ └────────┘ └────────┘
└──────────────┘                             ▲         ▲          ▲
       ▲                                                       ┌──────────────┐
┌──────────────┐        ┌──────────────────┐                │两路DN=150消防喷│
│位于(1/1)与(F)轴│        │设于地下一层阀门室内的五组│───────────────►│淋引出管位于(1/1)│
│交叉下侧来自医院│──────► │DN=150消防喷淋湿式报警阀组│                │与(F)轴交叉下侧标│
│外消防喷淋给水管│        └──────────────────┘                │高-1.30接至医技楼│
│网DN=150消火栓│                                             │消防喷淋给水系统 │
│给水引入管S/1、│                                             └──────────────┘
│S/2标高-1.30 │
└──────────────┘
```

图 3.3.2-15 消防给水系统的划分

[Ⅲ] 北京 2008 年奥运会自行车馆

此段不是某市港口医院的"医技楼和新病房楼"工程的内容,但是为了阐明给水工程中其他相关分部、分项工程在编制施工技术交底中的具体做法,故引入此工程实例的内容。

（A）设计参数及给水水源

a. 设计参数

新馆生活给水最高日用水量 486.25m³/日,小时用水量 72.99m³/h,平均小时用水量 56.51m³/h。用水最高日用水量 231.64m³/日,小时用水量 29.32m³/h,平均小时用水量 26.39 m³/h。室内消火栓设计用水量为 $q = 20L/s$、火灾延续时间 2h。室外消火栓设计用水量为 $q = 30L/s$、火灾延续时间 2h。自动喷洒用水量为 $q = 21L/s$、火灾延续时间 1h。固定消防炮灭火系统设计用水量为 $q = 40L/s$、火灾延续时间 1h。

b. 给水水源

由石景山路 $DN = 600$ 的市政干管引出一条 $DN = 200,L = 630m$ 的供水干管,至区内给水管网。

（B）给水系统的划分

a. 生活给水的水源和供水流程图（图 3.3.2 - 16）

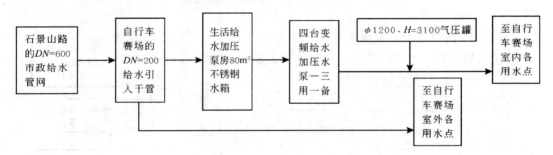

图 3.3.2 - 16　生活给水流程图

b. 生活热水给水水源和供水流程图

体育馆内分散的卫生间洗手盆热水供应由安装在各卫生间的电热水器直接供给。运动员、教练员休息室的淋浴和生活热水以及洗手盆的热水供应采用集中供水方式,其流程图如 3.3.2 - 17 所示。

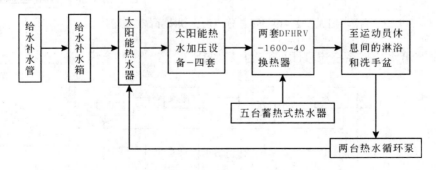

图 3.3.2 - 17　运动员休息间淋浴热水给水流程图

c. 中水系统的水源和供水流程图

中水系统的水源和供水流程图如图3.3.2－18所示。

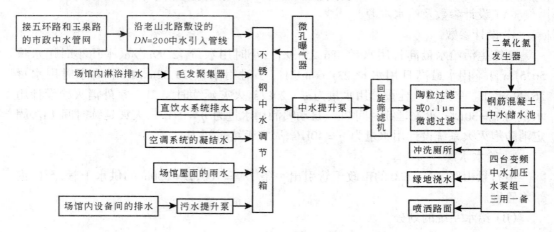

图3.3.2－18　中水系统的水源和供水流程图

d. 管道分质供直饮水系统供水流程图

管道分质供直饮水系统供水流程图如图3.3.2－19所示。

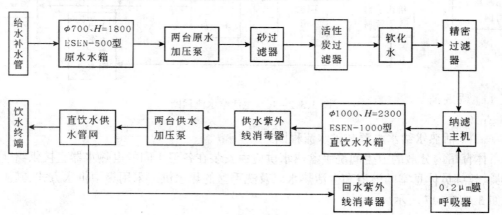

图3.3.2－19　管道分质供直饮水系统流程图

e. 洗车给水处理系统流程图(图3.3.2－20)

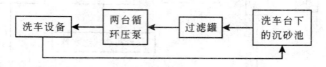

图3.3.2－20　洗车给水处理系统流程图

f. 消防给水水源和供水流程图

(a) 室内外消火栓给水系统供水流程图(图3.3.2－21)。

(b) 消防喷淋给水系统供水流程图(图3.3.2－22)。

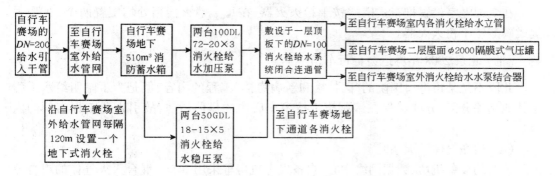

图 3.3.2 – 21　室内外消火栓给水系统流程图

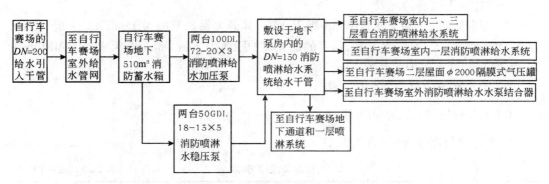

图 3.3.2 – 22　室内消防喷淋给水系统流程图

（c）固定消防炮给水系统供水流程图（图 3.3.2 – 23）。

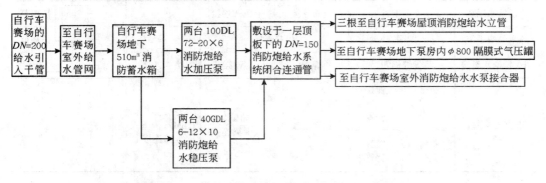

图 3.3.2 – 23　自行车赛场消防炮给水系统流程图

C. 磷酸铵干粉灭火器及气体灭火系统的配置

[Ⅰ] 医技楼

在 CT 检查室、MIR 检查室、彩超检查室设置气体灭火系统,此分项工程由供销商设计与安装。其次在每个消火栓箱处均配置两个 5A 型手提式磷酸铵干粉灭火器。

[Ⅱ] 新病房楼

在变配电室设置推车式磷酸铵干粉灭火器,在每个消火栓箱处均配置两个5A型手提式磷酸铵干粉灭火器。

[Ⅲ]北京2008年奥运会自行车馆

此段不是某市港口医院的"医技楼和新病房楼"工程的内容,但是为了阐明给水工程中其他相关分部、分项工程在编制施工技术交底中的具体做法,故引入此工程实例的内容。

(A)洁净气体灭火系统

重要的设备机房、数据网络中心、自备发电机房等采用IG541混合灭火气体的组合分配洁净气体灭火系统,气体的浓度应不少于40%。

(B)建筑灭火器的配置

本工程按消防等级要求配置5A级灭火器,其最大保护范围为15m²/A。手提式灭火器为MF2型196套、MT3型8套,每套的最大保护距离为20m。推车式灭火器为MFT35型18套,每套的最大保护距离为40m。

D.给水系统的材质和连接方法

[Ⅰ]医技楼和[Ⅱ]新病房楼

(A)管材与连接方法(表3.3.2-19)

管材与连接方法 表3.3.2-19

系统类别	材　质		连　接　方　法			工作压力（MPa）	试验压力（MPa）
			$DN \leqslant 50$	$DN \geqslant 70$	拆卸和阀门处		
生活给水系统	不锈钢管		丝扣连接	卡压式连接	—	—	按规范
热水供应系统	紫铜管		焊接连接		—	—	按规范
消火栓给水系统	无缝钢管		焊接	焊接	法兰连接	—	1.4
消防喷淋系统	报警阀前	镀锌无缝钢管	丝扣连接	1.6MPa沟槽式卡箍连接	法兰连接或1.6MPa沟槽式卡箍连接	—	1.6
	报警阀后	镀锌钢管					

(B)阀门及附件

阀门:供水系统 $DN \leqslant 50$ 为铜质截止阀、$DN \geqslant 70$ 为蝶阀,水泵吸入口前公称压力 $P = 0.6$MPa,水泵出口后公称压力 $P = 1.6$MPa。生活给水和生活热水系统为公称压力 $P = 1.0$MPa的铜质闸阀或截止阀。消火栓给水系统 $DN \leqslant 50$ 为公称压力 $P = 1.6$MPa的铜质闸阀或截止阀,$DN \geqslant 70$ 为公称压力 $P = 1.6$MPa的蝶阀。消防喷淋给水系统 $DN \leqslant 50$ 为公称压力 $P = 1.6$MPa的铜质闸阀或截止阀,$DN \geqslant 70$ 为公称压力 $P = 1.6$MPa的蝶阀。

(C)管道保温

a. 热水管道

$DN \leqslant 100$ 采用 $\delta = 20mm$ 自熄难燃硬聚氨酯管壳，$DN \geqslant 125$ 采用 $\delta = 25mm$ 自熄难燃硬聚氨酯管壳保温。

b. 生活给水管道

吊顶内、管井内、管槽内采用 $\delta = 5mm$ 软聚氨酯泡沫塑料防结露保温。

c. 地下一层及屋顶水箱间内的给水、消防管道和水箱

做 $\delta = 5mm$ 软聚氨酯泡沫塑料防冻结保温。

[Ⅲ] 北京 2008 年奥运会自行车馆

此段不是某市港口医院的"医技楼和新病房楼"工程的内容，但是为了阐明给水工程中其他相关分部、分项工程在编制施工技术交底中的具体做法，故引入此工程实例的内容。

（A）生活给水、中水给水和冷却水循环系统的材质与连接

生活给水系统的管道采用不锈钢管道，$DN \geqslant 100$ 的管道采用法兰式卡环管件连接（原设计采用法兰连接）；$DN \leqslant 80$ 的管道采用丝扣连接。阀门 $DN > 50$ 采用铜制闸阀，$DN \leqslant 50$ 采用铜质铜芯截止阀。管道保温采用 $\delta = 30mm$ 厚的橡塑泡棉，管道防结露保温采用 $\delta = 20mm$ 厚的橡塑泡棉，外缠密纹玻璃布，镀锌钢丝绑扎后，再刷防火调合漆两道。系统工作压力为 0.6MPa，试验压力依据规范要求为 1.0MPa（设计未提出具体要求）。

（B）管道分质供直饮水给水系统的材质与连接

管道分质供直饮水给水系统的材质与连接采用新型的纳米抗菌不锈钢塑料复合管道，$\delta = 20mm$ 厚的橡塑防结露保温，外缠密纹玻璃布，镀锌钢丝绑扎后，再刷防火调合漆两道。阀门 $DN > 50$ 采用铜制闸阀，$DN \leqslant 50$ 采用铜质铜芯截止阀。系统工作压力为 0.6MPa，试验压力依据规范要求为 1.0MPa（设计未提出具体要求）。

（C）热水给水系统的材质与连接

热水给水系统的管道材质采用铜管，管道采用铜焊连接。阀门 $DN > 50$ 采用铜制闸阀，$DN \leqslant 50$ 采用铜质铜芯截止阀。管道采用 $\delta = 30mm$ 厚的橡塑泡棉，外缠密纹玻璃布，镀锌钢丝绑扎后，再刷防火调合漆两道。系统工作压力为 0.6MPa，试验压力依据规范要求为 1.0MPa（设计未提出具体要求）。

（D）消防给水系统的材质与连接

消防给水系统的材质采用内衬塑镀锌钢管，$DN \geqslant 100$ 的管道采用沟槽式卡箍柔性管件连接；$DN \leqslant 80$ 的管道采用丝扣连接。阀门采用明杆内涂型阀门；检修阀门采用内衬塑球墨铸铁阀门。系统工作压力为 1.0MPa，试验压力为 1.4MPa（设计未提出具体要求）。

（E）水箱

水箱为不锈钢水箱，保温采用 $\delta = 30mm$ 厚的橡塑保温板，外包 $\delta = 0.5mm$ 厚镀锌钢板保护壳。

（4）排水工程

排水分有压排水系统、无压排水系统、内排雨水系统三种。

A. 排水系统的划分

[Ⅰ] 医技楼

（A）有压排水系统：详见表3.3.2-20。

有压排水系统 表3.3.2-20

集水坑编号	集 水 坑 位 置 与 个 数					注解
	位　　置	个数	位　　置	个数	合计	
1号	抗爆单元一防毒通道	1	抗爆单元四防毒通道	1	3	设计无交代
	抗爆单元二楼梯间	1	—	—		
2号	抗爆单元一扩散室	1	抗爆单元四扩散室	1	4	
	抗爆单元一洗消间	1	抗爆单元四洗消间	1		
3号	抗爆单元二扩散室	1	抗爆单元三扩散室	1	2	

（B）无压排水系统：详见表3.3.2-21。

无压排水系统 表3.3.2-21

污水干管			连接污水立管				备　　注
编号	管径	标高	编号	管径	通气管编号	管径	
W/1	75	-2.30	WL-4	75	WL-4	75	直通屋面
W/2	75	-2.20	WL-5	75	WL-5	75	直通屋面
W/3	150	-2.20	WL-11	75	WL-11	75	直通屋面
			WL-1	75	WL-1	100	通过DN100干管连通后出屋面
W/4	100	-2.20	WL-2	—	TL-1	100	
			WL-10	75	WL-9	75	合并后直通屋面
W/5	100	-2.20	WL-9	75	—	—	
			WL-3	75	TL-1	100	通过DN100干管连通后出屋面
W/6	75	-2.10	WL-6	75	WL-6	75	直通屋面
W/7	100	-2.10	WL-7	75	WL-7	75	直通屋面
			WL-8	75	WL-8	75	直通屋面
			WL-12	100	WL-12	100	直通屋面

（C）内排雨水管道系统：详见表3.3.2-22。

雨 水 干 管			连接雨水立管		服 务 对 象
编号	管径(mm)	标高(m)	编号	管径	
Y/1	150	– 2.30	YL – 1	100	接五、六屋面雨水口
			YL – 6	100	接五、六屋面雨水口
Y/2	100	– 2.20	YL – 2	100	接五、六屋面雨水口
Y/3	100	– 2.20	YL – 5	100	接五、六屋面雨水口
Y/4	100	– 2.10	YL – 3	100	接五屋面雨水口
Y/5	100	– 2.10	YL – 4	100	接五屋面雨水口

[Ⅱ] 新病房楼

(A) 有压排水系统:详见表 3.3.2 – 23。

有压排水系统   表 3.3.2 – 23

集水井编号	集水井位置与潜污泵型号			密封井盖	
	位 置	潜污泵型号	个数	型号	个数
1 号	6 号电梯前室	$Q = 10L/s$、$H = 20m$、$N = 5.5kW$	2	—	—
2 号	凝结水箱间内	$Q = 5L/s$、$H = 18m$、$N = 5.5kW$	2	—	—
3 号	3 号电梯前室	$Q = 10L/s$、$H = 20m$、$N = 5.5kW$	2	—	—
4 号	(5) - (6)与(A) - (B)	$Q = 5L/s$、$H = 18m$、$N = 5.5kW$	2	FRK$_2$ – 70	1
5 号	网格内	$Q = 5L/s$、$H = 18m$、$N = 5.5kW$	2	—	—

(B) 无压排水系统:详见表 3.3.2 – 24。

无压排水系统   表 3.3.2 – 24

污 水 干 管				连接污水立管				服 务 对 象
编号		管径	标高	编号	管径	通气管编号	管径	
干管	总立管							
W/1	—	100	– 2.40/4.65	WL – 1D	100	TL – 12	100	地上二层男更衣室
				WL – 2D	100	TL – 12	100	地上二层女更衣室
				WL – 3D	100	TL – 12	100	地上二层护士值班室
				WL – 4D	100	TL – 13	100	地上二层护士办公室

污水干管				连接污水立管				服务对象
编号		管径	标高	编号	管径	通气管编号	管径	
干管	总立管							
W/2	WL－Z1	150	－2.40/10.10	WL－1	100	TL－1	100	地上三至十一层(1)－(2)与(A)－(B)网格病房
				WL－2	100	TL－1	100	
				WL－3	100	TL－2	100	地上三至十层(1)－(2)与(B)－(C)网格病房
				WL－4	100	TL－2	100	
				WL－23	100	TL－12	100	地上三至十一层(2)－(3)与(C)－(D)网格护士值班
				WL－24	100	TL－13	100	地上三至十一层(2)－(3)与(C)－(D)网格急救等
				WL－5	100	TL－3	100	地上三至九层(1)－(2)与(C)－(D)网格病房
				WL－6	100	TL－3	100	
				WL－7	100	TL－4接至TL－3	100	地上三至九层(1)－(2)与(D)－(D/E)网格病房
				WL－8	100	TL－5	100	地上三至十一层(1)－(2)与(D)－(D/E)网格病房
W/3	—	75	－2.20	WL－5D	75	TL－5	75	二层医生办公室
	—			WL－6D	75	TL－6	75	二层医生值班室
W/4	—	150	－1.60/10.10	WL－7D	75	TL－7	75	二层污洗间
	—			WL－8D	75	TL－7	75	二层主任办公室
	WL－Z2			WL－9	100	TL－6	100	地上三至十一层(2)－(3)与(D/E)－(E)网格病房
				WL－10	100	TL－6	100	地上三至九层(2)－(3)与(D/E)－(E)网格病房
				WL－11	100	TL－7	100	地上三至八、九层(3)－(4)与(D/E)－(E)网格病房
				WL－12	100	TL－7	100	
				WL－25	100	WL－25	100	地上三至十一层(2)－(3)与(D/E)－(E)网格病房
				WL－13	75	WL－13	75	地上三至十一层(4)－(5)与(E)－(E/F)网格污洗间等

污水干管				连接污水立管				服务对象
编号		管径	标高	编号	管径	通气管编号	管径	
干管	总立管							
W/4	—	150	−1.60/10.10	WL–15	75	WL–15	75	地上三至十层(5)–(6)与(E)–(E/F)网格办公室等
				WL–14	100	接 TL–7	100	地上三至十层(4)–(5)与(D/E)–(E)网格开水间
W/5	—	100	−2.20	WL–9D	100	接 TL–8	100	地上二层(4)–(5)与(D)轴交叉网格的办公室
	—			WL–10D	75		75	
	—			WL–11D	100	接 TL–9	100	地上二层2号男女厕所
	—			WL–12D	100		100	
W/6	WL–Z3	150	−2.00	WL–16	100	TL–8	100	地上三至九层(5)–(6)与(C)–(D)网格病房
				WL–17	100	TL–8	100	
				WL–18	100	TL–9	100	地上三至九层(5)–(6)与(D)–(E)网格病房
				WL–19	100	TL–9	100	
				WL–26	100	WL–26	100	地上三至十一层(4)–(5)与(D)轴交叉网格处置室护士值班室等
				WL–20	100	TL–10	100	地上三至十二层(4)与(C)轴交叉网格治疗室、观察室等
				WL–27	75	WL–27	75	地上三至十层(5)与(B/C)轴交叉网格病房等
				WL–Z3支	50	—	—	二层备餐室
				WL–28	75	WL–28	75	地上一、三至十层新风机房
W/7	—	150	−2.00	WL–21	100	TL–11	100	地上一至九层清洁室
	—			WL–22	100	TL–11	100	

(C) 内排雨水管道系统:详见表 3.3.2 – 25。

[Ⅲ] 北京 2008 年奥运会自行车馆

此段不是某市港口医院的"医技楼和新病房楼"工程的内容,但是为了阐明排水工程中其他相关分部、分项工程在编制施工技术交底中的具体做法,故引入此工程实例的内容。

奥运会自行车赛场场馆区须排入市政污水管网的污水为 55.0m³/d。

雨水干管			连接雨水立管		服 务 对 象
编号	管径	标高	编号	管径	
Y/1	150	－1.40	YL－1	100	接十二屋面一个雨水口排至屋面
			YL－2	100	接十二屋面一个雨水口排至屋面
			YL－7	150	接十一屋面两个雨水口
Y/2	150	－1.40	YL－3	150	接五、六屋面雨水口
Y/3	150	－1.40	YL－6	150	接二至十层阳台雨水口和十一层屋面三个雨水口
Y/4	150	－1.40	YL－4	100	接(3)－(4)与(A)交叉网格内十屋面各一个雨水口
			YL－5	100	

（A）废水排水系统

主要是卫生间洗脸盆、淋浴室的排水,空调系统的凝结水、管道分质供直饮水系统的排水,以及各设备机房的排水。它们均排至中水处理站进行处理后,作为冲洗厕所、浇灌绿地等用途。详见中水系统的水源和供水流程图(图 3.3.2－18)。

（B）无压污水排水系统

a. 馆内各层的卫生间污水的排放

主要排放方式为无压污水排水立、干管排水系统。它们排入室外污水管网,经过化粪池生化处理后再排入市政污水管网。

b. 餐馆污水的排放

餐馆污水因含有油污,因此先经过地上式隔油池除油处理后,再排入室外污水管网。

c. 山地车、汽车洗车废水

山地车、汽车洗车废水就地经过沉砂池沉淀处理后,重新使用,详见洗车给水处理系统流程图(图 3.3.2－20)。

（C）雨水排水系统

雨水排水流程图如图 3.3.2－24 所示。

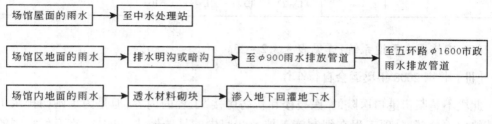

图 3.3.2－24　场馆雨水排放流程图

B. 排水系统的材质和连接方法

[Ⅰ]医技楼和[Ⅱ]新病房楼

（A）排水管道的材质和连接方法

无压排水管道的材质 $DN \geqslant 50$ 采用柔性连接铸铁管,接头采用不锈钢带卡箍连接, $DN < 50$ 采用镀锌钢管,接头采用丝扣连接。

有压排水管道的材质为焊接钢管,接头采用焊接连接。有压排水管道的阀门采用公称压力 $P = 0.6MPa$ 的铜质阀门。

（B）雨水管道的材质和连接方法

雨水管道的材质采用镀锌钢管,接头 $DN \leqslant 70$ 采用丝扣连接, $DN \geqslant 80$ 采用焊接连接, 焊口处作防腐处理,但是需拆卸处采用法兰连接。雨水斗采用 87 型钢制雨水斗。

（C）管道的防结露保温

敷设于吊顶内、管井内、管槽内或可能冻结的地方的排水管道采用 $\delta = 5mm$ 软聚氨酯泡沫塑料的防结露保温。

（D）管道的防腐

镀锌钢管丝扣外露处、损坏处、法兰连接焊接处和焊接钢管除锈后采用两道防锈漆打底,再刷银粉漆两道。

[Ⅲ]北京 2008 年奥运会自行车馆

此段不是某市港口医院的"医技楼和新病房楼"工程的内容,但是为了阐明排水工程中其他相关分部、分项工程在编制施工技术交底中的具体做法,故引入此工程实例的内容。

因原设计对排水管道采用的材质和连接方法未提出具体要求,依据工程的性质,公司拟排水管道采用离心铸造的排水铸铁管和不锈钢管箍柔性连接。雨水排水系统的材质和连接方法同排水系统,也采用离心铸造的排水铸铁管和不锈钢管箍柔性连接。见表 3.3.2 – 26。

排水和雨水管道的材质和连接方法　　　　　　　　表 3.3.2 – 26

项　目	采用材质与连接方法		保温材料和保温层厚度 δ	试验压力	附件材质	
	种类	材质和连接方法				
污水、废水、通气排水管	无压管	机制柔性排水铸铁管抗振柔性接口橡胶圈密封不锈钢卡箍卡紧	防结露保温橡塑泡棉 $\delta = 20mm$	有压管道 2 倍水泵扬程	—	—
	有压管	不锈钢管焊接连接,拆卸处用法兰连接			阀门	铜芯闸阀
雨水管	内涂塑料镀锌钢管沟槽连接或焊接,但焊口表面作防腐处理				—	—
管道防腐	排水、雨水、通气管	按装修要求刷调合漆或银粉漆两道			—	—
	铸铁管	内外刷防锈漆和调合漆各两道			—	—

（5）供暖与通风空调工程

此段不是某市港口医院的"医技楼和新病房楼"工程的内容,但是为了阐明供暖与通风空调工程中其他相关分部、分项工程在编制施工技术交底中的具体做法,故引入北京 2008 年奥运会自行车馆工程实例的内容。

A．供暖与通风空调设计计算参数和冷热源

（A）室外设计计算参数（表 3.3.2-27）

室外设计计算参数　　　　　　　　　表 3.3.2-27

夏　　季		冬　　季	
空调计算干球温度	33.2℃	通风计算温度	-5℃
空调计算湿球温度	26.4℃	空调计算干球温度	-12℃
空调计算相对湿度	78%	空调计算相对湿度	45%
空调计算日平均温度	28.6℃	通风计算干球温度	-5.0℃
平均风速	1.9m/s	平均风速	2.8m/s
风　　向	N	风　　向	N　NW
通风计算干球温度	30℃	采暖计算干球温度	-9℃
大气压力	99.86kPa	大气压力	102.04kPa

（B）室内空调设计计算参数（表 3.3.2-28）

室内空调设计计算参数　　　　　　　　　表 3.3.2-28

房间名称	夏季室内温度(℃)	夏季室内相对湿度(%)	冬季室内温度(℃)	冬季室内相对湿度(%)	新风补给量(m³/h·人)	噪声 dB(A)
办公区	25	60	20	40	20	≤40
附属用房	25	60	20	40	20	≤40
休息室	25	60	20	40	50	≤35
赛场	26	65	18	35	15	≤35
观众席	26	65	18	35	15	≤35

（C）通风空调系统的冷、热源

a．通风空调系统的冷源

本工程通风空调系统夏季的冷源来自地上一层冷冻机房的两台制冷量为 780RT(冷吨)的水冷离心式冷水机组和一台制冷量为 280RT(冷吨)的水冷螺杆式冷水机组作为通风空调系统的冷源,总制冷量为 1840RT(约 6471kW)。空调设计冷负荷为 1840RT(约 6471kW)。

空调冷冻水由三台 $Q = 472m^3/h$、$H = 500kPa$ 和两台 $Q = 170m^3/h$、$H = 500kPa$ 循环泵加压循环,空调冷冻水的循环温度为 7℃/12℃。

冷水机组冷凝冷却系统的水源是在二层安装五台超低噪声 SC-300UL 逆流冷却塔,三台 $Q = 590m^3/h$、$H = 320kPa$ 和两台 $Q = 213m^3/h$、$H = 320kPa$ 冷却水循环泵及一台 $DN = 400$、

$Q = 1114\text{m}^3/\text{h}$ 多功能循环冷却水处理设备,进行冷凝冷却,冷却水温度为32℃/37℃。

b. 通风空调系统的热源

本工程通风空调系统的一次热源由击剑中心的锅炉房集中供热,热媒为95℃/70℃的热水,经热交换站进行热交换,热交换后产生的空调二次水热水温度为60℃/55.5℃。

c. 供暖系统的热源

本工程供暖系统的热源由击剑中心的锅炉房集中供热,热媒为95℃/70℃的热水,总负荷为 $Q = 4660\text{kW}$。供暖系统循环泵利用原夏季的两台冷冻水循环泵进行加压,并通过空调系统的终端设备进行供暖。

B. 通风空调系统设计概况

(A) 空调系统设计简介

a. 赛场和观众席

赛场和观众席设计五个全空气空调系统,空调处理机组均安装在一层的空调机房内。采用顶侧喷口送风,并结合车道与内场的高差设置下侧送风口。回风口则设置在观众席的固定座位下。运行时依据冷热送风温度的不同,调节电动喷口的送风角度和风量,以适应场内温度和风速的需要。同时在冬季,内场还设计有低温地板辐射采暖系统,以确保场内的温度。

b. 辅助及附属房间

(a) 大空间的房间

如大门厅、大餐厅、休息厅等,采用系统的气流组织为上送下回或上送上回的全空气空调系统。

(b) 小空间的房间

如运动员和裁判员休息室、办公室等,则采用风机盘管加新风系统。

(c) 其他房间

如工作时间需要空调保证的房间,空调末端设备采用 $N+1$ 的形式进行设置;而长年累月需要空调保证的房间,则采用冷风多联变频空调方式。

(B) 一般排风系统的设计概况

本工程共计有21个机械排风系统。

a. 赛场、观众席的排风

赛场、观众席的排风采用自然和机械排风相结合的方式。辅助用房采用机械排风方式。

b. 卫生间和设备机房的排风系统

卫生间、淋浴间、制冷机房、中水处理站、热交换站、泵房等设备机房均设置机械排风系统,系统由安装在排风机房内的斜流风机直接排至屋面。卫生间、淋浴间内采用吊顶式卫生间通风器和防倒流装置。

c. 厨房的排风系统

厨房分别设置集中的排风系统,但系统先经过油烟净化装置处理后再排出室外。

d. 消防泵房的排风

消防泵房的排风采用轴流风机直接排出室外。

(C) 防排烟系统的设计概况

a. 自然排烟系统

赛场屋面设置电动排烟窗。火灾时依据情况全部打开或部分打开,进行排烟。

b. 机械排烟系统

本工程共计有 8 个机械排烟系统,它们设置在地上部分暗房和不具备自然排烟条件的内走廊。新风系统的新风成为机械排烟系统的补风系统。风机入口安装 280℃的防火阀门。

(D) 空调冷冻(热水)系统和风机盘管系统流程图

详见空调冷冻(热水)给水系统流程图(图 3.3.2 – 25)。

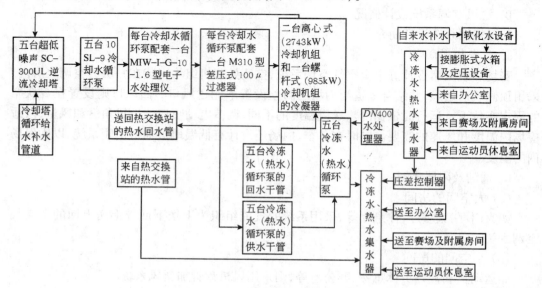

图 3.3.2 – 25　空调冷热水给水流程图

C. 通风系统的材质与安装要求

(A) 空调系统

空调管道采用优质镀锌薄钢板折边咬口成型。管道采用法兰连接或无法兰连接工艺,法兰角钢采用首钢优质产品,风道法兰垫料为 9501 阻燃型密封胶带。排烟风道法兰垫料为 $\delta = 3mm$ 的厚石棉橡胶垫。通风管道应做漏光检测;并按规定通风空调管道保温前应进行漏风量检测,测定的漏风率(量)应小于规范允许的漏风率(量)。

(B) 排风、消防排烟排风和地下室通风系统

排风管道采用镀锌薄钢板,排烟(含兼排风)管道采用玻璃钢风道,预埋短管采用 $\delta \geq 2mm$ 优质镀锌冷轧钢板卷折焊接成型;排烟风道法兰垫料为 $\delta = 3mm$ 的厚石棉橡胶垫;排风、消防排烟风道法兰垫料为 9501 阻燃型密封胶带。管道安装后应做漏光检测;并按规定通风空调管道保温前应进行漏风量检测,测定的漏风率(量)应小于规范允许的漏风率(量)。

(C) 通风系统管道的保温

通风系统管道的保温采用 $\delta \geq 30mm$ 的超细玻璃棉保温板,保温层外缠玻璃丝布保护或加包 $\delta = 0.5mm$ 的镀锌钢板保护壳。排风和空调系统管道的保温采用 $\delta \geq 20mm$ 的阻

燃型橡塑海绵板粘接。

（D）空调系统及冷热水、冷却水的材质（表3.3.2－29）

空调及冷热水、冷却水的材质　　　　　表3.3.2－29

系统名称	采用材质连接方法		保温材料和保温层厚度δ	
空调系统风道	镀锌钢板	折边咬口型钢法兰连接或无法兰连接	采用δ≥20mm的阻燃型橡塑海绵板粘接	防火阀前2m采用δ≥20mm非燃型超细玻璃棉外复合铝箔布
冷冻水、热水管	DN<50	焊接钢管DN≤32为丝扣连接，DN>32为焊接连接	PVC阻燃型橡塑海绵管壳	保温范围包括吊顶内、机房内管道保温层厚度为δ=25mm（凝结水管道保温层厚度为δ=10mm），异形管件采用异形管壳保温
冷热共用水管	DN≥50	≥φ325×9无缝钢管和螺旋管道为焊接连接		
凝结水管	DN<100	镀锌钢管丝扣连接		
风机盘管连接管道				
冷却水循环管道	—	—	室外管道冬季采用电伴热保温	
冷冻水热水管试验压力	工作压力为0.6MPa，试验压力为1.0MPa			
消声静压箱	—	箱内衬50mm超细玻璃棉板，外包玻璃布再用铝网压平加固		

（E）空调、通风系统自动控制（DDC）系统（表3.3.2－30）

空调、通风系统自动控制（DDC）系统　　　　　表3.3.2－30

项　目	概　况　与　组　成	功　能
DDC系统的设计概况	空调、通风系统、冷源、热源直接数字控制	对建筑物内的空调设备、测试参数点进行监测、控制、故障诊断、报警、打印记录
控制系统的组成	微机控制中心、分布式直接数字控制器、通讯网络、传感器及执行器、控制软件、	设备状态、测点温湿度、供电故障汉化显示、编程、打印和密码保护
主要软件功能要求	密码系统、控制系统动态彩色图、各单项专业控制、自适应控制、外界条件重设定、夜间运行设定、最佳启停控制设定、设定值可调整、焓值控制等软件	控制点报警、控制点历史记录、平时及假日运行启停时间记录、运行动态记录、设备运行时间累计记录、焓值控制记录等
对操作系统的主要设备的要求	启停有关设备和装置、调整设定点装置、增加取消修改时间控制程序、执行或停止电脑运行的各项程序、停止或接收有关监控点报警状态设备、执行或停止有关监控点运行时间累计记录装置、执行或停止有关监控点动态记录装置、加入或更改模拟量输入点的报警上下限数值装置、加入或更改模拟量输入点的危险提示上下限数值装置、设定假期表软件，记录及摘要软件、修改系统内日期时间软件等	
对各控制点的具体要求	详见原设计施工图设施－3的控制说明	

项　　目	概　况　与　组　成	功　　　能
动态彩色图显示要求	系统提供包括楼层平面图、机电设备三维动态显示图,各设定点和监测点的参数应在图中实时动态显示,操作人员不必进行程序操作。同时工作站应同时显示多幅工作人员增加修改或取消的显示图	
图形化的编程要求	用户可以使用图形化编写程序语言编写机电设备的联动控制程序和各种逻辑性控制程序	
风机盘管温度的控制	利用室内三速风机开关按钮和温控器控制风机盘管进出水管的电动二通阀进行控制	

D. 供暖系统设计概况

本工程供暖系统总热耗为 4660kW,供暖系统为空调系统的补充。它可以与空调系统同时运行,也可以独立运行。

（A）观众厅、制冷机房、中水处理站、泵房

观众厅、制冷机房、中水处理站、泵房设集中供暖系统,系统采用上供下回异程式双管系统。散热器为钢制 3180 型散热器,系统工作压力为 0.6MPa,试验压力为 1.0MPa。管道采用焊接钢管、丝扣或焊接连接。保温材料为 $\delta = 30mm$ 铝箔玻璃棉橡塑管壳。

（B）赛场内区

赛场内区为热媒温度为 60℃/50℃ 的低温地板辐射采暖系统,因设计未说明管道采用何种材质,公司依据以前施工和投入使用建筑的情况,本工程拟采用 PE – X 交联聚乙烯管材。低温地板辐射采暖系统的布管方式如图 3.3.2 – 26 所示。

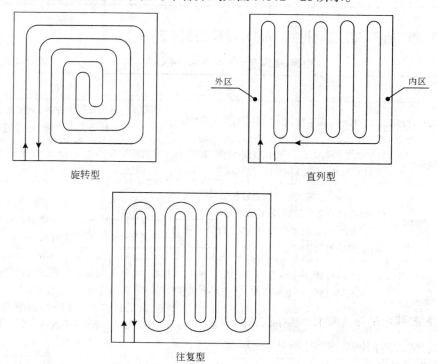

图 3.3.2 – 26　辐射采暖地板加热管布管方式

（C）供热原理流程图

空调设备机房没有设计详图，因此，仅介绍供热原理，其流程图如图 3.3.2 - 27 所示。

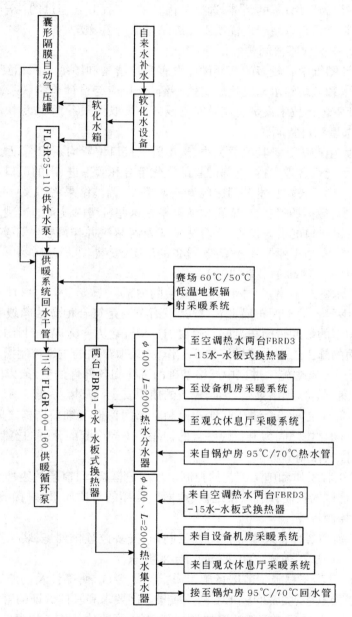

图 3.3.2 - 27　自行车赛场供热原理流程图

3.3.3　工程中的重点和技术难点交底

实例 1： 某市港口医院的"医技楼和新病房楼"工程。

本工程除了洁净室的安装和自动控制外，其他暖卫、通风空调及甲方准备外包的机房内设备安装工程项目，均为我公司专业分公司常见和安装过的一般项目。虽然我公司有与净化厂家合作施工、安装高科技生物工程正压洁净试验室和负压洁净安全实验室、医用100级(新标准5级)洁净手术室的经验。但是为了贯彻我公司一贯坚持的"重质量、重信誉、创名牌和一切为了用户"的精神,选择了优秀的、与我方合作过的洁净厂家(上海×××净化设备安装公司),以便于以优质工程成果呈献给建设方。

(1) 对设计中交代不清问题的处理

主要是设计图纸中有较多的细部设计没有交代清楚和图纸之间相互矛盾,如医技楼地下室有压排水和人防给水未交代或交代不清,公司应与设计单位联系,尽快获得解决,到时再另行交底;现场技术人员也应及时与设计人员取得联系,争取尽快解决。

(2) 设备选型和订货问题

因不同厂家生产的设备其尺寸大小、进出管线接口位置均不相同,因此设备选型涉及到已定机房面积能否合理安排、内部配管的优化组合和管道进、出的甩口与外接管线的衔接等大事,因此,除了公司技术部门已经审核调整外(调整结果将以文字资料另行下发),现场人员在放线、备料、安装前也应再次认真审核这些机房内设备的选型及进出口位置与现外围进、出管道甩口的设计位置,不合适的应及时解决并作调整。证实已无差错后,方可进行设备定货、实施土建及专业管线、设备的施工、安装。

(3) 关于十一层洁净手术室的施工

A. 洁净手术室对土建、给排水、电气安装的关系

(A) 洁净手术室的平面布局:经审查其平面布局是符合相应洁净级别对平面布局的要求,负压洁净室的缓冲带面积足够。门窗的选型开启方向无误,密封结点结构合理。但是,现场在下面的施工工序中应做好如下工作,并采取严格的质量控制措施。

a. 结构专业在整个施工过程中严格基础的沉降和各部件的变形,以防止维护结构的开裂造成的渗漏、积尘、细菌繁殖,影响建筑的使用安全和环境污染。

b. 建筑各部件之间结合缝严密性的控制。如门窗框与维护结构之间的结合缝严密性的控制;各不同材质之间为避免因各自的伸缩率不同引起的开裂的控制;管线穿越围护结构之处严密性的控制等等。

c. 各分项工程材质和施工工艺的控制。如门窗框架、门窗扇的刚性和平整度以及零部件结合缝严密性的控制;墙体、楼地板(地面)、顶棚的材质质量、拼接缝严密性、表面平整度光洁度的控制等等。

d. 设备安装中各种管道零部件的加工制作、安装位置排列、安装工序和工艺应严格执行洁净室施工调试相关规范和规程的规定和要求。

e. 各分部、分项工程施工前进行施工质量策划会议,明确涉及的施工规范条文的内容、施工工序搭接顺序、关键的施工工艺及质量控制要求和具体保证的管理和技术措施。

f. 制定各分部、分项工程的施工技术交底文件,严格执行施工技术交底要求。

g. 制定合理的调试检测方案,配备相关检测仪表、仪器,为验证和实现工程设计功能要求做好实施条件保障。

(B) 洁净手术室的材料选择:洁净手术室的材料选择符合难燃、不起尘、表面光滑不积尘、不开裂、不吸水、耐擦洗、易清扫和抗酸碱腐蚀等要求。

(C) 设备附件、箱体的选择:设备附件、箱体的结构合理、接口密封,不渗漏,也符合防

尘要求。

（D）排水附件的设计与选择：如手术室（尤其是负压洁净室）内的地漏应属于洁净专业专用的深密封型地漏，地漏的水封高度能满足负压度的要求。

（E）关于洁净室内的气流组织：原设计洁净室的气流组织均为上送上回与洁净室的通用气流组织不甚相符，尤其对100级（新5级）洁净室更影响其洁净效果，因此在土建施工前已与设计部门协商解决，方可以进行施工。我们已建议设计人员采用上送侧回的方案，设计单位正在进行修改，不久将下达设计变更。

（F）关于自动控制和测试孔的选择：它涉及到的暖卫、通风空调能源供应系统能否符合工艺要求、运行中参数检测、调整、报警等控制。因此必须关注三方面问题。

a. 自动化控制检测探头、信号变送、调节部件执行机构、检测口构造和暖通专业调节部件在各系统中的安装位置的合理性、可操作性；

b. 为了检测、调试、维护检修窗井、检修人员行走栈桥等设施的布局的可行性、合理性以及检查井对顶棚分割、灯具布局、送回风口布局、烟（温）感探头分布、喷淋头布局等安排引起调整的可行性、合理性、合法性；

c. 自动化控制系统的控制线路很多，因此在各机房内、管线较集中的顶棚、房间内，就成为建筑安全、施工质量的关键性问题。因此这些线路的走向、埋设位置（结构层、垫层、吊顶内的线槽内等）问题必须在楼地板、墙体施工前进行全面安排解决好，才能进行结构施工；在安排中应注意不要将多根穿管同时集中在结构层一个地方，以免影响结构的安全。也要注意控制线路对屏蔽性的要求，避免相互干扰，影响控制检测的准确性和可靠性。因此，线路的走向、埋设位置（结构层、垫层、吊顶内的线槽内等）的安排预案，由电气工程师李××负责，暖卫工程师杨××、通风空调工程师佟×协同完成线路的走向、埋设位置（结构层、垫层、吊顶内的线槽内等）的安排预案，此项工作应在土建施工前完成，并提供现场总工程师审核定案。

B. 关于厂家和装配式材料的选择：厂家和装配式材料的选择一定要贯彻质量重于一切的原则，负责竣工后能否符合设计和工艺要求就难以保证。我们已建议选用与我方合作过的上海××净化工程安装公司承建，现在正和甲方合作进行签订安装合同的谈判。

C. 关于施工安装工艺流程：相关管理和技术人员应明确施工流程的合理性、施工工序的科学性搭接，避免施工返工的科学施工是确保负压度、负压梯度、洁净度实现的关键。并依据洁净手术室的特点和设计、施工规范的要求，加强各工种施工中的协调，严格执行各工种间、工种内部工序搭接顺序（图3.3.3）的要求进行施工与安装，才能保证施工质量要求。

（4）关于保证工程质量的组织措施

洁净室（尤其是负压洁净室）施工中采用的施工工艺、工艺流程是否科学和是否严格遵循负压洁净室施工的规律也是至关重要的。为此，我公司准备采取如下的管理和技术措施。

A. 成立由各方相关人员齐全的工程施工领导管理和技术指导的核心小组负责施工管理指导和技术支持。

B. 工程施工之前召开工程项目经理、项目总工程师、各专业主任工程师和施工技术负责人、材料采购负责人的联席会议,阐明本工程的重要性、技术保障重点及具体的施工质量控制项目、重要的技术措施、采购物资的质量要求和进出的检测和验收规则。

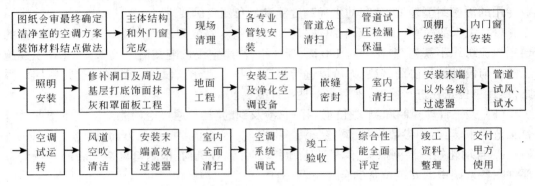

图 3.3.3　洁净工程施工安装工序搭接流程图

C. 经交涉现场已组织由甲方牵头的总包、分包、设计、施工、监理、建设各方的协调小组,施工中出现的各种问题应及时上报该协调小组协调,以便加速工程进度。

实例 2:北京 2008 年奥运会自行车馆工程的内容。

(1) 设备选型

设备选型及配管的安装等,直接涉及到整体工程的施工质量。不同厂家生产的设备其尺寸大小、进出管线接口位置均不相同,因此设备选型涉及到已定机房面积能否合理安排、内部配管的优化组合和管道进、出甩口与外接已安排管线的衔接大事,因此,施工前期的第一件大事是审核这些机房内设备的选型及进出口位置与现外围进、出管道甩口设计位置是否合适和有无调整的余地,及时解决这些矛盾,再进行土建和设备安装。

此项工作由电气工程师李××、暖卫工程师杨××、通风空调工程师童××负责协同完成。

(2) 关于自动化控制

本工程全部设备设施(包括比赛实施过程、电话通信、安全防护、消防系统、通风空调及各机房内设备运行、参数检测与调整等)均实行计算机楼宇自动化控制运行。这是当前比较新的项目,它涉及到的暖卫、通风空调能源供应,系统运行中参数检测、调整、报警等控制。而本工程暖卫、通风空调系统众多、分布面较广而分散,因此必须关注三方面问题。

A. 楼宇自动化控制检测探头、信号变送、调节部件执行机构、检测口构造和暖通专业调节部件在各系统中的安装位置的合理性、可操作性;

B. 为了检测、调试、维护检修窗井、检修人员行走栈桥等设施的布局的可行性、合理性以及检查井对顶棚分割、灯具布局、送回风口布局、烟(温)感探头分布、喷淋头布局等安排引起调整的可行性、合理性、合法性;

C. 楼宇自动化控制系统的控制线路很多(可以说非常之多),因此在各机房内、管线较集中的顶棚、房间内,就成为建筑安全、施工质量的关键性问题。这些线路的走向、埋设位置(结构层、垫层、吊顶内的线槽内等)问题必须在楼地板、墙体施工前进行全面安排解决好,才能进行结构施工;在安排中应注意不要将多根穿管同时集中在结构层一个地方,以免影响结构的安全。也要注意控制线路对屏蔽性的要求,避免相互干扰,影响控制检测的准确性和可靠性。

此项工作由电气工程师李××负责,暖卫工程师杨××、通风空调工程师童××协同完成。

(3) 采用材料比较高档,要求施工人员的技术素质较高

由于采用材料比较高档,且特种材料、设备较多。因此施工工艺标准较高又复杂,因此要求施工人员的技术素质较高。此项工作公司已有安排。

(4) 空间大系统多,调试难度大

由于本工程赛场的面积大、空间也大,因此室内设计参数要达到设计和使用要求比较困难,对系统设计功能和设计参数的调试也带来较大的难度。

此项工作由电气工程师李××、暖卫工程师杨××、通风空调工程师童××负责协同提出预案,并拟定安全施工的技术和管理措施。

(5) 工程要求总包单位具备细部扩展深化设计的能力

鉴于设计单位远在广州,距离施工现场较远,且有些分项工程设计不详细,例如赛场内低温地板辐射采暖工程。招标文件也要求总包单位具备细部扩展深化设计的能力,这对于施工单位的专业技术干部的资历、专业技术水平和实践经验的要求是比较高的。因此公司已确定由具备承担此任务的专业技术干部李××副总经理、刘××主任工程师、童××通风空调工程师、杨××给排水工程师、申××电气工程师组成深化设计小组,投入此项工程的深化设计,并负责施工技术管理中的组织和指导。

3.3.4 新工艺和新材料的应用

为了提高工程的施工质量,经公司批准决定采用如下两项新工艺。

(1) 风管无法兰连接的安装工艺

现将"无法兰金属通风管道制作安装"的具体工艺和技术要点简介如下:

A. 无法兰金属风管连接节点的构造

(A) 常见无法兰风管的连接方法

风道的无法兰连接可以节约大量的钢材,降低工程造价,但是要有相应的风道加工机械和安装工具。常见的风道无法兰连接有如下几种。

a. 抱箍式连接(主要用于圆形和螺旋风道)

在风道端部轧制凸棱(把每一管段的两端轧制出鼓筋,并使其一端缩为小口),安装时按气流方向把小口插入大口,并在外面扣以两块半圆形双凸棱钢制抱箍抱合,最后用螺栓穿入抱箍耳环中拧紧螺栓将抱箍固定。

b. 插接式连接(也称插入式连接,主要用于矩形和圆形风道)

安装时先将预制带凸棱的短管插入风道内,然后用铆钉将其铆紧固定。

c. 插条式连接(主要用于矩形风道)

安装时将风道的连接端轧制成平折咬口,将两段风道合拢,插入不同形式的插条,然后压实平折咬口即可。安装时应注意将有耳插条的折耳在风道转角处拍弯,插入相邻的插条中;当风道边长较长插条需对接时,也应将折耳插入相邻的另一根插条中。

d. 单立咬口连接(主要用于矩形和圆形风道)

单立咬口连接详见图 3.3.4－1。

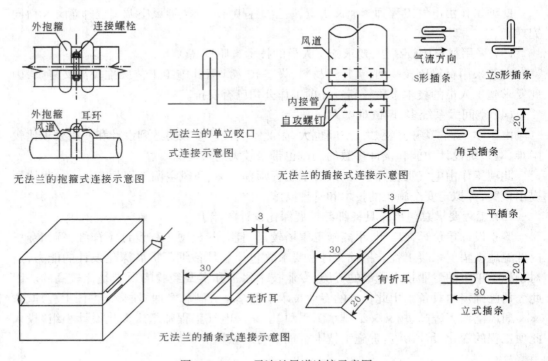

图 3.3.4－1　无法兰风道连接示意图

（B）无法兰圆形风管的连接

a. 无法兰圆形风管的芯管连接形式

无法兰圆形风管的连接形式一般采用芯管连接形式,芯管有鼓形加强型和直管角钢加强型两种,鼓形加强型芯管的构造形式详见图 3.3.4－2。不同圆形风管芯管长度、自攻螺钉(或铆钉)个数、外径允许偏差见表 3.3.4－1。抱箍式连接有立筋抱箍连接和水平抱箍连接两种,其连接形式详见图 3.3.4 － 1 和表

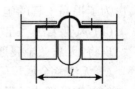

图 3.3.4－2　无法兰钢板风管连接

3.3.4－2(原表详见 GB 50243—2002《通风与空调工程施工质量验收规范》第 4.3.3 条的表 4.3.3－1)。

b. 无法兰圆形风管的连接节点的构造形式

无法兰圆形风管的连接节点构造形式详见表 3.3.4－2(原表详见 GB 50243—2002《通风与空调工程施工质量验收规范》第 4.3.3 条的表 4.3.3－1)。

（C）无法兰矩形风管的连接

无法兰矩形风管的连接节点可按不同情况采用承插式、插条式及薄钢板弹簧夹式连接,详见图 3.3.4－3。

无法兰矩形风管的连接应采取密封措施,以减少漏风量,在管内压力 P = 800Pa 范围内,有密封措施连接的无法兰矩形风管的漏风率仅为角钢法兰连接风管漏风率的 2% 左

右;而无密封措施连接的无法兰矩形风管的漏风率比角钢法兰连接风管的漏风率要高出 6～30 倍。

圆形风管的芯管连接参数表　　　　　　　　　表 3.3.4－1

风管直径 D（mm）	芯管长度 l（mm）	自攻螺钉或抽芯铆钉数量（个）	管道外径允许偏差(mm)	
			风管	芯管
120	120(60)	3×2(即 φ2)	−1～0	−3～−4
300	160(80)	4×2(即 φ2)		
400	200(100)	4×2(即 φ2)	−2～0	−4～−5
700	200(100)	6×2(即 φ2)		
900	200(100)	8×2(即 φ2)		
1000	200(100)	8×2(即 φ2)		

注:芯管长度栏中括号内数值为某些资料推荐的数值。

圆形风管无法兰连接形式　　　　　　　　　表 3.3.4－2

无法兰连接形式		附件板厚(mm)	接口要求	使用范围
承插连接		—	插入深度≥30mm,有密封要求	低压风管　直径＜700mm
带加强筋承插		—	插入深度≥20mm,有密封要求	中、低压风管
角钢加固承插		—	插入深度≥20mm,有密封要求	中、低压风管
芯管连接		≥管板厚	插入深度≥20mm,有密封要求	中、低压风管
立筋抱箍连接		≥管板厚	翻边与楞筋匹配一致,紧固严密	中、低压风管
抱箍连接		≥管板厚	对口尽量靠近不重叠,抱箍应居中	中、低压风管宽度≥100mm

a. 无法兰矩形风管连接节点的构造形式

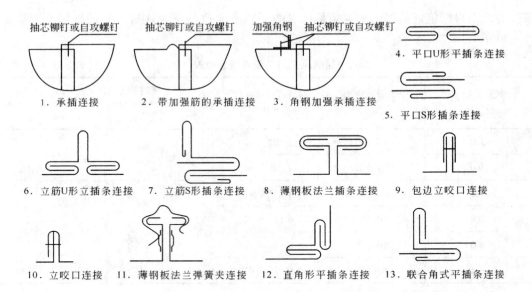

图 3.3.4－3　矩形风管无法兰连接的节点形式

无法兰矩形风管连接节点的构造形式详见表 3.3.4－3(原表详见 GB 50243—2002《通风与空调工程施工质量验收规范》第 4.3.3 条的表 4.3.3－2)。

矩形风管无法兰连接形式　　　　　　　　　　表 3.3.4－3

无法兰连接形式		附件板厚(mm)	使用范围
S形插条		≥0.7	低压风管单独使用连接处必须有固定措施
C形插条		≥0.7	中、低压风管
立插条		≥0.7	中、低压风管
立咬口		≥0.7	中、低压风管
包边立咬口		≥0.7	中、低压风管
薄钢板法兰插条		≥1.0	中、低压风管

无法兰连接形式		附件板厚（mm）	使用范围
薄钢板法兰弹簧夹		≥1.0	中、低压风管
直角形平插条		≥0.7	低压风管
立联合角形插条		≥0.8	低压风管

注：薄钢板法兰风管也可采用铆接法兰条连接的方法。

b. 无法兰矩形风管的应用范围

（a）矩形风管大边长 $b \leqslant 1000mm$ 的无法兰连接

① 插条法兰连接形式的应用范围

当前国内尚无标准，一般可按下列原则选用。

第一、当风管大边长 $b = 120 \sim 630mm$ 时，其风管的上下大边采用 S 形插条连接，其左右两侧边采用 U 形（或称 C 形）插条连接。

第二、当风管大边长 $b = 630 \sim 1000mm$ 时，其风管的上下大边应采用立筋 S 形插条连接，其左右两侧边仍采用 U 形（或称 C 形）插条连接，以增加其牢固性。

② 插条法兰连接的制作要求

第一、采用 U 形（或称 C 形）插条法兰时，风管末端下料要考虑翻边量，一面要预留100mm，并折成180°翻边，可用单平口机进行翻边；U 形（或称 C 形）插条法兰两端制成带舌接头，并长出 20 ～ 40mm，详见图 3.3.4 – 4。安装时应先插装风管上下水平插条，然后插装竖直插条，插装到位后，即将舌头折弯，贴压在已插装好的水平插条上，达到定位的目的，使两节风管在顶部和底部的连接处有加固的效果。

第二、S 形插条一般用于大尺寸风管的上下平面的对接上，它可以提高风管的对接刚度。采用 S 形插条对接风管时，风管的下料长度要加长 22mm 的 90°折边量和与上下风管边的 26mm 重叠量，详见图 3.3.4 – 5。

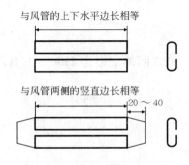

图 3.3.4 – 4　U形（C形）插条法兰

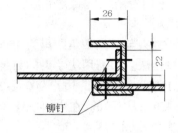

图 3.3.4 – 5　S形插条法兰连接

61

和 U 形(或称 C 形)插条连接风管一样,采用 S 形插条时,要使两节风管在顶部和底部的连接处有加固的效果,将风管两平面在 S 形插条内滑插塞入后,用铆钉铆死,再将风管两个小边插入 U 形(或称 C 形)插条内,最后将带舌接头弯折扣紧。

第三、采用立筋 S 形插条与普通 S 形插条的连接方法相同,所不同的是风管下料长度增加量应根据插条的尺寸来决定,将其增加的长度折成 90°,再与插条连接,用铆钉铆死,然后将立筋部分折回 90°,与风管连接部分重叠,以增加风管系统的刚性。

第四、风管插条连接形式示意图如图 3.3.4-6 所示。

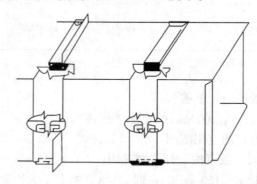

图 3.3.4-6 风管插条连接形式示意图

(b)矩形风管大边长 1000mm < b ≤ 2500mm 的无法兰连接:当矩形风管大边长 1000mm < b ≤ 2500mm 时,一般采用 TDF 和 TDC 连接,TDF 和 TDC 连接工艺的制作要求如下。

① TDF 连接的工艺要求

TDF 连接工艺是将风管本身两端扳边自成法兰,再通过法兰角和法兰夹将两段风管连接。采用该方法连接可用于风管大边长度 1000~1500mm 范围的矩形风管。TDF 连接为表 3.3.4-3(原表详见 GB 50243—2002《通风与空调工程施工质量验收规范》第 4.3.3 条的表 4.3.3-2)中的薄钢板弹簧夹无法兰风管连接形式。其安装工艺工序如下:

第一、在四个角插入法兰角;

第二、将风管扳边自成法兰,并在四周均匀地填充密封胶;

第三、风管法兰组合时,从法兰的四个角套入法兰夹;

第四、用四个螺栓上紧法兰角;

第五、采用专用工具或虎钳将法兰夹压紧;

第六、法兰夹的安装:

Ⅰ.法兰夹与法兰四角距离为 150mm,两个法兰夹之间的空格为 230mm 左右。

Ⅱ.每个法兰边需用法兰夹的数量。

边长 1500mm 4 个   边长 900~1200mm 3 个   边长 600mm 2 个

边长 450mm 以下的,在中间位置设置 1 个法兰夹。

法兰夹详见图 3.3.4-7。

② TDC 连接的工艺要求

TDC 连接是采用插接式(也称组合式)风管法兰连接,可用于风管长边 1500~2500mm

的风管连接,其工艺程序如下。

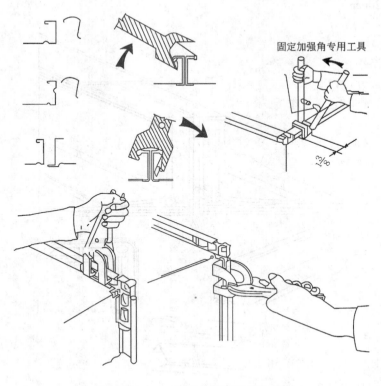

图3.3.4-7 法兰的压紧连接方法

第一、根据风管大边和小边长度压制四根法兰条和四个法兰角;

第二、法兰角插入法兰条组成插接式风管法兰,并将风管的四边插入法兰条内;

第三、检查和调整法兰口的平整度后,将法兰条与风管铆接;

第四、两段风管组合前应在法兰面均匀填充密封胶条,组合时将法兰夹插入并在法兰角上用螺栓固定,最后用专用工具或手虎钳将法兰夹连同两个法兰钳紧。

TDC的连接形式详见图3.3.4-8。

c.无法兰风管连接的质量要求

(a)无法兰风管连接的接口和连接件应符合表3.3.4-2和表3.3.4-3(原表详见GB 50243—2002《通风与空调工程施工质量验收规范》第4.3.3条的表4.3.3-1和表4.3.3-2)的要求。圆形风管的芯管连接应符合表3.3.4-1(即GB 50243—2002《通风与空调工程施工质量验收规范》第4.3.3条的表4.3.3-3)的要求。

(b)薄钢板法兰矩形风管的接口及连接件,其尺寸应准确,形状应规则,接口处应严密。

薄钢板法兰的折边(或法兰条)应平直,弯曲度不应大于5/1000;弹性插条或弹簧夹应与薄钢板法兰相匹配;角件与风管薄钢板法兰四角接口的固定应稳固、紧贴,端面应平整、相连处不应有缝隙大于2mm的连续穿透缝。

(c)采用U形(或称C形)、S形插条连接的矩形风管其边长不应大于630mm,插条与风管加工插口的宽度应匹配一致,其允许偏差为2mm;连接应平整、严密,插条两端压倒长度不应小于20mm。

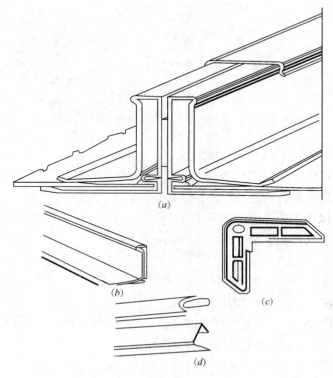

图 3.3.4－8　风管无法兰 TDC 连接示意图
(*a*) 连接形式；(*b*) 法兰条；(*c*) 法兰角；(*d*) 法兰夹

(d) 采用立口、包边立口连接的矩形风管,其立筋的高度应大于或等于同规格风管的角钢法兰宽度。同一规格风管的立口、包边立口的高度应一致,折角应是直角、直线度允许偏差为 5/1000;咬口连接铆钉的间距不应大于 150mm,铆钉间隔应均匀;立咬口四角连接处的铆固应紧密、无孔洞。

(e) 无法兰连接风管的风管材质和管壁厚度应符合 GB 50243—2002《通风与空调工程施工质量验收规范》第 4.2.1 条的规定。

B. 无法兰风管连接的密封和咬口漏风量测试

(A) 无法兰风管连接的密封

无法兰矩形风管的连接应采取密封措施,以减少漏风量,在管内压力 $P = 800Pa$ 范围内,有密封措施连接的无法兰矩形风管的漏风率仅为角钢法兰连接风管漏风率的 2% 左右;而无密封措施连接的无法兰矩形风管的漏风率比角钢法兰连接风管的漏风率要高出 6～30 倍。

用于无法兰风管连接密封的密封胶带主要有牛皮纸胶带、塑料膜胶带、铝箔纸胶带、玻璃布胶带和密封胶等。上述前四种胶带都是一面带胶,可以直接贴在需要密封处的表面上,但粘贴后耐久性较差。且如果粘贴表面不清理干净,还容易自行脱落。一般采用进口的铝箔纸胶带和密封胶密封,其质量较好。图 3.3.4-9 是采用密封胶密封的示意图。

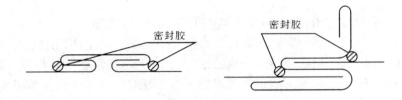

图 3.3.4-9　风管无法兰连接的密封示意图

（B）无法兰风管连接咬口严密性的测试要求

a. 无法兰连接风管制作后应按照 GB 50243—2002《通风与空调工程施工质量验收规范》第 4.2.5 条的规定进行风管的严密性试验。

b. 无法兰连接风管的强度应能满足在 1.5 倍工作压力下接缝处无开裂。

c. 矩形风管的允许漏风量应符合下列规定。

低压系统风管　　$Q_L \leqslant 0.1056 P^{0.65}$

中压系统风管　　$Q_M \leqslant 0.0352 P^{0.65}$

高压系统风管　　$Q_H \leqslant 0.0117 P^{0.65}$

式中　Q_L、Q_M、Q_H——在系统相应的工作压力下,单位风管展开面积在单位时间内的允许漏风量,$m^3/h \cdot m^2$;

　　　　　P——风管系统中的工作压力,Pa。

d. 低压、中压系统圆形无法兰连接风管的允许漏风量为矩形风管允许漏风量的 50%。

e. 排烟、除尘、低温系统无法兰连接风管的允许漏风量按中压系统风管允许的漏风量确定。

f. 1~5 级净化空调系统无法连兰接风管的允许漏风量按高压系统风管的允许漏风量确定。

g. 无法兰连接风管系统的允许漏风量检测方法按 GB 50243—2002《通风与空调工程施工质量验收规范》附录 A 进行。

h. 无法兰连接风管系统的灯光检漏应符合 GB 50243—2002《通风与空调工程施工质量验收规范》附录 A 的要求。

（C）无法兰风管连接咬口严密性测试的抽验数量

a. 无法兰风管连接咬口严密性测试的抽验数量应符合 GB 50243—2002《通风与空调工程施工质量验收规范》第 4.2.5 条第 5 款的规定,即按风管的类别和材质分别抽查,抽查数量不得少于 3 件和 15m^2。

b. 无法兰连接风管应有出厂合格证书和漏光检测和漏风率检测合格的试验资料。

c. 无法兰连接风管产品的出厂包装和运输应符合 GB 50243—2002《通风与空调工程施工质量验收规范》和 JGJ 71—90《洁净室施工验收规范》相关类别通风空调系统的规定。

（D）无法兰连接风管系统的严密性的测试和抽验数量

无法兰连接风管系统的严密性测试和抽验数量应符合 GB 50243—2002《通风与空调工程施工质量验收规范》第 4.2.5 条、第 6.2.8 条和 JGJ 71—90《洁净室施工验收规范》的相关规定。

(2) ISO 金属基层表面碟形帽金属保温钉焊接固定工艺简介

已往金属基层(管道、箱体等)表面板式或毡式保温层的固定均采用塑料碟形帽保温钉胶粘固定的施工工艺。该工艺存在安装工序多、工期长、挥发物污染环境、损害人员健康、易脱落、外表不易平整、施工质量和观感效果差等缺陷。而 ISO 金属基层表面碟形帽金属保温钉焊接固定工艺则克服上述缺陷,且具有固结牢靠、表面平整、观感效果好,成本低、进度快的优点,它适用于 $\delta \geqslant 0.75\text{mm}$ 金属基层表面保温板(毡)的固定。

A. HBS BOLZENSCHWEISS SYSTEME ISO 型碟形帽金属保温钉焊接固定单元的组成

ISO 型碟形帽金属保温钉焊接固定单元由 CD1500 型电容储能钉尖触点放电电焊机(Capacitor-Discharge-Welding Unit With Tip Ignition-Gap-And Contact Welding 也称动力单元 Power Unit)、PMK – 20 ISO TS 型金属碟形帽保温钉焊枪(Stud Welding Gun,见图 3.3.4 – 10)、输送电缆(Cable)、接地(接零)电缆(Ground Cable)组成。

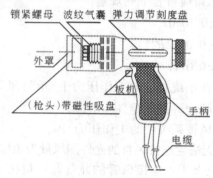

图 3.3.4 – 10　PMK – 20 ISO TS 示意图

B. ISO 型碟形帽金属保温钉焊接固定单元(动力单元 Power Unit)工艺流程图

(A) 充电过程:充电过程是充电电流开关(Charging Current Switch)闭合(ON),初级交流电源在变压器(Transformer)和整流器(Rectifier)的整流电路中被变压和整流。电容器(Capacitors)通过充电电阻(Charging Resistor)进行充电(图 3.3.4 – 11)。

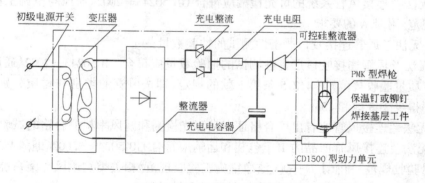

图 3.3.4 – 11　CD1500 动力单元焊接工艺流程图

（B）焊接放电过程

当焊接时,充电电流开关断开(OFF),充电线路断路,电容停止充电,并在可控硅整流器(SCR)的整流、激发下充电电容放电形成焊接电流,焊接电流经过输送电缆、焊枪、金属碟形帽保温钉、基层材料(工件)和接地(接零)电缆构成焊接电流回路,实现钉尖触点大电流的电弧焊接工艺流程。

C. CD1500 型电焊机的性能、输出能量的调节和 PMK－20 ISO TS 型金属碟形帽保温钉焊枪焊接参数的调节

（a）CD1500 型电焊机的性能(表 3.3.4－4)。

（b）CD1500 型电焊机能量输出的调节:

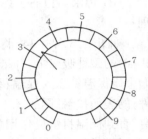

图 3.3.4－12　CD1500 动力单元能量输出调节刻度盘

应依据不同基层表面的材质和碟形帽金属保温钉的直径调节电焊机上能量输出刻度盘(图 3.3.4－12)的指针,使电焊机输出的能量参数符合基层表面材质和碟形帽保温钉直径的优化焊接要求。

CD1500 型电焊机的性能　　　　表 3.3.4－4

项　　　目	技　术　参　数
焊接方式	电容储能
电容量	66 000μF
充电量	1600W(最高可达)
焊接时间	1～3ms/个
电流调节	无级调节
充电电压	60～220V
焊接范围(直径)	M3～M8　$\phi2$～$\phi8$
焊接材料	低碳钢,不锈钢,铜,铝合金
焊接频率	12～40 个/min
供电电源	115/230V,50/60Hz,10A
绝缘等级	IP 22
外形尺寸	430mm×130mm×230 mm($L×W×H$)
重量	12kg

（c）PMK－20 ISO TS 型碟形帽金属保温钉焊枪焊接参数的调节:

在实施焊接工作前,为了获得最佳的焊接质量,应依据碟形帽金属保温钉的直径和材质、保温基层金属的材质和规格对 PMK－20 ISO TS 型碟形帽金属保温钉焊枪上的弹簧压力调节器(图 3.3.4－13)和 CD1500 型碟形帽金属保温钉电焊机上能量输出刻度盘指针(图 3.3.4－12)设置进行调节以便获得最佳的焊接效果。

（d）PMK - 20 ISO TS 型碟形帽金属保温钉焊枪的工作原理：

如图 3.3.4 - 14，将碟形帽金属保温钉置于枪头（Gun Head）的磁性吸盘上，并抵压在保温材料的表面，再加压将碟形帽金属保温钉压入保温材料中，直至钉尖与基层材料（焊接工件）的表面接触[图 3.3.4 - 14(1)]。继续推压碟形帽金属保温钉，直到保温材料反作用的弹力终止（即压不进去为止），此时该处保温层表面高度比原来表面高度后退 2～5mm[图 3.3.4 - 14(2)]；然后扣动扳机按钮（Trigger Switch），此时枪内被压缩的弹簧（Pressure Spring）被释放，弹力推动活塞（Spindle），将吸盘上

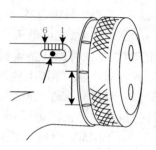

图 3.3.4 - 13 焊枪弹簧压力的设置

的碟形帽金属保温钉一直抵在被保温的金属基层表面上。与此同时安装在扳机盒内的触点开关闭合，将系统的充电电路关闭，同时接通动力单元（Power Unit）储能电容器的放电电路，储能电容器（Capacitor Battery）的电能被释放，并通过碟形帽金属保温钉、被保温的基层金属体、电源接地（接零）线、电焊机及焊枪内部的相关部件构成瞬间放电回路，造成电容器瞬间放电，在巨大的放电瞬间电流作用下，碟形帽金属保温钉的钉尖（Tip）和基层表面之间产生电弧[图 3.3.4 - 14(3)]，这一电弧将碟形帽金属保温钉的尖端和基层材料表面熔化。同时在焊枪弹力的压迫下 1～2mm 长的碟形帽金属保温钉钉尖被熔入金属内，两者被焊接在一起[图 3.3.4 - 14(4)]。

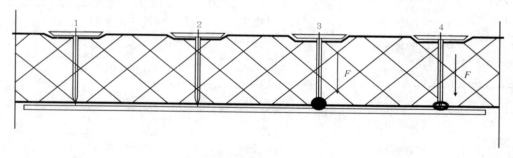

图 3.3.4 - 14 保温钉焊接流程示意图

D. ISO 金属基层表面碟形帽金属保温钉焊接固定工艺的试验结论

通过对焊件 120h 的"乙酸盐雾连续喷雾"试验。结论是"焊点部位的腐蚀速度和未经焊接损伤的部位完全一样"。现将试验报告摘录如下：

检验材料：镀锌板上焊点（每一试样均有三个焊点）；

检验项目：乙酸盐雾；

检验条件：氯化钠溶液浓度 50±5g/L，pH 值：3.0～3.3；

盐雾箱内温度：35±2℃；

检验标准：GB/T 10125—1997；

喷雾方式：连续喷雾；

检验结果：详见表 3.3.4 - 5。

试样	试验时间(h)	检　验　结　果
1	120	3h 镀锌板和焊点均出现白锈;100h 镀锌板和焊点均出现红锈;120h 红锈均加重,但焊点未松动,焊点部分腐蚀速度与其他部分无区别
2	120	3h 镀锌板和焊点均出现白锈;100h 镀锌板和焊点均出现红锈;120h 红锈均加重,但焊点未松动,焊点部分腐蚀速度与其他部分无区别
3	120	3h 镀锌板和焊点均出现白锈;100h 镀锌板和焊点均出现红锈;120h 红锈均加重,但焊点未松动,焊点部分腐蚀速度与其他部分无区别

E. ISO 金属基层表面碟形帽保温钉焊接固定工艺技术规程(摘录)

主编单位:×××××××　　主要起草人:××××

E.1　总则

E.1.1　为了在建筑安装工程中正确使用 ISO 金属基层表面碟形帽保温钉焊接固定设备和焊接固定工艺的技术,做到技术先进、工艺合理、安全无污染、工程质量可靠、经济效益高,特制定本规程。

E.1.2　本规程适用于新建、改扩建工程表面为平面或表面为曲率半径较大的金属管道、设备和金属结构构件表面为矿棉、岩棉、阻燃聚苯乙烯硬塑料板、阻燃聚苯乙烯软泡沫塑料板、聚氨酯发泡隔热板等板式或毡式保温材料的固定。

E.1.3　本规程对于管内或设备内输送(或储存)的介质温度 $t \leqslant 9℃$ 时,应根据周围环境条件进行碟形帽保温钉表面防结露验算。验算可采用公式 E.1.3-1、E.1.3-2。

$$t = (KLt_1 + t_2)(KL + 1)^{-1} \qquad (E.1.3-1)$$

$$t > t_L \qquad (E.1.3-2)$$

式中　t——碟形帽金属保温钉表面温度,℃;

　　　t_1——风道周围环境温度,℃;

　　　t_2——风道内介质温度,℃;

　　　t_L——风道周围环境的露点温度,℃;

　　　L——保温钉长度,cm;

　　　K——系数(碟形帽金属保温钉的碟形帽直径为 30mm、保温钉的直径为
　　　　　　1.8mm 时,$K = 41.667$)。

E.1.4　本规程不适用于基层为非导电材质的非金属管道、设备和非金属构件的保温层固定安装工程。也不适用于金属表面覆盖非导电材质的金属管道、设备和非金属构件的保温层固定安装工程。但某些非金属表面的板式或毡式保温、隔(吸)声材料,经过适当的技术处理后(如在非金属基层事先埋设可导电的金属板条,构成焊接电流回路),也可以使用。

E.1.5　本规程采用的设备是德国 HBS 公司开发的布尔金斯威士系列(BOLZEN-

SCHWESS SYSTEME CD1500 型电容储能钉尖触点放电电焊机 Capacitor-Discharge-Welding Unit With Tip Ignition—Gap-And Contact Welding)和 PMK – 20 ISO TS 型碟形帽保温钉焊枪(Stud Welding Gun)等主要设备,及国内引进该技术参数和制造工艺生产的同类设备。

E.1.6　本规程的配套规范和规程是 GB 50185—93《工业设备及管道绝热工程质量检验评定标准》、GB 50243—2002《通风与空调工程施工质量验收规范》、GB 50242—2002《建筑给水排水及采暖工程施工质量验收规范》、GB 50235—97《工业金属管道工程施工及验收规范》、GB 50273—98《工业锅炉安装工程施工及验收规范》、GB 50274—98《制冷设备、空气分离设备安装工程施工及验收规范》、GB 50264—97《工业设备及管道绝热工程设计规范》等。

E.2　设备与材料

E.2.1　本规程采用的焊接设备为德国 HBS 公司(BOLZENSCHWESS SYSTEME)ISO 系列金属基层表面碟形帽保温钉焊接固定工艺的焊接固定系统。

E.2.1.1　本规程采用的焊接固定系统的配套设备有

CD1500 型电容储能钉尖触点放电电焊机(Capacitor-Discharge-Welding Unit With Tip Ignition—Gap – And Contact Welding 也称动力单元—Power Unit)、PMK – 20 ISO TS 型碟形帽保温钉焊枪(Stud Welding Gun)、输送电缆(cable)、接地(接零)电缆(Ground Cable)等。

E.2.1.2　CD1500 型碟形帽保温钉电焊机的供货范围和性能技术参数见表 3.3.4 – 4。

E.2.1.3　PMK – 20 ISO TS 型焊枪(Stud Welding Gun)的性能和技术参数见表 E.2.1。

PMK – 20 ISO TS 型焊枪(Stud Welding Gun)的性能和技术参数　　表 E.2.1

技　术　参　数	
焊接范围(碟形帽保温钉直径)	$\phi 2 \sim 3.5$mm
焊接长度(碟形帽保温钉长度)	$9.5 \sim 152.4$mm
焊钉类型	碟形帽保温钉（使用特殊夹头）
焊接材料	低碳钢,不锈钢
电缆规格	电缆断面 25mm² 或 50mm²,长度 10m
外形尺寸	185mm×40mm×135mm($L×W×H$)
重量	0.7 kg(不含电缆)

E.2.1.4　PMK – 20 ISO TS 型碟形帽金属保温钉焊枪(Stud Welding Gun)的易损件有吸盘(Chuck)、铜垫圈(Copper Plate)、衬套(Spacer ISO TS),详见图 E.2.1 – 1 ~ 图 E.2.1 – 3。

E.2.2　本规程采用碟形帽金属保温钉的材质及规格要求。

E.2.2.1　碟形帽金属保温钉的规格详见表 E.2.2 – 1 和图 E.2.2(左图为透视图,右图为剖视图)。

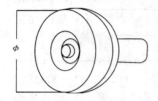

图 E.2.1-1　吸盘(Chuck)　图 E.2.1-2　铜垫圈(Copper Plate)　图 E.2.1-3　衬套(Spacer ISO TS)

图 E.2.2　与 PMK-20 ISO TS 型保温钉焊枪配套使用的碟形帽保温钉

碟形帽金属保温钉的规格　　　　　　　　　表 E.2.2-1

圆盘直径 D(mm)	30	38
圆盘厚度(mm)	0.4~0.6	
圆钉直径 d(mm)	1.8~2.0	2.5~2.7
圆钉长度 L(mm)	9.5~54	9.5~152.4
材　质　圆盘	镀锌钢板	
圆钉	低碳钢(镀锌)或不锈钢	

E.2.2.2　碟形帽金属保温钉的材质还应符合 CD1500 型电焊机可焊接材料的组合要求(即使用要求)。

碟形帽金属保温钉在焊接过程中,因碟形帽金属保温钉和基层两种金属材料受热熔化后能在熔坑中混合,使得加热区材料的性质发生变化。为维持焊接后材料性质基本与焊接前一致。一般碟形帽金属保温钉钢材的含碳量应低于 0.20%,否则被熔化后基层金属的含碳量将比碟形帽金属保温钉的含碳量高,致使材质变硬、变脆。因此不同焊接基层表面的材质与被焊接碟形帽金属保温钉的材质应是相同的,或相互匹配。较合适的可焊接材料的组合详见表 E.2.2-2。

可焊接材料的组合表　　　　　　　　　表 E.2.2-2

母材(保温基层)材质		盘状保温钉材质		
		St37.5	1.4301	Cu Zn37
碳素钢材	C35	1	1	1
碳素钢材	C60	0	2	0

母材（保温基层）材质	盘状保温钉材质		
	St37.5	1.4301	Cu Zn37
镀锌层厚度 < 25μm 的钢板	2	2	1
铬镍不锈钢材　　Cr Ni	2	1	2

注:1—焊接质量好的组合:金属盘状保温钉在受拉和弯曲试验中断裂,但不能拔出。

　2—焊接质量满意的组合:金属盘状保温钉在弯曲试验和拉伸试验中被拔出。

　0—不能焊接的组合:金属盘状保温钉不会断裂,但在拉伸和弯曲试验中被拔出,且不能恢复原来的强度。

E.2.2.3　碟形帽金属保温钉的材质还应符合现行国家标准《碳钢焊条》、《低合金钢焊条》和《焊接用钢丝》等有关规范的规定。

E.2.2.4　碟形帽金属保温钉的长度应与保温层的厚度相匹配,可参照表 E.2.2 – 3 进行选用。

碟形帽金属保温钉的长度选用表　　　　　　　表 E.2.2 – 3

保温层厚度 δ(mm)	20	30	40	50	60	70	80	90	100	≥120
保温钉长度 L(mm)	21.5	31.5	41.5	51.5	61	71	81	91	101	δ + 0.5
保温钉直径 d(mm)	1.8					2.0			2.5	
碟形帽直径 D(mm)	30					38				
碟形帽厚度 Δ(mm)	0.4						0.5			0.6

E.2.2.5　碟形帽金属保温钉应采用 CD1500 型碟形帽金属保温钉电焊机和 PMK – 20 ISO TS 型碟形帽金属保温钉焊枪(Stud Welding Gun)生产厂家的配套产品,或 CD1500 型碟形帽金属保温钉电焊机和 PMK – 20 ISO TS 型碟形帽金属保温钉焊枪(Stud Welding Gun)生产厂家指定的配套厂家生产的专用配件。不得随意采购其他非专业厂家生产的冒牌产品或伪劣产品。

E.2.2.6　碟形帽金属保温钉应有出厂产品合格证书和具有国家批准化验资质单位的材质化验报告书。

E.3　质量要求

E.3.1　为了提高和增进碟形帽金属保温钉的焊接质量,焊接前对基层表面有污染的应先进行简易的清洁工作,确保焊接基层和碟形帽金属保温钉之间有良好的导电性,以达到焊接质量的优质要求。

E.3.2　焊接质量尚应符合本规程第 E.1.6 条相关规范、规程的有关质量规定和第 E.2.2.3 条 ~ 第 E.2.2.5 条的相关规定。

E.3.3　为了保证焊接质量,风道与建筑构件之间应有适当的安装间距,其最小间距应符合下列要求。

E.3.3.1 风道与建筑构件之间表面的距离 S（图 E.3.3）。

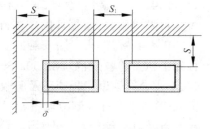

$$S \geqslant 2\delta + 185$$

式中 δ——保温棉厚，mm；

185——焊枪长度，mm。

E.3.3.2 风道与风道之间表面的距离 S_1（图 E.3.3）。

$$S_1 \geqslant 3\delta + 185$$

图 E.3.3 风道之间、风道与维护结构表面之间的距离要求

式中 δ——保温棉厚，mm；

185——焊枪长度，mm。

E.3.3.3 若满足不了上述第(1)款、第(2)款的要求时，可采取如下的技术措施：

A. 进行施工工序的调整，即先安装风道，后进行建筑围护结构的施工与安装；

B. 事先进行图样放线，在风道拼接处预留安装洞（即在风道法兰连接处预留安装洞），采用先风道保温，后吊装拼接的施工方案，此方案也是风道本身拼接安装的需要。

E.3.4 金属基层表面碟形帽保温钉焊接固定工艺每平方米保温面积上需用的碟形帽保温钉数量一般按管道或设备的表面所处位置确定。

E.3.4.1 金属基层表面处于管道或罐体（构件）底部的按 10 个/m² 配置。

E.3.4.2 金属基层表面处于管道或罐体（构件）的侧面、顶部的按 6 个/m² 进行施工。

E.3.4.3 金属保温钉的布局宜采用梅花形布局或矩形方格布局，应间距均匀，布局合理。

E.3.5 碟形帽金属保温钉焊接的质量检测

E.3.5.1 每批碟形帽金属保温钉焊接后，应用手工进行扳拔，检查其焊接的牢靠性，以不脱落为准。

E.3.5.2 每批碟形帽金属保温钉焊接后，抽查数量应不少于每批的 5%（但不少于一个）。

E.3.5.3 碟形帽金属保温钉焊接质量的拔检测的工具，是经过检验校正合格的手持弹簧秤和直径 $\phi 1.0 \sim 1.5$ 的普通棉绳或直径 $\phi 0.55$（24 号）镀锌低碳钢丝。

E.3.5.4 碟形帽金属保温钉焊接质量的拔检测方法是将棉绳一侧套住金属盘状保温钉，另一侧套住弹簧秤的挂钩，然后垂直保温基层表面，用力向外拉。同时记录弹簧秤拉力的读数。

E.3.5.5 当弹簧秤拉力的读数 ≥5kg 时，碟形帽金属保温钉未被拔掉为合格。

E.3.5.6 弹簧秤每年必须经国家批准有资质的机构进行校验一次。

E.4 工程验收

E.4.1 保温板（毡）安装前应核验风道（或罐体、构件）的安装质量、位置及相关工序和配件的安装质量的验收单，当确定一切验收手续符合要求后才能进行风道（或罐体、构件）的保温工序。

E.4.2 保温板（毡）安装后应分段进行互检、交接检和工程预检，并填写预检记录单。

E.4.3 暗装风道(或罐体、构件)封闭前应对风道(或罐体、构件)保温板(毡)安装工序进行隐检验收,有损坏的应进行修复,经再次验收合格后才能进行封闭工序。

E.4.4 保温板(毡)安装的安装质量应符合 GB 50242—2002《建筑给水排水及采暖工程施工质量验收规范》、GB 50243—2002《通风与空调工程施工质量验收规范》、GB 50235—97《工业金属管道工程施工及验收规范》、GB 50273—98《工业锅炉安装工程施工及验收规范》、GB 50274—98《制冷设备、空气分离设备安装工程施工及验收规范》、GB 50264—97《工业设备及管道绝热工程设计规范》等规范相关条文的质量要求。

3.3.5 保证工程质量的组织措施和对建设单位的重要承诺

"贯彻三超一承诺"的服务宗旨是我公司的保证工程质量的重要措施,其具体内容是:

(1)"超规范"

即施工中执行的规范比设计要求执行的规范标准高,具体体现为:通风空调安装工程的部件加工制作、安装,均由按规范中"一般通风空调的标准"提高为按"洁净空调 5 级(即一万级)的标准"实施。

(2)"超标准"

具体体现为:

A. 通风空调系统漏光率的检测数量提高为 100%,检测的压力级别标准均提高一级,即低压系统按中压系统的要求进行检测;中压系统按高压系统的要求进行检测。

B. 风道的保温材料由设计的采用塑料碟形帽保温钉胶粘固定的 $\delta = 10 \sim 25$mm 的不燃型板式或毡式的玻璃棉板保温层保温工艺,改为碟形帽金属保温钉焊接固定的难燃型发泡橡胶保温板(毡)的保温工艺。

C. 无论何种材料的风道,其连接件均采用镀锌件。

(3)"超常规管理和施工"

A. 严格原材料的进场检验:原材料进场检验不合格的一律退货,并对采购人员(指我方人员)给予警告和扣除全年奖金额 5% 的罚金;第二次检测又出现不合格的,扣除全年奖金额 20% 的罚金;第三次检测又出现不合格的,扣除全年奖金额 50% 的罚金;第四次检测又出现不合格的,扣除全年奖金额 100% 的罚金;第五次检测又出现不合格的,调离工作单位待分配。所有罚金全部奖给进场材料检测人员。

B. 施工工序的搭接:贯彻每个施工工序的搭接必须有该专业技术负责人编写的该工序施工技术交底文件,并有向施工工长、组长的交底文字记录。若发现违规施工,即无施工技术交底文件和交底记录就开始施工的,不仅对专业技术负责人和施工工长进行处罚,处罚标准同第 A 款。所有罚金全部用于奖励该专业的优秀工人和管理人员。

C. 实行挂牌和标识施工监督:即每一个零部件或每一段安装项目完成后,均用不脱落的油漆或专制的标牌进行标识。标识内容为加工或安装人员姓名、日期及质量检查人员的姓名和检查日期,以便将来发现质量问题时,好寻查责任人员。

D. 工程项目负责人的职责:上级主管部门检查发现施工有违规现象时,依据问题的情节,对工程项目负责人和技术总负责人予以内部通报批评。

(4)"一承诺"

即终身保修,4h内赶到现场处理问题。

3.3.6 环保措施

(1) 配备焊接烟尘除尘系统,减轻粉尘和有害气体对施工人员身体的危害和环境污染。利用移动焊接烟尘除尘排风系统,对电焊粉尘和有害气体进行排除,如图3.3.6－1所示。

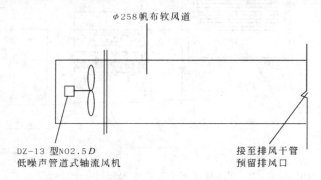

φ258帆布软风道

DZ－13型NO2.5D
低噪声管道式轴流风机

接至排风干管
预留排风口

图 3.3.6－1 移动式电焊除尘装置

(2) 施工污水的处理

对于施工阶段产生的施工污水,采取集中排放到沉淀池进行沉淀处理,经检测达标后再排入市政污水管网(处理流程和示意图如图 3.3.6－2 所示)。

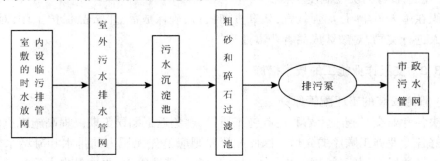

室内敷设的临时污水排放管网 → 室外污水排水管网 → 污水沉淀池 → 粗砂和碎石过滤池 → 排污泵 → 市政污水管网

图 3.3.6－2 污水处理流程图

污水处理池示意图如图 3.3.6－3 所示。

3.3.7 成品、半成品保护措施

本工程高空作业面大、工种多、多专业交叉作业,故成品、半成品保护工作特别重要。为确保质量,拟采取下列措施。

(1) 结构阶段

各专业施工人员不得撬钢筋、扭曲钢筋、拆除扎丝,应在钢筋上放走道护板,严禁割主筋。要派专人看护管盒、套管、预埋件,防止移位。

(2) 装修阶段

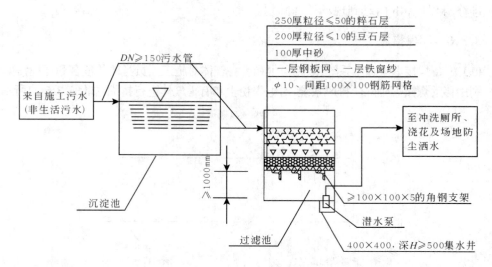

图 3.3.6 – 3　现场施工污水处理流程和污水池构造示意图

搬运器具、钢管、机械注意不碰门框及抹灰腻子层,不得剔除面砖,不得让人站在安装的卫生设备器具上面,注意对电线、配电箱、消火栓箱的看护,以免损坏,在吊顶内施工不得扭曲龙骨。对油漆粉刷墙面、防护膜不得触摸。

(3) 思想教育与奖惩制度

组织在施人员学习,加强教育,认真贯彻执行,确保成品、半成品保护工作,对成效突出的个人进行奖励,对破坏成品者严肃处理。

3.3.8　交叉作业施工的技术措施

(1) 管道安装的工序配管原则

解决各专业交叉施工矛盾和控制施工质量,避免返工贻误工期。提高施工质量,就应该安排好各专业施工顺序的先后。因此配管原则应是先无压力的排水和凝结水管道;其次是先安排通风空调管道,后安排给水、热水、暖气、消防管道;再次是先大管径的给水、热水、暖气、消防管道,后小管径的给水、热水、暖气、消防管道;最后是安排可弯曲的电气管线。按照此原则合理布线、确定管道走向和支吊架位置。

(2) 与二次装修之间的配合

A. 确定二次装修的范围,边界处各专业管道的甩口位置;对于无法确定二次装修的范围和边界处的部位,应按原设计施工,待二次装修单位进场后再依据二次装修图纸与装修单位共同商定各施工单位的施工范围及边界处的配合原则、交叉作业的顺序和工期。

B. 施工单位的责任工程师应熟悉图纸,了解各部位吊顶的标高和综合布局,确定设备部件(例如探测感应探头、喷淋头、风口、灯具等)的具体安装位置。了解墙体的具体做法,精装修单位应及时标定吊顶的标高线、墙面的基准线等。

C. 精装修吊顶、轻钢龙骨墙体封闭前必须先到安装单位签认,以保证施工工序的衔接,吊顶和墙体内阀门、设备检修孔位置、大小的合理与质量可靠。

3.3.9 雨期和冬期的施工技术措施

（1）防雨水和积水浸泡措施

A．防水浸泡措施

设备、仪表、材料应存放在高处，开挖排水沟，避免放在低洼地带；室外存放的物资应垫高，以免被雨水或漏水浸泡损坏。

B．防雨淋遮盖措施

露天存放的施工机械、气瓶、建筑设备、材料、要用防水苫布遮盖防止雨淋与受潮。

C．及时进库保管措施

怕淋雨的设备、仪表及材料（如焊条等）应及时进库保管，避免雨淋损坏。

（2）施工过程的防雨淋和防冻措施

A．室外管道、附件的焊接部位应有防雨棚。没有防雨棚的雨天不准焊接施工；焊条受潮的应烘干才准许使用。

B．配合土建施工的预埋或潮湿地区的管道和管口应及时封堵，防止水和杂物进入管道内。

C．屋面施工要有避雷网（永久或临时），以避免雷击。

D．冬期施工应避免管道冲洗、试压、灌水试漏等试验，如若需要进行，必须及时排放管内积水，必要时采取压缩空气吹干措施。

附件 暖卫通风空调现场技术管理
人员阅读的资料

为了提高工程质量，现场暖卫通风空调技术管理人员必须阅读下列的相关资料。

F1 供热锅炉及辅助设备安装

F1.1 一般规定

F1.1.1 适用范围

（1）建筑供热和生活热水供应的额定工作压力不大于 1.25MPa、热水温度不超过 130℃的整装蒸汽和热水锅炉及辅助设备安装工程的质量检验与验收应执行 GB 50242—2002《建筑给水排水及采暖工程施工质量验收规范》的规定。

（2）散装或额定工作压力不大于 2.5MPa 的现场组装的固定式蒸汽锅炉和固定式承

压热水锅炉的安装工程的质量检验与验收应执行 GB 50273—98《工业锅炉安装工程施工及验收规范》的规定。

F1.1.2　相关的标准和规定

（1）适用于本技术规程的整装锅炉及辅助设备安装工程的质量检验与验收，除了执行本技术规程的规定外，尚应符合现行国家有关规范、规程和标准规定。

（2）管道设备和容器的保温

A. 管道设备和容器的保温应在防腐和水压试验验收合格后进行。

B. 设备和容器的保温应采用粘接保温钉固定保温层，或采用金属碟形帽保温钉、勾钉焊接固定保温层（仅适用于金属基层的设备和容器）。

C. 塑料粘接保温钉应成梅花形布局，保温钉的间距一般为 200mm。

D. 金属碟形帽保温钉或勾钉焊接固定时，钉距一般为 250mm。

F1.1.3　锅炉主机及大型辅助设备进场的准备

（1）锅炉主机及大型辅助设备应在设备基础浇筑验收合格后进场就位安装。

（2）锅炉主机及大型辅助设备进场前应依据设计预留吊装孔位置和现场的场地具体情况拟订进场方案，准备好相应的吊装、运输设备和机具。

（3）锅炉主机及大型辅助设备进场前应依据吊装方案和现场具体情况制定相应的安全措施。

F1.2　锅炉主机的安装

F1.2.1　主控项目

（1）锅炉设备基础的质量要求

A. 锅炉设备安装前应对辅助设备基础进行验收，且验收合格才能进行锅炉设备的就位安装。

B. 锅炉设备基础的质量要求

（A）混凝土的强度必须达到设计要求。

（B）基础的坐标、标高、几何尺寸和地脚螺栓孔的位置和尺寸、检查方法应符合表 F1.2.1－1 的要求。

（2）非承压锅炉的安装

A. 非承压锅炉的安装应严格按设计或设备产品说明书的要求施工。

B. 非承压锅炉的锅筒顶部必须敞口或装设大气连通管，连通管上不得安装阀门。

C. 检验方法：对照设计图纸或设备产品说明书进行检查。

（3）天然气释放管或大气排放管的安装

A. 以天然气为燃料的燃气锅炉的天然气释放管或大气排放管不得直接通向大气，应通向贮存或处理装置。

B．检验方法：对照设计图纸。

锅炉及辅助设备基础的允许偏差和检验方法　　　　表 F1.2.1-1

序号	项　　目		允许偏差(mm)	检查方法
1	基础坐标位置		20	经纬仪、拉线、尺量
2	基础各不同平面的标高		0,-20	水准仪、拉线、尺量
3	基础平面外形尺寸		20	尺量检查
4	凸台上平面尺寸		0,-20	
5	凹穴尺寸		+20,0	
6	基础上平面水平度	每米	5	水平仪(水平尺)和楔形塞尺检查
		全长	10	
7	竖向偏差	每米	5	经纬仪或吊线和尺量
		全长	10	
8	预埋地脚螺栓	标高(顶端)	+20,0	水准仪、拉线和尺量
		中心距(根部)	2	
9	预留地脚螺栓孔	中心位置	10	尺量
		深度	+20,0	
		孔壁垂直度	10	吊线和尺量
10	预留活动地脚螺栓锚板	中心位置	5	拉线和尺量
		标高	+20,0	
		水平度(带槽锚板)	5	水平尺和楔形塞尺检查
		水平度(带螺纹孔锚板)	2	

（4）燃油锅炉的安装

A．两台或两台以上燃油锅炉共用一个烟囱时，每台锅炉的烟道上均应配备风阀或挡板装置。

B．两台或两台以上燃油锅炉共用一个烟囱时，应具备有操作调节和闭锁功能。

C．检查方法：观察和手扳检查。

（5）锅炉的锅筒和集箱的安装

A．锅炉的锅筒和水冷壁的下集箱及后棚管的后集箱的最低处排污管道不得采用螺纹连接。

B．检验方法：观察。

（6）锅炉和汽、水系统的水压试验

A．锅炉本体的水压试验

依据 GB 50273—98《工业锅炉安装工程施工及验收规范》第 5.0.1 条和 GB 50242—2002《建筑给水排水及采暖工程施工质量验收规范》第 13.2.6 条的规定,锅炉的汽、水系统及其附属装置安装完毕应做水压试验。

B．锅炉本体水压试验前应将连接在上面的安全阀、仪表拆除,安全阀、仪表等的阀座可用盲板法兰封闭,待水压试验完毕后再安装上。同时水压试验前应将锅炉、集箱内的污物清理干净,水冷壁、对流管束应畅通。然后封闭人孔、手孔,并再次检查锅炉本体、连接管道、阀门安装是否妥当。并检查各拆卸下来的阀件阀座的盲板是否封堵严密,盲板上的放水放气管安装质量和长度是否合适,并引至安全地点进行排放。

C．依据 GB 50273—98《工业锅炉安装工程施工及验收规范》第 5.0.3 条和 GB 50242—2002《建筑给水排水及采暖工程施工质量验收规范》第 13.2.6 条的规定,锅炉本体的水压试验压力应符合表 F1.2.1-2 的规定。

锅炉汽、水系统的水压试验压力　　　　　　表 F1.2.1-2

序号	设 备 名 称	工作压力(MPa)	试验压力(MPa)
1	锅炉本体	$P < 0.59$	$1.5P$ 但不小于 0.2
		$0.59 \leqslant P \leqslant 1.18$	$P + 0.3$
		$P > 1.18$	$1.25P$
2	可分式省煤器	P	$1.25P + 0.5$
3	非承压锅炉	大气压	0.2

注:工作压力 P 对蒸汽锅炉指锅筒工作压力,对热水锅炉指锅炉的额定出水压力。铸铁锅炉水压试验同热水锅炉非承压锅炉水压试验压力为 0.2MPa,试验期间压力应保持不变。

D．水压试验应符合如下条件

(A) 试验的环境温度应不低于 5℃,低于 5℃时应采取防冻措施。

(B) 水温应高于周围的露点温度。

(C) 锅炉内应充满水,待排尽空气后方可关闭放空阀。

(D) 当初步检查无漏水现象时,再缓慢升压。当升至 0.3～0.4MPa 时应进行一次检查,必要时可拧紧人孔、手孔和法兰的螺栓。

(E) 当水压上升至额定工作压力时,暂停升压,检查各部分应无漏水或变形等异常现象。然后应关闭就地水位计,继续升压到试验压力,在试验压力下保持 5min,其间压力降 $\Delta P \leqslant 0.02\text{MPa}$(或 $\Delta P \leqslant 0.05\text{MPa}$)。最后将压力回降到额定工作压力进行检查,检查期间压力保持不变、不渗不漏。同时观察检查各部件不得有残余变形,各受压元件金属壁和焊缝上不得有水珠和水雾,胀口不应滴水珠。

(F) 水压试验后应及时将锅炉内的水全部放尽,在冰冻期应采取防冻措施。

(G) 每次水压试验应有记录,水压试验合格后应办理签证手续。

E．依据 GB 50273—98《工业锅炉安装工程施工及验收规范》第 5.0.2 条的规定,主气阀、出水阀、排污阀、给水阀、给水止回阀应一起进行水压试验。试验压力见锅炉汽、水系统的水压试验压力(表 F1.2.1-2)。

F. 检验方法：

（A）在 10min 内试验压力下测试的压力降不超过 0.02MPa。在工作压力下进行检查压力不降，系统不渗、不漏。

（B）观察检查，不得有残余变形，受压元件金属壁和焊缝上不得有水珠和水雾。

（7）铸铁省煤器的水压试验应符合如下条件

A. 铸铁省煤器的水压试验压力

依据 GB 50273—98《工业锅炉安装工程施工及验收规范》第 5.0.3 条～第 5.0.5 条的规定，试验压力为 $1.25P + 0.49$MPa。

B. 试验过程和要求

充满水后将压力升至 $0.3 \sim 0.4$MPa 时，应进行检查，没有问题后再继续升压，压力升至试验压力 2.08MPa 时稳压 5min，且压力降 $\leqslant 0.05$MPa。然后将压力降到工作压力 1.27MPa，再进行检查无渗漏为合格。

C. 检验方法：水压试验和观察检查。

（8）机械炉排的冷态运转试验应符合如下条件

A. 机械炉排安装完毕后应做冷态运转试验，连续运转时间不应少于 8h。

B. 检验方法：观察运转试验的全过程。

（9）锅炉本体管道及管件的焊接质量

A. 焊缝表面的外形尺寸应符合图纸和工艺文件的规定，焊缝高度不得低于母材表面，焊缝与母材应圆滑过渡。

B. 焊缝及热影响区表面无裂纹、未熔合、未焊透、夹渣、弧坑和气孔等缺陷。

C. 管道焊口尺寸的允许偏差应符合表 F1.2.1-3 的规定。

钢管管道焊口允许偏差和检验方法 表 F1.2.1-3

序号	项 目			允许偏差	检验方法
1	焊口平直度	管壁厚度 10mm 以内		管壁厚 1/4	焊接检验尺和游标卡尺检查
2	焊缝加强面	高度		+ 1mm	
		宽度			
3	咬 边	深度		小于 0.5mm	直尺检查
		长度	连续长度	25mm	
			总长度(两侧)	小于焊缝长度的 10%	

D. 无损探伤检验结果应符合锅炉本体设计的相关要求。

E. 检验方法：观察和检查无损探伤检验报告。

F1.2.2 一般项目

(1) 锅炉设备安装的坐标、标高、中心线和垂直度的允许偏差和检验方法应符合表 F1.2.2－1 的规定。

锅炉安装的允许偏差和检验方法　　　　　　　　表 F1.2.2－1

序号	项　　目		允许偏差(mm)	检验方法
1	坐　　标		10	经纬仪、拉线和尺量
2	标　　高		±5	水准仪、拉线和尺量
3	中心线垂直度	卧式锅炉炉体全高	3	吊线和尺量
4		立式锅炉炉体全高	4	

(2) 组装链条炉排安装的允许偏差和检验方法应符合表 F1.2.2－2 的规定。

组装链条炉排安装的允许偏差和检验方法　　　　表 F1.2.2－2

序号	项　　目		允许偏差(mm)	检验方法
1	炉排中心位置		2	经纬仪、拉线和尺量
2	墙板的标高		±5	水准仪、拉线和尺量
3	墙板的垂直度,全高		3	吊线和尺量
4	墙板间两对角线的长度之差		5	钢丝线和尺量
5	墙板框的纵向位置		5	经纬仪、拉线和尺量
6	墙板顶面的纵向水平度		长度 1/1000,且≤5	拉线、水平尺和尺量
7	墙板间的间距	跨度≤2m	+3,0	钢丝线和尺量
		跨度>2m	+5,0	
8	两墙板的顶面在同一水平面上相对高差		5	水准仪、吊线和尺量
9	前轴、后轴的水平度		长度 1/1000	拉线、水平尺和尺量
10	前轴和后轴轴心线相对标高差		5	水准仪、吊线和尺量
11	各轨道在同一水平面上的相对高差		5	水准仪、吊线和尺量
12	相邻两轨道间的距离		±2	钢丝线和尺量

(3) 往复炉排安装的允许偏差和检验方法应符合表 F1.2.2－3 的规定。

(4) 铸铁省煤器的安装应符合下列要求。

A．铸铁省煤器安装前的外观检查

(A) 安装前应认真检查省煤器四周嵌填的石棉绳是否严密牢固,外壳箱板是否平整、各部结合是否严密,缝隙过大的应进行调整。

往复炉排安装的允许偏差和检验方法　　　　　表 F1.2.2-3

序号	项目		允许偏差(mm)	检验方法
1	两侧板的相对标高		3	水准仪、吊线和尺量
2	两侧板间的间距	跨度≤2m	+3,0	钢丝线和尺量
		跨度>2m	+4,0	
3	两侧板的垂直度,全高		3	吊线和尺量
4	两侧板间两对角线的长度之差		5	钢丝线和尺量
5	炉排片的纵向间隙		1	钢板尺量
6	炉排两侧的间隙		2	

（B）肋片有无损坏,每根省煤器管上破损的翼片数不应大于总翼片数的 5%；整个省煤器中有破损翼片的根数不应大于总根数的 10%。

B.铸铁省煤器支承架安装允许的偏差和检验方法应符合表 F1.2.2-4 的要求。

铸铁省煤器支承架安装允许的偏差和检验方法　　　　　表 F1.2.2-4

序号	项目	允许偏差(mm)	检验方法
1	支承架的位置	3	经纬仪、拉线和尺量
2	支承架的标高	0,-5	水准仪、吊线和尺量
3	支承架的纵向和横向水平度(每米)	1	水平尺和塞尺检查

C.省煤器的出口处(或入口处)应按设计或锅炉图纸要求安装阀门和管道。

检验方法:对照设计图纸检查。

(5)锅炉本体安装应按设计和产品说明书要求布置坡度,并坡向排污阀。

检验方法:用水平尺或水准仪检查。

(6)锅炉由炉底送风的风室及锅炉底座与基础之间必须封、堵严密。

检验方法:观察检查。

(7)电动调节阀门的调节机构与电动执行机构的转臂应在同一平面上,传动部分应灵活、无空行程及卡阻现象,其行程几伺服时间应满足使用要求。

检验方法:操作时观察检查。

F1.3　辅助设备及管道的安装

F1.3.1　主控项目

(1)辅助设备基础验收必须达到下列要求

A. 辅助设备基础的混凝土强度必须达到设计的要求。

B. 辅助设备基础的坐标、标高、几何尺寸和螺栓孔位置必须符合本规程表 F1.2.1-1 的要求。

C. 检验方法：对照设计图纸按表 F1.2.1-1 的规定进行检查。

（2）风机试运转和调试应符合下列要求

A. 每台风机试运转运行的时间不小于 2h。

B. 检查叶轮旋转方向正确、运转平稳、无异常振动和声响。

C. 电机功率符合设备文件的规定。

D. 在额定转速下连续运转 2h 后，滑动轴承和机壳最高温度不超过 60℃，滚动轴承最高温度不超过 80℃。

E. 轴承径向单振幅应符合下列要求。

（A）风机转速小于 1000r/min 时，不应超过 0.10mm。

（B）风机转速为 1000～1500r/min 时，不应超过 0.08mm。

F. 填写试运转记录单，记录单中应有温升、噪声等参数的实测数据及运转情况记录。抽查数量 100%。

G. 检验方法：观察、核对设计文件和设备使用说明书，用温度计检查，用测振仪检查。

（3）一般水泵的单机试运转和安装要求

A. 水泵等设备的单机试运转应在安装预检合格和配管安装后进行，每台设备应有独立的安装预检记录单和单机运转试验单。

B. 检查叶轮旋转方向正确，无异常振动和声响，紧固连接部位无松动。

C. 电机功率符合设备文件的规定。

D. 水泵连续运转 2h 后滑动轴承和机壳最高温度不超过 70℃，滚动轴承最高温度不超过 75℃。

E. 水泵型号、规格、技术参数（流量、扬程、转速、功率）、轴承和电机发热的温升、噪声应符合设计要求和产品性能指标。

F. 为了测流量，应在机组前后事先安装测试口，以便安装测试仪表。

G. 填写试运转记录单。记录单中应有温升、噪声等参数的实测数据及运转情况记录。抽查数量 100%。

（4）大型水泵的单机试运转应符合如下要求

A. 水泵试运转前应作以下检查

（A）原动机（电机）的转向应符合水泵的转向。

（B）各紧固件连接部位不应松动。

（C）润滑油脂的规格、质量、数量应符合设备技术文件的规定；有预润滑要求的部位应按设备技术文件的规定进行预润滑。

（D）润滑、水封、轴封、密封冲洗、冷却、加热、液压、气动等附属系统管路应冲洗干净，保持通畅。

（E）安全保护装置应灵敏、齐全、可靠。

（F）盘车灵活、声音正常。

（G）泵和吸入管路必须充满输送的液体，排尽空气，不得在无液体的情况下启动；自吸式水泵的吸入管路不需充满输送的液体。

（H）水泵启动前的出入口阀门应处于下列启闭位置：

a．入口阀门全开；

b．出口阀门离心式水泵全闭，其他形式水泵全开（混流泵真空引水时全闭）；

c．离心式水泵不应在出口阀门全闭的情况下长期运转；也不应在性能曲线的驼峰处运转，因在此点运行极不稳定。

B．泵在设计负荷下连续运转不应少于 2h，且应符合下列要求：

（A）附属系统运转正常，压力、流量、温度和其他要求符合设备技术文件规定。

（B）运转中不应有不正常的声音。

（C）各静密封部位不应渗漏。

（D）各紧固连接部位不应松动。

（E）填料的温升正常，滚动轴承的温度不应高于 75℃，滑动轴承的温度不应高于 70℃。

（F）电动机的电流应不超过额定值。

（G）泵的安全保护装置应灵敏、可靠。

C．运转结束后应做好如下工作

（A）关闭泵出入口阀门和附属系统的阀门。

（B）输送易结晶、凝固、沉淀等介质泵，停泵后应及时用清水或其他介质冲洗泵和管路，防止堵塞。

（C）放净泵内的液体，防止锈蚀和冻裂。

D．填写大型水泵试运行、调试记录单。试运转记录单中应有温升、噪声等参数的实测数据及运转情况记录。抽查数量 100%。

（5）分汽缸（分水器、集水器）的水压试验应符合如下要求

A．分汽缸（分水器、集水器）的水压试验应执行 GB 50242—2002《建筑给水排水及采暖工程施工质量验收规范》第 13.3.3 条的规定，分汽缸（分水器、集水器）安装前应做水压试验，试验压力为工作压力的 1.5 倍，但不得小于 0.6MPa。

B．检验方法：试验时在试验压力下，维持 10min，无压降、无渗漏为合格。

（6）各种贮水箱与罐体的水压试验和满水试验

A．各种敞口贮水箱与罐体的满水试验应符合如下要求

各种敞口贮水箱与罐体的满水试验执行 GB 50242—2002《建筑给水排水及采暖工程施工质量验收规范》第 4.4.3 条、第 6.3.5 条、第 8.3.2 条、第 13.3.4 条的规定，各类敞口水箱（罐体）应单个进行满水试验，灌水高度是将水灌至各类敞口水箱（罐体）的溢水口或灌满，并静置观察时间为 24h，各连接件不渗不漏为合格。并填写记录单。

B．各种密闭贮水箱与罐体的水压试验应符合如下要求

各种密闭贮水箱与罐体的水压试验执行 GB 50242—2002《建筑给水排水及采暖工程施工质量验收规范》第 4.4.3 条、第 6.3.5 条、第 8.3.2 条、第 13.3.4 条的规定，密闭水箱（罐）的水压试验必须符合设计和本规程的规定，试验压力为工作压力的 1.5 倍，但不得小

于 0.4MPa,在试验压力下 10min 内压力不下降,不渗不漏为合格。

C．罐水和水压试验,并观察检查。

(7) 埋地油罐的气密性试验

埋地油罐埋地前应做气密性试验,试验压力为工作压力的 1.5 倍,但不得小于 0.03MPa,在试验压力下观察 30min 不渗不漏无压降为合格。

检验方法:水压试验和观察检查。

(8) 连接锅炉和辅助设备的工艺管道的水压试验应符合如下要求

A．连接锅炉和辅助设备的工艺管道安装完毕后必须进行系统的水压试验。

B．系统的水压试验的试验压力为系统中最大的工作压力的 1.5 倍。在试验压力维持 10min 内压降不超过 0.05MPa,然后将试验压力降至工作压力,进行系统外观检查,不渗不漏为合格。

C．检验方法:水压试验和观察检查。

(9) 各种设备主要操作通道的净距离如设计无明确要求时不应小于 1.5m,辅助操作通道的净距离不应小于 0.8m。

检验方法:尺量检查。

(10) 管道的连接法兰、焊缝和连接管件,以及管道上的仪表、阀门的安装位置应便于检查修理,并不得紧贴墙壁、楼板或管架。

检验方法:观察。

(11) 管道焊接质量应符合如下要求

A．焊缝表面的外形尺寸应符合图纸和工艺文件的规定,焊缝高度不得低于母材表面,焊缝与母材应圆滑过渡。

B．焊缝及热影响区表面无裂纹、未熔合、未焊透、夹渣、弧坑和气孔等缺陷。

C．管道焊口尺寸的允许偏差应符合表 F1.2.1－3 的规定。

D．无损探伤检验结果应符合锅炉本体设计的相关要求。

E．检验方法:观察和检查无损探伤检验报告。

F1.3.2 一般项目

(1) 锅炉辅助设备安装的允许偏差应符合表 F1.3.2－1 的规定。

锅炉辅助设备安装的允许偏差和检验方法　　　　　　　表 F1.3.2－1

序号	项　　目		允许偏差(mm)	检验方法
1	送、引风机	坐　标	10	经纬仪或拉线和尺量
		标　高	±5	水准仪、拉线和尺量
2	各种静置设备(各种容器、箱、罐体)	坐　标	15	经纬仪或拉线和尺量
		标　高	±5	水准仪、拉线和尺量
		垂直度(每米)	2	吊线和尺量

序号	项	目	允许偏差(mm)	检验方法
3	离心式水泵	泵体水平度(每米)	0.1	水平尺和楔形塞尺检查
	联轴器同心度	轴向倾斜(每米)	0.8	水准仪、百分表(测微螺钉)和塞尺检查
		径向位移	0.1	

（2）连接锅炉及辅助设备的工艺管道安装允许偏差应符合表 F1.3.2-2 的规定。

工艺管道安装允许偏差和检验方法 表 F1.3.2-2

序号	项	目	允许偏差(mm)	检验方法
1	坐 标	架 空	15	水准仪、拉线和尺量
		管 沟	10	
2	标 高	架 空	±15	水准仪、拉线和尺量
		管 沟	±10	
3	水平管道纵、横方向的弯曲	DN≤100	2‰,最大50	直尺、拉线检查
		DN>100	3‰,最大70	
4	立管垂直度		2‰,最大15	吊线和尺量
5	成排管道间距		长度 1/1000	直尺尺量
6	交叉管道的外壁或绝热层间距		10	

（3）单斗式提升机安装应符合下列要求。

A．间距偏差不大于 2mm。

B．垂直式导轨的垂直度偏差不大于 1‰,倾斜式导轨的倾斜度偏差不大于 2‰。

C．料斗的吊点与料斗垂心在同一垂线上,重合度偏差不大于 10mm。

D．行程开关位置应准确,料斗运行平稳,翻转灵活。

E．检验方法:吊线坠、拉线及尺量检查。

（4）锅炉送、引风机的安装质量应符合下列要求。

A．锅炉送、引风机转动应灵活,无卡碰等现象。

B．锅炉送、引风机的传动部位应设置安全防护装置。

C．检验方法:观察和启动检查。

（5）一般水泵安装的外观检查应符合下列要求。

A．水泵的外观质量检查泵壳不应有裂纹、砂眼及凹凸不平等缺陷。多级泵的平衡管路应无损伤或折陷现象。蒸汽往复泵的主要部件、活塞及活动轴必须灵活。

B．一般水泵的单机试运转

（A）叶轮与泵壳不应相碰,进、出口部位的阀门应灵活。

（B）水泵运行时不应有异常振动虎响声。紧固连接部位不应有松动。

（C）壳体密封处不得渗漏,无特殊要求情况下,普通填料泄漏量不应大于60mL/h,机械密封的泄漏量不应大于5mL/h。

（D）轴封的温升应正常和符合产品说明书的要求。

（E）检验方法:通电、操作和测温检查。

（6）大型水泵单机试运转时应符合下列要求。

A．大型水泵运行时不应有异常振动虎响声。各连接紧固连接部位不应有松动。

B．填料的温升正常;在无特殊要求的情况下,普通软填料宜有少量的渗漏(每分钟不超过10～20滴);机械密封的渗漏量不宜大于10mL/h(每分钟约3滴)。

C．振动振幅应符合设备技术文件规定;如无规定,而又需要测试振幅时,测试结果应符合下列要求(用手提振动仪测量)表F1.3.2－3。

水泵允许振幅值　　　　　　　　　　　表 F1.3.2－3

转速（r/min）	≤375	>375～600	>600～750	>750～1000	>1000～1500
振幅≤（mm）	0.18	0.15	0.12	0.10	0.08
转速（r/min）	>1500～3000	>3000～6000	>6000～12000	>12000	—
振幅≤（mm）	0.06	0.04	0.03	0.02	—

（7）手摇泵的安装质量要求应符合下列规定。

A．手摇泵应垂直安装。

B．手摇泵的安装高度如设计无要求时,泵中心线距地面高度为800mm。

C．检验方法:吊线和尺量检查。

（8）注水器安装高度如设计无要求时,注水器中心距地面高度为1.0～1.2m。

检验方法:尺量检查。

（9）除尘器的安装质量应符合下列要求。

A．除尘器的安装应牢固,位置和进、出口方向应正确。

B．烟管与引风机连接时应采用软接头,不得将烟管的重量压在风机上。

C．检验方法:观察。

（10）热力除氧器和真空除氧器的排汽管应通向室外,直接排入大气。

检验方法:观察。

（11）软化水设备罐体的视镜应布置在便于观察的方向。树脂装填的高度应按设备说明书要求进行。

检验方法:对照说明书,观察。

（12）管道及设备保温层的厚度和平整度的允许偏差应符合表F1.3.2－4的规定。

（13）在涂刷油漆前,必须清除管道及设备表面的灰尘、污垢、锈斑、焊渣等物。涂漆的厚度应均匀,不得有脱皮、起泡、流淌和漏涂等缺陷。

检验方法:现场观察。

序号	项　　目		允许偏差（mm）	检验方法
1	厚　　度		$+0.1\delta, -0.05\delta$	用钢针刺入
2	表　面 平整度	卷　　材	5	用 2m 靠尺和楔形塞尺检查
		涂　　抹	10	

注：δ 为保温层厚度。

（14）烟囱的安装应符合下列要求

A．烟囱的加工和验收

（A）烟囱的设置和采用材质、规格、加工工艺。烟囱的材质应为冷轧钢板不锈钢钢板与铝合金板材，厚度应符合设计要求。为了保证质量，本工程拟委托专业加工厂加工。

（B）为了保证烟囱的质量，烟囱加工制作前应编制加工工艺和加工质量标准。烟囱加工工艺和加工质量标准主要有材质要求、原材料的除锈及防腐要求、焊工等级要求、焊接质量采用标准和要求、焊缝质量检测和检测报告记录要求、外观质量要求等。

（C）制定严格进场检查技术条件和检验制度：检测内容应有加工厂家的材质报告书、焊工等级证书、各种检测记录和加工质量报告书；外观检查有几何尺寸（直径、长度、厚度、圆度等）、防腐质量（遍数和结合紧密性、外表的光泽度）以及各项外观质量及数量。

（D）检验方法：对照设计和加工工艺及质量标准检查加工测试报告单和外观观察、尺量检查。

B．烟囱的吊装应符合下列要求

（A）烟囱的就位和调整烟囱的垂直度的方案应符合安装条件、安装质量和安装安全规程的规定。

（B）烟囱就位后，连接前应检查其位置、垂直度（允许偏差为 1/1000）、水平度、水平管道吊架等，烟囱的水平度、垂直度及防腐保温的各项指标和安装质量应符合 GB 50243—2002《通风与空调工程施工质量验收规范》的误差要求和质量要求。

a．固定拉索严禁拉在避雷针和避雷网上。

b．穿越屋面的位置应按设计要求做好烟囱穿越屋面的隔热保护套、填料和防水措施，以达到防火防渗漏要求。

c．烟囱的垂直度允许偏差为 1/1000、总偏差不应大于 20mm。烟囱的水平度允许偏差为 3/1000、总偏差不应大于 20mm。

d．水平烟囱的坡度应符合设计要求，并在最低处设置凝结水排放装置。

e．垂直烟囱的固定支架间距不得超过 4m，单根烟囱最少应有两个固定支架。

f．烟囱固定支架的抱箍应符合国家标准图集的要求。

（C）烟囱的连接采用石棉板绳作垫料，螺栓头一律朝上。螺栓外露长度为其直径的0.5 倍。拧紧应对称拧紧，防止各个螺栓拧紧度不均，结合不严。

（D）烟囱拉绳的安装：拉绳应按设计要求成 120°分布。拉绳与地平面成 45°布置，在距离地面≥3m 的地方设绝缘子，以隔离其与地面的导电联系。在拉绳的适当位置设花篮螺栓以便拉紧拉绳,并拧紧绳卡和基础螺栓将烟囱固定。

(E)按设计要求做好避雷线的安装与验收。

(F)检验方法:对照设计和规范要求及外观观察、尺量检查。

C.烟囱的保温应符合如下要求

(A)烟囱的保温材料的材质和厚度应符合设计要求,保温层外表面应加做保护套,保护套可采用$\delta=0.5mm$厚的铝质薄板或热镀镀锌钢板。圆筒形的保温壳最好采用工厂制作,订货时应按烟囱外径向厂家预订圆筒形的保温壳,以便于施工。

(B)安装前应严格进行材料进场检验,不合格品的保温板不得采用一律退回。保温板的厚度应均匀,就位前应进行挑选,以保证安装后烟囱的外径粗细一致。

(C)保温层的安装应自下而上,逐步推进,并用细铁丝捆绑牢靠。

(D)保温层安装后再进行铝薄板的外壳安装。铝薄板的加工和安装工艺应符合 GB 50243—2002《通风与空调工程施工质量验收规范》的技术要求。

(E)为防止雨水渗漏,在烟囱根部应加防雨罩。防雨罩应将土建的烟囱出口台度覆盖住,防雨罩的上端应与烟囱保温层的外保护层铆接牢靠,接缝处应用密封胶封堵严密。

(F)检验方法:对照设计和规范要求及外观观察、尺量检查。

F1.4 安全附件的安装

F1.4.1 主控项目

(1)锅炉和省煤器安全阀的定压和调整应符合下列的规定

A.依据 GB 50273—98《工业锅炉安装工程施工及验收规范》第 6.2.2 条的规定,锅筒上必须安装两个安全阀。锅炉上安装有两个安全阀时,其中一个的启动压力应比另一个的启动压力高。

B.依据 GB 50242—2002《建筑给水排水及采暖工程施工质量验收规范》第 13.4.1 条的规定,当供热锅炉仅安装一个安全阀时,安全阀按较低值定压。

C.依据 GB 50273—98《工业锅炉安装工程施工及验收规范》第 6.2.2 条和 GB 50242—2002《建筑给水排水及采暖工程施工质量验收规范》第 13.4.1 条的规定,当供热锅炉仅安装一个安全阀时,安全阀按较低值定压。锅炉的其他辅助设备应安装一个安全阀。

D.依据 GB 50242—2002《建筑给水排水及采暖工程施工质量验收规范》第 13.4.1 条和 GB 50273—98《工业锅炉安装工程施工及验收规范》第 6.2.2 条的规定,锅炉及其辅助设备安全阀的定压和调整应符合表 F1.4.1 的规定。

E.蒸汽锅炉省煤器安全阀的启动压力为安装地点工作压力的 1.1 倍,即 1.4MPa. 其调整应在锅炉严密性试验前用水压试验的方法进行。

(2)锅炉和省煤器等辅助设备上安全阀的安装

A.安全阀安装前必须逐个进行严密性试验,并应送锅炉检测中心检验其始启压力、起座压力、回座压力,在整定压力下安全阀应无渗漏和冲击现象。经调整合格的安全阀应铅封和做好标志。

设备	蒸 汽 锅 炉		热 水 锅 炉		蒸汽锅炉	热水锅炉
安全阀的编号	1	2	1	2	分汽缸、热交换器、分水器、集水器	分汽缸、热交换器、分水器、集水器
起始压力（MPa）	$1.04P =$ 1.32MPa	$1.06P =$ 1.35MPa	$1.12P =$ 1.43MPa $\geqslant P+0.07$	$1.14P =$ 1.45MPa $\geqslant P+0.10$	$1.04P = 1.32$MPa	1.43MPa

注：1. P——为安装地点的工作压力；

2. 表中蒸汽锅炉额定工作压力按 $P = 1.27$MPa 折算。热水锅炉额定工作压力按热水温度为 130℃ 的汽化压力 P 折算。

B. 安全阀应垂直安装，并装设排泄放气（水）管，排泄放气（水）管的直径应严格按设计规格安装，不得随意改变大小，也不得小于安全阀的出口截面积。

C. 安全阀与连接设备之间不得接有任何分叉的取汽或取水管道，也不得安装阀门。

D. 安全阀的排泄放气（水）管应通至室外安全地点，坡度应坡向室外。排泄放气（水）管上不得安装阀门。

E. 安全阀的排泄放气（水）管的设置应一个阀门一根，不得几根并联排放。

F. 设备水压试验时应将安全阀卸下，安全阀的阀座可用盲板法兰封闭，待水压试验完毕后再安装。

G. 检验方法：检查定压证书和现场观察检查。

（3）压力表的刻度限值应大于或等于工作压力的 1.5 倍，表盘直径不得小于 100mm。

检验方法：现场观察和尺量检查。

（4）水位计的安装应符合下列规定。

A. 依据 GB 50273—98《工业锅炉安装工程施工及验收规范》第 6.1.8 条、GB 50242—2002《建筑给水排水及采暖工程施工质量验收规范》第 13.4.3 条及劳动人事部《蒸汽锅炉安全技术监察规程》的有关规定，每台锅炉应安装两副水位计（额定蒸发量 ≤0.2t/h 的锅炉可以只安一副）。水位计应按设计和规范要求安装在易观察的地方（当安装地点距离操作地面高于 6m 时应加装低位水位计，低位水位计的连接管应单独接到锅筒上，其连接管的内径应 ≥18mm，并有防冻措施。锅炉水位监视的低位水位计在控制室内应有两个可靠的低位水位表），水位表的安装应符合规范的有关规定。

B. 水位计安装前应检查旋塞的转动是否灵活，填料是否符合要求，不符合要求的应更换填料。玻璃管或玻璃板应干净透明。

C. 安装时应使水位计的两个表口保持垂直和同心，玻璃管不得损坏，填料要均匀，接头要严密。

D. 水位计的泄水管应接至安全处。当锅炉安装有水位报警器时，其泄水管可与水位计的泄水管接在一起，但报警器的泄水管上应单独安装一个截止阀，不允许只在合用管段上安装一个阀门。

E. 水位计安装后应划出最高、最低水位的明显标志，最低安全水位比可见边缘水位至少应高 25mm;最高安全水位应比可见边缘水位至少应低 25mm。

F.当采用玻璃水位计时应安装防护罩,防止损坏伤人。

G.电触点式水位表的零点应与锅筒的正常水位重合。

H.采用双色水位表时,每台锅炉只能装设一个,另一个装普通水位表。

I.水位表应有放水旋塞(或阀门)和接到安全地点的放水管。

J.检验方法:现场观察和尺量检查。

(5)锅炉的高低水位报警器和超温、超压报警器及联锁保护装置必须按设计要求安装齐全和有效。

检验方法:现场启动、联动试验并做好试验记录。

F1.4.2 一般项目

(1)安装压力表必须符合下列规定:

A.压力表必须安装在便于观察和吹洗的位置,并防止高温、冰冻和振动的影响,同时要有足够的照明。

B.压力表必须设有存水弯管。存水弯管采用钢管煨制时,管道内径不应小于 10mm,采用铜管煨制时,管道内径不应小于 6mm。

C.压力表和存水弯管之间应安装三通旋塞。

D.检验方法:观察和尺量检查。

(2)测压仪表取源部件在水平工艺管道上安装时,取压口的方位应符合下列规定:

A.测量液体压力的,在工艺管道的下半部与管道水平中心线成 0~45°夹角范围内。

B.测量蒸汽压力的,在工艺管道的上半部或下半部与管道水平中心线成 0~45°夹角范围内。

C.测量气体压力的,在工艺管道的上半部。

D.检验方法:观察和尺量检查。

(3)温度计的安装应符合下列要求:

A.安装在管道和设备上的套管温度计,底部应插入流动介质内,不得装在引出的管段上或死角处。

B.压力式温度计的温感器(温包)应装在管道的中心,全部浸入介质内。温度计的毛细管应有规则的固定和保护措施,多余的部分应卷曲好固定在安全处,防止硬拉硬扯将毛细管扯断。毛细管的转弯处弯曲半径不应小于 50mm。

C.压力式温度计的表盘应安装在便于观察的地方。安装完毕应在表盘上画出高运行温度的标志。

D.安装时温度计的丝接部分应涂白色铅油,密封垫应涂机油石墨。

E.热电偶温度计的保护套应按规定保证应有的插入深度。

F.检验方法:观察和尺量检查。

(4)温度计与压力表在同一管道上安装时,按介质流动方向温度计应在压力表的下游处安装,如温度计需要在压力表的上游处安装时,其间距不应小于 300mm。

检验方法:观察和尺量检查。

(5) 减压阀的安装应符合下列要求：

A. 安装前应检查减压阀的进场验收记录单，审查其使用介质、介质温度、减压等级、弹簧的压力等级(如公称压力为 $P = 1.568MPa$ 的减压阀，配备有压力段为 $0 \sim 0.3MPa$、$0.2 \sim 0.8MPa$、$0.7 \sim 1.1MPa$ 三种减压段的弹簧)等参数是否符合设计和规范的要求。

B. 安装前应将减压阀送到有检测资格的检测单位进行检测与校定，并出具检测报告试验单，方可进行就位安装。

C. 减压阀的进出口压力差应 $\geqslant 0.15MPa$。

D. 检验方法：检查测试报告单和观察检查。

(6) 排污阀的安装应符合下列要求：

A. 依据锅炉安全技术监察规程规定，排污阀安装前应送到相关检测单位进行检测与校验，并出具检测记录单。

B. 排污阀的型号应为专用的快速排放的球阀或旋塞，不得采用螺旋升降的截止阀或闸板阀，排污阀的规格应符合规范和设计要求。

C. 排污阀的排污管应尽量减少弯头，所有的弯头或弯曲管道均应采用煨制制造，其弯曲半径 $R \geqslant 1.5D$(D 为管道外径)。排污管应按设计要求接到室外安全的排放地方。明管部分应加固定支架。排污管的坡度应坡向室外。

D. 为了操作方便，排污阀的手柄应朝向外侧。

E. 检验方法：检查测试报告单和观察检查。

F1.5　烘炉、煮炉和试运行

F1.5.1　主控项目

(1) 锅炉的烘炉应符合下列要求

A. 烘炉试验的适用范围和实施过程

(A) 烘炉试验的适用范围：锅炉设备的烘炉试验仅对炉膛内有耐火砖炉墙砌体、炉外有耐火砖炉墙、保温材料和一般红砖炉墙砌体的锅炉才存在着烘炉试验。

(B) 烘炉试验的实施条件：烘炉前应依据 GB 50273—98《工业锅炉安装工程施工及验收规范》第 9.1.1 条的规定制定烘炉方案，烘炉时尚应具备下列条件。

a. 锅炉房、锅炉本体锅炉设备有关配套设备、水处理设备、汽水、排污、输煤(输气)除渣、送风、排烟、除尘、脱硫、照明及动力电源的配电、循环冷却水等系统均应安装完毕，并经过试运转合格。防腐保温工程施工完毕并验收合格。

b. 锅炉内外的砌体砌筑和绝热工程施工完毕，并经炉体漏风率测试合格。

c. 水位计、压力表、测温仪表等烘炉用的热工和电气仪表均应安装完毕，且测试合格。

d. 锅炉给水水质应符合现行国家标准《低压锅炉水质标准》的规定。

e. 锅筒及集箱上的膨胀指示器应安装完毕，在冷状态下应调整到零。

f. 炉墙上的测温点或灰浆取样应设置完毕，且应有烘炉温升曲线图。

g. 炉膛内及通道内应清理干净,尤其是容易卡住炉排的铁块、焊渣、焊条头、铁钉等应清理干净,炉门及两侧的检查孔已打开。炉排各部位的油杯、所有设备的油杯、油箱均应加满润滑油,并检查无误。

h. 管道、风道、烟道、灰道、阀门及挡板均应标明介质流向、开启方向和开度指示。

i. 炉排应冷态试运行 8h 以上(运行速度最小应在二级以上),经检查及调整达到炉排无卡住现象、无跑偏现象,炉排长销轴与两侧板的间距应大致相等,主炉排片与链轮齿啮合应良好,各链轮齿应同位,炉排片无断裂,煤闸板两端到炉排面的距离应相等,各风室的调节阀应灵活等。

j. 烘炉的木材、煤炭或蒸汽源应准备充足,用于炉排的燃料应没有铁钉等金属杂物。经过软化处理的炉水应注满。以上各注意事项和准备经检查无误后,方可进行烘炉试验。

B. 烘炉方法

依据 GB 50273—98《工业锅炉安装工程施工及验收规范》第 9.1.1 条的规定和现场的条件,可采用火焰或蒸汽等方法。

C. 烘炉时间

依据 GB 50273—98《工业锅炉安装工程施工及验收规范》第 9.1.5 条的规定,烘炉时间应根据锅炉类型、砌体湿度和自然通风干燥程度确定,宜为 14～16d。但整体安装的锅炉宜为 2～4d(最好不少于 4d)。

D. 烘炉应符合的条件

(A) 火焰烘炉法

依据 GB 50273—98《工业锅炉安装工程施工及验收规范》第 9.1.3 条的规定。

a. 火焰应集中在炉膛中央,先用木材烘烤 12h,若炉膛较湿可适当延长。烘炉初期采用文火烘焙,初期以后的火势应均匀,并逐日缓慢加大。

b. 链条炉排在烘炉过程中应定期转动,并防止烧坏炉排。

c. 依据不同炉排的结构,烘炉温升速度应按过热器后(或相当的位置)的烟气温度测定值确定,温升速度应符合下列条件:

(a) 重型炉墙第一天温升不宜大于 50℃,以后每天温升不宜大于 20℃,后期每天温升不宜大于 220℃。

(b) 砖砌轻型炉墙每天温升不应大于 80℃,后期每天温升不应大于 160℃。

(c) 耐火浇筑料炉墙养护期后方可开始烘炉,温升每小时不应大于 10℃,后期升温不应大于 160℃,在最高温度范围内的持续时间不应小于 24h。

d. 当炉墙特别潮湿时,应适当减慢温升速度,延长烘炉时间。

e. 依据 GB 50273—98《工业锅炉安装工程施工及验收规范》第 9.1.6 条的规定,烘炉时应经常检查砌体的膨胀情况。当出现裂纹或变形迹象时应减慢升温速度,并应查明原因采取相应的技术措施。

f. 依据 GB 50273—98《工业锅炉安装工程施工及验收规范》第 9.1.8 条的规定,烘炉过程中应测定和绘制实际升温曲线图。

(B) 蒸汽烘炉法

依据 GB 50273—98《工业锅炉安装工程施工及验收规范》第 9.1.4 条的规定。

a. 蒸汽压力应采用 0.3 ~ 0.4MPa 的饱和蒸汽从水冷壁集箱的排污阀处连续均匀地送入锅炉,逐渐加热炉水。炉水的水位应保持正常,温度宜为 90℃,烘炉后宜采用火焰烘炉。

b. 应开启必要的挡板和炉门排除湿气,并应使炉墙各部均能烘干。

c. 依据 GB 50273—98《工业锅炉安装工程施工及验收规范》第 9.1.6 条的规定。烘炉时应经常检查砌体的膨胀情况。当出现裂纹或变形迹象时应减慢升温速度,并应查明原因采取相应的技术措施。

d. 依据 GB 50273—98《工业锅炉安装工程施工及验收规范》第 9.1.8 条的规定,烘炉过程中应测定和绘制实际升温曲线图。

E. 烘炉合格的判断标准

依据 GB 50273—98《工业锅炉安装工程施工及验收规范》第 9.1.7 条的规定。

(A)当采用炉墙灰浆试样法时,在燃烧室两侧墙的中部、炉排上方 1.5 ~ 2.0m 处,或燃烧器的上方 1.0 ~ 1.5m 处和两侧墙的中部取黏土砖、红砖的丁字交叉缝处的灰浆样品各 50g 测定,其含水率均应在 2.5% ~ 7% 之间。

(B)当采用测温法时,在燃烧室两侧墙中部、炉排上方 1.5 ~ 2.0m 处,或燃烧器的上方 1.0 ~ 1.5m 处测定红砖墙外表面向内 100mm 处的温度应达到 50℃,并继续维持 48h;或测定过热器两侧墙黏土砖与绝热层结合处的温度应达到 100℃,并继续维持 48h。

F. 检验方法:测试和观察检查。

(2)锅炉设备煮炉应符合下列要求

A. 依据 GB 50273—98《工业锅炉安装工程施工及验收规范》第 9.2.1 条的规定,在烘炉末期,当炉墙红砖灰浆含水率降到 10% 时,或当 GB 50273—98《工业锅炉安装工程施工验收规范》第 9.1.7 条第 2 款所述的温度达到要求时,即可进行煮炉。若厂家规定其产品不必煮炉的可以不进行此工序。煮炉可以和烘炉同时进行,但不升压。依据 GB 50273—98《工业锅炉安装工程施工及验收规范》第 9.2.5 条的规定,煮炉时间宜为 2 ~ 3d。煮炉的最后 24h 宜使炉内压力保持在额定工作压力的 75%。在较低压力下煮炉时,应适当延长煮炉时间。

B. 依据 GB 50273—98《工业锅炉安装工程施工及验收规范》第 9.2.2 条、第 9.2.3 条的规定,煮炉开始的加药量应符合锅炉设备技术文件的规定,若无规定应按表 F1.5.1 的配方加药。

煮炉时的加药配方   表 F1.5.1

药 品 名 称	加 药 量 (kg/m³ 水)	
	铁锈较薄	铁锈较厚
氢氧化钠 NaOH	2 ~ 3	3 ~ 4
磷酸三钠 $Na_3PO_412H_2O$	2 ~ 3	2 ~ 3

注:1. 药量按 100% 的纯度计算;

2. 无磷酸三钠时,可用碳酸钠代替,用量为磷酸三钠的 1.5 倍;

3. 单独使用碳酸钠煮炉时,每立方米水中加 6kg 碳酸钠。

C. 药品应溶解成溶液后方可加入炉中,配制和加入药液时应采取安全措施。加药时锅炉水位应在低水位,煮炉时药液不得进入过热器。

D. 煮炉期间应定期从锅筒和水冷壁下集箱取水样化验,进行水质分析。当炉水碱度低于45mol/L时,应补充加药。

E. 煮炉结束后应交替进行持续上水和排污,直到水质达到标准,然后停止排水,冲洗锅炉内部和曾与药物接触过的阀门,并应清除锅筒、集箱内的沉积物,检查排污阀,应无堵塞现象。

F. 检查锅筒、集箱内壁应无油垢。擦去附着物后金属表面应无锈斑。

G. 检验方法:检查煮炉的全过程。

(3)锅炉设备的联合试运转应符合下列要求

A. 试运行应在煮炉之后,且应具备以下条件:

(A)锅炉启动的准备:启动前应检查炉内及系统内有无遗留物品,各相关阀门和检测仪表是否处于启动的开启或关闭状态。

(B)热水锅炉应注满水,蒸汽锅炉水位应达到规定的水位高度。

(C)循环泵、给水泵注水器、鼓风机的运转是否正常,安全阀、水位计、电控及电源系统、燃气供应系统、燃烧设备的调试是否达到运行条件,给水水质是否符合要求。

(D)送风系统的漏风试验已经进行(可用正压法进行试验,即关闭炉门、灰门、看火孔、烟道排烟门等,然后用鼓风机鼓风,炉内能维持50~100Pa正压;再用发烟设备产生烟雾,由送风机吸入口吸入,送入炉内,检查无渗漏为合格)。

(E)与室外供热管网应隔绝。

(F)安全阀应全部开启。调整安全阀的启动压力,锅炉带负荷运行24~48h,运行正常为合格。

B. 依据GB 50242—2002《建筑给水排水及采暖工程施工质量验收规范》第13.5.3条和GB 50273—98《工业锅炉安装工程施工及验收规范》第9.3.4条的规定,锅炉在烘炉、煮炉合格后和安全阀调整后,应进行带负荷的连续48h试运行,同时应进行安全阀的热状态定压检验和调整。整体出厂的锅炉宜进行4~24h的带负荷的连续48h试运行,一运行正常为合格。

C. 运行时应检查的内容

(A)检查锅炉设备和附属设备的热工性能和机械性能。

(B)测试锅炉给水和炉水的水质是否符合标准,水质测试应另行记录。

(C)测试炉膛温度、排烟温度、排烟烟尘浓度,烟尘中的含硫化物、氮化物浓度是否符合国家规定的排放标准。炉膛温度、排烟温度和排放烟尘浓度、硫化物、氮化物浓度的测试由环保部门检测,但在运行记录中应有反映(应有记录)。

(D)运行中尚应记录送风机、引风机、给水泵的运行情况和相关参数的实测数据。

(E)然后综合评估是否符合设计和规范要求。

D. 检验方法:检查运行的全过程。

F1.5.2　一般项目

（1）如果选用的锅炉厂家出厂时已对炉内进行清洁处理，为避免炉体化学损伤厂家不同意再进行煮炉试验，则可不必进行。如果选用的锅炉厂家出厂时无说明，则应按 GB 50242—2002《建筑给水排水及采暖工程施工质量验收规范》第 13.5.1 条～第 13.5.4 条及 GB 50273—98《工业锅炉安装工程施工及验收规范》第 9.2.1 条～第 9.2.8 条的要求进行煮炉试验，煮炉时间一般 2～3d。

（2）煮炉结束后锅筒和集箱内壁应无油垢，擦去附着物后金属表面应无锈斑。

检查方法：打开锅筒和集箱检查孔检查。

F1.6　换热站安装

F1.6.1　主控项目

（1）热交换器的水压试验

依据 GB 50242—2002《建筑给水排水及采暖工程施工质量验收规范》第 13.6.1 条规定，水－水热交换器和汽－水热交换器的水部分的试验压力为 1.5 倍的工作压力，时限 10min 内，压力不降、不渗不漏为合格。汽－水热交换器的蒸汽部分的试验压力应不低于蒸汽供汽压力加 0.3MPa；热水部分应不低于 0.4MPa，在试验压力下时限 10min 内，压力不降、不渗不漏为合格。

检查方法：旁站和检查试验报告。

（2）高温水系统中，循环水泵和换热器的相对安装位置应按设计文件施工。

检查方法：对照设计图纸检查。

（3）壳式热交换器的安装，如设计无要求时，其封头与墙壁或屋顶的距离不得小于换热管的长度。

检查方法：观察和尺量检查。

F1.6.2　一般项目

（1）换热站内设备安装的允许偏差应符合锅炉辅助设备安装的允许偏差和检查方法表 F1.3.2－1 的规定。

（2）换热站内的循环水泵、调节阀、减压器、疏水器、除污器、流量计等的安装应符合 GB 50242—2002《建筑给水排水及采暖工程施工质量验收规范》的相关规定。

（3）换热站内管道的安装的允许偏差应符合工艺管道安装允许偏差和检查方法表 F1.3.2－2 的规定。

（4）管道和设备保温层的厚度和平整度的允许偏差应符合管道及设备保温层的厚度和平整度的允许偏差和检查方法表 F1.3.2－4 的规定。

安全阀最初调试记录表（表式 C3-4-3A）

编号 _____

工程名称										调试时间		年 月 日
分项工程			安装工程部分							制造厂名称		
试验单位			来料单位							合格证号		
编号	型号	规格	设计			调试			调试人		日期	备注
			介质	开启压力(MPa)		介质	开启压力(MPa)	回座压力(MPa)				
备注：												

部门负责人：　　　　　　质量检查人：　　　　　　试验人员：　　　　　　填表人：

98

安全阀最终调试记录表(表式 C3-4-3B)

工程名称		调试时间			编号		
分项工程		安装工程部分		制造厂名称			年 月 日
试验单位		来料单位		合格证号			

编号	型号	规格	设 计			调 试			调试人	铅封人	备注
			介质	开启压力 (MPa)		介质	开启压力 (MPa)	回座压力 (MPa)			

建设(监理)单位:　　　　　　　施工技术负责人:　　　　　　质量检查员:　　　　　　调试人员:

年 月 日　　　　　　　年 月 日　　　　　　　年 月 日　　　　　　　年 月 日

99

锅炉48小时整体试运转记录表(表式C6-3-8C)

工程名称		分部分项工程名称			编号	
试机内容				型号规格、台数		
试机负责人			试运转时间		月 日 时 至 月 日 时	
参加试运转部位	建设(监理):	安装:	施工:			

需要观察部位		要　　　　　　求	实际达到	备　注
锅炉本体	膨胀部位正常			
	严密性应良好			
	轴承温度应正常			
	转动部位振动低于0.1mm			
	燃烧情况达到设计要求			
辅助机械	机械振动低于0.1mm			
	齿轮箱各部位正常			
	轴承温度正常			
	各传动部位正常			
附属管路	无漏水、跑气现象			
	各阀门启闭灵活			
	各仪表灵活准确			
	其他正常			
其他装置	压力表应符合"规程"要求并指示准确			
	安全阀应开启灵活准确			
	水位表应符合"规范"要求并易于观察			
	排污装置应开启灵活并符合"规范"要求			

建设单位	监理单位	施工技术员	工长	质量员	班组长

F2　通风与空调系统的调试

F2.1　作业条件

F2.1.1　通风空调系统的调试必须在系统安装完毕,各项安装工序的质量符合设计、施工规范验收标准检验合格,相应施工技术资料齐全并核验合格后进行。

F2.1.2　通风空调系统的调试必须在系统运行所需的水、电、汽、压缩空气等供应源和系统安装应具备使用条件后进行。

F2.1.3　通风空调系统的调试必须在土建装修基本完工,房间门窗等维护结构安装就绪,具备封闭条件后进行。

F2.1.4　通风空调系统的调试必须在涉及到调试条件的测试参数测试孔,检查操作调试部件和仪器、仪表的土建检查(操作井)等设施齐备的条件下进行。

F2.1.5　通风空调系统的调试前必须由承包单位负责编制,并报请监理工程师审核批准的通风空调调试方案。

F2.1.6　通风空调系统调试前必须按照通风空调调试方案要求准备好调试仪表、工具、辅助测试附件和记录表格。

F2.1.7　通风空调系统的调试之前必须将系统中的调节阀、防火阀、排烟阀、送风口、回风口内的阀板、叶片调整在设计的工作状态位置。

F2.1.8　通风空调系统的调试必须由建设、监理、施工及分包单位联合对上述第F2.1.1条～第F2.1.7条规定的内容进行全面检查,全部符合设计、施工、规范及调试操作条件要求后进行。

F2.1.9　通风空调系统风量调试前,应先对风机进行单机试运转,检验设备完好,符合设计要求方可以进行系统调试工作。

F2.1.10　通风空调系统调试前必按通风空调调试方案要求,组织调试人员熟识通风空调系统的全部设计资料、测试的状态参数,领会设计意图,掌握管网系统、冷热源系统、电气自控系统的工作原理。熟识测试仪表的性能、使用条件和操作维护规程。

F2.2　通风空调系统调试方案的编制

F2.2.1　通风空调系统调试成果是检验设计功能能否满足建筑内部环境状态、工艺条件保障必不可少的工序,也是分清工程质量事故归属(建设方、设计方、施工方)的有效依据,更是节省能源减轻环境污染的有效措施。

F2.2.2　通风空调系统调试方案由通风空调安装工程的总承包单位编制,分包单位配合。

F2.2.3　通风空调系统调试方案的主要内容有系统划分、设计功能介绍,调试项目和要求,测试程序、各项设计参数和与其对应采用检测方法、检测仪表的选择,各项参数测孔数量和位置的安排,测试辅助附件的制作、测试仪器和仪表的校验,测试系统图的绘制,参加测试人员的确定,工作职责的划分和实施计划的安排,注意事项等。

F2.2.4　通风空调系统调试方案应经监理工程师审核批准后实施。

F2.2.5　通风空调调试应由施工单位负责、监理单位监督,建设单位和设计单位参与和配合。

F2.3　一般规定

F2.3.1　通风空调系统调试应由施工单位负责、监理单位监督,建设单位和设计单位参与和配合。

F2.3.2　通风空调系统调试结束后,必须提供完整的调试资料和报告。

F2.3.3　通风空调系统调试的检测仪器和仪表。

(1) 通风空调系统调试的检测仪器和仪表应有出厂合格证书和鉴定文件。

(2) 通风空调系统调试的检测仪器和仪表的性能应稳定可靠,其精度等级及最小分度值应能满足测定要求,并符合国家有关计量法及鉴定规程的规定。

(3) 通风空调系统调试的检测仪器和仪表应严格执行计量法,不准使用无鉴定合格印章、合格证或超过鉴定周期、鉴定不合格的计量仪器和仪表。

(4) 通风空调系统综合性能评定采用检测仪器和仪表的精度级别应高于被测对象的级别。

F2.3.4　通风与空调系统调试前应做如下的检查

(1) 核定通风机、电动机的型号、规格是否与设计相符。

(2) 检查设备机座固定螺栓是否拧紧,减振台座是否平稳,传动皮带松紧是否合适,联轴节是否找正。

(3) 检查转动处轴承润滑油是否充足,油品是否正确。

(4) 检查电源接线和电机接地是否可靠。

(5) 检查风机的调节阀门开启是否灵活,定位是否可靠。

(6) 检查检测仪器和仪表安装位置、规格型号、量程精度等级是否正确,安装是否可靠。

(7) 检查与空调系统相关联的制冷系统、供热系统、供汽系统、冷却系统设备安装,系统安装等是否符合设计要求和运行条件。

F2.3.5　一般通风与空调系统的调试

(1) 通风与空调系统无生产负荷的联合试运转及调试,应在制冷设备和通风与空调设备单机试运转合格后进行。

(2) 空调系统带冷(热)源的正常试运转不应少于8h,当竣工季节与设计条件相差较大时,仅做不带冷(热)源试运转。

(3) 通风除尘系统的连续试运转不应少于2h。

F2.3.6　净化空调系统的调试

（1）净化空调系统试运行前应在回风、新风入口处和初、中效过滤器前设置临时用的过滤器（无纺布等），实行对系统的保护。

（2）净化空调系统试运行前应对洁净室进行全面的清扫、擦净，然后系统运行不少于24h达到清洁和稳定要求进行。

（3）进行洁净室室内参数（洁净度、风速、温湿度、静压及静压差等）检测应在静态下或按合约规定进行。

（4）进入洁净室进行设计参数测试人员不宜多于3人，且必须穿与洁净室洁净度级别相适应的洁净工作服。

F2.3.7 综合性能的测定与调整

（1）通风与空调工程交工前，应进行系统生产负荷的综合效能试验的测定与调整。

（2）通风与空调工程带生产负荷的综合效能试验的测定与调整，应在已具备生产试运行的条件下进行，运行由建设单位负责（包括支付检测单位的经费），设计、施工单位配合。

（3）通风与空调工程带生产负荷的综合效能试验测定与调整的项目，应由建设单位依据工程的性质、工艺和设计要求进行确定。当建设单位和设计图纸均无明确要求时，通风与空调工程带生产负荷的综合效能试验测定项目可按第（4）款、第（5）款、第（6）款、第（7）款、第（8）款的规定确定。

（4）通风、除尘系统综合效能试验可包括下列项目。

A. 室内空气中含尘浓度或有害气体浓度与排放浓度的测定。

B. 吸气罩罩口气流特性的测定。

C. 除尘器阻力和除尘效率的测定。

D. 空气油烟、酸雾过滤装置净化效率的测定。

（5）空调系统综合效能试验可包括下列项目

A. 送回风口空气状态参数（风速、风量、射流风口的流场分布、送风温度、送风湿度等）的测定与调整。

B. 空气调节机组性能参数（风量、全压、出口余压、制冷量、制热量、加湿量、过滤效率、漏风量等）的测定与调整。

C. 室内噪声的测定。

D. 室内空气温度和相对湿度的测定与调整。

E. 对气流有特殊要求的空调区域的空气流速的测定。

（6）恒温恒湿空调系统综合效能试验可包括下列项目

恒温恒湿空调系统综合效能试验的测试项目应包括第（5）款的所有项目外，尚应增加下列项目。

A. 室内静压和它与相邻房间（或走道、室外）静压差的测定。

B. 空调机组各功能段（送风机段、回风机段、初效过滤段、中效过滤段、高效过滤段、表冷交换段、热交换段、加湿段等）性能的测定和调整。

C. 室内气流组织的测定。

（7）净化空调系统综合效能试验可包括下列项目

净化空调系统综合效能试验的测试项应包括第（6）款恒温恒湿空调系统综合效能试

验的测试的所有项目外,尚应增加下列项目。

A. 生产负荷状态下洁净室室内空气洁净级别等级的测定,洁净室和洁净区洁净等级及悬浮粒子浓度限值见表 F2.3.7-1。

洁净室和洁净区洁净等级及悬浮粒子浓度限值　　　　　表 F2.3.7-1

洁净度级别		粉尘粒径 (μm)											
		0.1		0.2		0.3		0.5		1.0		5.0	
新标准	旧标准	新标准	旧标准	新标准	旧标准	新标准	旧标准	新标准	旧标准	新标准	旧标准	新标准	旧标准
1	—	10	—	2	—	—	—	—	—	—	—	—	—
2	—	100	—	24	—	10	—	4	—	—	—	—	—
3	1	1000	1.25×10^3	237	270	102	100	35	35	8	—	—	—
4	10	10^4	1.25×10^4	2.37×10^3	2.7×10^3	1.02×10^3	10^3	352	350	83	—	—	—
5	100	10^5	—	2.37×10^4	2.7×10^4	1.02×10^4	10^4	3.52×10^3	3.5×10^3	832	—	29	—
6	1000	10^6	—	2.37×10^5	—	1.02×10^5	—	3.52×10^4	3.5×10^4	8.32×10^3	—	293	250
7	10000	—	—	—	—	—	—	3.52×10^5	3.5×10^5	8.32×10^4	—	2.93×10^3	2500
8	100000	—	—	—	—	—	—	3.52×10^6	3.5×10^6	8.32×10^5	—	2.93×10^4	25000
9		—	—	—	—	—	—	3.52×10^7		8.32×10^6		2.93×10^5	

洁净室和洁净区各种粒径的粒子允许的最大浓度 $C_n = 10^N \times (0.1/D)^{2.08}$

式中　C_n——大于或等于要求粒径的粒子最大允许浓度 pc/m³;

　　　N——洁净级别,最大不超过 9。洁净度等级之间可以按 0.1 为最小允许值递增;

　　　D——要求的粒子的粒径(μm);

　　　0.1——常数,量纲为(μm)。

洁净度等级定级的粒径范围为 0.1~5.0μm,用于定级的粒径数不应大于 3 个,且其顺序级差不应小于 1.5 倍。

B. 洁净室室内空气浮游菌浓度和室内沉降菌菌落度的测定。

C. 洁净室室内空气自净时间的测定。

D. 空气洁净度(级别等级)高于 5 级(原 100 级)的洁净室,除了应进行净化空调系统综合性能试验项目的测定外,尚应增加设备泄漏控制和防污染扩散等特定项目的测定。

E. 空气洁净度高于或等于 5 级的洁净室,可进行单向流流线平行度的检测,在工作区内气流流向偏离规定方向的角度不大于 15°。

F. 当洁净室室内其他参数的测试项目可以参照表 F2.3.7-2 与设计、建设单位协商执行。表中规定测试项目为主控项目，其余为一般项目。

综合性能全面评定检测项目和顺序　　　　　　表 F2.3.7-2

序号	项　　　　目	单向流洁净室		乱流洁净室
		高于5(100)级	5(100)级	6(1000)级及6(1000)级以下
1	室内送风量、系统总新风量(必要时系统总送风量)，有排风时的室内排风量	检　　　测		
2	静压差	检　　　测		
3	房间截面平均风速	检　　测		不检测
4	房间截面风速不均匀度	检　　测	必要时检测	不检测
5	洁净度级别	检　　　测		
6	浮游菌和沉降菌	必要时检测		
7	室内温度和相对湿度	检　　　测		
8	室温(或相对湿度)波动范围和区域温差	必要时检测		
9	室内噪声级	检　　　测		
10	室内倍频程声压级	必要时检测		
11	室内照度和照度的均匀度	检　　　测		
12	室内微振	必要时检测		
13	表面导静电性能	必要时检测		
14	室内气流流型	不　　测		必要时检测
15	流线平行性	检　　测	必要时检测	不　　测
16	自净时间	不　　测	必要时检测	必要时检测

(8) 防排烟系统综合效能试验的测定项目

防排烟系统综合效能试验的测定项目为模拟状态下安全区正压变化测定和烟雾扩散试验等。

(9) 净化空调系统综合效能检测单位和检测状态的确定

净化空调系统综合效能检测单位和检测状态，宜由建设单位、设计单位和施工单位三方协商确定。

F2.4　系统调试主控项目

F2.4.1　通风与空调工程安装完毕，必须进行系统的测定和调整(简称调试)

系统调试应包括下列项目。

（1）设备单机试运转。

（2）系统无生产负荷下的联合试运转与调试。

（3）检查数量与检查方法。

检查数量：全部。

检查方法：观察、旁站、查阅调试记录。

F2.4.2　设备单机试运转及调试应符合下列规定

（1）通风机、空调机组中风机的单机试运转

A．通风机、空调机组中风机的单机试运转应执行 GB 50243—2002《通风与空调工程施工质量验收规范》第 9.2.7 条、第 11.2.2 条的规定。

B．检查叶轮旋转方向正确、运转平稳、无异常振动和声响。

C．电机功率符合设备文件的规定。

D．在额定转速下连续运转 2h 后，滑动轴承和机壳最高温度不超过 70℃，滚动轴承最高温度不超过 80℃。

E．填写试运转记录单，记录单中应有温升、噪声等参数的实测数据及运转情况记录。抽查数量 100％，每台运行时间不少于 2h。

（2）一般水泵的单机试运转

A．水泵的单机试运转应执行 GB 50243—2002《通风与空调工程施工质量验收规范》第 9.2.7 条、第 11.2.1 条、第 11.2.2 条、第 F1.3.1 条的规定。

B．水泵等设备的单机试运转应在安装预检合格和配管安装后进行，每台设备应有独立的安装预检记录单和单机运转试验单。

C．检查叶轮旋转方向正确，无异常振动和声响，紧固连接部位无松动。

D．电机功率符合设备文件的规定。

E．水泵连续运转 2h 后滑动轴承和机壳最高温度不超过 70℃，滚动轴承最高温度不超过 75℃。

F．水泵型号、规格、技术参数（流量、扬程、转速、功率）、轴承和电机发热的温升、噪声应符合设计要求和产品性能指标。

G．为了测流量，应在机组前后事先安装测试口，以便安装测试仪表。

H．填写试运转记录单。记录单中应有温升、噪声等参数的实测数据及运转情况记录。抽查数量 100％。

（3）大型水泵的单机试运转

A．水泵试运转前应作以下检查：

（A）原动机（电机）的转向应符合水泵的转向。

（B）各紧固件连接部位不应松动。

（C）润滑油脂的规格、质量、数量应符合设备技术文件的规定，有预润滑要求的部位应按设备技术文件的规定进行预润滑。

（D）润滑、水封、轴封、密封冲洗、冷却、加热、液压、气动等附属系统管路应冲洗干净，保持通畅。

（E）安全保护装置应灵敏、齐全、可靠。

（F）盘车灵活、声音正常。

（G）泵和吸入管路必须充满输送的液体，排尽空气，不得在无液体的情况下启动；自吸式水泵的吸入管路不需充满输送的液体。

（H）水泵启动前的出入口阀门应处于下列启闭位置：

a. 入口阀门全开；

b. 出口阀门离心式水泵全闭，其他形式水泵全开（混流泵真空引水时全闭）；

c. 离心式水泵不应在出口阀门全闭的情况下长期运转；也不应在性能曲线的驼峰处运转，因在此点运行极不稳定。

B. 泵在设计负荷下连续运转不应少于 2h ，且应符合下列要求：

（A）附属系统运转正常，压力、流量、温度和其他要求符合设备技术文件规定。

（B）运转中不应有不正常的声音。

（C）各静密封部位不应渗漏。

（D）各紧固连接部位不应松动。

（E）填料的温升正常，滚动轴承的温度不应高于 75℃，滑动轴承的温度不应高于 70℃。

（F）电动机的电流应不超过额定值。

（G）泵的安全保护装置应灵敏、可靠。

C. 运转结束后应做好如下工作：

（A）关闭泵出入口阀门和附属系统的阀门。

（B）输送易结晶、凝固、沉淀等介质泵，停泵后应及时用清水或其他介质冲洗泵和管路，防止堵塞。

（C）放净泵内的液体，防止锈蚀和冻裂。

D. 填写大型水泵试运行、调试记录单。试运转记录单中应有温升、噪声等参数的实测数据及运转情况记录。抽查数量 100%。

（4）冷却塔的单机试运转

A. 冷却塔的单机试运转应执行 GB 50243—2002《通风与空调工程施工质量验收规范》第 9.2.7 条、第 11.2.2 条的规定。

B. 冷却塔风机试运转应按本条第 F2.4.2 –（1）款的规定。

C. 冷却塔本体应稳固、无异常振动和声响，其噪声应符合设计要求和产品性能指标。

D. 冷却塔风机和冷却水系统循环试运行不少于 2h，运行中无异常情况出现。

E. 抽查数量 100%。

F. 填写冷却塔试运转记录单。记录单中应有实测数据及运转情况记录。

（5）制冷机组、单元式空调机组的单机试运转

A. 制冷机组、单元式空调机组的单机试运转应执行的标准：制冷机组、单元式空调机组的单机试运转应执行 GB 50243—2002《通风与空调工程施工质量验收规范》第 9.2.7 条、第 11.2.2 条的规定，设备参数应符合设备文件和国家标准 GB 50274—98《制冷设备、空气分离器设备安装工程施工及验收规范》的规定，并正常运转不少于 8h。

B. 活塞式制冷压缩机和压缩机组的单机试运转:执行 GB 50274—98《制冷设备、空气分离器设备安装工程施工及验收规范》第 2.2.6 条、第 2.2.7 条的规定,压缩机和压缩机组的空负荷和空气负荷试运转应符合下列要求。

(A) 应先拆去汽缸盖和吸、排气阀组并固定汽缸套。启动压缩机并运行 10min,停车后检查各部位的润滑和温升应无异常。而后应再继续运转 1h。运转应平稳,无异常声响和剧烈振动。

(B) 主轴承外侧面和轴封外侧面的温度应正常,油泵供油应正常。油封处不应有滴漏现象。停车后检查汽缸内壁面应无异常的磨损。

(C) 压缩机和压缩机组吸、排气阀组安装固定后,应调整活塞的止点间隙,并符合设备的技术文件规定。启动压缩机当吸气压力为大气压时,其排气压力对于有水冷却的应为 0.3MPa(绝对压力);对于无水冷却的应为 0.2MPa(绝对压力),并继续运转且不得少于 1h。运转应平稳,无异常声响和剧烈振动。吸、排气阀片跳动声响应正常。各连接部位、轴封、填料、汽缸盖和阀件应无漏气、漏油、漏水现象。空气负荷试运转后应拆洗空气滤清器和油过滤器,并更换润滑油。

(D) 油压调节阀的操作应灵活,调节油压宜比吸气压力高 0.15 ~ 0.3MPa。同时能量调节装置的操作应灵活、正确。汽缸套冷却水进口水温不应大于 35℃,出口水温不应大于 45℃。压缩机各部位的允许温升应符合表 F2.4.2。

压缩机各部位的允许温升 表 F2.4.2

检查部位	有水冷却(℃)	无水冷却(℃)
主轴外侧面	≤40	≤60
轴封外侧面		
润滑油	≤40	≤50

(E) 执行 GB 50274—98《制冷设备、空气分离器设备安装工程施工及验收规范》第 2.2.8 条的规定,压缩机和压缩机组应进行抽真空试运转。抽真空试运转应关闭吸、排气截止阀,并启动放气通孔,开动压缩机进行抽真空。曲轴箱压力应迅速抽至 0.015MPa(绝对压力);油压不应低于 0.1MPa。

(F) 压缩机和压缩机组的负荷试运转除了应符合 GB 50274—98《制冷设备、空气分离器设备安装工程施工及验收规范》第 2.2.7 条相关部分的规定外,尚应符合第 2.2.9 条的规定。

C. 螺杆式制冷机组的单机试运转:螺杆式制冷机组的试运转和负荷试运转应符合 GB 50274—98《制冷设备、空气分离器设备安装工程施工及验收规范》第 2.3.3 条、第 2.3.4 条的规定。

D. 离心式制冷机组:离心式制冷机组的试运转和负荷试运转应符合 GB 50274—98《制冷设备、空气分离器设备安装工程施工及验收规范》第 2.4.3 条、第 2.4.4 条、第 2.4.6 条的规定。

E. 溴化锂吸收式制冷机组:溴化锂吸收式制冷机组的安装和各附属设备的试运转、负荷试运转应符合 GB 50274—98《制冷设备、空气分离器设备安装工程施工及验收规范》第 2.7.2 条 ~ 第 2.7.10 条、第 2.4.6 条的规定。

F. 制冷机组、单元式空调机组的单机试运转的抽查数量为 100%。

G. 制冷机组、单元式空调机组的单机试运转记录单的填写:应每台单独填写试运转记录单。

(6) 净化空调器、局部净化设备(各类洁净工作台、静电自净器、洁净干燥箱等)空气吹淋室的单机试运转

A. 净化空调器、局部净化设备(各类洁净工作台、静电自净器、洁净干燥箱等)空气吹淋室的单机试运转应符合设备技术文件的有关规定。

B. 净化空调器、局部净化设备(各类洁净工作台、静电自净器、洁净干燥箱等)空气吹淋室的单机试运转和单元式空调机组的单机试运转一样,也应符合国家标准 GB 50274—98《制冷设备、空气分离器设备安装工程施工及验收规范》的规定,并正常运转不少于 8h。

(7) 电控防火、防排烟风阀(口)的试运转

电控防火、防排烟风阀(口)的手动、电动操作应灵活、可靠,信号正确。抽查数量见第 F2.4.2 – (1)款中按风机数量的 10%,但不得少于 1 个。第 F2.4.2 – (2)款、第 F2.4.2 – (3)款、第 F2.4.2 – (4)款、第 F2.4.2 – (5)款按系统中风阀数量的 20%抽查,但不得少于 1 个。

F2.4.3　系统无生产负荷的联合试运转及调试

(1) 通风空调系统风量的检测与平衡调试

A. 通风空调系统安装后应进行系统各分路及各风口风量的调试和测量,并填写记录单。系统风量的平衡一般采用基准风口法进行测试。

B. 基准风口法的调试步骤:如图 F2.4.3 – 1 所示。

(A) 风量调整前先将所有三通调节阀(图 F2.4.3 – 2)的阀板置于中间位置,而系统总阀门处于某实际运行位置,系统其他阀门全部打开。然后启动风机,初测全部风口的风量,计算初测风量与设计风量的比值(百分比),并列于记录表格中。然后启动风机,初测全部风口的风量,计算初测风量与设计风量的比值(百分比),并列于记录表格中。

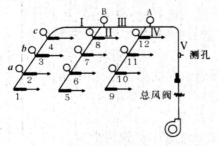
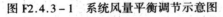
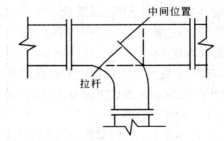

图 F2.4.3 – 1　系统风量平衡调节示意图　　　　图 F2.4.3 – 2　三通调节阀

(B) 在各支路中选择比值最小的风口作为基准风口,进行初调。

(C) 先调整各支路中最不利的支路,一般为系统中最远的支路。用两套测试仪器同

时测定该支路基准风口(如风口1)和另一风口的风量(如风口2),调整另一个风口(风口2)前的三通调节阀(如三通调节阀 a),使两个风口的风量比值近似相等;之后,基准风口的测试仪器不动,将另一套测试仪器移到另一风口(如风口3),再调试另一风口前的三通调节阀(如三通调节阀 b),使两个风口的风量比值近似相等。如此进行下去,直至此支路各个风口的风量比值均与基准风口的风量比值近似相等为止。

(D) 同理调整其他支路,各支路的风口风量调整完后,再由远及近,调整两个支路(如支路Ⅰ和支路Ⅱ)上的手动调节阀(如手动调节阀 B),使两支路风量的比值近似相等。似此进行下去。

(E) 各支路送风口的送风量和支路送风量调试完后,最后调节总送风道上的手动调节阀,使总送风量等于设计总送风量,则系统风量平衡调试工作基本完成。

(F) 但总送风量和各风口的送风量能否达到设计风量,尚取决于送风机的出率是否与设计选择相符。若达不到设计要求就应寻找原因,进行其他方面的调整,具体详见"测试中发现问题的分析与改进办法"部分。调整达到要求后,在阀门的把柄上用油漆做好标记,并将阀位固定。

(G) 为了自动控制调节能处于较好的工况下运行,各支路风道及系统总风道上的对开式电动比例调节阀在调试前,应将其开度调节在 80% ~ 85% 的位置,以利于运行时自动控制的调节和系统处于较好的工况下运行。

(H) 风量测定值的允许误差:风口风量测定值的误差为 15%,系统风量的测定值应大于设计风量 10% ~ 20%,但不得超过 20%。

C. 流量等比分配法(也称动压等比分配法)

此方法用于支路较少,且风口调整试验装置(如调节阀、可调的风口等)不完善的系统。系统风量的调整一般是从最不利的环路开始,逐步调向风机出风段。如图 F2.4.3 – 3 所示,先测出支管1和2的风量,并用支管上的阀门调整两支管的风量,使其风量的比值与设计风量的比值近似相等。然后测出并调整支路4和5、支管3和6的风量,使其风量的比值与设计风量的比值都近似相等。最后测定并调整风机的总风量,使其等于设计的总风量。这一方法称"风量等比分配法"。调整达到要求后,在阀门的把柄上用油漆记上标记,并将阀位固定。

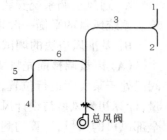

图 F2.4.3 – 3　流量等比分配法
管网风量平衡图

(2) 系统无生产负荷的联合试运转及调试符合下列规定

A. 系统总风量调试结果与设计风量的偏差应不大于 10%。

B. 空调冷热水、冷却水总流量测试结果与设计流量的偏差应不大于 10%。

C. 舒适性空调的温度、相对湿度应符合设计的要求。恒温恒湿房间室内空气温度、相对湿度及波动范围应符合设计规定。

D. 检查数量:按风管系统数量抽查 10%,且不得少于 1 个系统。

E. 抽查方法:观察、旁站、查阅调试记录。

(3) 防排烟系统联合试运行与调试

A. 防排烟系统联合试运行与调试结果（风量及正压），必须符合设计与消防的规定。

B. 系统总风量调试结果与设计风量的偏差应不大于 10%。

C. 正压送风的室内外静压差不得小于 25±5Pa。

D. 检查数量：按总系统数量抽查 10%，且不得少于 2 个楼层。

E. 检查方法：观察、旁站、查阅调试记录。

（4）净化空调系统的联合试运行与调试

净化空调系统的联合试运行与调试结果除了应符合第（2）款的规定外，尚应符合下列的规定：

A. 单向流洁净室空调系统的系统总风量调试结果与设计风量的允许偏差为 0～20%，室内各风口风量与设计风量的允许偏差为 15%。

新风量与设计新风量的允许偏差为 10%。

B. 单向流洁净室空调系统的系统室内截面平均风速的允许偏差为 0～20%，且风速不均匀度不应大于 0.25。

新风量与设计新风量的允许偏差为 10%。

C. 相邻洁净室之间和洁净室与非洁净室之间的静压差应不小于 5Pa。洁净室与室外的静压差应不小于 10Pa。

D. 室内空气洁净度等级必须符合设计规定的等级或在商定验收状态下的等级要求。

高于等于 5 级的单向流洁净室，在门开启的状态下，测定距离门 0.6m 的室内侧工作高度处的空气含尘浓度也不应超过室内洁净度等级上限的规定。

E. 非单向流洁净室洁净度测试时，测试仪表采集头不得置于高效过滤送风口之下，应有一定的距离。

F. 检查数量：调试记录全查，测点抽查 5%，且不得少于 1 个测点。

G. 检查方法：检查、验证调试记录，按 GB 50243—2002《通风与空调工程施工质量验收规范》附录 B 的要求进行测试校验。

F2.5 一般调试项目

F2.5.1 设备单机试运转及调试应符合下列规定

（1）一般水泵的单机试运转

A. 水泵运行时不应有异常振动虎响声。紧固连接部位不应有松动。

B. 壳体密封处不得渗漏，无特殊要求情况下，普通填料泄漏量不应大于 60mL/h，机械密封的泄漏量不应大于 5mL/h。

C. 轴封的温升应正常。

（2）大型水泵的单机试运转

A. 大型水泵运行时不应有异常振动虎响声。各连接紧固连接部位不应有松动。

B. 填料的温升正常；在无特殊要求的情况下，普通软填料宜有少量的渗漏（每分钟不超过 10～20 滴）；机械密封的渗漏量不宜大于 10mL/h（每分钟约 3 滴）。

C. 振动振幅应符合设备技术文件规定；如无规定，而又需要测试振幅时，测试结果应符合下列要求（用手提振动仪测量）表 F2.5.1。

大型水泵运行振动振幅要求　　　　　　表 F2.5.1

转速(r/min)	≤375	>375~600	>600~750	>750~1000	>1000~1500
振幅≤(mm)	0.18	0.15	0.12	0.10	0.08
转速(r/min)	>1500~3000	>3000~6000	>6000~12000	>12000	—
振幅≤(mm)	0.06	0.04	0.03	0.02	—

（3）风机、空调机组、风冷热泵等设备的单机试运转

A. 风机、空调机组、风冷热泵等设备运行应平稳，无异常振动与响声。

B. 风机、空调机组、风冷热泵等设备运行时，产生的噪声不宜超过产品性能说明书的规定值。

（4）风机盘管机组的单机试运转

A. 风机盘管机组的单机试运转应执行 GB 50243—2002《通风与空调工程施工质量验收规范》第 F1.3.1 条的规定风机盘管的三速、温控开关动作应正确，并与机组运行状态一一对应。

B. 抽查数量为 10%，但不少于 5 台。

C. 检查方法：观察、旁站、查阅试运转记录。

F2.5.2　通风空调工程系统无生产负荷的联合试运转及调试应符合下列规定

（1）通风空调工程系统无生产负荷的联合试运转及调试应符合下列规定

A. 系统联动试运转中设备及各主要部件的联动必须符合设计要求，动作协调、正确，无异常现象。

B. 系统经过平衡调整，各风口或吸风罩的风量与设计风量的允许偏差不应大于15%。

C. 湿式除尘器的供水与排水系统运行应正常。

（2）空调工程系统无生产负荷的联合试运转及调试还应符合下列规定

A. 空调工程水系统（空调冷热水循环系统、冷却水循环系统等）

（A）空调工程水系统（空调冷热水循环系统、冷却水循环系统等）应冲洗干净、不含杂物，并排除管道系统中的空气。

（B）空调工程水系统（空调冷热水循环系统、冷却水循环系统等）连续运行应达到正常、平稳。

（C）空调工程水（空调冷热水循环系统、冷却水循环系统等）循环系统水泵的压力和电机的电流不应出现大幅度的波动。

（D）系统平衡调整后，各空调机组的水流量应符合设计要求，允许偏差为 20%。

B. 各种自动计量检测元件和执行机构的工作应能正常，满足建筑设备自动化（BA、

FA等*)系统对被测定参数进行检测和控制的要求。

C. 多台冷却塔并联运行时,各冷却塔的进、出水量应能达到均衡一致。

D. 空调室内的噪声应符合设计规定的要求。

E. 有压差要求的房间、厅堂与其他相邻房间之间的压差,舒适性空调为正压 0 ~ 25Pa,工艺性空调应符合设计的规定。

F. 制冷、空调机组设备噪声声功率级的测定

(A) 有环境噪声要求的场所,制冷、空调机组应按现行国家标准 GB 9068《采暖通风与空气调节设备噪声声功率级的测定——工程法》的规定进行测定。洁净室内的噪声应符合设计规定。

(B) 检查测数量:按系统数量抽查 10%,且不得少于 1 个系统或 1 间房间。

(C) 检查方法:观察、用仪表测量检查及查阅调试记录。

G. 通风与空调工程的控制和监测设备

(A) 通风与空调工程的控制和监测设备应能与系统的检测元件和执行机构正常沟通。

(B) 通风与空调工程的系统状态参数应能正确显示。

(C) 设备联锁、自动调节、自动保护应能正确动作。

(D) 检查测数量:按系统或监测系统总数抽查 30%,且不得少于 1 个系统。

(E) 检查方法:旁站、观察及查阅调试记录。

(3) 通风与空调工程系统设计参数的检测

通风与空调工程系统在进行无生产负荷的联合试运转及调试还应符合下列规定时,应对系统室内的设计参数进行检测。

A. 通风与空调工程系统室内的设计参数测定应依据系统的类别(一般通风、空调或洁净空调)的设计要求和相应规范的规定进行测定。

B. 通风与空调工程系统室内的设计参数测定值应符合设计和规范的要求。

(4) 洁净室室内空气浮游菌浓度和室内沉降菌菌落度的测定

A. 洁净室室内空气浮游菌浓度的测定可参照 GB/T 16293《医药工业洁净室(区)悬浮菌的测定方法》进行。

B. 洁净室室内空气沉降菌菌落度的测定可参照 GB/T 16294《医药工业洁净室(区)沉降菌的测定方法》进行。

C. 洁净室室内空气浮游菌浓度和室内沉降菌菌落度的测定与使用情况(工艺条件)和工艺运行前对洁净室内的消毒措施和实施状况有关,故一般交工前不做此两项测试。具体如何进行,应与设计、建设、监理单位共同商定。

附录　补充测试记录表

各房间室内风量测量数据表（表式 C6-6-3A）

部位＼项目	风量（m³/h）		相对差 Δ=[(L实−L设)/L设] %	编号
	实际	设计		

部位＼项目	风量（m³/h）		相对差 Δ=[(L实−L设)/L设] %
	实际	设计	

测量：　　　　　　记录：　　　　　　审核：　　　　　　年　月　日

114

通风空调系统室内温度、湿度测试记录表(表式 C6-6-3B)

工程名称															编号	
房间编号	测点编号		部位及系统													
		时间	测试时间													
			年 月 日 h min(测定时间≥12h,一般为 24~48h,每 30min 测一次)												年 月 日	
		次数	1	2	3	4	5	6	7	8	9	10	11	12	平均值	设计值
	送风口	温度(℃)															
		湿度(%)															
	回风口	温度(℃)															
		湿度(%)															
	室中心	温度(℃)															
		湿度(%)															
	敏感元件位置	温度(℃)															
		湿度(%)															
	工作区 1	温度(℃)															
		湿度(%)															
	工作区 2	温度(℃)															
		湿度(%)															
	工作区 3	温度(℃)															
		湿度(%)															
	工作区 4	温度(℃)															
		湿度(%)															
施工或测定单位				测试技术负责人			参测人员						质量检查员				

建设(监理)单位:

注:1. 室内工作区及室中心测点高度距地 0.8m,测点距墙距地 0.5m,测点之间的距离≤2.0m;
　　2. 房间面积≤50m² 的测点 5 个,每超过 20~50 m² 增加 3~5 个。

115

通风空调系统室内噪声测试记录表（表式 C6-6-3C）

工程名称												编号				

部位及系统

测试时间 年 月 日

房间编号	测点编号	时间 次数	测试时间												平均值	设计值
			年 月 日 h min 起至 年 月 日 h min（测定时间≥12h，一般为24～48h，每30min测一次）													
			1	2	3	4	5	6	7	8	9	10	11	12		
	测点编号	1														
		2														
		3														
		4														
		5														
		6														
		7														
		8														
	测点编号	1														
		2														
		3														
		4														
		5														
		6														
		7														
		8														

建设（监理）单位：	施工或测定单位	测试技术负责人	参测人员	质量检查员

注:1. 测点布置为五点布局。详见 GB 50243—2002 图 B.0.6;
  2. 测点高度距地 1.1m;
  3. 房间面积≤15m² 者，可仅测中间点;
  4. 设计无要求的不测。

F3 给水、排水、供暖、通风空调工程相关试验规定汇编

本汇编共 55 项，包含 GB 50235—97《工业金属管道工程施工及验收规范》(部分)、GB 50242—2002《建筑给水排水及采暖工程施工质量验收规范》、GB 50243—2002《通风与空调工程施工质量验收规范》、GB 50261—96《自动喷水灭火系统施工及验收规范》(部分)、GB 50273—98《工业锅炉安装工程施工及验收规范》、GB 50274—98《制冷设备、空气分离设备安装工程施工及验收规范》(部分)、GB 50275—98《压缩机、风机、泵安装工程施工及验收规范》(部分)、GBJ 134—90《人防工程施工及验收规范》、JGJ 71—90《洁净室施工及验收规范》内的相关内容。在引用中应注意两点，即删去与所在工程无关的内容；注明与引用工程的实际试验压力和工作压力。

F3.1 进场阀门强度和严密性试验

依据 GB 50242—2002《建筑给水排水及采暖工程施工质量验收规范》第 3.2.4 条、第 3.2.5 条和 GB 50243—2002《通风与空调工程施工质量验收规范》第 8.3.5 条、第 9.2.4 条规定。

(1) 各专业各系统主控阀门和设备前后阀门的水压试验

A. 试验数量及要求：100%逐个进行编号、试压、填写试验单，并进行标识存放，安装时对号入座。本项目包括减压阀、止回阀、调节阀、水泵结合器等。

B. 试压标准：强度试验为该阀门额定工作压力的 1.5 倍作为试验压力；严密性试验为该阀门额定工作压力的 1.1 倍作为试验压力。在观察时限内试验压力应保持不变，且壳体填料和阀瓣密封面不渗不漏为合格。

阀门强度试验和严密性试验的时限见表 F3.1.0。

阀门强度试验和严密性试验的时限 　　　　　表 F3.1.0

公称直径 DN （mm）	最短试验持续时间（s）			
	严 密 性 试 验			强度试验
	金属密封	非金属密封	制冷剂管道	
≤50	15	15	30	15
65～200	30	15		60
250～450	60	30	—	180
≥500	120	60	—	—

（2）其他阀门的水压试验

其他阀门的水压试验标准同上，但试验数量按规范规定。

A．按不同进场日期、批号、不同厂家（牌号）、不同型号、规格进行分类。

B．每类分别抽 10％，但不少于 1 个进行试压，合格后分类填写试压记录单。

C．10％中有不合格的，再抽 20％（含第一次共计 30％）进行试压后，如果又出现不合格的，则应 100％进行试压。但本工程第二批（20％）中又出现不合格的，应全部退货。

D．阀门应有北京市用水器具注册证书。

F3.2　水暖附件的检验

（1）进场的管道配件（管卡、托架）应有出厂合格证书；

（2）应按 91SB3 图册附件的材料明细表中各型号的零件规格、厚度及加工尺寸相符，且外观美观，与卫生器具结合严密等要求进行验收。

F3.3　卫生器具的进场检验

（1）卫生器具应有出厂合格证书；

（2）卫生器具的型号规格应符合设计要求；

（3）卫生器具外观质量应无碰伤、凹陷、外突等质量事故；

（4）卫生器具的排水口应阻力小，泄水通畅，避免泄水太慢；

（5）坐式便桶盖上翻时停靠应稳，避免停靠不住而下翻；

（6）器具进场必须经过严格交接检，填写检验记录，没有合格证、检验记录，不能就位安装。

F3.4　太阳能集热器的水压试验

依据 GB 50242—2002《建筑给水排水及采暖工程施工质量验收规范》第 6.3.1 条规定，在安装太阳能集热器玻璃前应对集热器排管和上、下集管进行水压试验。试验压力为 1.5 倍的工作压力，时限 10min 内，压力不降、不渗不漏为合格。

F3.5　热交换器的水压试验

依据 GB 50242—2002《建筑给水排水及采暖工程施工质量验收规范》第 6.3.2 条、第 13.6.1 条规定，水－水热交换器和汽－水热交换器的水部分的试验压力为 1.5 倍的工作压力，时限 10min 内，压力不降、不渗不漏为合格。汽－水热交换器的蒸汽部分的试验压力应不低于蒸汽供汽压力加 0.3MPa；热水部分应不低于 0.4MPa，在试验压力下时限 10min 内，压力不降、不渗不漏为合格。

F3.6　组装后散热器的水压试验

依据 GB 50242—2002《建筑给水排水及采暖工程施工质量验收规范》第 8.3.1 条规定,组对后或整组出厂的散热器,在安装前应做水压试验。

试验数量及要求:要 100% 进行试验,试验压力为工作压力(设计工作压力)的 1.5 倍,但不小于 0.6MPa,试验时间 2~3min 内,压力不降、不渗不漏为合格。试压后办理散热器组对预检记录和水压试验记录单(按系统分层填写)。

F3.7　金属辐射板水压试验

依据 GB 50242—2002《建筑给水排水及采暖工程施工质量验收规范》第 8.4.1 条规定,辐射板在安装前应做水压试验。

试验数量及要求:要 100% 进行试验,试验压力为工作压力(设计工作压力)的 1.5 倍,但不小于 0.6MPa ,试验时间 2~3min 内,压力不降、不渗不漏为合格。试压后办理散热器组对预检记录和水压试验记录单(按系统分层填写)。

F3.8　室内生活给水管道和消火栓供水管道的水压试验

(1) 试压分类:单项试压——分局部隐检部分和分各系统(或每根立管)进行试压,应分别填写试验记录单。

系统综合试压——按系统分别进行。

(2) 试压标准:

单项试压:单项试压的试验压力,当系统工作压力 $P \leqslant 1.0$MPa 时,依据 GB 50242—2002《建筑给水排水及采暖工程施工质量验收规范》第 4.2.1 条规定,各种材质的给水系统的水压试验压力均为系统工作压力的 1.5 倍,但不小于 0.6MPa。

1) 金属和复合管道系统:将系统压力升至试验压力,在试验压力下观察 10min 内,压力降 $\Delta P \leqslant 0.02$MPa,检查不渗不漏后,然后再将压力降至工作压力进行外观检查,不渗不漏为合格。

2) 塑料管道系统:将系统压力升至试验压力,在试验压力下稳压 1h,压力降 $\Delta P \leqslant 0.05$MPa,检查不渗不漏后,然后再将压力降至工作压力的 1.15 倍,稳压 2h,压力降 $\Delta P \leqslant 0.03$MPa,同时进行各连接处的外观检查,不渗不漏为合格。

综合试压:试验方法同压力同单项试压,其试压标准不变。

F3.9　室内热水供应管道的水压试验

(1) 试压分类:单项试压——分局部隐检部分和分各系统(或每根立管)进行试压,应分别填写试验记录单。

系统综合试压——按系统分别进行。

（2）试压标准：

单项试压：单项试压的试验压力,当系统工作压力 $P \leqslant 1.0MPa$ 时,依据 GB 50242—2002《建筑给水排水及采暖工程施工质量验收规范》第 6.2.1 条规定,热水管道在保温前应进行水压试验。各种材质的热水供应系统的水压试验压力应符合(A)、(B)两个条件。

（A）热水供应系统的水压试验压力应为系统顶点的工作压力加 0.1MPa。

（B）在热水供应系统顶点的水压试验压力 $\geqslant 0.3MPa$。

（C）钢管或复合管道系统：将系统压力升至试验压力,在试验压力下观察 10min 内,压力降 $\Delta P \leqslant 0.02MPa$,检查不渗不漏后,然后再将压力降至工作压力进行外观检查,不渗不漏为合格。

（D）塑料管道系统：将系统压力升至试验压力,在试验压力下稳压 1h,压力降 $\Delta P \leqslant 0.05MPa$,检查不渗不漏后,然后再将压力降至工作压力的 1.15 倍,稳压 2h,压力降 $\Delta P \leqslant 0.03MPa$,同时进行各连接处的外观检查,不渗不漏为合格。

综合试压：试验方法同压力同单项试压,其试压标准不变。

F3.10　冷却水管道及空调冷热水循环管道的水压试验

依据 GB 50243—2002《通风与空调工程施工质量验收规范》第 9.2.3 条的规定。

（1）系统水压试验压力：

A. 当系统工作压力 $\leqslant 1.0MPa$ 时,系统试验压力为 1.5 倍工作压力,但不小于 0.6MPa;

B. 当系统工作压力 $> 1.0MPa$ 时,系统试验压力为工作压力加 0.5MPa;

C. 各类耐压塑料管道的强度的试验压力为 1.5 倍工作压力,严密性试验压力为 1.15 倍工作压力。

（2）试验要求：

A. 大型或高层建筑垂直位差较大的冷热媒循环水系统、冷却水系统宜采用分区、分层试压和系统试压相结合的方法进行水压试验;

B. 一般建筑可采用系统试压的方法。

（3）试验标准：

A. 分区、分层试压：分区、分层试压是对相对独立的局部区域的管道进行试压。试验时将系统压力升至试验压力,在试验压力下稳压 10min,压力不得下降,再将试验压力降至工作压力,在 60min 内,压力不得下降,外观检查,不渗不漏为合格。

B. 系统试压：系统试压是在各分区管道与系统主、干管全部连通后,对整个系统的管道进行的试压。试验压力以最低点的压力为准,但最低点的压力不得超过管道与组成件的承受压力。当系统压力升至试验压力后稳压 10min,压力降 $\Delta P \leqslant 0.02MPa$,检查不渗不漏,然后再将系统压力降至工作压力进行外观检查,不渗不漏为合格。

F3.11　空调凝结水管道的充水试验

依据 GB 50243—2002《通风与空调工程施工质量验收规范》第 9.2.3 条第 4 款的规定。空调凝结水管道采用冲水试验,不渗不漏为合格。

水压试验单填写示例

管道强度严密性试验记录(表式 C6－5－2)		编　　号	J2－1
			1－002
工程名称	×××图书馆工程	试验日期	年　月　日
试验部位	给水系统 GL1	材质及规格	镀锌钢管 DN40

试验要求:

　　1. 试压泵安装在地上一层,系统工作压力为 0.6MPa,试验压力为 0.9MPa;压力表的精度为 1.5 级,量程为 1.0MPa。

　　2. 试验要求是试验压力升至工作压力后,稳压进行检查,未发现问题,继续升压。当压力升至试验压力后,稳压 10min,检查系统压力降 ΔP 应≤试验允许的压力降 0.05MPa,检查无渗漏;

　　3. 然后将压力降至工作压力 0.6MPa 后,稳压进行检查,不渗不漏为合格

试验情况记录:

　　1. 自 08 时 30 分开始升压,至 09 时 25 分达到工作压力 0.6MPa,稳压检查,发现八层主控制阀门前的可拆卸法兰垫料渗水问题;经卸压进行检修处理后,10 时 05 分修理完毕。10 时 15 分又开始升压,至 11 时 02 分达到工作压力 0.6MPa,稳压检查,未发现异常现象。

　　2. 自 11 时 20 分开始升压作超压试验,至 11 时 55 分升压达到试验压力 0.9MPa,维持 10min 后,压力降为 0.01MPa。

　　3. 压力降 ΔP 为 0.01MPa≤允许压力降 0.05MPa,维持 10min,经检查未发现渗漏等现象

试验结论:

符合设计和规范要求

参加人员签字	建设(监理)单位	施　工　单　位		
		技术负责人	质检员	工　长

本表由施工单位填写,城建档案馆、建设单位、施工单位各保存一份。

F3.12　室内消火栓供水系统的试射试验

依据 GB 50242—2002《建筑给水排水及采暖工程施工质量验收规范》第 4.3.1 条的规定,室内消火栓系统安装完成后,应取屋顶层(或水箱间内)的试射消火栓和首层取两处消火栓进行实地试射试验,试验的水柱和射程应达到设计的要求为合格。

F3.13 室内消防自动喷洒灭火系统管道的试压

依据 GB 50261—96《自动喷水灭火系统施工及验收规范》第 6.2.1 条~第 6.2.4 条的规定。

(1) 试压分类:单项试压——分隐检部分和系统局部进行试压,并分别填写试验记录单。

综合试压——按系统分别进行。

(2) 试验环境与条件:

A. 试验环境温度:水压试验的试验环境温度不宜低于 5℃,当低于 5℃时,水压试验应采取防冻措施。

B. 试验条件:水压试验的压力表应不少于 2 只,精度不应低于 1.5 级,量程应为试验压力的 1.5~2 倍。

C. 试验环境准备:系统冲洗方案已确定,不能参与试验的设备、仪表、阀门、附件应加以拆除或隔离。

(3) 试验压力的要求:

A. 当系统设计工作压力 ≤ 1.0MPa 时,水压强度试验压力应为设计工作压力的 1.5 倍,但不低于 1.4MPa。

B. 当系统设计工作压力 > 1.0MPa 时,水压强度试验压力为该设计工作压力加 0.4MPa。

C. 水压强度试验的达标要求:系统或单项水压强度试验的测点应设在系统管网的最低点。对管网注水时应将管网中的空气排净,并缓慢升压,当系统压力达到试验压力时,稳压 30min,目测管网应无渗漏和无变形,且系统压力降 $\Delta P \leq 0.05MPa$ 为合格。

(4) 系统严密性试验:系统严密性试验(即综合试压或通水试验)。严密性试验应在水压强度试验和管网冲洗试验合格后进行。试验压力为在工作压力,在工作压力下稳压 24h,进行全面检查,不渗不漏为合格。

(5) 自动喷水灭火系统的水源干管、进户管和埋地管道应在回填前单独进行或与系统一起进行水压强度试验和严密性试验。

F3.14 室内干式喷水灭火系统和预作用喷洒灭火系统的气压试验

依据 GB 50261—96《自动喷水灭火系统施工及验收规范》第 6.1.1 条、第 6.3.1 条、第 6.3.2 条的规定,消防自动喷洒灭火系统应做水压试验和气压试验。

(1) 水压试验:同一般湿式消防自动喷洒灭火系统(详见 F3.13 项)。

(2) 气压试验:

A. 气压试验的介质:气压试验的介质为空气或氮气。

B. 气压试验的标准:气压严密性试验的试验压力为 0.28MPa,且在试验压力下稳压

24h,压力降 $\Delta P \leqslant 0.01$MPa 为合格。

F3.15　室内蒸汽、热水供暖系统管道的水压试验

（1）单项试验：包括局部隐蔽工程的单项水压试验及分支路或整个系统与设备和附件连接前的水压试验，应分别填写记录单。

（2）综合试验：是系统全部安装完后的水压试验，应按系统分别进行试验，并填写记录单。

（3）试验标准：依据 GB 50242—2002《建筑给水排水及采暖工程施工质量验收规范》第 8.1.1 条、第 8.6.1 条的规定，热媒温度≤130℃的热水和饱和蒸汽压力≤0.7MPa 的供暖系统安装完毕，保温和隐蔽之前应进行水压试验。

A. 一般蒸汽、热水供暖系统：蒸汽、热水供暖系统的试验压力应满足两个条件。

（A）供暖系统的试验压力应以系统顶点工作压力加 0.1MPa 作为试验压力；

（B）供暖系统顶点的试验压力还应≥0.3MPa。

B. 高温热水供暖系统：高温热水供暖系统的试验压力应为系统顶点工作压力加 0.4MPa 作为试验压力。

C. 使用塑料或复合管道的热水供暖系统：使用塑料或复合管道的热水供暖系统的试验压力应满足两个条件。

（A）供暖系统的试验压力应以系统顶点工作压力加 0.2MPa 作为试验压力；

（B）供暖系统顶点的试验压力还应≥0.4MPa。

（4）合格标准：

A. 钢管和复合管道的供暖系统：采用钢管和复合管道的供暖系统在系统试验压力下，稳压 10min 内压降 $\Delta P \leqslant 0.02$MPa，外观检查不渗不漏后，然后再将系统压力降至工作压力，稳压进行外观检查不渗不漏为合格。

B. 塑料管道的供暖系统：采用塑料管道的供暖系统在系统试验压力下，稳压 1h 内压力降 $\Delta P \leqslant 0.05$MPa，外观检查不渗不漏后，然后再将系统压力降至 1.15 倍工作压力，稳压 2h 内压力降 $\Delta P \leqslant 0.03$MPa，同时进行外观检查不渗不漏为合格。

F3.16　低温热水地板辐射供暖系统的水压试验

（1）依据 GB 50242—2002《建筑给水排水及采暖工程施工质量验收规范》第 8.4.1 条、第 8.5.2 条的规定，低温热水地板辐射板安装前应进行水压试验（详见本条第 7 款，注：这里的低温热水地板辐射板是属于工厂的产品）。

（2）地面下盘管安装完毕后隐蔽前必须进行水压试验，试验压力为系统工作压力的 1.5 倍，但不小于 0.6MPa。试验时系统压力升至试验压力后，稳压 1h 内压力降 $\Delta P \leqslant 0.05$MPa，同时进行外观检查不渗不漏为合格。

F3.17 室外供热蒸汽管道、供热热水管道和蒸汽凝结水管道的水压试验

依据 GB 50242—2002《建筑给水排水及采暖工程施工质量验收规范》第 11.1.1 条、第 11.3.1 条的规定,热媒温度≤130℃的热水和饱和蒸汽压力≤0.7MPa 的室外供热管网安装完毕,保温和隐蔽之前应进行水压试验。

(1)单项试验:包括局部隐蔽工程的单项水压试验及分支路或整个系统与设备和附件连接前的水压试验,应分别填写记录单。

(2)综合试验:是系统全部安装完后的水压试验,应按系统分别试验,并填写记录单。

(3)试验标准:试验压力为供热管道的工作压力的 1.5 倍,但不小于 0.6MPa。在试验压力下,稳压 10min 内压降 ΔP≤0.05MPa,外观检查不渗不漏,然后再将系统压力降至工作压力后,进行外观检查不渗不漏为合格。

F3.18 室外给水管道的水压试验

(1)依据 GB 50242—2002《建筑给水排水及采暖工程施工质量验收规范》第 9.2.5 条的规定,室外给水管网必须进行水压试验,试验压力为系统工作压力的 1.5 倍,但不小于 0.6MPa。

(2)达标标准:

A. 管材为钢管、铸铁管的系统:管材为钢管、铸铁管的给水管网,在试验压力下,稳压 10min 内压降 ΔP≤0.05MPa,外观检查不渗不漏,然后再将压力降至工作压力后,进行外观检查,压力应保持不变,不渗不漏为合格。

B. 管材为塑料管的系统:管材为塑料管的给水管网,在试验压力下,稳压 1h 内压降 ΔP≤0.05MPa,外观检查不渗不漏,然后再将系统压力降至工作压力后,进行外观检查,压力应保持不变,不渗不漏为合格。

F3.19 室外消火栓给水系统的水压试验

依据 GB 50242—2002《建筑给水排水及采暖工程施工质量验收规范》第 9.3.1 条的规定,试验压力为工作压力的 1.5 倍,但不得小于 0.6MPa,在试验压力下 10min 内压力降 ΔP≤0.05MPa,然后降至工作压力,进行检查,压力保持不变,不渗不漏为合格。

F3.20 密闭水箱(罐)的水压试验

依据 GB 50242—2002《建筑给水排水及采暖工程施工质量验收规范》第 4.4.3 条、第 6.3.5 条、第 8.3.2 条、第 F1.3.4 条的规定,密闭水箱(罐)的水压试验必须符合设计和规范的规定,试验压力为工作压力的 1.5 倍,但不得小于 0.4MPa,在试验压力下 10min 内压

力不下降,不渗不漏为合格。

F3.21　锅炉本体的水压试验

(1) 依据 GB 50273—98《工业锅炉安装工程施工及验收规范》第5.0.1条的规定,锅炉的汽、水系统及其附属装置安装完毕应做水压试验。锅炉本体水压试验前应将连接在上面的安全阀、仪表拆除,安全阀、仪表等的阀座可用盲板法兰封闭,待水压试验完毕后再安装上。同时水压试验前应将锅炉、集箱内的污物清理干净,水冷壁、对流管束应畅通。然后封闭人孔、手孔,并再次检查锅炉本体、连接管道、阀门安装是否妥当。并检查各拆卸下来的阀件阀座的盲板是否封堵严密,盲板上的放水放气管安装质量和长度是否合适,并引至安全地点进行排放。

(2) 依据 GB 50273—98《工业锅炉安装工程施工及验收规范》第5.0.3条和 GB 50242—2002《建筑给水排水及采暖工程施工质量验收规范》第13.2.6条的规定,水压试验压力应符合表 F3.21.0 的规定。

锅炉汽、水系统的水压试验压力　　　　　　　　　　表 F3.21.0

序号	设备名称	工作压力(MPa)	试验压力(MPa)
1	锅炉本体	$P < 0.59$	$1.5P$ 但不小于 0.2
		$0.59 \leqslant P \leqslant 1.18$	$P + 0.3$
		$P > 1.18$	$1.25P$
2	可分式省煤器	P	$1.25P + 0.5$
3	非承压锅炉	大气压	0.2

注:1. 工作压力 P 对蒸汽锅炉指锅筒工作压力,对热水锅炉指锅炉的额定出水压力;

　　2. 铸铁锅炉水压试验同热水锅炉;

　　3. 非承压锅炉水压试验压力为 0.2MPa,试验期间压力应保持不变。

(3) 水压试验应符合如下条件:

A. 试验的环境温度应不低于5℃,低于5℃时应采取防冻措施。

B. 水温应高于周围的露点温度。

C. 锅炉内应充满水,待排尽空气后方可关闭放空阀。

D. 当初步检查无漏水现象时,再缓慢升压。当升至0.3~0.4MPa时应进行一次检查,必要时可拧紧人孔、手孔和法兰的螺栓。

E. 当水压上升至额定工作压力时,暂停升压,检查各部分应无漏水或变形等异常现象。然后应关闭就地水位计,继续升压到试验压力,在试验压力下保持5min,其间压力降 $\Delta P \leqslant 0.02MPa$(GB 50273—98 为 $\Delta P \leqslant 0.05MPa$)。最后将压力回降到额定工作压力进行检查,检查期间压力保持不变、不渗不漏。同时观察检查各部件不得有残余变形,各受压元件金属壁和焊缝上不得有水珠和水雾,胀口不应滴水珠。

F. 水压试验后应及时将锅炉内的水全部放尽,在冰冻期应采取防冻措施。

G. 每次水压试验应有记录,水压试验合格后应办理签证手续。

(4) 依据 GB 50273—98《工业锅炉安装工程施工及验收规范》第 5.0.2 条的规定,主气阀、出水阀、排污阀、给水阀、给水止回阀应一起进行水压试验。试验压力见锅炉汽、水系统的水压试验压力表 F3.21.0。

F3.22 锅炉和热力站附件的水压试验

(1) 分汽缸(分水器、集水器)的水压试验:GB 50242—2002《建筑给水排水及采暖工程施工质量验收规范》第 13.3.3 条的规定,分汽缸(分水器、集水器)安装前应做水压试验,试验压力为工作压力的 1.5 倍,但不得小于 0.6MPa。试验时在试验压力下,维持 5min,无压降、无渗漏为合格。

(2) 省煤器安装前的检查和试验:

A. 外观检查:安装前应认真检查省煤器四周嵌填的石棉绳是否严密牢固,外壳箱板是否平整、各部结合是否严密,缝隙过大的应进行调整。肋片有无损坏,每根省煤器管上破损的翼片数不应大于总翼片数的 5%;整个省煤器中有破损翼片的根数不应大于总根数的 10%。

B. 水压试验:外观检查无问题后,应进行水压试验。依据 GB 50273—98《工业锅炉安装工程施工及验收规范》第 5.0.3 条～第 5.0.5 条的规定,试验压力为 $1.25P + 0.49$MPa (例锅炉的工作压力为 1.27MPa,故试验压力为 2.08MPa)。试验时将压力升至 0.3～0.4MPa 时,应进行检查,没有问题后再继续升压,压力升至试验压力(例 2.08MPa)时稳压 5min,且压力降 ≤ 0.05MPa。然后将压力降到工作压力(例 1.27MPa),再进行检查无渗漏为合格。

F3.23 氢气、氮气和氩气输送管道的强度和严密性试验

(1) 依据设计要求管道安装完后,应进行介质为空气或水的强度试验。介质为空气或氮气的严密性试验。

(2) 试验条件应符合 GB 50235—97《工业金属管道工程施工及验收规范》第 7.5.2 条的试验前提规定。

(3) 当试验介质为液体时,依据 GB 50235—97《工业金属管道工程施工及验收规范》第 7.5.3 条第 7.5.3.12 款规定,试验压力应缓慢升压,待到试验压力时,稳压 10min,再将压力降至设计压力,停压 30min,压力不降、系统无渗漏为合格;

当试验介质为气体时,依据 GB 50235—97《工业金属管道工程施工及验收规范》第 7.5.3 条、第 7.5.4 条第 7.5.4.4 款规定。

(A) 试验前必须用空气进行预试验,试验压力为 0.2MPa。

(B) 试验时应逐步缓慢升压,当压力升至试验压力的 50% 时,如未发现异状或渗漏。继续按试验压力的 10% 逐级升压,每级稳压 3min,直至试验压力值为止。然后稳压

10min,再将压力降至设计压力,停压时间应根据查漏工作需要而定,以发泡剂检验系统无渗漏为合格。

（4）系统的设计压力见表 F3.23.0。

氢气、氮气和氩气管道的设计工作压力和试验压力　　　表 F3.23.0

管道设计压力(MPa)	强度试验压力		严密性试验压力	
	试验介质	试验压力(MPa)	试验介质	试验压力(MPa)
≤0.3	洁净水	$1.15P=0.35$	干燥空气	$1P$
	干燥空气	$1.15P=0.35$	干燥氮气	$1P$
0.4	洁净水	$1.5P=0.6$	干燥空气	$1P=0.4$
	—		干燥氮气	$1P$

（5）安全阀启闭压力试验：安全阀启闭压力试验按设计要求试验介质为干燥的压缩空气或干燥的氮气，试验压力为系统工作压力的 1.15 倍，即 0.35MPa 或 0.46MPa。每个阀门应连续试验不少于 3 次。

F3.24　大口径无缝钢管焊缝的超声波试验

大口径无缝钢管焊缝应依据 GB 50235—97《工业金属管道工程施工及验收规范》第 7.4.4 条的规定进行超声波检验。检验标准详见 GB 50235—97《工业金属管道工程施工及验收规范》和 GB 50236—98《现场设备、工业管道焊接工程施工及验收规范》相关规定。

F3.25　灌水和满水试验

（1）室内排水管道的灌水试验：

A. 隐蔽或埋地的排水管道的灌水试验：依据 GB 50242—2002《建筑给水排水及采暖工程施工质量验收规范》第 5.2.1 条的规定，隐蔽或埋地的排水管道在隐蔽前必须进行灌水试验。

B. 灌水试验的标准：灌水试验应分立管、分层进行，并按每根立管分层填写记录单。试验的标准是灌水高度应不低于底层卫生器具的上边缘或底层地面的高度，灌满水 15min 水面下降后，再将下降水位灌满，持续 5min 后，若水位不再下降，管道及接口不渗漏为合格。

（2）室内排雨水管道的灌水试验：依据 GB 50242—2002《建筑给水排水及采暖工程施工质量验收规范》第 5.3.1 条的规定，安装在室内的雨水管道应做灌水试验，试验按每根立管进行，灌水高度应由屋顶雨水漏斗至立管根部排出口的高差，灌满 15min 后，再将下降水面灌满，保持 5min，若水面不再下降，且外观无渗漏为合格。

（3）卫生器具的满水和通水试验：依据 GB 50242—2002《建筑给水排水及采暖工程施

工质量验收规范》第 7.2.2 条的规定,洗面盆、洗涤盆、浴盆等卫生器具交工前应做满水和通水试验,并按每单元进行试验和填表。灌水高度是将水灌至卫生器具的溢水口或灌满,各连接件不渗不漏为合格。卫生器具通水试验时给、排水应畅通。

(4) 各种贮水箱和高位水箱满水试验:依据 GB 50242—2002《建筑给水排水及采暖工程施工质量验收规范》第 4.4.3 条、第 6.3.5 条、第 8.3.2 条、第 13.3.4 条的规定,各类敞口水箱应单个进行满水试验,并填写记录单。试验标准同卫生器具,但静置观察时间为 24h,不渗不漏为合格。

F3.26 供暖系统伸缩器预拉伸试验

依据 GB 50242—2002《建筑给水排水及采暖工程施工质量验收规范》第 8.2.2 条的规定,应按系统按个数 100％进行试验,并按个数分别填写记录单。

F3.27 管道冲洗和消毒试验

(1) 管道冲洗试验应按专业、按系统分别进行,即室内供暖系统、室内给水系统、室内消火栓供水、室内热水供应系统,并分别填写记录单。

(2) 管内冲水的流速和流量要求

A.（室内、室外)生活给水系统的冲洗和消毒试验:依据 GB 50242—2002《建筑给水排水及采暖工程施工质量验收规范》第 4.2.3 条、第 9.2.7 条的规定,生产给水管道在交付使用之前必须进行冲洗和消毒,并经过有关部门取样检验,水质符合国家《生活饮用水标准》方可使用,检测报告由检测部门提供。

(A) 管道的冲洗:管道的冲洗流速 $\geqslant 1.5 \text{m/s}$,为了满足此流速要求,冲洗时可安装临时加压泵。

(B) 管道的消毒:管道的消毒依据 GB 50268—97《给水排水管道工程施工及验收规范》第 10.4.4 条的规定,管道应采用含量不低于 20mg/L 氯离子浓度的清洁水浸泡 24h,再冲洗,直至水质管理部门取样化验合格为止。

B. 消火栓及消防喷洒供水管道的冲水试验:依据 GB 50242—2002《建筑给水排水及采暖工程施工质量验收规范》第 4.2.3 条、第 9.3.2 条的规定,消火栓供水管道管内冲洗流速 $\geqslant 1.5 \text{m/s}$,为了满足此流速要求,若管内流速达不到时,冲洗时可安装临时加压泵。消防喷洒系统供水管道管内冲洗流速 $\geqslant 3.0 \text{m/s}$。

C. 室内热水供应系统的冲洗:依据 GB 50242—2002《建筑给水排水及采暖工程施工质量验收规范》第 6.2.3 条的规定,热水供应系统竣工后应进行管道冲洗,管道的冲洗流速 $\geqslant 1.5 \text{m/s}$。

D. 供暖管道的冲水试验:依据 GB 50242—2002《建筑给水排水及采暖工程施工质量验收规范》第 8.6.2 条的规定,供暖系统管道试压合格后应进行冲洗和清扫过滤器和除污器,管道冲洗前应将流量孔板、滤网、温度计等暂时拆除,待冲洗完后再安上。冲洗流量和压力按设计最大流量和压力进行(若设计说明未标注,则按道管内流速 $\geqslant 1.5 \text{m/s}$ 进行)。

（3）达标标准：一直到各出水口排出水不含泥砂、铁屑等杂质，水色不浑浊，出水口水色和透明度、浊度与进水口侧一样为合格。

（4）蒸汽管道的吹洗：依据 GB 50235—97《工业金属管道工程施工及验收规范》第8.4.1 条～第8.4.6 条的规定，蒸汽管道的吹洗用蒸汽，蒸汽压力和流量与设计同，但流速应≥30m/s，管道吹洗前应慢慢升温，并及时排泄凝结水，待暖管温度恒温 1h 后，再次进行吹扫，应吹扫三次。

F3.28 输送氢、氮、氩气管道的吹洗试验

氢气、氮气、氩气管道清洗与脱脂工艺的要求

（1）管道的冲洗应严格按照设计说明的要求与步骤进行，检验质量应符合 GB 50235—97《工业金属管道工程施工验收规范》第8.2.1 条～第8.2.6 条的规定进行管道冲洗。

（2）管道的空吹应严格按照设计说明的要求与步骤进行，检验质量应符合 GB 50235—97《工业金属管道工程施工及验收规范》第8.3.1 条～第8.3.3 条的规定进行空吹除尘。

（3）管道空吹的介质为干燥的空气或氮气，空吹的气体流速应不少于20m/s，直至无铁锈、焊渣及其他污物为止。

F3.29 输送氢、氮、氩气管道的脱脂

（1）经空吹的管道和管件应按设计规定进行脱脂处理。

（2）脱脂采用工业四氯化碳或其他高效脱脂剂。

（3）管子和管件外表面的脱脂可用干净不脱落纤维的布料或丝绸织物浸蘸脱脂剂擦拭。

（4）管子和管件内表面的脱脂可在管内注入脱脂剂，管端用木塞或其他方法堵严封闭。将管子放平浸泡 1～1.5h，每隔 15min 转动管子一次，使整个管子内表面能均匀得到洗涤。脱脂后应用无油的干燥压缩空气或干燥的氮气进行吹干，直至无脱脂剂的气味为止。

（5）脱脂工艺应严格按照设计说明的要求与步骤进行，检验质量应符合 HGJ 202—82《脱脂工程施工及验收规范》和设计说明的要求。

（6）四氯化碳为有毒的易挥发液体，能使人通过呼吸中毒，因此应制定安全操作规程，加强人身防护和运输安全。脱脂废液的排放应进行检验，必须符合工业三废的排放标准。

F3.30 氢气、氮气、氩气管道阀门清洗与脱脂前的拆卸 清除污物与研磨要求

（1）阀门拆洗后再组装的技术要求较高，为了保证拆洗组装后能保证阀门零件不磨

损和严密性,因此应安排技术水平较高、责任心较强的工人负责。

(2)擦拭布料应用较柔软和干净的布料,不得用纤维粗硬和污染的布料擦拭。

(3)阀门的研磨技术性很强,应委托专业厂家进行,并索取研磨质量证明书。

F3.31 输送纯净水、高纯净水,洁净压缩空气、氢、氮、燃气管道及真空管道的吹洗试验

依据 JGJ 71—90《洁净室施工及验收规范》第 4.2.2 条、第 4.2.3 条规定系统管道安装完毕后,运行前必须进行清洗,清洗后输送水质化验必须符合设计要求。纯净水、高纯净水等管道的清洗与脱脂试验的步骤是:

(1)用清水将管内外的脏物、泥砂冲洗干净;

(2)再用 5%的 NaOH 水溶液将其浸泡 2h 后,用刷子刷洗干净,用清水冲至出水为中性;

(3)然后用无油压缩空气吹干;

(4)再用塑料布将洗净的管道两端包扎封口待用,防止再污染。

F3.32 纯净水、高纯净水输送管道脱脂试验的脱脂工艺流程

纯净水、高纯净水输送管道的脱脂工艺流程是:

吹扫—四氯化碳脱脂—温水冲洗—洗涤剂洗净—温水冲洗—干燥—封口—保管

具体实例:

吹扫:用 8 号铁丝中间扎白布在管腔来回拉动擦净;

脱脂:把管道搁在架子上,在管道两端头设一个槽子,用手摇泵将四氯化碳原液冲入管内,来回循环脱脂,以除净管内腔油渍;

温水洗:把脱脂过的管道浸泡在 40～50℃的温水槽内清洗,管道内腔用洗净机械在软轴头包扎一块白布,开动洗净机来回上下清洗洗净。洗涤剂溶液浓度在 2%～3%之间,倒入槽中,把槽中溶液加温至 40～50℃,在槽内进行动态洗净,洗后用温水冲洗管子内腔,冲净为止;

干燥:用无油干燥的热压缩空气或用高压鼓风机吹干;

封闭:用塑料布加入松套法兰盘之间。

F3.33 供暖工程铜管热水管道的冲洗试验

铜管热水供暖管道系统在安装完毕交付使用前均应对系统管道进行冲洗。

(1)管道冲洗前应将管道系统上安装的流量孔板、滤网、温度计等阻碍污物通过的设施临时拆除,待管道冲洗合格后再重新安装好。

(2)供暖铜管热水管道的冲洗水源为清水(自来水、无杂质透明度清澈未消毒的天然地表水、地下水)。冲洗水压及冲洗要求同给水工程。

F3.34 通水试验

(1) 试验范围：要求做通水试验的有室内冷热供水系统、室内消火栓供水系统、卫生器具。

(2) 试验要求：

A. 室内冷热水供水系统：依据 GB 50242—2002《建筑给水排水及采暖工程施工质量验收规范》第 4.2.2 条的规定，应按设计要求同时开放最大数量的配水点，观察和开启阀门、水嘴等放水，是否全部达到额定流量。若条件限制，应对卫生器具进行 100% 满水排泄试验检查通畅能力，无堵塞、无渗漏为合格。

B. 室内卫生器具满水和通水试验：依据 GB 50242—2002《建筑给水排水及采暖工程施工质量验收规范》第 7.2.2 条的规定，洗面盆、洗涤盆、浴盆等卫生器具应做满水和通水试验，按每单元进行试验和填表，满水高度是灌至溢水口或灌满后，各连接件不渗不漏；通水试验时给、排水畅通为合格。

F3.35 室内排水管道通球试验

依据 GB 50242—2002《建筑给水排水及采暖工程施工质量验收规范》第 5.2.5 条的规定，排水主立管及水平干管均应做通球试验：

(1) 通球试验：通球试验应按不同管径做横管和立管试验。立管试验后按立管编号分别填写记录单，横管试验后按每个单元分层填写记录单。

(2) 试验球直径如下：通球的球径应不小于排水管直径的 2/3，大小见表 F3.35.0。

(3) 合格标准：通球率必须达到 100%。

通球试验的试验球直径　　　　　　　　　　　　表 F3.35.0

管　　径(mm)	150	100	75	50
胶球直径(mm)	100	70	50	32

F3.36 锅炉受热面管子的通球实验

依据 GB 50273—98《工业锅炉安装工程施工及验收规范》第 4.2.1 条第六款的规定，锅炉受热面管子应做通球试验。通球后应有可靠的封闭措施。通球的直径应符合表 F3.36.0 的规定。

通球直径　　　　　　　　　　　　表 F3.36.0

弯管直径	$< 2.5 D_W$	$\geqslant 2.5 D_W$，且 $< 3.5 D_W$	$\geqslant 3.5 D_W$
通球直径	$0.70 D_0$	$0.80 D_0$	$0.85 D_0$

注：D_W——管子公称外径；D_0——管子公称内径。

F3.37 供暖系统的热工调试

依据 GB 50242—2002《建筑给水排水及采暖工程施工质量验收规范》第 8.6.3 条的规定,供暖系统冲洗完毕后,应进行充水、加热和运行、调试,观察、测量室内温度应满足设计要求,并按分系统填写记录单。

F3.38 通风风道、部件、系统、空调机组的检漏试验

(1) 通风风道的制作要求

依据 GB 50243—2002《通风与空调工程施工质量验收规范》第 4.2.5 条的规定,风道的制作必须通过工艺性的检测或验证,其强度和严密性要求应符合设计或下列规定:

A. 风道的强度应能满足在 1.5 倍工作压力下接缝处无开裂。

B. 矩形风道的允许漏风量应符合以下规定:

低压系统风道　　$Q_L \leqslant 0.1056 P^{0.65}$

中压系统风道　　$Q_M \leqslant 0.0352 P^{0.65}$

高压系统风道　　$Q_H \leqslant 0.0117 P^{0.65}$

式中　Q_L、Q_M、Q_H——在相应的工作压力下,单位面积(风道的展开面积)风道在单位时间内允许的漏风量,$m^3/h \cdot m^2$;

　　　　P——风道系统的工作压力,Pa。

C. 低压、中压系统的圆形金属风道、复合材料风道及非法兰连接的非金属风道的允许漏风量为矩形风道的允许漏风量的 50%。

D. 砖、混凝土风道的允许漏风量不应大于矩形风道规定允许漏风量的 1.5 倍。

E. 排烟、除尘、低温送风系统风道的允许漏风量应符合中压系统风道的允许漏风量标准(低压中压系统均同)。1~5 级净化空调系统按高压系统风道的规定执行。

F. 检查数量及合格标准:

(A) 检查数量:按风道系统类别和材质分别抽查,但不得少于 3 件及 15m²。

(B) 检查方法及合格标准:检查产品合格证明文件和测试报告书,或进行强度和漏风量检测。低压系统依据 GB 50243—2002《通风与空调工程施工质量验收规范》第 6.1.2 条的规定,在加工工艺得到保证的前提下可采用灯光检漏法检测。

(2) 通风系统和空调机组的检漏试验:依据 GB 50243—2002 第 6.1.2 条的规定,风道系统安装后,必须进行严密性检验,合格后方能交付下一道工序施工。风道严密性检验以主、干管为主。

A. 通风系统管道安装的灯光检漏试验:依据 GB 50243—2002《通风与空调工程施工质量验收规范》第 6.1.2 条、第 6.2.8 条和附录 A 的规定,通风系统管段安装后应分段进行灯光检漏,并分别填写检测记录单。

(A) 测试装置:如图 F3.38.0 – 1 所示。

(B) 灯光检漏的标准:低压系统抽查率为 5%,合格标准为每 10m 接缝的漏光点不大

于 2 处,且 100m 接缝的漏光点不大于 16 处为合格。

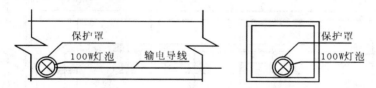

图 F3.38.0 - 1　灯光检漏测试示意图

中压系统抽查率为 20%,合格标准为每 10m 接缝的漏光点不大于 1 处,且 100m 接缝的漏光点不大于 8 处为合格。

高压系统抽查率为 100%,应全数合格。

B. 通风系统漏风量的检测:

(A)测试装置:通风管道安装时应分系统、分段进行漏风量检测,其检测装置如图 F3.38.0 - 2 所示,连接示意图如图 F3.38.0 - 3 所示。

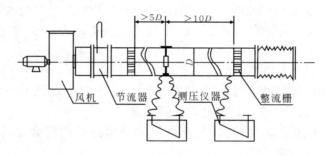

负压风管式漏风量测试装置

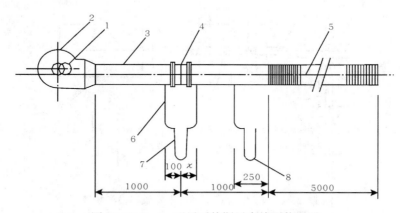

图 F3.38.0 - 2　通风系统漏风率检测装置图
孔板 1($D = 0.0707$m);$x = 45$mm;孔板 2($D = 0.0316$m);$x = 71$mm;
1—逆风挡板;2—风机;3—钢风管 $\phi100$;4—孔板;5—软管 $\phi100$;
6—软管 $\phi8$;7、8—压差计

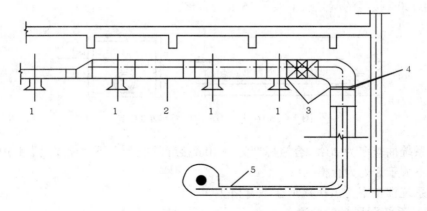

图 F3.38.0-3　通风系统漏风率检测连接示意图

1—风口；2—被试风管；3—盲板；4—胶带密封；5—试验装置

　　(B) 检测数量：依据 GB 50243—2002《通风与空调工程施工质量验收规范》第 6.2.8 条和附录 A 的规定。低压系统抽查率为 5%，中压系统抽查率为 20%，高压系统抽查率为 100%。

　　(C) 合格标准：详见本节第 (1) 款。

　　C. 通风与空调设备漏风量的检测：依据 GB 50243—2002《通风与空调工程施工质量验收规范》第 7.1.1 条、第 7.2.3 条和附录 A 的规定。

　　(A) 现场组装的组合式空调机组：其漏风量的检测必须符合现行国家标准 GB/T 14294《组合式空调机组》的规定。

　　测试装置：如图 F3.38.0-4 所示。

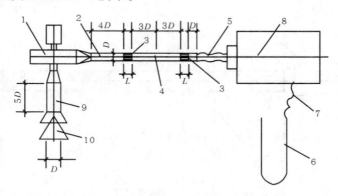

图 F3.38.0-4　组合式空调机组漏风率检测装置

1—试验风机；2—出气风道；3—多孔整流器；4—测量孔；5—连接软管；

6—压差计；7—连接胶管；8—空调器；9—进气风道；10—节流器

　　检测数量：依据 GB 50243—2002《通风与空调工程施工质量验收规范》第 7.2.3 条的规定。一般空调机组抽查率为总数的 20%，但不少于 1 台。净化空调机组 1~5 级洁净空调系统抽查率为总数的 100%；6~9 级洁净空调系统抽查率为 50%。

合格标准:详见本节第(1)款。

(B)除尘器:依据 GB 50243—2002《通风与空调工程施工质量验收规范》第 7.2.4 条的规定。

a. 型号、规格、进出口方向必须符合设计要求。

b. 现场组装的除尘器壳体应做漏风量检测,在工作压力下允许的漏风量为 5%,其中离心式除尘器为 3%,布袋式除尘器、电除尘器抽查数量为 20%。

c. 布袋式除尘器、电除尘器的壳体和辅助设备接地应可靠,抽查数量 100%。

(C)洁净空调的高效过滤器:依据 GB 50243—2002《通风与空调工程施工质量验收规范》第 7.2.5 条、附录 B.3 和 JGJ 71—90《洁净室施工及验收规范》第 3.4.4 条的规定,洁净空调系统进场的高效过滤器或超高效过滤器(D 类)进场必须按 GB 50243—2002《通风与空调工程施工质量验收规范》附录 B.3 的方法进行检漏试验,即:

a. 对于安装于送、排风末端的高效过滤器或超高效过滤器(D 类),应用采样速率大于 1L/min 的光学粒子计数器或检漏仪(光度计法)进行安装边框和全断面的扫描法检漏。D 类高效过滤器宜采用激光粒子计数器或凝结核计数器。

b. 采用粒子计数器检漏高效过滤器,其上风侧应引入均匀浓度的大气尘或含其他气浓胶尘的空气。对大于等于 $0.5\mu m$ 尘粒,浓度应大于等于 $3.5 \times 10^5 pc/m^3$;或对大于等于 $0.1\mu m$ 尘粒,浓度应大于等于 $3.5 \times 10^7 pc/m^3$。若检测超高效过滤器(D 类),对大于等于 $0.1\mu m$ 尘粒,浓度应大于等于 $3.5 \times 10^9 pc/m^3$。

c. 高效过滤器的检测采用扫描法,即在过滤器的下风侧用粒子计数器的等动力采样头,放在距离被检部位表面的 $20 \sim 30mm$ 处,以 $5 \sim 20mm/s$ 的速度,对过滤器的表面、边框和封头胶处进行移动扫描检查。

d. 检测结果:应符合 GB 50243—2002《通风与空调工程施工质量验收规范》规范附录 B.3 或 JGJ 71—90《洁净室施工及验收规范》第 5.4.1 条的规定,即:

(a)允许透过率

高效过滤器允许的透过率应≤出厂合格透过率的 2 倍;

超高效过滤器(D 类)允许的透过率应≤出厂合格透过率的 3 倍。

(b)抽检数量:依据 GB 50243—2002《通风与空调工程施工质量验收规范》第 7.2.5 条的规定,高效过滤器的仪器抽检数量按每批抽查 5%,但不少于 1 台。

(c)外观检查:目测不得有变形、脱落、断裂等破损现象。

F3.39　风机性能的测试

大型风机应进行风机风量、扬程、转速、功率、噪声、轴承温度、振动幅度等的测试,测试装置见图 F3.39.0。

F3.40　水泵的单机试运转

依据 GB 50243—2002《通风与空调工程施工质量验收规范》第 9.2.7 条、第 11.2.1 条、第 11.2.2 条和 GB 50242—2002《建筑给水排水及采暖工程施工质量验收规范》第 13.3.1 条的规定。水泵等设备的单机试运转应在安装预检合格和配管安装后进行，每台设备应有独立的安装预检记录单和单机运转试验单。试运转按 GB 50243—2002《通风与空调工程施工质量验收规范》第 9.2.7 条、第 11.2.1 条、第 11.2.2 条和 GB 50242—2002《建筑给水排水及采暖工程施工质量验收规范》第 13.3.6 条要求，检查叶轮旋转方向正确，无异常振动和声响，紧固连接部位无松动，电机功率符合设备文件的规定，水泵连续运转 2h 后滑动轴承和机壳最高温度不超过 70℃，滚动轴承最高温度不超过 75℃。水泵型号、规格、技术参数(流量、扬程、转速、功率)、轴承和电机发热的温升、噪声应符合设计要求和产品性能指标。无特殊要求情况下，普通填料泄漏量不应大于 60mL/h，机械密封的泄漏量不应大于 5mL/h。试运转记录单中应有温升、噪声等参数的实测数据及运转情况记录。抽查数量 100%，每台运行时间不少于 2h。为了测流量，应在机组前后事先安装测试口，以便安装测试仪表。

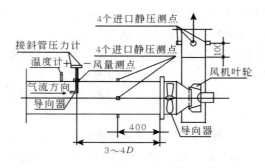

图 F3.39.0　风机性能测试装置图

F3.41　大型水泵的试运转

A．水泵试运转前应作以下检查：

(A) 原动机(电机)的转向应符合水泵的转向。

(B) 各紧固件连接部位不应松动。

(C) 润滑油脂的规格、质量、数量应符合设备技术文件的规定；有预润滑要求的部位应按设备技术文件的规定进行预润滑。

(D) 润滑、水封、轴封、密封冲洗、冷却、加热、液压、气动等附属系统管路应冲洗干净，保持通畅。

(E) 安全保护装置应灵敏、齐全、可靠。

(F) 盘车灵活、声音正常。

(G) 泵和吸入管路必须充满输送的液体，排尽空气，不得在无液体的情况下启动；自吸式水泵的吸入管路不需充满输送的液体。

(H) 水泵启动前的出入口阀门应处于下列启闭位置：

a. 入口阀门全开；

b. 出口阀门离心式水泵全闭,其他形式水泵全开(混流泵真空引水时全闭);

c. 离心式水泵不应在出口阀门全闭的情况下长期运转;也不应在性能曲线的驼峰处运转,因在此点运行极不稳定。

B. 泵在设计负荷下连续运转不应少于 2h ,且应符合下列要求:

(A) 附属系统运转正常,压力、流量、温度和其他要求符合设备技术文件规定。

(B) 运转中不应有不正常的声音。

(C) 各静密封部位不应渗漏。

(D) 各紧固连接部位不应松动。

(E) 滚动轴承的温度不应高于 75℃,滑动轴承的温度不应高于 70℃。

(F) 填料的温升正常;在无特殊要求的情况下,普通软填料宜有少量的渗漏(每分钟不超过 10~20 滴);机械密封的渗漏量不宜大于 10mL/h(每分钟约 3 滴)。

(G) 电动机的电流应不超过额定值。

(H) 泵的安全保护装置应灵敏、可靠。

(I) 振动振幅应符合设备技术文件规定;如无规定,而又需要测试振幅时,测试结果应符合下列要求(用手提振动仪测量)表 F3.41.0。

<table>
<tr><td colspan="6" style="text-align:center">水泵运行振动振幅要求　　　　　　　　　表 F3.41.0</td></tr>
<tr><td>转速(r/min)</td><td>≤375</td><td>>375~600</td><td>>600~750</td><td>>750~1000</td><td>>1000~1500</td></tr>
<tr><td>振幅≤(mm)</td><td>0.18</td><td>0.15</td><td>0.12</td><td>0.10</td><td>0.08</td></tr>
<tr><td>转速(r/min)</td><td>>1500~3000</td><td>>3000~6000</td><td>>6000~12000</td><td>>12000</td><td>—</td></tr>
<tr><td>振幅≤(mm)</td><td>0.06</td><td>0.04</td><td>0.03</td><td>0.02</td><td>—</td></tr>
</table>

C. 运转结束后应做好如下工作:

(A) 关闭泵出入口阀门和附属系统的阀门。

(B) 输送易结晶、凝固、沉淀等介质泵,停泵后应及时用清水或其他介质冲洗泵和管路,防止堵塞。

(C) 放净泵内的液体,防止锈蚀和冻裂。

D. 填写水泵安装和试运行、调试记录单。

F3.42　通风机、空调机组中风机的单机试运转

依据 GB 50243—2002《通风与空调工程施工质量验收规范》第 9.2.7 条、第 11.2.2 条的规定。检查叶轮旋转方向正确、运转平稳、无异常振动和声响,电机功率符合设备文件的规定,在额定转速下连续运转 2h 后滑动轴承和机壳最高温度不超过 70℃,滚动轴承最高温度不超过 80℃。试运转记录单中应有温升、噪声等参数的实测数据及运转情况记录。抽查数量 100%,每台运行时间不小于 2h。

F3.43　新风机组、风机盘管、制冷机组、单元式空调机组的单机试运转

（1）风机盘管机组的单机试运转：依据 GB 50243—2002《通风与空调工程施工质量验收规范》第 9.2.7 条、第 11.2.2 条的规定，设备参数应符合设备文件和国家标准 GB 50274—98《制冷设备、空气分离器设备安装工程施工及验收规范》的规定，并正常运转不小于 8h。依据 GB 50243—2002《通风与空调工程施工质量验收规范》第 11.3.1 条的规定风机盘管的三速温控开关动作应正确，抽查数量为 10%，但不少于 5 台。

（2）活塞式制冷压缩机和压缩机组：依据 GB 50274—98《制冷设备、空气分离器设备安装工程施工及验收规范》第 2.2.6 条、第 2.2.7 条的规定，压缩机和压缩机组的空负荷和空气负荷试运转应符合下列要求。

A. 应先拆去汽缸盖和吸、排气阀组并固定汽缸套。启动压缩机并运行 10min，停车后检查各部位的润滑和温升应无异常。而后应再继续运转 1h。运转应平稳，无异常声响和剧烈振动。

B. 主轴承外侧面和轴封外侧面的温度应正常，油泵供油应正常。油封处不应有滴漏现象。停车后检查汽缸内壁面应无异常的磨损。

C. 压缩机和压缩机组吸、排气阀组安装固定后，应调整活塞的止点间隙，并符合设备的技术文件规定。启动压缩机当吸气压力为大气压时，其排气压力对于有水冷却的应为 0.3MPa（绝对压力）；对于无水冷却的应为 0.2MPa（绝对压力），并继续运转且不得少于 1h。运转应平稳，无异常声响和剧烈振动。吸、排气阀片跳动声响应正常。各连接部位、轴封、填料、汽缸盖和阀件应无漏气、漏油、漏水现象。空气负荷试运转后应拆洗空气滤清器和油过滤器，并更换润滑油。

D. 油压调节阀的操作应灵活，调节油压宜比吸气压力高 0.15～0.3MPa。同时能量调节装置的操作应灵活、正确。汽缸套冷却水进口水温不应大于 35℃，出口水温不应大于 45℃。压缩机各部位的允许温升应符合表 F3.43.0。

压缩机各部位的允许温升　　　　　　　　　　　　表 F3.43.0

检查部位	有水冷却（℃）	无水冷却（℃）
主轴外侧面	≤40	≤60
轴封外侧面		
润滑油	≤40	≤50

E. 依据 GB 50274—98《制冷设备、空气分离器设备安装工程施工及验收规范》第 2.2.8 条的规定，压缩机和压缩机组应进行抽真空试运转。抽真空试运转应关闭吸、排气截止阀，并启动放气通孔，开动压缩机进行抽真空。曲轴箱压力应迅速抽至 0.015MPa（绝对压力）；油压不应低于 0.1MPa。

F. 压缩机和压缩机组的负荷试运转除了应符合 GB 50274—98《制冷设备、空气分离器设备安装工程施工及验收规范》第 2.2.7 条相关部分的规定外,尚应符合第 2.2.9 条的规定。

(3) 螺杆式制冷机组:螺杆式制冷机组的试运转和负荷试运转应符合 GB 50274—98《制冷设备、空气分离器设备安装工程施工及验收规范》第 2.3.3 条、第 2.3.4 条的规定。

(4) 离心式制冷机组:离心式制冷机组的试运转和负荷试运转应符合 GB 50274—98《制冷设备、空气分离器设备安装工程施工及验收规范》第 2.4.3 条、第 2.4.4 条、第 2.4.6 条的规定。

(5) 溴化锂吸收式制冷机组:溴化锂吸收式制冷机组的安装和各复述设备的试运转、负荷试运转应符合 GB 50274—98《制冷设备、空气分离器设备安装工程施工及验收规范》第 2.7.2 条 ~ 第 2.7.10 条、第 2.4.6 条的规定。

F3.44　冷却塔的单机试运转

依据 GB 50243—2002《通风与空调工程施工质量验收规范》第 9.2.7 条、第 11.2.2 条的规定,冷却塔本体应稳固、无异常振动和声响,其噪声应符合设计要求和产品性能指标。抽查数量 100%,系统运行时间不小于 2h。风机试运转见 F3.42 款。

F3.45　电控防火、防排烟风阀(口)的试运转

电控防火、防排烟风阀(口)的手动、电动操作应灵活、可靠,信号正确。抽查数量第 35 款中按风机数量的 10%,但不得少于 1 个。按系统中风阀数量的 20%抽查,但不得少于 1 个。

F3.46　新风系统、排风系统风量的检测与平衡调试

风系统、排风系统安装后应进行系统各分路及各风口风量的调试和测量,并填写记录单。系统风量的平衡一般采用基准风口法进行测试。现以图 F3.46.0 - 1 为例说明基准风口法的调试步骤。

(1) 风量调整前先将所有三通调节阀(图 F3.46.0 - 2)的阀板置于中间位置,而系统总阀门处于某实际运行位置,系统其他阀门全部打开。然后启动风机,初测全部风口的风量,计算初测风量与设计风量的比值(百分比),并列于记录表格中。然后启动风机,初测全部风口的风量,计算初测风量与设计风量的比值(百分比),并列于记录表格中。

(2) 在各支路中选择比值最小的风口作为基准风口,进行初调。

(3) 先调整各支路中最不利的支路,一般为系统中最远的支路。用两套测试仪器同时测定该支路基准风口(如风口 1)和另一风口的风量(如风口 2),调整另一个风口(风口 2)前的三通调节阀(如三通调节阀 a),使两个风口的风量比值近似相等;之后,基准风口的测试仪器不动,将另一套测试仪器移到另一风口(如风口 3),再调试另一风口前的三通

调节阀(如三通调节阀 b),使两个风口的风量比值近似相等。如此进行下去,直至此支路各个风口的风量比值均与基准风口的风量比值近似相等为止。

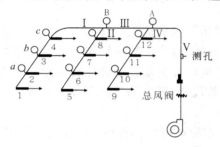

图 F3.46.0 – 1　系统风量平衡调节示意图

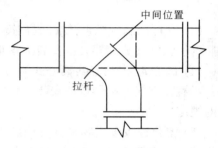

图 F3.46.0 – 2　三通调节阀

(4) 同理调整其他支路,各支路的风口风量调整完后,再由远及近,调整两个支路(如支路Ⅰ和支路Ⅱ)上的手动调节阀(如手动调节阀 B),使两支路风量的比值近似相等。似此进行下去。

(5) 各支路送风口的送风量和支路送风量调试完后,最后调节总送风道上的手动调节阀,使总送风量等于设计总送风量,则系统风量平衡调试工作基本完成。

(6) 但总送风量和各风口的送风量能否达到设计风量,尚取决于送风机的出率是否与设计选择相符。若达不到设计要求就应寻找原因,进行其他方面的调整,具体详见"测试中发现问题的分析与改进办法"部分。调整达到要求后,在阀门的把柄上用油漆做好标记,并将阀位固定。

(7) 为了自动控制调节能处于较好的工况下运行,各支路风道及系统总风道上的对开式电动比例调节阀在调试前,应将其开度调节在 80% ~ 85% 的位置,以利于运行时自动控制的调节和系统处于较好的工况下运行。

(8) 风量测定值的允许误差:风口风量测定值的误差为 10%,系统风量的测定值应大于设计风量 10% ~ 20%,但不得超过 20%。

(9) 流量等比分配法(也称动压等比分配法):此方法用于支路较少,且风口调整试验装置(如调节阀、可调的风口等)不完善的系统。系统风量的调整一般是从最不利的环路开始,逐步调向风机出风段。如图 F3.46.0 – 3 所示,先测出支管 1 和 2 的风量,并用支管上的阀门调整两支管的风量,使其风量的比值与设计风量的比值近似相等。然后测出并调整支路 4 和 5、支管 3 和 6 的风量,使其风量的比值

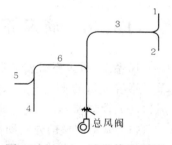

图 F3.46.0 – 3　流量等比分配法管网风量平衡图

与设计风量的比值都近似相等。最后测定并调整风机的总风量,使其等于设计的总风量。这一方法称"风量等比分配法"。调整达到要求后,在阀门的把柄上用油漆记上标记,并将阀位固定。

F3.47　空调房间室内参数的检测

空调房间室内参数(温湿度、洁净度、静压及房间之间的静压压差等)应分夏季和冬季分别检测,并分别填写各种试验记录单。检测参数见 GB 50243—2002《通风与空调工程施工质量验收规范》和 JGJ 70—90《洁净室施工及验收规范》的相关规定和设计要求。

F3.48　通风工程系统无生产负荷联动试运转及调试

通风工程系统安装完成后,应按 GB 50243—2002《通风与空调工程施工质量验收规范》第 11.3.2 条的规定进行无生产负荷的系统联动试运转和调试。其要求如下:

A. 系统联动试运转中,设备及主要部件的联动必须符合设计要求,动作协调、正确,无异常现象。

B. 系统经过平衡调整后各风口或吸气罩的风量与设计风量的允许偏差不应大于15%。

C. 湿式除尘器的供水与排水系统运行应正常。

F3.49　空调工程系统无生产负荷联动试运转及调试

空调工程系统安装完成后,应按 GB 50243—2002《通风与空调工程施工质量验收规范》第 11.3.3 条的规定进行无生产负荷的系统联动试运转和调试。其要求如下:

A. 空调工程水系统应冲洗干净、不含杂物,并排除管道系统中的空气;系统连续运行应达到正常、平稳;水泵的压力和水泵电机的电流不应出现大幅度波动。系统平衡调整后,各空调机组的水流量应符合设计要求,允许偏差为20%。

B. 各种自动计量检测元件和执行机构的工作应正常,满足建筑设备自动化(BA、FA等)系统对被测定参数进行检测和控制的要求。

C. 多台冷却塔并联运行时,各冷却塔的进、出水量应达到均衡一致。空调室内噪声应符合设计要求。

D. 有压差要求的房间、厅堂与其他相邻房间之间的压差应符合以下要求:

(A) 舒适性空调的正压为 0～25Pa。

(B) 工艺性空调应符合设计要求。

E. 有环境噪声要求的场所,制冷、空调机组应按现行国家标准 GB 9068《采暖通风与空气调节设备噪声声功率级的测定——工程法》的规定进行测定。洁净室的噪声应符合设计的规定。

F. 检查数量和检查方法:

检查数量:按系统数量抽查 10%,且不得少于一个系统或一间房间。

检查方法:观察、用仪表测量检查及查阅调试记录。

F3.50　通风与空调工程的控制和监控设备的调试

通风与空调工程的控制和监控设备应依据 GB 50243—2002《通风与空调工程施工质量验收规范》第 11.3.4 条的规定进行调试,调试结果通风与空调工程的控制和监控设备应能与系统的检测元件和执行机构正常沟通,系统的状态参数应能正确显示,设备连锁、自动调节、自动保护应能正确动作。

检查数量:按系统或监测系统总数抽查 30%,且不得少于一个系统。

检查方法:旁站、观察、查阅调试记录。

F3.51　制冷剂输送管道的强度和真空度试验

制冷剂输送管道的强度和真空度试验应符合 GB 50243—2002《通风与空调工程施工及验收规范》第 8.2.10 条、第 8.3.6 条及 GB 50274—98《制冷设备、空气分离器设备安装工程施工及验收规范》的相关规定。

(1) 制冷剂输送系统的吹污:制冷剂输送系统管道的强度和真空度试验前应进行系统吹污,吹污可用压力 0.5~0.6MPa 的干燥压缩空气或用氟利昂系统可用惰性气体如氮气,按系统顺序反复进行多次吹扫,并在排污口处设靶检查(如用白布),检查 5min 无污物为合格。吹污后应将系统中阀门的阀芯拆下清洗(安全阀除外)干净后,重新组装。

(2) 制冷剂输送系统和阀门的气密性试验:依据 GB 50274—98《制冷设备、空气分离器设备安装工程施工及验收规范》第 2.5.3 条、第 2.5.11 条的规定,制冷剂输送系统的气密性试验应分高压、低压两步进行。试验介质可采用氮气、二氧化碳或干燥的压缩空气。制冷剂输送系统和阀门的试验压力按表 F3.51.0 的试验压力取值。

系统气密性的试验压力(绝对大气压)　　　　　　　　表 F3.51.0

系统压力	活 塞 式 制 冷 机			离心式制冷机
	R717、R502	R22	R12、R134a	R11、R123
低压系统	1.8	1.8	1.2	0.3
高压系统	2.0	高冷凝压力 2.5	高冷凝压力 1.6	0.3
		低冷凝压力 2.0	低冷凝压力 1.2	

A. 低压制冷剂输送系统的气密性试验:试验前在高、低压部分安装压力表,拆去原系统中不宜承受过高压力的部件和阀件(如恒压阀、压力控制器、热力膨胀阀等),并用其他阀门或管道代替,开启手动膨胀阀和管路上其他阀门,自高压系统的任何一处向系统充氮气,并使压力达到试验的低压试验压力,即停止充气。观察系统压力下降情况,若无明显下降,则用肥皂液进行检漏。若检查无渗漏,则稳压保持 24h。前 6h 系统的压力降不应大于 0.03MPa,后 18h 开始记录压力降,除因环境温度变化而引起的误差外(一般不超过

0.01～0.03MPa),若压力按下式计算不超过 1% 为合格。

$$\Delta P = P_1 - [(273 + t_1)/(273 + t_2)]P_2$$

式中　ΔP——压力降,MPa;

　　　P_1——开始时系统中气体的压力,MPa(绝对压力);

　　　P_2——结束时系统中气体的压力,MPa(绝对压力);

　　　t_1——开始时系统中气体的温度,℃;

　　　t_2——结束时系统中气体的温度,℃。

B. 高压制冷剂输送系统的气密性试验:低压制冷剂输送系统压力试验合格以后,再继续充气对制冷剂输送系统的高压部分进行压力试验。当压力达到试验的高压试验压力时,即停止充气,观察系统压力下降的情况,若无明显的压力下降,则用肥皂液进行检漏。若无渗漏,则稳压保持 24h,前 6h 系统的压力降不应大于 0.03MPa,后 18h 开始记录压力降,除因环境温度变化而引起的误差外(一般不超过 0.01～0.03MPa),若压力降按上式计算不超过 1% 为合格。

(3) 制冷剂输送系统的检漏:制冷剂输送系统的检漏方法有肥皂水检漏、检漏灯检漏和电子自动检漏仪检漏等方法。

A. 肥皂水检漏:当制冷剂输送系统内达到一定压力(低压系统不低于 0.2MPa)后,用肥皂水涂抹各连接、焊接和紧固等可疑部位,若发现有不断扩大的气泡出现,即说明有泄漏存在。

B. 检漏灯检漏:检漏灯(也称卤素灯)对氟利昂制冷剂输送系统是一种简便有效的检漏工具。如果检漏灯吸入的空气中含有氟利昂气体,则氟利昂遇到火焰后便分解为氟、氯元素,这些元素与灯头上炽热的铜丝网接触即合成卤素铜化合物,并使火焰变成光亮的绿色、深绿色。当氟利昂大量泄漏时,火焰则变成紫罗兰色或深蓝色,以至火焰熄灭。但系统泄漏严重时不宜采用检漏灯检漏,以免产生光气引起中毒事故。

C. 电子卤素检漏仪检漏:这种检漏仪对卤素的检漏灵敏度很高,反映速度快,重量轻,携带方便。

(4) 制冷剂输送系统的抽真空试验:抽真空试验可用系统本身的压缩机对系统进行抽真空,大型的制冷剂输送系统也可用专门的真空泵对系统进行抽真空。制冷剂输送系统抽真空试验的余压对于氨输送系统不应高于 8kPa,氟利昂输送系统不应高于 5.3kPa。稳压保持 24h 后,氨输送系统压力以无变化为合格;氟利昂输送系统压力回升值不应大于 0.53kPa。但依据 GB 50274—98《制冷设备、空气分离器设备安装工程施工及验收规范》第 2.6.5 条要求应符合设备技术文件的规定。

(5) 其他制冷剂系统的严密性和抽真空试验:详见 GB 50274—98《制冷设备、空气分离器设备安装工程施工及验收规范》的相关部分。

F3.52　锅炉的各项参数测试和试运转

A. 锅炉的高低水位报警器和超温、超压报警器及连锁保护装置的联动试验:依据 GB

50242—2002《建筑给水排水及采暖工程施工质量验收规范》第 13.4.4 条及 GB 50273—98《工业锅炉安装工程施工及验收规范》第 6.1.9 条、第 6.1.10 条规定,应对锅炉的高低水位报警器和超温、超压报警器及连锁保护装置进行启动、联动试验,验证这些装置安装是否齐全和有效,并作好记录。

B. 锅炉的煮炉试验:如果选用的锅炉厂家出厂时已对炉内进行清洁处理,为避免炉体化学损伤厂家不同意再进行煮炉试验,则可不必进行。如果选用的锅炉厂家出厂时无说明,则应按 GB 50242—2002《建筑给水排水及采暖工程施工质量验收规范》第 13.5.1 条~第 13.5.4 条及 GB 50273—98《工业锅炉安装工程施工及验收规范》第 9.2.1 条~第 9.2.8 条的要求进行煮炉试验,煮炉时间一般 2~3d。

C. 锅炉联合试运行试验:锅炉机组及其附属系统的单机试运行与联合试运行同期进行。

(A) 锅炉启动的准备:启动前应检查炉内及系统内有无遗留物品,各相关阀门和检测仪表是否处于启动的开启或关闭状态;

(B) 炉水是否注满或注到应有的水位,循环泵、给水泵、鼓风机的运转是否正常,安全阀、水位计、电控及电源系统、燃气供应系统、燃烧设备的调试是否达到运行条件,给水水质是否符合要求;

(C) 送风系统的漏风试验已经进行(可用正压法进行试验,即关闭炉门、灰门、看火孔、烟道排烟门等,然后用鼓风机鼓风,炉内能维持 50~100Pa 正压;再用发烟设备产生烟雾,由送风机吸入口吸入,送入炉内,检查无渗漏为合格);

(D) 调整安全阀的启动压力,锅炉带负荷运行 24~48h,运行正常为合格;

(E) 运行过程应检查锅炉设备及附属设备的热工性能和机械性能;测试给水、炉水水质、炉膛温度、排烟温度及烟气的含尘、含硫化合物、含氮化合物、一氧化碳、二氧化碳等有害物质的浓度是否符合国家规定的排放标准(此项应事先委托环保部门测试)。同时测试锅炉的出率(即发热量或蒸发量)、压力、温度等参数;与此同时测试给水泵、引(鼓)风机的相关参数。

F3.53 洁净室有关参数的测试

(1) 风道和风口断面风量 L、平均动压 P_d、平均风速 v 的计算

A. 风道和风口断面风量、平均动压、平均风速的测量条件

风道和风口断面风量、平均动压、平均风速的测量一般随系统的平衡调试同时进行。

B. 风道和风口断面风量、平均动压、平均风速测量的仪表

(A) 风道断面风量、平均动压、平均风速测量的仪表(表 F3.53.0-1)

风道断面风量、平均动压、平均风速测量的仪表　　　　表 F3.53.0-1

序号	设备和仪表名称	型号	规格或量程	精度等级	数量	单位
1	标准型毕托管	—	外径 $\phi10$	—	1	台
2	倾斜微压测定仪	TH-130 型	0~1500Pa	1.5 Pa	1	套

（B）风口断面风量、平均风速测量的仪表（表 F3.53.0 – 2）

风口断面风量、平均风速测量的仪表　　　　　　　表 F3.53.0 – 2

设备和仪表名称	型号	规格或量程	精度等级	数量	单位
热球式风速风温表	RHAT – 301 型	0 ~ 30m/s　– 20 ~ 85℃	< 0.3m/s ± 0.3℃	2	台

或选毕托管和微压计等仪表进行测定。

C. 风道和风口断面测量扫描测点的确定

（A）圆形断面风道测点和风口扫描测点的确定

圆形断面风道测点和风口扫描测点的布局按图 27.2.3 – 2 确定，但测定内圆环数按表 F3.53.0 – 3 选取。

圆形断面风道和风口扫描测点环数选取表　　　　　　　表 F3.53.0 – 3

圆形断面直径（mm）	200 以下	200 ~ 400	401 ~ 600	601 ~ 800	801 ~ 1000	> 1001
圆环个数（个）	3	4	5	6	8	10

（B）矩形断面风道测点和风口扫描测点的确定

矩形断面风道测点和风口扫描测点的布局按图 27.2.3 – 3 确定，但依据 GB 50243—2002《通风与空调工程施工质量验收规范》附录 B.1 第 B.1.2 条第 1 款规定，匀速扫描移动不应少于 3 次，测点个数不应少于 6 个。

D. 采用表 F3.53.0 – 1 仪表测试时风道和风口断面风量 L、平均动压 P_d、平均风速 v 的计算

（A）风道和风口断面平均动压 P_d 的计算

$$P_d = \left[\sum (P_{dk})^{0.5} / n \right]^2$$

式中　　　P_d——断面平均动压，Pa；

　　　　　P_{dk}——断面测点动压，Pa；

　　　　　k——1、2、3 、4……n；

　　　　　n——测点数。

（B）平均风速 v 的计算

$$v = (2P_d/\gamma)^{0.5} = 1.29(P_d)^{0.5} \qquad\qquad \text{m/s}$$

（C）风道断面风量 L

$$L = 1.29A(P_d)^{0.5} \qquad\qquad \text{m}^3/\text{h}$$

式中　　A——风道断面面积，m²。

E. 采用表 F3.53.0 – 2 仪表测试时风口断面风量 L、平均风速 V_d 的计算：

（A）断面平均风速 V_d 的计算：

$$V_d = \sum V_{dk} / n$$

式中　　　V_d——断面平均风速，m/s；

V_{dk}——断面测点风速，m/s；

k——1、2、3、4……n；

n——测点数。

(B) 风口风量 L 的计算：

$$L = AV_d \qquad\qquad\qquad m^3/h$$

式中 A——风道断面面积，m^2。

(C) 风口、房间和系统风量测定的允许相对误差

a. 风口风量、房间和系统风量测定相对误差值 Δ 的计算

$$\Delta = [(L_{实测值} - L_{设计值})/L_{设计值}]\%$$

式中 $L_{实测值}$——实测风量值，m^3/h；

$L_{设计值}$——设计风量值，m^3/h。

b. 系统允许相对误差值

依据 GB 50243—2002《通风与空调工程施工质量验收规范》第 11.2.3 条第 1 款、第 11.2.5 条第 2 款规定，$\Delta \leqslant 10\%$。

c. 风口允许相对误差值

依据 GB 50243—2002《通风与空调工程施工质量验收规范》第 11.3.2 条第 2 款规定，$\Delta \leqslant 15\%$。

F. 洁净室室内风量的测定

(A) 单向流洁净室的室内风量的测定

测定离高效过滤器 0.3m，垂直于气流的截面。截面上的测点间距不宜大于 0.6m，测点数不应少于 5 个，将测点的算术平均值，作为平均风速。平均风速与洁净室截面的乘积为洁净室的送风量。

(B) 非单向流洁净室的室内风量的测定

a. 风口法测定：可采用风口法，测定高效过滤送风口的平均风速与风口净截面积之积。

b. 支管法测定：利用测定风口上支管的断面的平均风速与风管断面积之积。

G. 风口、房间和系统风量采用记录单

风口、房间和系统风量采用记录单为表式 C6 - 6 - 3 或 C6 - 6 - 3A(详见 DBJ 01—51—2003)。

(2) 室内温湿度及噪声的测量

A. 室内温湿度的测定

(A) 测点布置和测试方法

室内测点布置为送风口、回风口、室内中心点、工作区测三点。室中心和工作区的测点高度距地面 0.8m，距墙面 $\geqslant 0.5m$，但测点之间的间距 $\leqslant 2.0m$；房间面积 $\leqslant 50m^2$ 的测点五个，每超过 $20 \sim 50m^2$ 增加 $3 \sim 5$ 个。测定时间间隔为 30min。测试方法采用悬挂温度计、湿度计，定时考察测试。或采用便携式 RHTH - I 型温湿度测试仪表定时测试。

(B) 测定仪表选择

温度计、干湿球温度计或其他便携式 RHTH－I 型温湿度测试仪表,详见表 F3.53.0－4。

室内温湿度测试仪表　　　　　　　　　表 F3.53.0－4

序号	仪表名称	型号规格	量　程	精度等级	数量
1	水银温度计	最小刻度 0.1℃	0～50℃	—	5
2	水银温度计	最小刻度 0.5℃	0～50℃	—	10
3	酒精温度计	最小刻度 0.5℃	0～100℃	—	10
4	热球式温湿度表	RHTH－1 型	－20～85℃　－0～100%	—	5
5	热球式风速风温表	RHAT－301 型	0～30m/s　－20～85℃	<0.3m/s、±0.3℃	5
6	干湿球温度计	最小分度 0.1℃	－26～51℃	—	5

(C) 测试条件

室内温湿度的测定应在系统风量平衡调试完毕后进行,也可与系统联合试运转同时进行。

B. 允许误差值和采用的记录单

(A) 测定值的允许误差:室温和相对湿度允许误差详见设计要求。

(B) 测点数量要求:详见表 F3.53.0－5。

室温和相对湿度测点数量要求　　　　　表 F3.53.0－5

波动范围	洁净室面积≤50m^2	每增加 20～50m^2
$\Delta t = \pm 0.5 \sim \pm 2℃$	5 个	增加 3～5 个
$\Delta RH = \pm 5\% \sim \pm 10\%$		
$\Delta t = \pm 0.5℃$	点间距不应大于 2m,点数不应少于 5 个	
$\Delta RH = \pm 5\%$		

(C) 室内温湿度测试记录单采用表式 C6－6－3B(详见 DBJ 01—51—2003)。

C. 室内噪声的测定

噪声测定采用五点布局(详见图 27.2.3－4)和普通噪声仪(如 CENTER320 型或其他型号的噪声测定仪)。测定时间间隔同温度测定。测点高度距离地面 1.1～1.5m,房间面积≤50m^2 可仅测中间点,设计无要求的不测。测试记录单采用 C6－6－3C(详见 DBJ 01—51—2003)。室内噪声的测定应在系统风量平衡调试完毕后,也可与系统联合试运转同时进行。

(3) 室内风速的测定

依据设计和工艺的要求安排测点的分布并绘制出平面图,主要应重点测试工作区和对工艺影响较大的地方(如控制通风柜操作口周围的风速,以免风速过大将通风柜内的污染空气搅乱溢出柜外或影响柜内的操作,通风柜入口测定风速应大于设计风速 v,但误差不应超过 20%)。采用仪表为 RHAT－301 型热球式风速风温仪或 MODEL24/6111 型热线式风速仪。室内风速的测定应在系统平衡调试完毕后,也可与系统联合试运转同时进行。

（4）洁净室静压和静压差的测试

A．洁净室室内静压测试的前提（洁净度的测定条件）

（A）土建精装修已完成和空调系统等设备已安装完毕;

（B）空调系统已进行风量平衡调试和单机试运转完毕;

（C）各种风口已安装就绪;

（D）系统联合试运转已进行、且测试合格后进行;

（E）测定前应按洁净室的要求进行彻底清洁工作,并且空调系统应提前运行 12h;

（F）进入洁净室的测试人员应穿白色的工作服,戴洁净帽,鞋应套洁净鞋套。进入人员应受控制,一般不超过 3 人。

B．洁净室室内静压的测试方法

测定设备应用灵敏度不低于 2.0Pa 的微压计检测,一般采用最小刻度等于 1.6Pa 的倾斜式微压计和胶管。测试时将门关闭,并将测定的胶管(最好口径在 5mm 以下)从墙壁上的孔洞伸入室内,测试口在离壁面不远处垂直气流方向设置,测试口周围应无阻挡和气流干扰最小。洞口平均风速大于或等于 2.0m/s 时可采用热球风速仪。测得静压值与设计要求值的误差值不应超过设计允许的误差值或 ±5Pa。

C．需测试静压差的项目

需测试静压差的项目有室内与走廊静压差、高效过滤器和有要求设备前后的静压差等。相邻不同级别的洁净室之间和洁净室与非洁净室之间测得的静压差值应大于 5Pa;洁净室与室外测得的静压差值应大于 10Pa。

（5）洁净度的测定

A．测点数和测定状态的确定

洁净度的测试委托总公司技术部测定。

（A）洁净度的测定状态

依据 GB 50243—2002《通风与空调工程施工质量验收规范》规定测定状态为静态或空态。

（B）洁净度的测定点数

依据 GB 50243—2002《通风与空调工程施工质量验收规范》附录 B.4 规定每间房间测点数的确定,详见表 F3.53.0-6,测点布局可按图 27.2.3-4 五点布局原则进行。当测点少于五点或多于五点时,其中一点应放在房间中央,且测点尽量接近工作区,但不得放在送风口下。测点距地面 0.8~1.0m。

最低限度采样点点数　　　　　　　　　　表 F3.53.0-6

测点数 N_L	2	3	4	5	6	7	8	9	10
洁净区面积 A（m^2）	2.1~6.0	6.1~12.0	12.1~20.0	20.1~30.0	30.1~42.0	42.1~56.0	56.1~72.0	72.1~90.0	90.1~110.0

注:1. 在水平单向流时,面积 A 为与气流方向呈垂直的流动空气截面的面积;

　　2. 最低限度的采样点 N_L 按公式 $N_L = A^{0.5}$ 计算(四舍五入取整数);

　　3. 每点采样最小采样时间为 10min,采样量至少 2L,每点采样次数不小于 3 次。

（C）测定洁净度的最小采样量

依据 GB 50243—2002《通风与空调工程施工质量验收规范》附录 B.4 规定测定洁净度的最小采样量见表 F3.53.0 – 7。

每次采样的最小采样量（L）　　　　　　　表 F3.53.0 – 7

洁净度级别		粉 尘 粒 径 （μm）											
		0.1		0.2		0.3		0.5		1.0		5.0	
新标准	旧标准	新标准	旧标准	新标准	旧标准	新标准	旧标准	新标准	旧标准	新标准	旧标准	新标准	旧标准
1	—	2000	—	8400	—								
2	—	200	—	840	—	1960	—	5680					
3	1	20	17	84	85	196	198	568	566	2400	—	—	—
4	10	2	2.83	8	8.5	20	19.8	57	56.6	240			
5	100	2	—	2	2.83	2	2.83	6	5.66	24	—	680	
6	1000	2	—	2	—	2	—	2	2.83	2	—	68	85
7	10000							2	2.83	2	—	7	8.5
8	100000							2	2.83	2	—	2	8.5
9	—							2	—	2	—	2	

B. 采用测试仪器

洁净度的测试采用 BCJ – 1 激光粒子计数器(或其他型号的激光粒子计数器)，测得含尘计数浓度应小于设计允许值(如 8 级应≤3500 个/L)。

C. 室内洁净度测定值的计算

（A）室内平均含尘量 N 的计算

$$N = \frac{C_1 + C_2 + \cdots\cdots + C_i}{n}$$

（B）测点平均含尘浓度的标准误差 σ_N

$$\sigma_N = \sqrt{\frac{\sum\limits_{i-1}^{n}(C_i - N)^2}{n(n - 1)}}$$

（C）每个采点上的平均含尘浓度 C_i

$$C_i \leqslant 洁净级别上限$$

（D）室内平均含尘浓度与置信度误差浓度之和(测试浓度的校核)

$$N + t\sigma \leqslant 洁净级别上限$$

式中　　n——测点数量；

　　　　C_i——每个采点上的平均含尘浓度；

　　　　t——置信度上限为 95% 时，单侧 t 分布的系数，其值见表 F3.53.0 – 8。

点数	2	3	4	5	6	7~9	10~16	17~29	≥20
t	6.3	2.9	2.4	2.1	2.0	1.9	1.8	1.7	1.65

D. 洁净度测定合格标准:详见表 F3.53.0-9。

洁净室和洁净区洁净等级及悬浮粒子浓度限值 　　　　表 F3.53.0-9

洁净度级别		粉尘粒径 (μm)											
		0.1		0.2		0.3		0.5		1.0		5.0	
新标准	旧标准	新标准	旧标准	新标准	旧标准	新标准	旧标准	新标准	旧标准	新标准	旧标准	新标准	旧标准
1	—	10	—	2	—	—	—	—	—	—	—	—	—
2	—	100	—	24	—	10	—	4	—	—	—	—	—
3	1	1000	1.25×10^3	237	270	102	100	35	35	8	—	—	—
4	10	10^4	1.25×10^4	2.37×10^3	2.7×10^3	1.02×10^3	10^3	352	350	83	—	—	—
5	100	10^5		2.37×10^4	2.7×10^4	1.02×10^4	10^4	3.52×10^3	3.5×10^3	832	—	29	—
6	1000	10^6		2.37×10^5		1.02×10^5		3.52×10^4	3.5×10^4	8.32×10^3	—	293	250
7	10000	—						3.52×10^5	3.5×10^5	8.32×10^4	—	2.93×10^3	2500
8	100000	—						3.52×10^6	3.5×10^6	8.32×10^5	—	2.93×10^4	25000
9	—							3.52×10^7		8.32×10^6	—	2.93×10^5	

洁净室和洁净区各种粒径的粒子允许的最大浓度 $C_n = 10^N \times (0.1/D)^{2.08}$

式中　C_n——大于或等于要求粒径的粒子最大允许浓度 pc/m^3;

　　　N——洁净级别,最大不超过 9。洁净度等级之间可以按 0.1 为最小允许值递增;

　　　D——要求的粒子的粒径(μm);

　　　0.1——常数,量纲为(μm)。

洁净度等级定级的粒径范围为 $0.1 \sim 5.0 \mu m$,用于定级的粒径数不应大于 3 个,且其顺序级差不应小于 1.5 倍。

　　(6) 洁净室内浮游菌浓度、沉降菌菌落度的测定

A. 洁净室内浮游菌浓度、沉降菌菌落度检测应遵循下列规范的规定

（A）GB 50243—2002《通风与空调工程施工质量验收规范》附录 B.4 的规定。

（B）GB/T 16292—1996《医药工业洁净室（区）悬浮菌的测试方法》和 GB/T 16294—1996《医药工业洁净室（区）沉降菌的测试方法》的规定。

（C）洁净室内浮游菌允许浓度应符合表 F3.53.0-9 的规定。

B. 洁净室内浮游菌浓度、沉降菌菌落度测试方法要点

（A）洁净室内浮游菌浓度的测定方法采用计数浓度法，即通过收集悬浮在空气中的生物粒子于专门的培养基，在适宜的收藏条件下，经过若干时间（一般在恒温 37℃下培养 48h）的繁殖到可见的菌落进行计数，从而判断洁净环境内单位体积空气中的活微生物数，并以此来评定洁净室（区）内空气中浮游菌浓度是否符合设计和工艺的要求。

（B）洁净室内沉降菌菌落度的测定方法采用沉降法，即通过自然沉降原理收集悬浮在空气中的生物粒子于专门的培养基平皿（沉降时间 30min），在适宜的收藏条件下，经过若干时间（一般在恒温 37℃下培养 48h）的繁殖到可见的菌落进行计数，以平板培养皿中的菌落数来判断洁净环境内活微生物数，并以此来评定洁净室（区）内菌落度是否符合设计和工艺的要求。采样数量按表 F3.53.0-10 执行。

沉降法的最少采样数量 表 F3.53.0-10

洁净室（区）内洁净度级别	培养皿数量
<5	44
5	14
6	5
≥7	2

C. 采用测试仪器

（A）洁净室内浮游菌浓度检测采用测试仪器

a. 浮游菌采样器：有离心式采样器和窄缝式、针孔式等碰击式采样器三种。例如 FSC-1 型浮游微生物采样器（或其他型号的浮游微生物采样器）。

b. 真空抽气泵：真空抽气泵的排气量应与采样器匹配。真空抽气泵宜采用无油真空抽气泵，必要时可在排气口安装气体过滤器。

c. 培养皿：窄缝式采样器一般采用 $\phi 150mm \times 15mm$、$\phi 90mm \times 15mm$、$\phi 65mm \times 15mm$ 三种规格的硼硅酸玻璃培养皿。

d. 培养基：采用普通肉汤琼脂培养基或其他药典认可的培养基。其基本配制方法详见 GB/T 16292—1996《医药工业洁净室（区）悬浮菌的测试方法》的附录 A。

e. 恒温培养箱：必须定期对恒温培养箱的温度计进行鉴定。

（B）洁净室内沉降菌菌落度检测采用测试仪器

a. 高压消毒锅：使用时应严格按使用说明书进行操作。

b. 恒温培养箱：必须定期对恒温培养箱的温度计进行鉴定。

c. 培养皿:一般采用 $\phi 90mm \times 15mm$ 的硼硅酸玻璃培养皿。

d. 培养基:采用普通肉汤琼脂培养基或其他药典认可的培养基。其基本配制方法详见 GB/T 16294—1996《医药工业洁净室(区)沉降菌的测试方法》的附录 A。

D. 浮游菌和沉降菌检测中还应遵循条件

(A) 采样装置采样前的准备和采样后的处理,均应在有高效空气过滤器排风的负压实验室内进行操作,该实验室的温度应为 22 ± 2℃,相对湿度应为 $50\% \pm 10\%$。

(B) 采样仪器应消毒灭菌。

(C) 采样器选择应审核其精度和效率,并有合格证书。

(D) 采样装置的排气不应污染洁净室。

(E) 沉降皿个数和采样点、培养基及培养温度、培养时间应按有关规范的规定执行。

(F) 浮游菌采样器的采样率宜大于 100L/min。

(G) 碰撞培养基的空气流速应小于 20m/s。

E. 浮游菌的浓度和沉降菌的菌落度测定

一般由使用单位在动态调试时检测,测定的结果应符合设计、工艺和相关规范的要求。

(7) 洁净室截面平均流速和速度不均匀度的检测

A. 测点位置

(A) 垂直单向流和非单向流洁净室

测点选择距离墙体或围护结构内表面大于 0.5m,离地面高度 0.5 ~ 1.5m 作为工作区。

(B) 水平单向流洁净室

选择以送风墙或围护结构内表面 0.5m 处的纵断面高度作为第一工作面。

B. 测定断面的测点数和测定仪器的要求

测点数和测定仪器的要求与室内温湿度的测点数表 F3.53.0 – 5 同。

C. 测定仪器操作要求

(A) 测定风速应采用测定架固定风速仪(图 F3.53.0 – 1),以避免人体干扰。

(B) 不得不用手持风速仪时,手臂应伸至最长位置,尽量使人体远离测头。

D. 风速不均匀度的计算

风速不均匀度 β_0 按下式计算,一般值不应大于 0.25。

$$\beta_0 = s/v$$

式中　s——各测点风速的平均值;

　　　v——标准差。

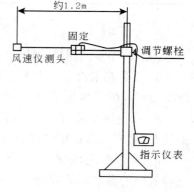

图 F3.53.0 – 1　风速仪固定架

E. 洁净室内气流流形的测定

洁净室内气流流形的测定宜采用发烟或悬挂丝线的方法进行观察测量与记录,烟雾发生器和引入装置如图 F3.53.0 – 2 所示。然后标在记录的送风平面的气流流形图上。

一般每台过滤器至少对应一个观察点。

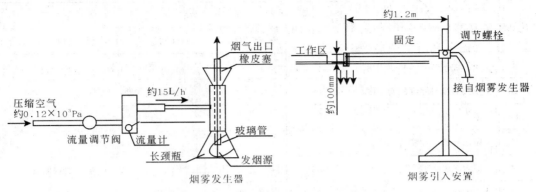

图 F3.53.0-2　烟雾发生器和引入装置

（8）综合评定检测

（A）综合评定工作的组织和对评定单位的要求

上述测试为竣工验收测试，竣工验收后，交付使用前，尚应由甲方委托建设部建筑科学研究院空调研究所测定，或其他具备国家认定检测资质的检测单位测定。但核定单位必须与甲方、乙方、设计三方同时没有任何关系的单位。

（B）综合评定检测的项目

依据 JGJ 71—90《洁净室施工及验收规范》第 5.3.2 条规定如表 F3.53.0-11。

（C）测定结果由检测单位提供测试资料、评定结论和提出出现相关问题的责任方，综合评定的费用由甲方支付。

综合性能全面评定检测项目和顺序　　　　　表 F3.53.0-11

序号	项　　　目	单向流洁净室		乱流洁净室
		高于 5(100)级	5(100)级	6(1000)级及 6(1000)级以下
1	室内送风量、系统总新风量(必要时系统总送风量)，有排风时的室内排风量	检　　　测		
2	静压差	检　　　测		
3	房间截面平均风速	检　　　测		不检测
4	房间截面风速不均匀度	检　测	必要时检测	不检测
5	洁净度级别	检　　　测		
6	浮游菌和沉降菌	必要时检测		
7	室内温度和相对湿度	检　　　测		
8	室温(或相对湿度)波动范围和区域温差	必要时检测		
9	室内噪声级	检　　　测		

序号	项　　　　目	单向流洁净室		乱流洁净室
		高于5(100)级	5(100)级	6(1000)级及6(1000)级以下
10	室内倍频程声压级	必要时检测		
11	室内照度和照度的均匀度	检　　测		
12	室内微振	必要时检测		
13	表面导静电性能	必要时检测		
14	室内气流流型	不　　测		必要时检测
15	流线平行性	检　　测	必要时检测	不　　测
16	自净时间	不　　测	必要时检测	必要时检测

F3.54　人防工程通风系统的调试

依据 GB 50238—94《人民防空地下室设计规范》第5.2.13条及 GBJ 134—90《人防工程施工及验收规范》第 F3.0.1 条的规定。

(1) 防毒密闭管路及密闭阀的气密性试验,当充气压力为 $P = 5.06 \times 10^4 Pa$(即0.0506MPa),并维持5min,经检查不漏气为合格。

(2) 过滤吸收器(即滤毒器)的气密性试验,当试验充气压力 $P = 1.06 \times 10^4 Pa$(即0.0106MPa)后,5min内压力降 $\Delta P \leqslant 660Pa$ 为合格。

(3) 设有滤毒器过滤通风系统的防空地下室应在口部和排风机房设测压装置,测定室内与室外的静压差,其超压值应为 30~50Pa(即室内应维持 30~50Pa 的静压值)。

(4) 野战防空工程最后一道防毒通道与室外应维持 20~100Pa 的超压值。

F4　金属碟形帽保温钉表面结露和
保温板垂度验算的探讨

在引进德国风道表面保温层碟形帽保温钉焊接固定工艺后,普遍认识到此工艺具有固定牢靠质量有保证,施工工序少、进度快、施工安全性提高,无化学挥发物对环境无污染、人身健康无损害,但是也提出了在低温送风系统中金属保温钉碟形帽表面出现结露的核算问题,及采用德国 DIN4140 标准推荐保温钉数值与 GB 50243—97 的规定不符,即矩形风道顶面、侧面保温钉个数为 6 个/m²,底面保温钉个数为 10 个/m²,是否出现保温板下垂,影响施工质量。为此,本文就这两方面问题进行探讨如下:

F4.1 金属碟形帽保温钉表面结露的验算

(1) 验算参数选择与计算实例

环境温度:$t_H = 33.2℃$(北京地区室外空调计算温度)

环境相对湿度 $\phi = 78\%$(北京地区最热月室外空调计算湿度)

送风温度:$t_S = 9℃$(按低温送风系统送风温度 $t_S = 3 \sim 9℃$,取高值)

保温钉金属碟形帽表面温度:$t℃$

传热平衡方程的建立:

$$Q = \alpha F_1(t_H - t) = \lambda F_2(t - t_S)L^{-1}$$

当保温层厚度 $\delta = 40mm$

则: $8.7\pi(0.015)^2(33.2 - t) = 58\pi(0.0009)^2(t - 9)/0.04$

$\quad\quad 0.001975(33.2 - t) = 0.0011745(t - 9)$

∴ $\quad\quad t = 24.12℃$

当保温层厚度 $\delta = 50mm$

则得 $\quad t = 25.98℃$

故保温钉表面不结露的条件见表 F4.1.0。

低温送风系统保温钉表面不结露的环境气象条件　　　　表 F4.1.0

岩棉保温层的厚度 δ	(mm)	40	50
管内送风温度	(℃)	9	
风道周围环境温度	(℃)	33.2	
保温钉碟形帽表面温度	(℃)	24.12	25.98
风道周围环境相对湿度 ϕ	(%)	60	67

(2) 金属保温钉碟形帽表面结露温度验算公式如下

$$t = (kt_1 + t_2)(kL + 1)^{-1} \quad\quad\quad\quad (F4.1-1)$$

式中 $\quad t$——保温钉碟形帽表面温度,℃;

$\quad\quad\quad t_1$——风道周围环境温度,℃;

$\quad\quad\quad t_2$——风道内部介质温度,℃;

$\quad\quad\quad L$——保温钉的长度,m;

$\quad\quad\quad k$——系数。当保温钉碟形帽直径为 30mm、保温钉直径为 1.8mm 时,$k = 41.667$。

$$t > t_L \quad\quad\quad\quad\quad\quad\quad\quad\quad (F4.1-2)$$

式中 $\quad t_L$——风道周围环境露点温度,℃。

F4.2 风道(或罐体)底部保温板垂度的验算

(1) 风道(或罐体)底部保温板金属碟形帽保温钉布置图(按 10 个/m² 和距离边缘 ≤ 120mm 布置),如图 F4.2.0 – 1 所示。

(2) 风道(或罐体)底部保温板垂度验算草图(图 F4.2.0 – 2)。

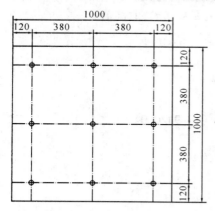

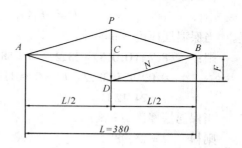

图 F4.2.0 – 1　风道底面保温钉分布示意图　　　图 F4.2.0 – 2　风道底面保温板垂度计算示意图

(3) 风道(或罐体)铝箔保温板(毡)的相关参数:

铝箔厚度 $\mu = 0.001\,\text{cm}$

铝箔玻璃棉保温板厚度 $\delta(\text{cm})$

金属铝的弹性模量 $E = 7.03 \times 10^5\,\text{kg/cm}^2 = 7.03 \times 10^4\,\text{MPa}$

铝箔玻璃棉保温板密度 $\rho = 53\,\text{kg/m}^3 = 5.3 \times 10^{-5}\,\text{kg/cm}^3$

(4) 风道(或罐体)底部保温板垂度(挠度)近似计算公式的推导

A. 均布荷载 q 和集中荷载 P 的计算

均布荷载

$q = \delta\rho b = 5.3 \times 10^{-5}\delta b\;\text{kg/cm} = 2.014 \times 10^{-3}\delta\,\text{kg/cm}$　(式中 $b = L = 38\,\text{cm}$)

∴集中荷载

$P \approx q\,L = 0.077\delta\,\text{kg}$　($\because L = 38\,\text{cm}$)

B. 铝箔张力和垂度的计算

(A) 计算假设

a. 因为旋转角度 θ 很小,因此假设 $\text{tg}\theta = \sin\theta = \theta = \Delta L/2$ (形变)。

b. 因为均布荷载 q 较小,故用集中荷载 P 代替,这里忽略其误差(偏于安全)。

c. 因为变形较小,因此用水平形变代替斜边形变。

d. 将四点支撑的双向板简化为简支的单向板建立计算关系式。

e. 忽略保温玻璃棉板自身的刚度对抗形变的影响(偏于安全)。

f. 假设整个受力过程均在弹性应变范围内。

(B) 铝箔沿水平方向的拉伸 ξ(形变)和垂度 f_{MAX}的计算

a. 铝箔的计算断面积 S 计算:(取铝箔的厚度为 0.01mm,计算宽度 $b = 38\text{cm}$)。

$$S = 0.001 \times 38 = 0.038\text{cm}^2$$

b. 利用虎克定律和力系平衡建立垂度 f_{MAX} 的计算公式

$\because \qquad \sigma = N/S = E\xi$

$\therefore \qquad N = E\xi S \qquad\qquad\qquad\qquad\qquad (\text{A})$

又 $\because \quad N = P/(2\sin\theta) \qquad\qquad \therefore \quad N = (P/2)(\xi/2 + L/2)(L/2)^{-1}$

$\qquad\qquad N = P(\xi + L)/2L \qquad\qquad\qquad (\text{B})$

令 $(\text{A}) = (\text{B})$ 得

$\qquad\qquad E\xi S = P(\xi + L)/2L \qquad\qquad \xi(ES - P/2L) = P/2$

$\qquad\qquad \xi = (P/2)(ES - P/2L)^{-1} \qquad\qquad (\text{C})$

将 $S = 0.038\text{cm}^2$、$E = 7.03 \times 10^5\text{kg/cm}^2$、$P \approx 0.077\delta\text{kg}$ 及 $L = 38\text{cm}$ 代入式 (C),得

$$\xi = \delta(6.9387 \times 10^5 - 0.0263\delta)^{-1}$$

最后得铝箔玻璃棉保温板垂度 f_{MAX} 的计算公式为

$$f_{\text{MAX}} \approx \xi/2 = \delta(1.388 \times 10^6 - 0.0526\delta)^{-1}$$

$\therefore \qquad f_{\text{MAX}} = \delta(1.388 \times 10^6 - 0.0526\delta)^{-1}$

因为 $0.0526\delta << 1.388 \times 10^6$ 可以忽略不计,故得

$$f_{\text{MAX}} = 0.7205 \times 10^{-6}\delta \qquad\qquad\qquad\qquad (\text{F4.2.0})$$

式中 $\quad \delta$——为铝箔玻璃棉保温板的厚度,cm。

C. 例:计算厚度 $\delta = 40\text{mm} = 4\text{cm}$ 时铝箔玻璃棉保温板的最大垂度。

$\qquad$ 解:$f_{\text{MAX}} = 0.7205 \times 10^{-6}\delta = 4 \times 0.7205 \times 10^{-6}$

$\qquad\qquad = 2.88 \times 10^{-6}\text{cm} = 2.88 \times 10^{-5}\text{mm} < $ 规范的允许值

F4.3　结　论

(1) 通过上述的理论分析,在风道或罐体内输送(或储存)的介质是低温物质时(如低温空调系统的送风温度一般为 $t_S = 3 \sim 9℃$),应进行防结露验算。

(2) 依据原德国 DIN4140 标准的推荐值、国内工程应用实践及本计算结果,当保温板为 $\delta \geqslant 40\text{mm}$ 的铝箔玻璃棉保温板时,规程中第 17.3.4 条推荐的风道(或罐体)保温层的顶面、侧面采用碟形帽保温钉个数为 6 个/m^2,底面采用碟形帽保温钉个数为 10 个/m^2 是可行的。

(3) 保温板为 $\delta \geqslant 40\text{mm}$ 的非铝箔保护层玻璃棉(或其他材质)保温板时,当保温层外有玻璃纤维布保护层时,第(2)条的推荐数据仍然可行。

参考资料: 1. 科学出版社 1978 年 3 月 (美)S. 铁摩辛柯、J. 盖尔《材料力学》

2. 中国建筑工业出版社 1986 年 12 月 王福川《现代建筑装修材料及其施工》

3. 国家玻璃棉产品质量监督检验中心 1999 年 9 月 9 日《北京依索维尔玻璃棉有限公司检验报告附页》

F5　暖卫安装工程施工中若干问题的探讨

近年来,伴随着国民经济的发展,在建筑安装中由于建筑项目迅速发展,施工技术力量有不能适应施工项目发展的趋势。为了保证工程质量,各地质检部门相继制定了加强质量管理的补充规定和施工工艺标准,这对于保障工程质量起到了积极作用。但是也出现个别"规定"不利现场操作和提高质量的现象。现就现场遇到的若干实际问题浅述已见,供共同探讨。

F5.1　关于铸铁柱式散热器组装后增设拉杆的规定

《建筑安装分项工程施工工艺规程》(三)(下简称《规程》)第 6.4.4 条规定"20 片及以上的散热器加外拉条,……从散热器上下两端外柱内穿入四根拉条……"。片数≥20 片柱式铸铁散热器加外拉条,在以往的教科书和标准图册中均有规定,但是均为上下各一根,若有不同仅在于随片数的不同拉条直径有变化。而该《规程》从抬运中"增强暖器片组的刚度,防止扭曲损坏"出发,对拉条的安设进行修订,其出发点是好的,但是效果不佳。主要理由有二:其一,外观不佳,"上下两端外柱内穿入四根拉条",对拉条的隐蔽性不如上下两端中柱内穿入两根拉条好,影响明装散热器的外观质量;其二,四根拉条各杆的受力均衡度不如两根拉条。因为现场施工均为手工操作,又没有测量仪器控制,各拉条螺母之间多拧一圈和少拧一圈,拉力的差别是相当大的。现以 $\phi 8$ 拉条为例。依虎克定律和材料力学应变与应力关系:

$$P = \Delta L\, EF / L = \Delta L\, 2 \times 10^6 \pi 0.4^2 / 120 = 0.05 \times 2 \times 10^6 \times 3.1416 \times 0.16 / 120 = 418.8 \text{kg}$$

式中　　P——拉力,kg;

　　　　E——钢材的弹性模量,$E = 2 \times 10^6 \text{kg/cm}^2$;

　　$F = \pi R^2$——拉条断面积,cm^2;

　　　　L——拉条有效长度 $L = 20$ 片 $\times 6 \text{cm/}$片 $= 120 \text{cm}$;

　　ΔL——多拧一圈拉条的大约拉伸长度(相当螺纹前进一个螺距),cm。

从计算的结果可以看出。由于各拉杆拉力不均衡,实际结果却与愿望是相反,反而降低组装后散热器的整体稳固性,增加搬运过程的损坏的机率。

据年岁较高的暖卫技术人员介绍,拉杆的产生渊源于解放前进口的散热器片间连接不是采用现在的正反丝接头,而是依靠拉杆强行挤压固结。

F5.2　关于供暖干管与立管连接方式的规定

91SB1 第 14、15 页及第 29 页结点详图 5、6 就明装干管与立管的连接,第 29 页结点详图 1 就暗装干管与立管的连接均有明确规定,它们与教科书上的介绍基本观点是一致的。

干管在顶棚内(暗装)考虑干管与立管采用两个90°弯头连接(图 F5.2.0-1b)或三个 90°弯头连接(详图 F5.1.0-1a)的原因有:(1)干管与立管的管径不一,距墙面的距离也不一样,在空间它们处在与墙面平行不同的垂直面上。因此它们之间应通过立管的弯曲调整立管的空间位置来连接;(2)由于检修、坡屋顶、暗装窗帘盒等的要求,顶棚内(暗装)干管与墙面要有一定距离,有的教科书推荐距离 $L \geqslant 1.0\text{m}$;(3)为了保证立管

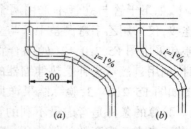

图 F5.2.0-1 立管与干管弯头连接
(a) 三个90°弯头连接;(b) 二个90°弯头连接

由干管接出的水平支管管段能保持一定的坡度,使立管中的空气能顺利排入干管内,也要求顶棚内(暗装)干管与墙面要有一定的距离;(4)解决立管因安装环境与使用环境的温差引起的伸缩补偿(主要出现在多层建筑的双管系统,立管自上到下或自下到上为一整管,伸缩量较大)。因此,91SB1、DBJ 01—26—96 以及一般教科书对干管与立管采用两个90°弯头连接或三个90°弯头连接均限定在干管为顶棚暗装敷设时采用。而某市质检总站下发的《建筑工程暖卫设备安装质量若干规定》第四部分第 8 条补充规定"暖气立管与横干管的连接时应按图集 91SB1P29 方式连接,如立管直线长度小于 15m 时,立管与干管可以用二个弯头连接(编注:即 91SB1P29 详图 1,或图 F5.2.0-1b 后同),立管直线长度大于 15m 时,立管与干管用三个90°弯头与干管连接,横节长度应为 300mm,且应有 1%坡度(图 F5.2.0-1a),不应使用对丝加弯头代替管段横节做为连接方法,保证立管胀缩得以补偿",此规定却将"干管与立管采用二个90°弯头连接或三个90°弯头连接"扩展到干管室内明装敷设和顶棚暗装敷设的一切场合。

(1)此补充规定的主要目的是保证立管胀缩得以补偿。而正如上述解决立管因安装环境与使用环境的温差引起的伸缩补偿的确立是有一定历史背景的,即以前高层建筑较少,屋面为坡屋顶的建筑较多,干管敷设在顶棚内也较多,采用上分式双管系统的配管方式较普遍,立管自上到下或自下到上为一整管,伸缩量较大,就需要考虑立管的伸缩补偿问题。现在建筑层数较多,供暖配管形式多采用单管垂直穿流式系统,立管被每层散热器连接支

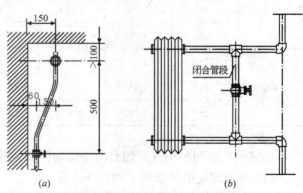

图 F5.2.0-2 明装干管与立管的连接
(a) 明装干管与立管的连接;(b) 当明装干管与立管的连接如
(a) 时,闭合管段往散热器一边偏

管分割,即使是带闭合管段的单管垂直穿流式系统,若闭合管段偏离立管中心线,又靠近散热器一侧(图 F5.2.0-2b),整根立管的自然弯头较多,其有限的伸缩靠自然补偿已能满足(详见下文验算部分)。因此保证立管胀缩得以补偿已不是主要的矛盾。调整干管与立管距离墙面的差异才是主要的矛盾,而这种调整靠立管上的乙字弯就能满足(图 F5.2.0-2a)。

如果干管与立管不采用两个或三个弯头连接，仅采用乙字弯调整干管与立管距离墙面差和采用图 F5.2.0－2(b)闭合管段安装方法时，利用自然弯头补偿热伸缩器的核算。验算图如图 F5.2.0－3，验算结果详见表 F5.2.0－1。验算的条件是考虑最不利的管段——顶层(若不考虑乙字弯的补偿作用，顶层仅有一个 90°的自然补偿器，而其他层均有两个 90°的自然补偿器)，层高居住建筑按 3.0m，办公楼按 4.0m。自然补偿器短臂 L_D 按规范规定不小于 0.5m(取最不利情况)，立管的规格取较常

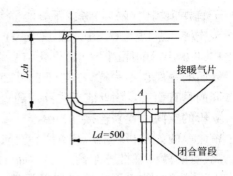

图 F5.2.0－3　立管与干管未采用 90°弯头连接时自然补偿核算图

遇到的 $DN=15$、$DN=20$、$DN=25$ 三种规格。依据上述条件，立管的长臂 $L_{ch}=5.0m$(层高 3.0m 时)、7.0m(层高 4.0m 时)，管道安装环境与管内介质温差 $\Delta t=95-18=77℃$。计算结果详见表 F5.2.0－1，表中 P_X、P_Y 为管道的水平和垂直推力，σ_{BW}、$[\sigma_{BW}]$ 为管道弯曲受拉应力和普通钢材允许弯曲受拉应力，普通钢材的弹性模量取 $E=2\times10^6 kg/cm^2$。

热水供暖系统立管自然补偿计算表　　　　　　　　表 F5.2.0－1

层高 (m)	立管公称直径 DN	壁厚(mm)	惯性矩 I (cm⁴)	P_X(kg)	P_Y(kg)	σ_{BW} kg/mm²	$[\sigma_{BW}]$ kg/mm²
3.0	15	2.75	0.7	F5.81	3.33	9.08	
	20	2.75	1.513	42.81	7.205	12.11	
	25	3.25	3.575	101.02	17.00	15.13	23.00
4.0	15	2.75	0.7	26.11	0.11	12.42	
	20	2.75	1.513	56.45	0.23	16.57	
	25	3.25	3.575	133.19	0.54	20.71	

计算结果表明利用立管的自然补偿均能满足管道涨缩的补偿要求。

(2) 补充规定的扩展带来的负作用有二

A. 影响室内顶板下有干管分布房间的使用和美观

尤其是目前为了解决低收入居民而兴建的低造价经济适用房，为了降低成本，高区供暖供水干管、高区供暖回水干管、低区供暖供水干管均敷设在最高层和中间高区与低区分界的两层室内顶板下。若采用立管与干管用两个或三个 90°弯头与干管连接，且横节长度应为 300mm，势必带来干管远离外墙和管道曲里拐弯，室内上空非常混乱的局面。直接影响房间的使用和整洁美观。

B. 给施工带来质量事故屡见不鲜

如引起施工技术管理人员造成布线不合理的失误，使流体急剧回流；施工现场出现过个别质检人员不分青红皂白，硬套"两个或三个 90°弯头连接"规定，强制施工单位更改原

160

合理走向安装管路,致使管路走向极不合理,不仅增加系统阻力,严重影响房间使用和美观。

(3) 横节长度 300mm 且坡度必须保持 1% 的规定

这一规定 91SB1、《规程》等均是统一的。笔者若不在现场对此规定也是认同的。但经过几年来的现场检查,对此规定施工现场的确实难以做到。距离如此之短,两头又被刚性较大的管件(弯头)卡住,除非不顾一切硬搬,以损坏连接丝扣为代价,否则是难以实现的。而现场的实际情况是施工人员既没有为达到规定的 1% 坡度进行调试和检测,质量检查人员和设计人员到现场检查也从不过问此事,此规定形同虚设。因为硬搬所需克服管道内力是相当大的,其计算图和内力大小详见图 F5.2.0－4 和表 F5.2.0－2。

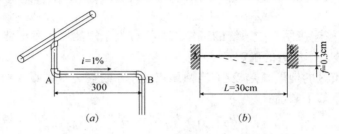

图 F5.2.0－4 干管与立管连接横节受力计算简图
(a) 立管与干管连接示意图;(b) 横节 A－B 力学计算草图

不同管径立管要达到长 300mm 的横节坡度 i＝1% 应克服管道内力计算结果表 F5.2.0－2

DN(mm)	外径 D_2(cm)	壁厚 δ(mm)	内径 D_1(cm)	$I = 0.0491$ $(D_2{}^4 - D_1{}^4)$	弹性模量 E(kg/cm²)	内力 R_A、 R_B(kg)
15	2.125	2.75	1.575	0.7		138.7
20	2.675	2.75	2.125	1.513	2×10^6	403.5
25	3.350	3.25	2.700	3.575		953.5

F6 供暖系统工作压力和试验压力的确定

F6.1 热网和供暖系统工作压力的确定

现在供暖系统均与区域供热外网连接,因此单位工程供暖系统的工作压力的确定,并不是仅决定于单位工程的建筑基本要素,而是要综合区域供暖系统所连接建筑物的建筑基本要素和地形地貌高程差别的因素。因此一个单位工程供暖系统的工作压力是由热网的工作压力和建筑本身基本要素决定的。

(1) 热网和系统能否安全地运行,必须具备以下条件:热网和供暖系统要能安全地运行,必须具备以下条件

A. 当系统运行循环水泵停止运行时,系统最高点不得倒空。也就是说系统水位不得低于系统的充水高度;

B. 在热力网和用户系统中的任何一点(尤其是系统的最高点)的压力不得低于热水温度的汽化压力;

C. 与热网直接连接的系统无论系统循环水泵是运行还是停止运行,系统回水干管的压力都必须高于用户的充水高度,以防止系统倒空,吸入空气,腐蚀管道;

D. 热力网路内和用户系统的任何一点的压力都应比大气压力至少高出 5m 水柱,以免吸入空气;

E. 与热网直接连接用户内系统的工作压力不应大于散热器的承压能力。

(2) 供暖系统工作压力的确定

依据北京市市区的地形高差较小,当稳压点位于系统循环水泵吸入口附近时,热网的工作压力近似等于如下数值:

$$P_0 = h_1 + h_2 + h_3 + h_4$$

式中　h_1——最高建筑物供暖系统最高点的高度(即最高点与室外地面的高差);

　　　h_2——建筑物地下室最低点与室外地面的高差;

　　　h_3——系统最高点汽化压力,95℃热水近似取 0.1MPa;

　　　h_4——保证热网回水干管任意一点不吸气的安全附加压力,一般取 0.05MPa。

F6.2　系统的试验压力的确定

依据 GB 50242—2002《建筑给水排水及采暖工程施工质量验收规范》第 8.6.1 条的规定确定该系统的试验压力,即:

$P \geqslant P_D + 0.1MPa$(金属管道)

$P \geqslant P_D + 0.2MPa$(塑料和复合管道)

且　　$P_1 \geqslant 0.3MPa$(金属管道)

　　　$P_1 \geqslant 0.4MPa$(塑料、复合管道)

以上两个条件取最不利值为系统试验压力。如果这一试验压力对低层的散热器的承压能力有危险,则采用分层或分段试压。即整个系统按楼层分段,逐段进行水压试验,其试验压力等于系统的试验压力扣除此试验段以上的静压值。

高温热水供暖系统

$$P \geqslant P_D + 0.4MPa$$

式中　P_D——系统顶点的工作压力;

　　　P_1——系统顶点的试验压力;

　　　P——系统的试验压力。

F6.3　两点说明

（1）散热器组装后的水压试验比系统水压试验的稳压时间短主要是考虑散热器组装后的试压系统内水容量小,组成的试压系统内压力变化较快的缘故。

（2）塑料或复合管道试压试验压力和稳压时间不同,主要是考虑塑料管道随管内水温升高承压能力下降和管道、附件变形比钢质管道大,易引起渗漏的缘故。

F7　超薄壁不锈钢塑料复合管管道的安装

F7.1　超薄壁不锈钢塑料复合管的构造、应用范围和产品颜色标志

（1）超薄壁不锈钢塑料复合管的构造

超薄壁不锈钢塑料复合管是由外层厚度不大于 1/60 外径的不锈钢壳体,内层为符合输送生活饮水卫生要求的塑料和中间层（塑料与不锈钢之间）采用热熔胶或特种胶粘剂（环氧胶等）粘合而成的三层组合管。

（2）应用范围

主要用于输送生活饮用冷热水和空调系统的冷热水介质,其中

冷水管:内层为符合卫生要求的高密度聚乙烯（HDPE）或硬聚氯乙烯（PVC – U）,工作温度≤40℃的冷水（含空调冷冻水）管。

热水管:内层为符合卫生要求的耐温聚乙烯（PE – RT,PE – X）或氯化聚氯乙烯（PVC – C）,长期工作温度≤70℃,瞬间温度≤90℃的热水（含空调热水）管。

（3）产品颜色标志

冷热水管除了管材表面标有工作温度外,内层塑料颜色冷水管为树脂本色,热水管为橙红色（氯化聚氯乙烯为灰色）。

F7.2　超薄壁不锈钢塑料复合管的压力等级、规格、管壁厚度和物理化学性能

（1）管材的压力等级

管材的压力等级为 1.6MPa。

（2）管材的规格和管壁厚度

管材的规格和管壁厚度应符合表 F7.1.0 – 1、表 F7.2.0 – 2 的规定。

（3）管材、管件的物理化学性能

管材、管件的物理化学性能应符合表 F7.2.0 - 3 的规定。

管材的规格和管壁厚度（mm）　　表 F7.2.0 - 1

公称外径 d_e	16	20	25	32	40	50	63	75	90	110
不锈钢厚度	0.25	0.25	0.28	0.30	0.35	0.40	0.45	0.50	0.55	0.60
粘结层厚度	0.10	0.10	0.10	0.10	0.10	0.20	0.20	0.20	0.25	0.25
PE 类塑料层厚度	1.65	1.65	2.12	2.60	3.05	3.40	4.35	5.30	6.20	7.15

管材的规格和管壁厚度（mm）　　表 F7.2.0 - 2

公称外径 d_e	16	20	25	32	40	50	63	75	90	110
管壁总厚度	2.00	2.00	2.50	3.00	3.50	4.00	5.00	6.00	7.00	8.00
聚氯类塑料层厚度	1.15	1.15	1.62	2.10	2.05	2.40	2.85	3.30	3.70	4.15
管壁总厚度	1.50	1.50	2.00	2.50	2.50	3.00	3.50	4.00	4.50	5.00

管材、管件的物理化学性能　　表 F7.2.0 - 3

项　　目	单位	技　术　性　能
外表质量		表面平整光滑，无裂纹、拉丝痕迹、凹陷
压扁性能	%	压至 50%，壳体与塑料不分离
耐压试验（1h）	MPa	$DN < 90$ 为 6.7MPa，$DN \geqslant 90$ 为 4.5MPa
管材、管件组合性能试验（15℃）	MPa	100h　　4.2MPa，连接处无渗漏 165h　　2.5MPa，连接处无渗漏
热水管冷热水循环试验		1.0MPa　　20～95℃，冷热水循环 5000 次，内层塑料不变形、不分离，连接点不渗漏

（4）超薄壁不锈钢塑料复合管材、管件专用胶粘剂的物理力学性能

A. 管材、管件连接件浸泡液的卫生性能应符合国家标准 GB/T 17219《生活饮用水输配水设备及防护材料的安全性评价标准》的要求。

B. 专用胶粘剂的主要物理力学性能应符合表 F7.2.0 - 4、表 F7.2.0 - 5 的要求。

胶粘剂的主要物理力学性能　　表 F7.2.0 - 4

项　　目		指标和要求
外观	A 组分	乳白色膏状体，无异味
	B 组分	橙色胶体，无异味
黏度（MPa·s）	A 组分	4000～7000
	B 组分	4000～7000

项　　目	指标和要求
拉伸强度（MPa）	≥25
剪切强度（MPa）	≥25

胶粘剂的主要物理力学性能　　　　　　　表 F7.2.0－5

项　　目	指标和要求
耐冷水性（25℃,48h 浸泡）	剪切强度≥25MPa
耐热水性（85℃,48h 浸泡）	剪切强度≥25MPa
25～30℃,20%强度固化时间	≤30min

注：胶粘剂配比 A:B 组分 1:5（配比时每组分不应超过±5%）。强度为常温 48h 固化测试性能。

F7.3　超薄壁不锈钢塑料复合管管材、管件的连接方式和适用条件

管材、管件的连接方式和适用条件应符合表 F7.3.0 的规定。

管材、管件的连接方式和适用条件　　　　　表 F7.3.0

序号	管　　件	承接方式	适　用　条　件
1	径向密封承插式不锈钢管件	低温钎焊	冷热水管道系统（DN32～110），各种敷设方法，DN≤25 嵌装和埋设管道
		胶粘剂粘接	冷热水管道系统（DN≤32），明装或暗敷
2	承插式不锈钢管件	低温钎焊	冷热水管道系统（DN20～110），各种敷设方法，DN≤25 嵌装和埋设管道
		胶粘剂粘接	冷热水管道系统（DN≤32），明装、暗敷和冷水管嵌装管道
3	卡套式金属管件	螺纹紧固	明装、暗敷冷热水管道系统（DN≤32），
4	不锈钢套法兰管件	螺纹紧固	冷热水管道系统（DN50～110） 管道附件和设备连接（DN50～110）
5	给水用硬聚氯乙烯（PVC－U）管件	胶粘剂粘接	明装、暗敷冷水管道系统（DN≤32）
6	弹性密封圈承插式管件	承插连接	明装、暗敷冷热水管道系统（DN≤40）

F7.4　超薄壁不锈钢塑料复合管安装的一般规定

（1）管材、管件连接用的橡胶圈、特种胶粘剂、低温钎焊料和有关的施工工具等均应

由管材生产企业配套供应。

（2）管材、管件应有企业质量检查部门出具的质量合格证书。管材应标明适用介质（冷水或热水）、规格、商标、生产厂名称和出厂日期。管件应标明商标、规格；管件的包装上应有生产批号、生产日期和检验人员的代号。

（3）管材、管件内外表面应光泽平整，色泽一致，无明显的痕纹凹陷，断口平直，冷热水管标志醒目，内壁清洁无污染。

（4）配套的辅助材料（橡胶圈、卡环、胶粘剂、卡箍等）应符合相应的材料和性能要求。设有预置橡胶圈的承插式管件，其橡胶件应平整，座入位置应正确。

（5）管道可以明装、暗装、埋地和嵌墙敷设，但不得浇筑在钢筋混凝土结构内，埋于楼地板垫层内的管道管径不宜大于 DN25。

（6）明装管道不宜穿越卧室、储藏室，不得穿越烟道、风道、配电间。管道埋地敷设时，不得穿越设备基础及有集中荷载的部位。室外埋地管道应敷设在冰冻线以下，且管顶的复土厚度不应小于 150mm。

（7）管道不宜敷设在热水或其他热力管道上部，与其他管道的净距离不应小于 120mm。

（8）管道离家用热水器、煤气灶具等发热点的距离不宜小于 400mm。当管道受热源辐射热加温管道表面温度超过 60℃时应采取有效的隔热措施。

（9）当热水管道直线长度大于 30m 时，应设置补偿器。

（10）管径大于 50mm 的金属阀门或管道附件，其重量不宜直接由管路系统直接承担，应另设固定支承。

（11）嵌墙管道粉刷保护层厚度冷水管不宜小于 10mm，热水管不宜小于 15mm；地面找平层内埋设管道的覆盖层厚度不应小于 15mm。

（12）冷水管穿越楼板处应作为固定支承点；热水管穿越楼板、墙体处应预埋金属或塑料套管，套管内径不小于热水管外径 DN + 50mm。且立管在每层应设固定支承。

（13）管道穿越楼板、屋面、墙壁及嵌装墙内时，应配合土建预留孔、槽或预埋管，留孔开槽尺寸及预埋套管应符合下列规定。

A. 预留孔洞直径应大于管道外径 70mm 以上。

B. 嵌装墙内管道的预留墙槽尺寸：深度 DN + 30mm，宽度不小于 DN + 40mm。

C. 横管嵌墙开槽长度超过 1.0m 时，应征得结构设计单位同意。

D. 管道穿越地下室墙壁、水池（箱）壁，应预埋带防水翼环的套管，套管的内径应大于管道外径 DN + 60mm。

E. 热水管穿越楼板、墙体应预埋金属或塑料套管，套管内径不小于热水管外径 DN + 50mm。

F. 立管穿越地面时，在地坪上部宜设置钢制护套管，应座入地坪找平层内，套管应高出地坪 120mm 以上，护套管的内径应大于立管外径 DN + 10mm。

（14）冷热水管穿越楼板、墙体、屋面预留孔洞的间隙的处理

A. 管道穿越楼板、屋面预留孔洞的间隙应采用 C20 细石混凝土分两次嵌实填平；第一次填板厚的 2/3，当细石混凝土强度达到 50% 后，再进行第二次嵌实到与结构面层相

平。

B. 热水管与护套管间的间隙宜用发泡聚乙烯或其他耐热软性填料填实。

C. 管道穿越水池(箱)壁和地下室混凝土墙板的防水套管间隙,中间部位应采用防水胶泥嵌实,其宽度不小于池(箱)壁厚度的50%,其余部分应采用M10的防水水泥砂浆嵌实。

(15)超薄壁不锈钢塑料复合管立管和横管敷设的支吊架应符合下列的规定。

A. 超薄壁不锈钢塑料复合管立管和横管(水平管)的支吊架间距应符合表F7.4.0的规定。

B. 室内明装和暗装管道应按表F7.4的规定设置支吊架及管卡。沿板底敷设时,管壁距离顶板不宜小于100mm。

超薄壁不锈钢塑料复合管立管和横管(水平管)的支承间距(mm)　　表 F7.4.0

DN	20	25	32	40	50	63	75	90	110
立　　管	2000	2300	2600	3000	3500	4200	4800	4800	5000
不保温横管	1500	1800	2000	2200	2500	2800	3200	3800	4000
保温横管	1200	1600	1800	2000	2300	2500	2800	3200	3500

注:1. 配水点两端应设支承固定,支承件离配水点中心间距不得大于150mm;

　　2. 管道折角转弯时,在折转部位不大于500mm的位置应设支承固定;

　　3. 立管应在距地(楼)面1.6~1.8m处设支承。

C. 冷热水管道应采用金属的管卡和支吊架,吊卡支座应与墙体结构牢靠固定。明装管道中管卡与管材固定的卡环宜采用不锈钢材料制作。

(16)管道与管道附件的连接应采用带螺纹的管件。管材外壁不得以任何方式加工螺纹。

(17)管道转弯处宜采用管件连接,$DN \leqslant 32$的管材,当采用直管材折曲转弯时,其弯曲半径不应小于$12DN$,且弯曲时应套有相应口径的弹簧管。管道弯曲部位不得有凹陷和起皱现象。

(18)$DN \leqslant 50$管材的断料宜使用专用割刀手工断料,或专用机械切割断料;$DN > 50$管材的断料宜使用专用机械切割断料。手工断料应有良好的同圆性。

(19)穿越道路的室外埋地管道,当管道埋深$\leqslant 650$mm时,应按设计要求加设金属或钢筋混凝土套管保护。

F7.5　超薄壁不锈钢塑料复合管的连接和质量要求

超薄壁不锈钢塑料复合管的连接应符合下列的规定。

(1)管道应根据承插口的深度正确断料,管材的端口应平整、光滑、无毛刺,不锈钢面层应向管材圆心方向收口。

(2)管材、管件采用管材端口径向密封时,管材端面嵌入的橡胶圈应该紧固、压缩。

其压缩变形程度应控制在插入管件时保持一定的阻力,不宜有松弛现象。

(3) 胶粘剂粘接连接

当管材与不锈钢和给水硬聚氯乙烯(PVC–U)管件连接采用胶粘剂粘接时,应符合下列的规定和操作要求。

A. 胶粘剂应通过卫生性能测试合格,粘接的剪切强度、配合比、固化时间等应符合表F7.2.0–4的要求。

B. 承口和插口应清洁。当受有机物污染时,应用丙酮或无水酒精揩擦,表面挥发干燥后方可涂胶。涂胶应先涂承口后涂插口,由里向外均匀涂抹。当采用管材端口径向密封形式时,只涂抹管材插口部位。

C. 胶粘剂应涂刷均匀,插入承口底部后旋转90°,并保持15~25s。粘接完成后,将挤出的多余胶粘剂沿管口周边揩擦干净。

D. 粘接管段应在安装24h后进行试压。

(4) 低温钎焊连接

当管材与管件采用低温钎焊连接时,现场施工应符合下列的规定和操作要求。

A. 焊接部位表面应清洁。当有油类等有机污染物时,应用丙酮或无水酒精揩擦干净。

B. 管件承口有嵌入式焊料时,应采用由企业提供的电热卡钳操作,其加热方法和控制要求应符合说明书的规定。

C. 采用火焰加热焊接时,施工人员必须经培训考核方可上岗,未取得上岗证者不得操作。

D. 焊接结束后应检查焊缝质量,严格防止缺焊、漏焊现象。

E. 在火焰加热焊接现场,必须遵守明火操作的有关规定。

(5) 弹性密封圈管件的管道连接

弹性密封圈管件的管道连接和安装,应符合下列的规定和操作要求。

A. 管件承口密封胶圈的放置位置应正确,胶圈应平整妥帖。用直尺测量承口长度和胶圈后部的有效承口长度,并在管材端头做出标记。

B. 用清洁干布揩擦管材端口和承口部位。

C. 管材插口应涂适量洗洁精或医用凡士林,将管材一次插入管件承口,直到有效承口长度中间部位为止。

D. 每支管道的承口部位、管道系统的三通、90°弯管部位,应设固定支承和防止推脱的固定装置。

(6) 卡套式连接

管道卡套式连接应按下列工序施工。

A. 管材端口按次序套入锁紧螺母、C形卡圈、锥形橡胶圈。

B. 管材端部用专用工具卡成凹槽后插入管件根部,推动C形环,将胶圈与管件口部压紧,锁紧螺母。

(7) 超薄壁不锈钢塑料复合管安装的质量要求

A. 管位坐标、管道标高、管道坡度应正确。明装和暗装管道的允许偏差应符合下列规定。

（A）水平管道的纵向、横向弯曲，每 10m 管段的误差不应大于 5mm。

（B）立管的垂直度，每 1m 管段的误差不应大于 2mm，每 5m 管段的误差不应大于 8mm。

B. 管路系统的连接点和接口部位应整洁、牢固和密闭。支承件和管卡安装位置正确和牢固。

C. 给水系统通水试验时，按设计要求开启最大数量配水点时，测量配水点额定流量应符合要求。一般以一个横向支管为一个通水系统。对有特殊要求的建筑物，可根据管道布置分层、分段进行通水能力检查。

D. 生活饮用水管道检查合格后，应采用含 20～30mg/L 有效氯的药溶液进行消毒。消毒液的泡浸时间应保持 24h 以上，消毒后应用清水冲洗，冲洗后的水质符合 GB 5749《生活饮用水卫生标准》的要求。

E. 管道的水压试验

管道的水压试验按 GB 50242—2002《建筑给水排水与采暖工程施工质量验收规范》规定进行。

F8　通风空调工程安装中若干问题的技术措施

×公司技术处

近来在以往的通风空调施工中不断出现一些违反规范、规程规定和处理方法不对引起的质量事故，针对这些质量问题，特拟订如下相关技术措施。

F8.1　空调冷热水、冷却水管道的安装

第1.1条　应杜绝乱用吊箍和吊杆的通病，吊箍和吊杆规格必须与管道规格一致，不得以大代小（吊箍），也不得以小代大（吊杆），以免造成吊架变形致使管道塌腰，坡度不符合要求；不得将未加固定处理的管道穿墙或穿楼板处作为管道的支架看待。

第1.2条　在陶粒空心混凝土或预制空心混凝土砌块的砌体隔墙上进行预埋件的埋设时，应事先配合土建隔墙砌筑工序，依据管道走向和设备安装位置拟定支、托架埋设位置，用豆石混凝土设置有预埋铁件的预埋块，以便安设管道和设备的支架。若土建隔墙砌筑时遗漏浇筑混凝土预埋块，则应适当扩大预埋件孔洞，用加膨胀剂的豆石混凝土捣实预埋。

暗装冷热水管道可依据管道安装宽度先预留锯齿形管槽，待管道安装后再支模浇筑混凝土，但阀件和管道的拆接处应留检修孔。

第1.3条　轻质隔断墙体（石膏板、钢板网、铝合金等）上管道及设备支、托架的埋设应事先配合土建隔板施工工序增设加强龙骨或预埋铁件等措施，为管道及设备支、托架的牢靠安装做好准备。

第1.4条　空调冷热水供水干管在总立管处分路（分叉）应采用羊角弯分叉或斜三通

连接,避免采用直插(普通)三通的硬性分叉,并严防出现分叉管道急剧反向倒流。

第1.5条 空调冷热水输送泵水平吸入管道的安装应符合以下要求:

(1)水泵的吸入管的变径管应采用偏心大小头,且使平面朝上,斜面朝下;

(2)吸水管的安装应具有沿水流方向连续上升的坡度接至水泵入口,坡度不小于0.005;

(3)吸水管靠近水泵进口处应有一段长度约2~3倍管径的直管段;水泵前后应安测压口,以便检测时安装仪表;

(4)吸水管应设支撑件;

(5)水泵出水管应安装止回阀和阀门,止回阀应安装在靠近水泵一侧;

(6)为了避免噪声的传递,水泵进出口应安装减振的软接头。支座应采取减振措施。

第1.6条 离心水泵和风机的出水(风)管的第一个拐弯,当拐弯管道与叶轮在同一平面内,拐弯应与叶轮旋转方向相同,不宜出现反向拐弯。

第1.7条 不得重犯焊接钢管与镀锌管件混用的差错;反之亦同。应注意选用铸钢弯头的外径与水煤气管道外径相互匹配(相同)的配件(表F8.1.0-1)。

无缝钢管及水煤气管道与钢压制弯头匹配表　　　　表 F8.1.0-1

DN (mm)	相应英制 (in)	相应无缝钢管外径×壁厚(mm)	与焊接钢管配套弯头外径×壁厚(mm)	DN (mm)	相应英制 (in)	相应无缝钢管外径×壁厚(mm)	与焊接钢管配套弯头外径×壁厚(mm)
15	1/2	22×3	—	150	6	159×4.5	168×4.5
20	3/4	25×3	—	200	8	219×6	—
25	1	32×3.5	—	250	10	273×8	—
32	1 1/4	38×3.5	42×3.5	300	12	325×8	—
40	1 1/2	45×3.5	50×3.5	350	14	377×9	—
50	2	57×3.5	60×3.5	400	—	426×9	—
65	2 1/2	76×4	76×4	450	—	480×10	—
80	3	89×4	89×4	500	—	530×10	—
100	4	108×4	114×4	600	—	630×10	—
125	5	133×4.5	140×4.5				

第1.8条 管道保温和防腐前均应将被土建内装修时交叉污染的砂浆、泥土、锈迹用钢刷彻底刷净,再进行油漆和保温。两节管壳之间的接缝缝隙应填充严密,不得造成"冷桥"和促使保温成品在接缝处的外表面收缩,影响外观质量和夏季产生冷凝结水,破坏保温效果和土建吊顶和墙体的装饰。

F8.2　通风管道的制作

第2.1条 风道和配件制作的质量一定要按照 GB 50243—2002 第3章相关条文、JGJ

71—90 第 3 章第 1 节 ~ 第 3 节相关条文的规定,并严格执行 GBJ 304—88 第二章相关条文的质量标准。出厂前一定要严格检查核验,不合格产品不得出厂。

第 2.2 条 风道制作验收合格后应用干净不起毛的棉布料擦净,并用塑料薄膜封闭再运往工地。

第 2.3 条 洁净空调管道及附件的制作应在封闭、干净、不起尘的环境内制作,详见 JGJ 71—90 的相关规定。

第 2.4 条 严格执行 JGJ 71—90《洁净室施工及验收规范》第 3.3.2 条、第 3.3.3 条对洁净空调管道制作时板材拼接缝位置的规定。

第 2.5 条 严格执行 JGJ 71—90《洁净室施工及验收规范》第 3.3.4 条对洁净空调管道加固的规定。

F8.3 通风空调系统风道的安装

第 3.1 条 严格施工技术质量管理职责,通风管道吊装前应严格执行进场材料、管道、配件的检查制度,并按 DBJ 01—51—2000 规程的相关规定填写各种记录单,彻底杜绝不合格产品、配件进入安装现场。进场的材料和零配件的检验应侧重下列几个方面:(1)认真做好进场材料和加工厂送来的零部件检测与验收手续,不得遗漏;(2)检查记录单应如实填写检测的质量情况;(3)应检查风道制作的质量[咬口、翻边、方正度、椭圆度、铆钉铆接的质量(钉头平整度、完整度和严密性)]、铆钉和螺栓孔间距及风道表面和法兰的平整度、法兰、风道各相关尺寸误差是否符合 GBJ 304—88 及 GB 50243—2002 相关条文规定的要求,风道制作材质证书、预检记录、灯光检漏记录的完整性和合格有效性等等;(4)特别圆形风道与法兰连接的配合误差应符合 GBJ 304—88 及 GB 50243—2002 相关条纹规定的要求;(5)不合格品坚决禁止进场,并填写表式 C1 - 5《不合格项处置记录》单说明不合格品的处理去向。

第 3.2 条 通风管道的安装前提应是土建吊顶材质和分割及吊顶上灯具、喷头、风口等位置确定之后,若因情况紧急,土建吊顶安装方案一时难以确定,应与土建专业和其他专业协调,先有吊顶安装预案,待吊顶安装确定后及时调整风口支管的开口位置。若因风口支管的开口位置与风口发生严重错位的,应与土建专业和设计院、甲方及时联系,商讨对策。确因调整无效的,引起原有风道干管长度(节长)和安装位置需进行大的返工,才能符合现有风口的布局的不得迁就,应坚决返工,并与相关单位办理变更洽商,追补经济损失。严禁不合理的迁就,造成不应发生的质量事故。

加强审图工作,注意用常规法兰连接、且长边大于人体手臂长度通风管道与楼板、钢筋混凝土墙板邻近安装尺寸的检查,避免安装时因手臂太短,致使靠近楼(墙)板一侧法兰螺栓无法装配拧紧的事故发生。解决办法是加强审图工作,在土建专业施工前与土建专业负责人协作,事先预留施工洞,为以后风道安装创造条件,待风道安装后再进行预留施工洞的处理(封堵或改为检查孔口,安设检查门)。

第 3.3 条 通风管道吊装的支吊架吊杆应垂直,托铁应比风道每边宽 20 ~ 30mm。风道与吊架托梁间应垫 3 ~ 5mm 厚的软质隔热垫片,垫片与托梁用胶粘合。悬吊风道应依据 GB 50243—2002 的规定在适当位置设防止幌动的固定点。

第 3.4 条 钢制风道套管的内径尺寸应依据 GB 50243—2002 的规定能穿过风管的法兰及保温层为准,其壁厚不应小于 2mm,套管应牢固地埋在墙、楼板(或地板)内。依此规定引伸直埋风道的管壁厚度应≥2mm 较安全,防腐问题可采用喷塑解决。

第 3.5 条 保温风道的支、吊架依据 GB 50243—2002 的规定宜安装在保温层外部,且不得损坏保温层,缝隙间应确保严密充实,以防止出现"冷桥"。在支吊架节点处应按 91SB6—35 的做法,做加固卡子。

第 3.6 条 保温层外表面应平整、边线平直。保温材料为玻璃棉(或岩棉)毡的应按照 91SB6－33B 四角加设包铁;保温材料为玻璃棉(或岩棉)板的,虽然详图 91SB6－33A 四角无加设包铁的要求,但因保温材料松软,不加包铁不易做到边角平直,因此应依据本施工队的施工技术水平,为了确保工程质量,应与设计方协商,争取四角边线增加包铁。

第 3.7 条 风道安装法兰垫片厚薄为 3~5mm,垫片内环不得伸入风道内;风道的柔性减振短管长度宜在 150~250mm 之间,不宜太长或太短,也不要扭曲、破裂。

第 3.8 条 风道干管送风支管的开口不得处于两节风道的连接法兰处,开口边缘距离连接处的法兰应大于 50mm 以上。且开口应整齐,预留有折边的宽度,用作连接和固定风口法兰的翻边。

第 3.9 条 风道的连接法兰不得处在隔墙或楼板内,应距离楼板和墙面边缘 50mm以上。

第 3.10 条 吊顶内风机盘管的出风管与侧送条形风口的连接应完全覆盖:

(1)当风道两侧边距离比风口宽度短时,送风道上下边与风口法兰边应通长拉铆固接,侧边应增加铁板复盖。盖板三个折边与风口法兰铆接,另一反向折边与风道侧面铆接。铆钉间距不应大于 100mm,且四角应有铆钉,然后用玻璃胶密封接缝。

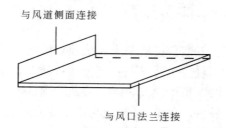

图 F8.3.0－1　风机盘管出风口的封板

(2)当吊顶内风机盘管同时有送风管、新风管与条形风口连接时,宜在风口中间增铆一铝条,用以固接两管道相邻侧边,以保证风道与条形风口连接的密闭性。

第 3.11 条 风道安装过程中,敞开的管道和开口,应及时用塑料薄膜封闭,待下次安装后再打开拼接,继续安装。洁净空调管道应边安装边擦拭边用塑料薄膜及时封闭,防止粉尘进入,再次污染风道内壁。

第 3.12 条 严禁利用土建吊顶的吊杆作为风道或设备的支吊杆,也严禁利用风道或设备、配件的吊杆作为土建吊顶的吊杆。支吊轴流送(排)风机的吊杆应采用减振吊杆,并增设限位装置(挡块),防止风机运行时因轴向推力引起的位移过大,致使软接头受损。

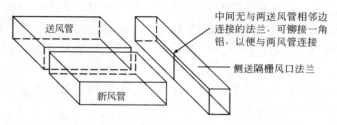

图 F8.3.0-2 两送风管相邻边与风口法兰无连接处

第3.13条 严禁土建吊顶的吊杆或其他专业的管道、吊杆穿越通风专业的风道。

第3.14条 认真做好设备的隔振与减振,并不得为了减少管道的颤动而将管道支座支撑在设备上,以免造成意外事故的破坏。设备的隔振减振设计的目的有二;(1)防止设备与管道及建筑构件间振动的传递引起设备、管道、建筑构件的破坏,尤其是外来振动源(设备的振动、管线输送流体流速不均流体动量变化引起管线的振动等)的振动频率与设备的固有频率相等时,将会发生共振现象。共振出现时理论上振幅可达到无限大,由于各方面阻尼作用,振幅虽然达不到无限大,但是破坏力还是很大。(2)共振现象也会引起噪声的传递,因此为减少噪声的传递,必须对设备进行隔振与减振。

第3.15条 严格执行 GB 50243—2002 和 JGJ 71—90 关于通风系统的灯光检漏和渗风率的检测的规定,其步骤为:

(1)应依据 GB 50243—2002 第4.1.5条的规定,确定系统的压力属性(等级)。即系统压力 $P < 500Pa$,为低压系统;系统压力 $500Pa \leqslant P \leqslant 1500Pa$ 为中压系统;系统压力 $P > 1500Pa$ 的为高压系统。

(2)依据 GB 50243—2002 第4.2.5条确定系统允许的漏风率(即每平方米风道展开面积每小时的时间间隔内的漏风量 m^3,单位为 m^3/h、m^2)。

(3)依据第7.1.5条确定需要进行漏风率检测系统的百分数(但不少于一个系统)。系统漏风率检测应选用专用装置,检测前应将系统各个敞口封闭严密。因此系统漏风率检测一定要在系统安装过程中、干管风口未开洞之前进行(注:当风口开凿后就很难将系统封闭严密,测试就难以达到规范规定合格标准的要求)。

(4)任何压力等级的系统均应进行百分之百的灯光检漏。对于低压系统当灯光检漏合格,低压系统的合格标准为每10m风道接缝的漏光点不得超过2处,且平均100m接缝漏光点不得超过16处(详见 GB 50243—2002 附录 A)可以不再进行漏风率检测,若灯光检漏发现漏光点超过规定值时,除了对漏光点进行处理外,应按规范规定抽查5%的系统(但不少于一个)进行漏风率检测;中压系统的灯光检漏合格标准为每10m接缝漏光点不得超过1处,且平均100m接缝漏光点不得超过8处,但不管灯光检漏是否合格均应按 GB 50243—2002 第7.1.5条规定进行漏风率检测,检测抽检率为全系统的20%,但不少于一个系统;高压系统除了进行全面灯光检漏外,按 GB 50243—2002 第7.1.5条规定应进行全部系统100%的漏风率检测。

(5)灯光检漏记录单可采用 JGJ 71—90 附表5-6或补充表式 C6-6-2A《风道灯光检漏记录表》。

(6) 为了确保安装后灯光检漏和漏风率检测的合格率,应按 GB 50243—2002 的规定(见上述内容)加强风管制作的灯光检漏管理,发现漏光的应先采取敲打咬口使接缝严密的措施。严禁用密封胶封堵的应急措施替代正常的咬口咬合严密性不符合要求的返工工序。

(7) 洁净空调系统的灯光检漏和漏风率检测标准按 JGJ 71—90 第 3.3.7 条的规定进行。

(8) 在风道安装过程中应考虑灯光检漏和漏风率检测的环境条件,只有当一个系统的检测合格后,才能进行下一道工序的施工。在管井内因空间狭窄、且有多根风道时更应安排好每根风道的安装和检测顺序。

(9) 系统漏风率检测方法有二:1)JGJ 71—90《洁净室施工及验收规范》附录三的固定设备检测法;2)GB 50243—2002《通风与空调工程施工质量验收规范》附录 A,它是先计算出测定系统的允许漏风量,再由系统允许漏风量的多少来确定测试风机额定风量和风压,因此它是属于非固定测试设备的检测方法。前一种方法比较简单方便,测试设备可以重复利用,它适合系统较小、漏风量也较少的系统和通风空调设备的漏风率检测;后一种方法适用于系统较大、漏风量也较大的系统,其试验风机不一定能反复利用。

(10) 空调设备及空调机组应按 JGJ 71—90《洁净室施工及验收规范》和 GB 50243—2002《通风与空调工程施工质量验收规范》的相关规定进行漏风率测试。由厂家安装或分包单位安装的应由分包单位负责进行测试,但我总包单位应及时收验其施工技术管理资料,并参与建设单位组织的中间验收。

第3.16条 加深了解洁净室类型、特点、建造、检测等专业知识和相关规定,为我公司经营洁净室高效益工程奠定基础。洁净室依其结构形式可分为土建式和装配式两种,它们的平面布局和通风空调、电气照明、自动控制、给水排水设计均与使用功能有关,而与洁净室的结构形式无关。土建式洁净室主要特点是其维护结构均为现场建造的一般维护结构,它可以由土建工程施工队和设备专业安装队直接施工;装配式洁净室主要特点是一般洁净室的外围维护结构由土建工程施工队建造,而内部空间的分割(隔墙)、吊顶、门窗的材料均为工厂生产的成品或半成品,运到现场组装。吊顶内和洁净室以外的设备安装(含通风空调机房、排风机房、变配电室、控制室、管道和设备的安装)均由施工队安装调试,室内高效过滤送风口、回风口、层流罩、传递窗、门窗、洁净工作台等设备,由甲方、设计、施工单位、洁净室安装厂家联合选择订购,由洁净室安装厂家负责施工单位配合安装。室内洁净度、静压、静压差、温湿度、噪声、浮游菌浓度、沉降菌菌落度等十四项设计参数的竣工检测、调试由甲方组织施工单位、洁净厂家、设计单位联合进行竣工验收测定,测定状态为"静态"(洁净室的测定状态分为"静态"和"动态"两种,JGJ 71—90 规定为"静态"。切不可答应测定状态为"动态",否则将自行陷入无完无了的纠纷之中;浮游菌浓度、沉降菌菌落度参数一般属于"动态"测定范畴,投入使用后由使用单位检测)。测定合格后再由建设单位组织并邀请与三方(建设、设计、施工)无关系的、具备洁净室检测资质的测试单位进行综合测试评定,经该单位综合测试评定合格后,出示测定合格证书,至此整个洁净室才算完工。若综合测试评定不合格,则检测单位应依据造成不合格的具体原因,分清承担责任方(建设——包括设计资料差错和工艺设备自身引起的不合格等原因、设计——设计不当造成的原因、施工——包括洁净室安装厂家的施工安装原因），研究解决方案，进行返修直至测试合格。综合评定的费用由甲方支付，但测试不合格后，进行返修的费用由责任方支付（一般设计方的责任均由建设单位支付）。

装配式洁净室的厂家和综合评定检测单位应具备有相应的国家颁发的资质证书，其余的施工、安装不存在资质问题。

第3.17条 通风空调风道、设备、附件间采用法兰连接时，螺栓拧紧后外露螺栓长度不应超过螺栓直径。与设备连接的半边法兰，应依据设备连接端法兰的大小，单独选择配用法兰的规格，必要时可以选用不等边法兰，以保证它与设备连接一侧法兰边高的一致性，法兰连接螺栓孔应留到现场丈量设备连接端法兰的螺栓开孔间距后再钻孔。

第3.18条 高效过滤器或亚高效过滤器的安装前提必须是土建工程精装修完毕，室内具备封闭条件。通风系统安装清扫完毕和室内进行认真清洁工作，并开动系统吹扫12h后，才能进行安装。高效过滤器或亚高效过滤器的安装质量应符合 JGJ 71—90 第3.4.1条～第3.4.8条的规定。

第3.19条 洁净通风空调系统一般禁止选用易积尘和起尘阻抗式类型等的消声器、消声管道及弯头，一般规定均选用微穿孔消声器。

第3.20条 密闭阀、卸压阀的安装应注意阀门的安装方向，切不可装错。

第3.21条 通风空调安装工程所用防火阀，在控制风温的易熔片融化温度有两种，即用于一般通风空调系统的易熔片融化温度为70℃；用于防火送风排烟系统的易熔片融化温度为280℃。防火阀安装中应避免安装方向错误和安装所处位置空间太小，无法进行检修、复位、更换。因此无论防火阀是安装在水平或垂直风道上，易熔片必须朝向迎风面；且安装位置应有检修、复位、更换的空间，还应设有检查孔（或检查门）。

第3.22条 严格遵守检测仪表和仪器的校验制度，定期将测试检测仪表和仪器送地方有校验资质的检测单位进行校验。具体办法详见总公司 ZXJ/ZB0 217—1999《检验、测量和试验设备控制程序》。

F8.4 风道软管和软接头的应用

第4.1条 风道软管和软接头因材质粗糙，质地柔软、严密性差、阻力大、寿命短、易积尘，而粉尘又是各种微生物、细菌的寄存和繁殖的营养供给基地，在润湿的环境中易引起军团菌等"空调病菌"的繁殖，引发空调病。因此除了洁净空调对风道软管和软接头的应用有严格的规定外（其选材、制作、安装应符合 JGJ 71—90 第3.2.7条的规定），在一般空调系统中也应慎重采用。

第4.2条 在通风安装工程中软管和软接头的应用范围应有一定的限制，严禁乱用软管风道和软接头。除了在有振动设备前后为了防止振动的传播和降低噪声采用软接头外，在下列场合原则上禁止采用软管作为风口的连接件和作为干管与支管的连接件。

（1）洁净工程、生物工程、微生物工程、放射性实验室工程、制药厂、食品工业加工厂和医疗工程等对工艺流程和卫生防疫有特殊要求的工程，除了在有振动设备前后可以安装软接头外（这些工程对软接头的用料和加工也有特殊的要求，详见 JGJ 71—90），其余场合原则上禁止采用软接头进行过渡连接。

（2）重要的、有历史意义的公共建筑、纪念馆、纪念堂、大会堂、博物馆等。如人民大会堂的观众厅、会议室或重要办公建筑中高级人物的办公室和出入场所。

（3）风口、风道为高空分布难以清扫的大容积或高大空间内的通风空调系统。

（4）凡是支管能用硬性管道连接的场合，一律不得采用软管连接。不得不采用软管连接时，软管只能从跨越管（跨越的障碍物）的上部绕过，不得从跨越管（跨越的障碍物）的下部绕过。且软管的弯曲部分应保持足够大的曲率半径，不得形成局部压扁现象。

（5）两连接点距离超过 GB 50243—97 第7.2.9条规定2m者，不得采用可伸缩性的金属或非金属软管连接。

第4.3条 在下列场合应做好相应的限制位移和严密性封闭的技术措施：

（1）当软管作为厕所或其他次要房间顶棚内的排风扇与土建式排风竖井连接时，除了应保证管道平直和长度不大于2m外，它与竖井的接口应通过法兰连接，不得未经任何处理而采用直接插入土建通风竖井内的方法，以免因其他原因而脱离。

（2）应特别注重风机盘管室内送风口处送风管、新风管与室内送风口（格栅）处连接的严密性、牢靠性。

第4.4条 柔性短管的应用应符合 GB 50243—2002 第5.3.9条的规定，同时尚应符合 GB 50243—97 第7.2.8条、第7.2.9条的规定，直管的垂度应符合 GB 50243—97 第7.2.5条的规定，每米不大于3mm，总偏差不大于6mm（因最长不得超过2m）。

第4.5条 以柔性短管连接的送（回）风口，安装后与设备（或干管）出口和风口的连接应严密，不渗漏；外形应基本方正，圆形风道外形的椭圆度应符合 GBJ 304—88 的要求。从风口向里看，软管内壁应基本平整、光滑、美观，无严重的褶皱现象。

F8.5 其 他

第5.1条 采用土建式风道进行送排风的系统，土建专业和通风专业技术人员都应密切关注土建式风道的施工质量（内壁应光滑、砌体之间的砂浆应饱满、接缝应严密）。防止安装后因漏风量或阻力太大而达不到通风系统设计功能的要求（如送风量或排风量不足、正压值达不到设计要求）。

第5.2条 对于正压送风排烟系统，更应关注土建随意改变电楼梯间前室隔断（或隔墙）的位置。同时还应注视土建门、窗的安装的严密性质量，避免出现因电楼梯间前室隔断（或隔墙）的改变或门窗逢过大引起超量漏风渗透或系统风量不均，致使消防验收正压值达不到要求。

第5.3条 对于管道竖井内集中安装多根风道的工程，在土建施工前应认真审图，核实安装空间大小，确保安装、测试和维修工作能正常进行；在安装风道前，应做好安装预案和编制好调试方案，确定各系统风道安装测试顺序，避免因各系统风道安装同步进行，产生无法测试或出现质量事故时无法返修，造成大量返工事故。

第5.4条 对于施工期间通过采取各种措施（如延长安装时限，实行各系统风道非同步进行的安装、试验、调试、检测等）能够满足当前系统风道安装质量要求，但是对于将来

(含交工前、保修期内)非我方责任引起的返工、检修、更换必须进行大拆卸才能完成实施的安装项目,应与甲方办理文字手续,商定上述情况发生时的经济责任和经济补偿事宜。

这些问题均为施工组织设计和工艺流程技术交底的重要事项,应有详细的技术操作措施和施工技术管理措施。

第5.5条 施工放样时防止未考虑现场的复杂情况,一次性地提出通风管道和配件的加工计划;应考虑现场情况的复杂性,依据系统走向的实际情况,分批提供加工计划,留出若干调整直管段作为现场安装调整送、回风口位置的过渡措施,待主要风道、风口定位后,再依据现场丈量的实际尺寸进行该调整直管段的加工制作和安装。

第5.6条 施工技术交底资料的编写应按专业、部位、工序分别编制。内容应包括工程具体内容、采用材料的具体规格、数量,实施前的各工种应完成的条件,安装过程保证质量的安装顺序(是如第5.3条和第5.3条所指的安装顺序,不是众所周知的备料、零部件加工、进场验收、管道吊装、风口及附件安装、测试、保温等工艺流程)、安装定位措施(如测量基线的选取、测量工具的选择、允许的误差值),安装的特殊技术操作和管理措施,防止意外质量事故的内容和具体办法,检测仪表的名称、型号、规格、量程、精度、数量及操作过程、记录单形式和记录资料的整理方法等等,及安全生产的技术管理措施。

第5.7条 按 DBJ 01—51—2000《规程》的要求,当好总包单位应承担的职责,及时检查和审定分包单位工程的安装质量和测试资料。

第5.8条 通风空调安装工程应严格执行建五技质[2001]159号相关条文的规定。

F9 固定支座轴向推力的计算和构造的探讨

内容提要:

管道设计、安装线路时,经常被忽略的是固定支座的设置。因而造成管道热胀冷缩引起管线系统的破坏。本文通过介绍 E.Я.沙科洛夫《热力网》对固定支座的安装位置和其所承受的作用力的论述,以及分析其论述的论点中的不足,对固定支座的轴向推力计算提出修订意见。

其次,阐明固定支座设计的步骤,并提供固定支座构造的参考图例,供使用时参考。同时摘录一些与固定支座有关的数据,供使用时选用。

F9.1 E.Я.沙科洛夫《热力网》对固定支座的安装位置和其所承受的作用力的论述

F9.1.1 固定支座的安装位置:固定支座一般安装在补偿器之间。

F9.1.2 固定支座所承受的作用力:固定支座所承受的作用力包括固定支座两端管内压力不平衡的作用力、各可动支座的阻力和补偿器承担管道热胀冷缩因管道变形产生的反应力等。这些力由固定支座两侧作用在固定支座上,这些力是否相互平衡或进行叠加,由它们的作用方向决定。

作用于固定支座上轴向合力由下面方程式表示:

$$N = \alpha pF + \mu q\Delta L + \Delta S$$

式中　p——管道内流体作用于管内的内压力,kg/cm^2;

　　　F——管道内剖面的截面积,cm^2;

　　　α——与固定支座两侧内压力的轴向力作用方向有关的系数,它由管路各部分的配置和温度形变的补偿方法决定,在固定支座两侧管道直径不变的情况下,系数 α 有两种取值,即 1 或 0;

　　　μ——可动支座的摩擦系数。可动支座的滑动摩擦系数如下:

钢对钢…………… $\mu = 0.3$　　　　钢对混凝土…………… $\mu = 0.6$

铁对铁…………… $\mu = 0.35$　　　铁对钢…………… $\mu = 0.35$;

　　　q——包括管道的保温层、管内流体和管道本身单位长度的重量,kg/cm;

　　　ΔL——固定支座两侧管段的长度差。管段长度计算为两固定支座之间的距离或固定支座与补偿器之间的距离,cm;

　　　ΔS——支座两侧因管道伸缩引起的套筒补偿器的摩擦力之差或挠性(弹性)补偿器的弹性力之差,kg。

上式的第一项是管内压力的总和;第二项是可动支座作用力的总和;第三项是补偿器的轴向反应力的总和。

第一项是管内压力的总和与管路各段的配置有关,前面说过其系数 α 分别取 1 或 0。详见管路系统各管段配置方式图 F9.1.2。

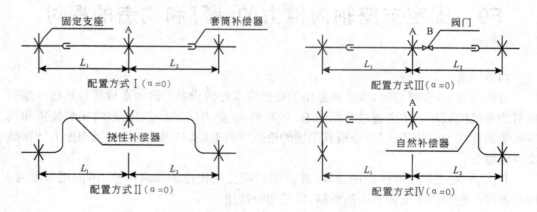

图 F9.1.2　管道系统区段的各种配置方式

(a)减载式固定支座(不承受管内压力的轴向力);(b)重载式固定支座(承受管内压力的轴向力)

F9.1.3　管路系统各管段配置方式

配置方式Ⅰ:在固定支座 A 两端安装有套筒式补偿器,因为固定支座 A 两端的管段断面一样,且互相连通,故管段的内压力的轴向力互相抵消,没有内压力的轴向力传给固定支座,因此,$\alpha = 0$。公式的第一项等于零。固定支座 A 的受力取决于它两端管路区段长度差 $\Delta L = L_1 - L_2$ 和可动支座的摩擦系数 μ,以及固定支座 A 两端套筒式补偿器伸缩

时的摩擦力之差 ΔS 值。

配置方式Ⅱ:在固定支座 A 两端安装有自然补偿器的区段,因为固定支座 A 两端的管段都是封闭的,因而固定支座 A 两端内压力的轴向力都传给固定支座 A。但是这两侧传来的内压力的轴向力大小相等、方向相反,因此 $\alpha = 0$。公式的第一项等于零。其余两项之和取决于两侧管段长度之差和补偿器的弹性反力合力的大小。

配置方式Ⅲ:配置方式Ⅲ与配置方式Ⅰ基本相同,所不同之处在固定支座 A 一侧安装有阀门 B,当阀门 B 完全关闭时,在阀门 B 的两侧会产生不同的压力,因而发生方向对低压侧内压力的轴向合力。当阀门 B 一侧的内压力为完全的工作压力,而另一侧的工作压力为零时,这个内压力轴向合力最大,此时 $\alpha = 1$。内压力轴向合力为 pF。

除了内压力轴向合力 pF 外,作用在固定支座 A 上还有可动支座的摩擦力和补偿器伸缩时的反力。

配置方式Ⅳ:配置方式Ⅳ在固定支座 A 一侧安装套筒式补偿器伸缩,在另一侧安装有自然(弹性)补偿器。这种管路的内压力轴向合力等于 $pF(\alpha = 1)$。其方向由固定支座 A 指向弹性补偿器方向。因此它与配置方式Ⅲ相同,作用在固定支座 A 上的轴向力由公式的三项合力组成。

F9.1.4　固定支座的分类

作用在固定支座 A 上的轴向力以内压力的不平衡力 pF 为最大,其余两项与 pF 的比较是不大的。因此为了减少固定支座的受力,必须力求平衡管中内压力的轴向力。

(1) 减载式固定支座

凡没有承受管内压力的轴向反应力 pF 的固定支座都属于减载式固定支座。

(2) 重载式固定支座

凡承受有管内压力的轴向反应力 pF 的固定支座都属于重载式固定支座。

F9.1.5　固定支座承受轴向力的估算

可动支座和套筒式补偿器或自然补偿器弹性反力而引起的固定支座轴向力总和一般估计为管内压力引起的轴向力的 25%。由于可动支座和补偿器引起的轴向力与管内压力无关,为了防止低估可动支座和套筒式补偿器或自然补偿器引起的固定支座轴向力,在设计时固定支座的管内最低作用压力 p 按 0.5MPa 取值。因此

(1) 重载式固定支座的轴向力 N

$$N = 1.25pF$$

(2) 减载式固定支座的轴向力 N

$$N = 0.25pF$$

(3) 波纹补偿器管内压力的轴向力 N

波纹补偿器管内压力的轴向力会大大增加,这是因为波纹补偿器的断面直径突然增大。

F9.1.6　支座受力估算表(表 F9.1.6)

支座受力估算表

表 F9.1.6

管道公称直径		50	80	100	125	150	200	250	300	350	400	450	500	600
外直径	mm	57	89	108	133	159	216	267	325	376	427	476	529	631
内直径	mm	51.5	82.5	100.5	125	150	203	252	309	360	409	462	513	613
管道壁厚	mm	2.75	3.25	3.75	4.0	4.5	6.5	7.5	8.0	8.0	9.0	7.0	8.0	9.0
保温层厚度														
(1)供给管(水或汽)	mm	50	50	50	60	60	60	60	60	70	70	70	70	70
(2)回水管(水或凝结水)	mm	35	35	35	35	35	35	35	35	35	35	35	35	35
供给管保温层外直径	mm	157	189	208	253	279	336	387	445	516	567	616	669	771
供给管每米长度重量														
(1)管子	kg/m	3.7	6.9	9.6	12.7	17.2	33.6	48.0	62.5	72.6	92.8	82.5	105	138
(2)水	kg/m	2.1	5.3	7.6	12.3	17.7	32.4	49.9	75.0	96.2	131	168	207	295
(3)保温层(供给管)	kg/m	11.8	15.3	17.4	25.5	29.2	36.4	43.3	50.3	68.8	76.7	84.5	92.0	108
(4)总重	kg/m	17.6	27.5	34.9	50.5	64.1	102	141	188	238	300	335	404	541
可动支座间距	m	3.0	4.0	4.5	5.0	6.0	7.0	8.0	9.0	9.0	9.0	9.0	9.0	10.0
支座间管子重量	kg	53	110	157	253	384	714	1130	1680	2140	2700	3000	3650	5410
可动支座所受的垂直荷载	kg	79	165	236	380	577	1070	1690	2520	3200	4050	4500	5480	8110
重载式固定支座所受的轴向力	kg	340	870	1290	2000	2860	5250	8100	12200	16500	21300	27400	34000	48700
减载式固定支座所受的轴向力	kg	70	175	260	400	570	1050	1620	2440	3300	4250	5500	6800	9800
可动支座所受的轴向力	kg	24	50	70	110	170	320	510	760	960	1220	1370	1650	2450
管道断面的惯性矩 I	cm⁴	17.3	80.5	167	339	653	2350	5150	10000	15650	25800	28450	44200	85000
管道断面的截面系数 W	cm³	6.06	18.1	30.9	51.0	82.1	218	386	615	833	1210	1190	1670	2600

说明：1. 管道保温材料的密度取 700kg/m³。
2. 管内流体压力按 $p = 1.3$MPa 计算。
3. 可动支座所受的轴向力按 $N = \mu Q$ 计算。其中 Q 为可动支座所受的垂直荷载(kg);$\mu = 0.3$。
4. 支座间距依据不同重量负荷情况下管道在支座产生的应力约为 250kg/cm²。
5. 管道材质 $D \leqslant 400$mm 为无缝钢管,$D > 400$mm 为焊接钢管。

F9.2 对 E.Я.沙科洛夫《热力网》对固定支座所承受的作用力的探讨

F9.2.1 E.Я.沙科洛夫《热力网》对固定支座所承受的作用力的分类是合理的,提醒我们,在什么时候应当考虑管道内流体压力不平衡引起的固定支座轴向推力。

F9.2.2 E.Я.沙科洛夫《热力网》对固定支座所承受的作用力的论述中,关于可动支座的摩擦力 $\mu q\Delta L$ 和支座两侧因管道伸缩引起的套筒补偿器的摩擦力之差或挠性(弹性)补偿器的弹性力之差 ΔS 两项之和,均来自固定支座之间管段因热胀冷缩引起的管道弹性伸缩形变的应力。由于可动支座的摩擦力 $\mu q\Delta L$ 是由管道重力和管道弹性伸缩形变移动才产生摩擦力,它与管道伸缩的方向始终是相反的,因此,它对固定支座因管道热胀冷缩产生的轴向推力应起到减少的作用。而 $\mu q\Delta L + \Delta S$ 两项之和实质上就是固定支座之间管段因热胀冷缩引起的管道弹性伸缩形变的应力。可动支座的摩擦力 $\mu q\Delta L$ 理应不再计算,也就是说此项应从该公式中删除。即:

$$N = \alpha pF + \Delta S$$

若忽略由于可动支座的摩擦力 $\mu q\Delta L$,则:

$$N = \alpha pF + 12k(t_2 - t_1)10^{-6}$$

F9.2.3 对固定支座因管道热胀冷缩产生的轴向推力应考虑的推力主要是抵消固定支座之间管段因热胀冷缩引起的管道弹性伸缩形变的应力和管道内压力不平衡引起的轴向推力。若不考虑可动支座的摩擦力 $\mu q\Delta L$ 是更安全些。

F9.2.4 依据材料力学原理,当材料受力处于弹性变形极限状态之内时,材料的应力与应变成正比的关系,即虎克(HOOKE)定律。其数学表达式为:

$$\delta L = \frac{PL}{EF}$$

或

$$P = \frac{\delta LEF}{L} = k\frac{\delta L}{L} = \alpha k(t_2 - t_1) = 12k(t_2 - t_1)10^{-6}$$

式中　　δL 即 ΔL——管道热伸长(或冷缩)量,cm;

$$\Delta L = 0.012(t_2 - t_1)L \qquad\qquad\qquad mm$$

$\delta L = \Delta L$——管道热伸长(冷压缩)量,mm;

t_2——管内介质的温度,℃;

t_1——管道安装地点的安装温度,室内取供暖室内计算温度;室外采用地沟敷设时取 0℃;室外架空敷设时取供暖室外计算温度(注:有的资料建议室内取 −5℃,室外取供暖室外计算温度;也有的资料建议取最冷月的平均室外计算温度),℃;

0.012——钢材线膨胀系数,mm/m℃;

L——管道计算长度,m;

P——管道因热伸长(或冷缩)引起的推(拉)力,kg 或 N;

E——钢材的弹性模量变，$E = 2 \times 106 \mathrm{kg/cm^2} = 2\mathrm{MPa}$；

F——管道的截面积，$\mathrm{cm^2}$；

k——系数，$k = EF$；

L——管道计算长度，cm；

α——钢材的线膨胀系数，$\alpha = 0.012\mathrm{mm/m^\circ C} = 12 \times 10^{-6}\mathrm{cm/cm^\circ C}$。

常用管材的有关系数见表 F9.2.4－1。

常用管材的有关系数

表 F9.2.4－1

直径(mm)		DN15	DN20	DN25	DN32	DN40	DN50	DN70	DN80	89×4
断面(cm²)		1.68	2.07	3.09	3.98	4.89	6.21	8.45	10.6	10.7
EF 值	10⁶kg	3.35	4.15	6.18	7.95	9.79	12.4	16.9	21.3	21.4
	10⁶N	32.9	40.7	60.6	78.0	96.0	122	166	209	210
αk 值	kg/℃	41	50	75	96	118	149	203	256	257
	N/℃	395	489	728	936	1152	1464	1992	2508	2520

直径(mm)		DN100	108×4	DN125	133×4.5	DN150	159×4.5	219×6	273×6	—
断面(cm²)		13.8	13.1	19.2	18.2	22.7	21.9	40.2	50.4	—
EF 值	10⁶kg	27.7	26.2	38.3	36.4	45.4	43.7	80.3	101	—
	10⁶N	272	257	376	357	450	429	788	988	—
αk 值	kg/℃	333	315	460	437	545	525	964	1212	—
	N/℃	3264	3084	4512	4404	5520	5148	9456	11856	—

注：EF 值即 k 值。

本推力以轴心受拉(压)的理想状态计算，用于估算和控制大概值用，未考虑 Π 形补偿器等因偏心弯曲、可动支架摩擦等的影响因素，准确计算见《供热工程》(哈尔滨建筑工程学院 天津大学等编写，1980 年 9 月中国建筑工业出版社出版)等有关资料。

Е.Я. 沙科洛夫在《热力网》中认为可动支座和套筒式补偿器或自然补偿器弹性反力而引起的固定支座轴向力总和一般估计为管内压力引起的轴向力的 25%。比较表 F9.1.6 和表 F9.2.4－1 的数值，详见表 F9.2.4－2。当考虑管内的介质温度与敷设时场地的温差($t_2 - t_1$)时，Е.Я. 沙科洛夫在《热力网》中对管道因热转冷缩引起的固定支座轴向反力要偏小，偏于不安全。因此，为安全着想，对于减载式固定支座所受的轴向力建议采用表 1 提供的数值乘以($t_2 - t_1$)。对于重载式固定支座所受的轴向力可采用 Е.Я. 沙科洛夫在《热力网》中表 F9.1.6 数据不进行调整。

Е.Я.沙科洛夫的减载式固定支座所受的轴向力与表 F9.2.4-1计算值比较　表 F9.2.4-2

直　径(mm)		DN15	DN20	DN25	DN32	DN40	DN50	DN70	DN80
ak 值	kg/℃	41	50	75	96	118	149	203	256
Е.Я.沙科洛夫减载	kg	—	—	—	—	—	70	—	175
直　径(mm)		89×4	DN100	108×4	DN125	133×4.5		159×4.5	219×6
ak 值	kg/℃	257	333	315	460	437	545	525	964
Е.Я.沙科洛夫减载	kg	—	260	—	400	—	570	—	1050
直　径(mm)		273×6	300	350	400	450	500	600	—
ak 值	kg/℃	1212	1912	2220	2837	2477	3143	4221	—
Е.Я.沙科洛夫减载	kg	1620	2440	3300	4250	5500	6800	9800	—

F9.3　固定支架设计参考表

F9.3.1　固定支架的间距选择表
固定支架的间距的确定可依据管内热媒温度的高低参照表 F9.3.1确定。

固定支架的间距　　　　　　　　　　表 F9.3.1

伸缩量 ΔL(mm)	热媒温度与安装环境温度之差下固定支架允许的间距（m）		
	95℃	85℃	65℃
25	≤22	≤24	≤35
50	23~44	25~48	36~60
75	45~66	49~72	61~90
100	67~88	73~96	91~120

F9.3.2　Ⅱ型补偿器规格选用表(由管道的伸缩量和管径查表 F9.3.2)

Ⅱ型补偿器规格选用表　　　　　　　　表 F9.3.2

伸缩量 mm	管径(mm)	DN=25		DN=32		DN=40		DN=50		DN=70		DN=80		DN=100		DN=125		DN=150	
	弯曲半径(mm)	R=134		R=169		R=192		R=240		R=304		R=356		R=432		R=532		R=636	
	边长(mm)	a	b	a	b	a	b	a	b	a	b	a	b	a	b	a	b	a	b
25	长方形	780	520	830	580	860	620	820	650	—		—		—		—		—	
	方　形	600	600	650	650	680	680	700	700	—		—		—		—		—	

伸缩量 mm	管径（mm）	DN=25		DN=32		DN=40		DN=50		DN=70		DN=80		DN=100		DN=125		DN=150	
	弯曲半径(mm)	R=134		R=169		R=192		R=240		R=304		R=356		R=432		R=532		R=636	
	边长（mm）	a	b	a	b	a	b	a	b	a	b	a	b	a	b	a	b	a	b
50	长方形	1200	720	1300	800	1280	830	1280	880	1250	930	1200	1000	1400	1130	1550	1300	1550	1400
	方　形	840	840	930	920	970	970	980	980	1000	1000	1050	1050	1200	1200	1300	1300	1400	1400
75	长方形	1500	880	1600	950	1660	1020	1720	1100	1700	1150	1730	1220	1800	1350	2050	1550	2080	1680
	方　形	1050	1050	1150	1150	1200	1200	1300	1300	1300	1300	1350	1350	1450	1450	1600	1600	1750	1750
100	长方形	1750	1000	1900	1100	1920	1150	2020	1250	2000	1300	2130	1420	2350	1600	2450	1750	2650	1950
	方　形	1200	1200	1320	1320	1400	1400	1500	1500	1500	1500	1600	1600	1700	1700	1900	1900	2050	2050

F9.3.3　管道固定支架（固定点）之间允许的最大距离 L(m)（表 F9.3.3）

固定支架（固定点）之间允许的最大距离 L(m)　　　　表 F9.3.3

公称直径 DN	固定支架最大间距（mm）					Γ型边的最大间距		DN≥50管道的T型固定支架固定点与支(立)管分叉点之间在不同温度(表压力)时允许的最大间距(m)			
	Π型伸缩器		套筒形伸缩器		波纹	长边	短边	热水温度（℃）	蒸汽表压力（MPa）	民用建筑	工业建筑
	架空、地沟	无沟	架空、地沟	无沟							
25	30	30	—	—	—	15	2				
32	35	35	—	—	—	18	2.5				
40	45	045	—	—	—	20	3				
50	50	50	—	—	—	24	3.5	60	—	55	65
70	55	55	—	—	—	24	4	70	—	45	57
80	60	60	—	—	—	30	5	80	—	40	50
100	65	65	—	—	—	30	5.5	90	—	35	45
125	70	70	50	30	15	30	6	95	—	33	42
150	80	70	55	35	15	30	6	100	—	32	40
200	90	90	60	50	15	—	—	110	0.5	30	37
250	100	90	70	60	15	—	—	120	1.0	26	32
300	115	110	80	65	20	—	—	130	1.8	25	30
350	130	110	90	65	20	—	—	140	2.7	22	27

公称直径 DN	固定支架最大间距（mm）					Γ型边的最大间距		DN≥50管道的T型固定支架固定点与支(立)管分叉点之间在不同温度(表压力)时允许的最大间距(m)			
	Π型伸缩器		套筒形伸缩器		波纹	长边	短边				
	架空、地沟	无沟	架空、地沟	无沟				热水温度(℃)	蒸汽表压力(MPa)	民用建筑	工业建筑
—	—	—	—	—	—	—	—	—	—	—	—
400	145	110	100	70	20	—	—	143	3.0	22	27
450	160	125	120	80	20	—	—	151	4.0	22	27
500	180	125	—	—	—	—	—	158	5.0		25
600	200	125	—	—	—	—	—	164	6.0		25
—	—	—	—	—	—	—	—	170	7.0		24
—	—	—	—	—	—	—	—	175	8.0		24
—	—	—	—	—	—	—	—	179	9.0		24

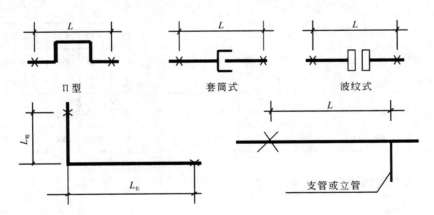

图 F9.3.3　各种类型固定支座安装间距示意图

F9.4　Π型伸缩器的制作和支架水平推力

F9.4.1　制作材料一般为无缝钢管。$DN \leqslant 40$ 可采用焊接钢管，$DN \geqslant 50$ 应用无缝钢管制作；$DN \leqslant 150$ 时采用煨制弯头，弯曲半径 $R = 4D$（D 为外径）；$DN \geqslant 150$ 时采用焊接或冲压弯头，$R = D + 50$。

F9.4.2　固定支架的水平推力按 Π 型伸缩器的拐角点计算，热媒温度 $\leqslant 150℃$，$L_3 = 0.5L_2$，R 大小如前，施工参照图 F9.4.2。

F9.4.3　由图 F9.4.2 计算出的支架负载及水平推力(kg)见表 F9.4.3。

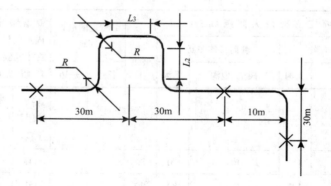

图 F9.4.2　固定支座负载及水平推力计算图

支架负载及水平推力(kg)　　　　　　　　　　　　　　　表 F9.4.3

公称直径(mm)			15	20	25	32	40	50	65	80	100	125	150	200	250	300
垂直负载	保温	单管	20	30	30	45	60	70	110	130	165	325	400	620	870	1160
		双管	40	50	60	90	128	140	220	260	330	650	800	1240	1740	2320
	不保温	单管	10	15	20	30	35	45	80	105	135	200	260	440	660	920
		双管	20	30	40	60	70	90	160	210	270	400	520	880	1320	1840
水平推力	保温	单管	90	100	120	130	150	220	280	380	490	680	896	1690	2036	2988
		双管	180	200	240	260	300	440	560	760	980	1360	1792	3380	4072	5976
	不保温	单管	20	30	45	60	80	120	190	270	380	500	720	1470	1771	2687
		双管	40	60	90	120	150	240	380	540	760	1000	1440	2940	3542	5374

F9.4.4　凡管道支架间距及水平推力与上述不同时,应另行计算。

F9.5　固定支座设计的步骤

F9.5.1　依据上述的选用表及系统的使用情况,确定固定支座的配置类型。

F9.5.2　计算或查出固定支座的轴向推力。

F9.5.3　依据文中提供的固定支座构造示意图,确定固定支座的构造形式。

F9.5.4　向结构专业设计工程师提出固定支座结构的设计计算要求。

F9.5.5　依据结构专业设计工程师计算结果,进行固定支座结构详图制图。

F9.6　室内固定支座参考图集

中国建筑标准设计研究所出版 95R402《室内热力管道支吊架》

F9.7 固定支座构造形式示意图

固定支座构造形式示意图如图 F9.7.0 所示。

F10 建筑给水塑料及铝塑复合管道水压试验压力和安装应注意的问题

材料质量、连接方式、水压试验的相关规定。

随着国家建设部、国家经贸委、质量监督局、建材局《关于在住宅建设中淘汰落后产品的通知》的下发，并于 2000 年 6 月 1 日开始实施，当前全国已有 30 多个城镇禁止在生活给水工程中使用镀锌钢管，给水塑料管材和铝塑复合管材替代镀锌钢管已成定局。因此给水塑料管材在工程现场的采购、安装、试验遇到问题不断反映出来。由于此类给水塑料管材和铝塑复合管材的材质抗拉强度远低于镀锌钢管的材质钢材，且此类管材的承压能力随着管内输送介质温度的升高，其承压强度和使用寿命急剧下降，致使在实际工程选用中必须考虑的技术问题相应增加。本文通过引用当前我国关于此类管材现行应用的规范、规程及北京市建委城建技术开发中心推荐此类产品企业的企业标准相关内容，力图阐明如下四方面问题：

(1) 明确同一规格（外径 De）的各类建筑给水塑料管材的产品有较多的压力分级，压力等级不同，其管壁厚度、承压能力、使用寿命也不同。因此在采购订货和进场检验时不仅要考虑其价格、检查其外观质量、规格、材质、相关技术文件的齐备和有效性，更应注意产品的压力等级是否与设计的使用环境相符。

(2) 明确各类建筑给水塑料及铝塑复合管材产品的使用环境条件，尤其是管内输送介质温度范围。在实际工程中未经设计许可，不得随意更改管材的材质和压力等级。

(3) 理清此类管材在实际工程安装中水压试验的试验压力标准，纠正两种错误倾向的发生。

其一、将产品出厂的管道机械性能检测液压试验标准错误理解为施工现场管道系统强度和严密性水压试验标准。

其二、纠正避开此类管材应用中的特殊性［即使用环境、同一规格（外径 De）有多种不同压力等级之分等］，企图以统一的超高水压试验压力，替代不同材质、不同使用环境中的不同水压试验压力标准。避免因超高水压试验压力造成管道爆裂质量事故。

(4) 在施工中尚有些实际问题须进一步明确，现分述如下：

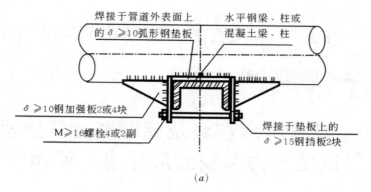

(a)

使用说明:

1. 本示意图可以灵活的应用于室内的梁柱上或管沟内架设于沟墙的横梁上，也可以用于管沟内埋设于沟底板和现浇的混凝土沟盖板的钢立柱上。钢梁、钢柱应采用≥7.5号的角钢或槽钢制作。

2. 在具体应用时应依据具体的地点和管道的直径对固定支座的各个零配件进行调整。

3. 各配件之间和各配件与管壁之间的焊接应避免将管壁烧穿或烧成熔坑。

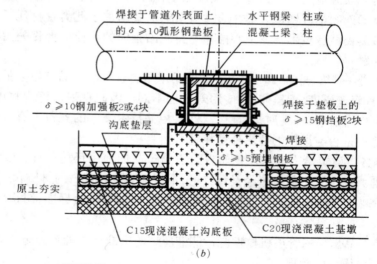

(b)

使用说明:

1. 本示意图可以灵活的应用于室内或管沟内敷设于混凝土基墩上的管道。

2. 混凝土基墩的尺寸在具体应用时应依据具体的地点和管道的直径由结构专业技术人员计算确定。

3. 混凝土基墩预埋钢板的固定脚筋直径和尺寸由结构专业技术人员计算确定。

图 F9.7.0　固定支座构造形式示意图

（a)安装在水平梁上或垂直柱上的固定支座;(b)直接安装于混凝土基墩上的固定支座

F10.1 给水塑料和复合管材的物理化学机械性能

F10.1.1 建筑硬聚氯乙烯 PVC – U 给水管材

其国家标准规范为 GB/T 10002.1—1996《给水用硬聚氯乙烯管材》、GB/T 10002.2—1996《给水用硬聚氯乙烯管件》。其规格见表 F10.1.1 – 1。

PVC – U 管材规格表 　　　　　　　　　　　　　表 F10.1.1 – 1

公称外径 d_e	P_N0.6MPa		P_N0.8MPa		P_N1.0MPa		P_N1.25MPa		P_N1.60MPa	
	e_n	d_i	e_n	d_i	e_n	d_i	e_n	d_i	e_n	d_i
20	—	—	—	—	—	—	—	—	2.0	6.0
25	—	—	—	—	—	—	—	—	2.0	21.0
32	—	—	—	—	—	—	2.0	28.0	2.4	27.2
40	—	—	—	—	2.0	36.0	2.4	35.2	3.0	34.0
50	—	—	2.0	46.0	2.4	45.2	3.0	44.0	3.7	42.6
63	2.0	59.0	2.5	58.2	3.0	57.0	3.8	55.4	4.7	53.6
(75)	2.2	70.6	2.9	69.2	3.6	67.8	4.5	66.0	5.6	64.0
(90)	2.7	84.6	3.5	83.0	4.3	81.4	5.4	79.4	6.7	76.6
110	3.2	103.6	3.9	102.2	4.8	100.4	5.7	98.6	7.2	95.6
(125)	3.7	117.6	4.4	116.2	5.4	114.2	6.0	113.2	7.4	110.0
(140)	4.1	131.8	4.9	130.2	6.1	127.8	6.7	126.6	8.3	123.4
160	4.7	150.6	5.6	148.8	7.0	146.0	7.7	144.8	9.5	140.8
(180)	5.3	169.4	6.3	167.4	7.8	164.4	8.6	162.8	10.7	158.6
200	5.9	188.2	7.3	185.4	8.7	182.6	9.6	181.0	11.9	176.2
225	6.6	211.8	7.9	209.2	9.8	205.4	10.8	203.6	13.4	198.2
(250)	7.3	235.4	8.8	232.4	10.9	228.2	11.9	226.2	14.8	220.4
(280)	8.2	263.6	9.8	260.4	12.2	255.6	13.4	253.4	16.6	246.8
315	9.2	296.6	11.0	293.0	13.7	287.6	15.0	285.0	18.7	277.6
(355)	9.4	336.2	12.5	330.0	14.8	325.4	16.9	323.2	—	—
400	10.6	378.8	14.0	372.0	15.3	369.4	19.1	362.0	—	—
(450)	12.0	426.0	15.8	418.4	17.2	415.8	21.5	407.2	—	—
500	13.3	473.4	16.8	466.4	19.1	461.8	23.9	452.6	—	—

公称外径 d_e	$P_N0.6MPa$		$P_N0.8MPa$		$P_N1.0MPa$		$P_N1.25MPa$		$P_N1.60MPa$	
	e_n	d_i	e_n	d_i	e_n	d_i	e_n	d_i	e_n	d_i
(560)	14.9	530.2	17.2	525.6	21.4	517.2	26.7	506.6	—	—
630	16.7	596.6	19.3	591.4	24.1	581.8	30.0	570.0	—	—

注：d_e—外径、d_i—内径、e_n—壁厚；括弧内管径为非常用规格。

(1) 建筑硬聚氯乙烯给水管道 PVC – U 的物理性能

密度：1350 ~ 1460kg/m³ 维卡软化温度：不小于 80℃

弹性模量：$E = 3000MPa$ 轴向线膨胀系数：0.06 ~ 0.07mm/m℃

(2) 建筑硬聚氯乙烯给水管道 PVC – U 的机械性能

管材环向抗拉强度及试验内压 表 F10.1.1－2

管 材		试验温度(℃)	试验时间(h)	环向抗拉强度(MPa)	试验压力(MPa)
平口管		20	1	≥42	—
承口管	$d_e > 90m$	20	1	—	$3.36P_N$
	$d_e ≤ 90mm$	20	1	—	$4.20P_N$

注：平口管包括溶剂粘接型管材；承口管指采用弹性密封圈的管材。

P_N 为设计规定采用的管材压力等级。

管件的试验内压和温度 表 F10.1.1－3

名 称	管径(mm)	温度(℃)	试验时间(h)	试验压力(MPa)
注塑成形管件	< 160	20	1	$4.20P_N$
	≥160	20	1	$3.36P_N$
二次加工管件	≤ 90	20	1	$4.20P_N$
	> 90	20	1	$3.36P_N$

(3) 建筑硬聚氯乙烯给水管道 PVC – U 在工程应用中应注意的问题

A. 建筑硬聚氯乙烯 PVC – U 给水管道的产品有压力等级之分，不同压力等级的产品其管壁厚度不同，能承受的压力能力也不同，因此在采购时，不仅要注意其产品的外观质量、价格，更应注重其各项机械性能指标和其压力等级是否与工程实际相符。

B. 由于压力等级不同，其产品壁厚和承压能力也不同，因此其试验压力也不一样。具体工程的水压试验压力的确定，应根据该工程的实际工作压力而定，不能一概而论。否则将会出现不应有的质量事故。例如设计采用的管道压力等级为 $P_N = 0.6MPa$ 的管材，若施工中的水压试验压力 $P ≥ 1.0MPa$，就可能发生水压试验压力过大，而引起管道破裂。

C. 实际工程中管段和系统的水压试验压力与产品的耐压试验压力是两回事,不应混淆。前者是依据实际工程系统设计的工作压力而定的试验压力值,而后者则是产品出厂前要求其机械性能必须达到的耐压能力,达不到的产品就是不合格品。前者应小于后者,且有一定的安全余量。

(4) 依据建筑硬聚氯乙烯 PVC – U 给水管材和管件的物理化学性能,它不宜应用于输送温度 > 50℃的热水供应系统(主要用于冷水供应)。

(5) 室内建筑硬聚氯乙烯 PVC – U 给水管材和管件的化学机械性能(本资料系我国 SG 78—74 标准,其指标比 GB/T 10002.1—1996《给水用硬聚氯乙烯管材》、GB/T 10002.2—1996《给水用硬聚氯乙烯管件》低,列出此数据,仅供增加对管材性能知识参考。):

密　　度:1.40 ~ 1.60

腐蚀度(g/m^2):盐酸、硝酸不超过 ±2.0;硫酸、氢氧化钠不超过 ±1.5

尺寸变化率(%):沿长度方向不超过 ±4.0;沿直径方向不超过 ±2.5

扁平试验:压至 1/2 外径时无破裂

丙酮浸泡:无发毛、脱层现象

拉伸强度(MPa): > 50.0

液压试验:4.0 MPa 保持 1min 无渗漏现象

(管件)坠落试验:5 个试样均不破裂

液压封闭试验:1.5MPa 静压下,无渗漏现象

维卡软化点: > 80℃

常温下使用压力: ≤0.6 MPa

F10.1.2　建筑硬聚氯乙烯 PVC – C 给水管材

其国家标准规范为 GB/T 10002.1—1996《给水用硬聚氯乙烯管材》、GB/T 10002.2—1996《给水用硬聚氯乙烯管件》。C – PVC 塑料管道,其物理机械性能和化学成分与 UPVC 塑料管道类似,但其维卡软化温度可高达 120℃,而 UPVC 塑料管道的维卡软化温度才 80℃。C – PVC 塑料管道的拉伸强度、维卡软化点、机械强度、热稳定性、熔融粘度、玻璃化温度、成型温度等性能也得到提高。因此应用上体现有耐高温、耐腐蚀、耐压性能等得到提高的优势。C – PVC 塑料管道的连接方法也与 UPVC 塑料管道一样为溶剂粘接。在相应设计施工规程未制定之前,可参照 UPVC 塑料管道的安装技术规程和厂家的企业标准执行。

(1) C – PVC 塑料管道的物理机械性能(表 F10.1.2 – 1)。

(2) 管径—温度—压力等级关系(表 F10.1.2 – 2)。

(3) 管道支撑间距见表 F10.1.2 – 3。

C-PVC塑料管道的物理机械性能 　　　　　　　　表 F10.1.2-1

机 械 性 能		燃 烧 性 能		热 工 性 能	
密　度	1.52g/cm³	易燃率 (0.175cm)	V - 0.5VB 5VA	热膨胀系数	$0.62 \times 10^{-4} K^{-1}$
吸水率(23℃)	0.03%	火焰扩散	15	导热系数	0.96×10^{-4} cal/cm·s·℃
洛氏硬度	119	烟之发散	70～125	热传导率	0.14w/m·K
艾氏冲击	80J/m·O·n	极限氧指数	60%	热容量	0.90J/g·K
弹性模量(23℃)	55MPa	起始软化温度	146.1℃	热变形温度 (264psi)	103℃
拉伸强度	250MPa	聚燃温度	482℃	电气性能	
抗拉强度(23℃)	55MPa	粘滞态温度	201.7℃	介质强度	$4.92 \times 10^5 V/cm$
		碳化温度	232.2℃	介质常数	3.70(60HZ30℉/ - 1.℃)
抗压强度	70MPa	—	—	功率因子	0.07(10⁶周)
抗弯强度	104MPa	限氧指数	60	体积电阻(23℃)	$3.4 \times 10^{15} \Omega/cm$

管径—温度—压力等级关系表 　　　　　　　　表 F10.1.2-2

公称直径(in)	基本外径(mm)	基本壁厚 t(mm)	压力等级(MPa) 23℃ Ft = 1	备　注
1/2	21.35	3.75	5.86	1. 温度 - 压力等 级的折减系数向厂家 咨询
3/4	26.65	3.95	4.76	
1	33.40	4.55	4.34	
1 1/4	42.20	4.85	3.59	
1 1/2	48.25	5.10	3.24	
2	60.30	5.55	2.76	2. 本资料为广东 中山环宇实业有限公 司的产品资料
3	88.90	7.65	2.55	
4	114.30	8.60	2.21	
6	168.30	11.00	1.93	
8	219.10	12.70	1.72	

水温(℃)	支 架 间 距 (mm)								
	15	20	25	32	40	50	80	100	150
20	700	750	800	850	1000	1200	1500	1650	1800
40	650	700	750	800	950	1100	1400	1500	1650
60	600	650	700	750	900	1000	1250	1350	1500
80	550	600	650	700	800	900	1100	1200	1350

注:垂直管道的支架间距可按本表水平间距增加 1/4 长度。

F10.1.3　无规共聚聚丙烯 PP－R 管材

依据 ISO/DIS15874 国际标准其管材的物理力学性能和公称外径、最小壁厚、外径和最小壁厚允许误差、管件物理力学性能详见 DBJ/T 01—49—2000《低温热水地板辐射供暖技术规程》附录 B、附录 C、附录 D。

(1) 无规共聚聚丙烯 PP－R 管材的规格

无规共聚聚丙烯 PP－R 管材的规格与标准尺寸率 SDR、管系列 S 和使用系数(安全系数)C 有关。其中[注:第(1)～(2)条的技术参数均摘录自北京青云联合化学建材技术有限公司的企业标准]。

SDR = 管材外径(de)/管材厚度(e);管系数 $S = (SDR - 1)/2$

A. PP－R 管材的产品规格尺寸见表 F10.1.3－1。

PP－R 管材的产品规格   表 F10.1.3－1

公称外径 (d_e)	壁 厚 e						长度 (L)
	管 系 列 S						
	6.3	5	4	3.2	2.5	2	
	标 准 尺 寸 率 SDR						
	13.6	11	9	7.4	6	5	
20	—	—	2.3	2.8	3.4	4.0	
25	—	2.3	2.8	3.5	4.2	5.0	
32	2.4	2.9	3.6	4.4	5.4	6.4	
40	3.0	3.7	4.5	5.5	6.7	8.0	
50	3.7	4.6	5.6	6.9	8.3	10.0	4000 ± 10
63	4.7	5.8	7.1	8.6	10.5	12.6	
75	5.5	6.8	8.4	10.1	12.5	15.0	
90	6.6	8.2	10.1	12.3	15.0	18.0	
110	8.1	10.0	12.3	15.1	18.3	22.0	

B. PP－R 管材标准尺寸率 SDR 与管材公称压力 P_N 的关系（表 F10.1.3－2、表 F10.1.3－3）。

当使用系数（安全）$C = 1.5$ 时　　　　　表 F10.1.3－2

管系列 S	标准尺寸率 SDR	公称压力 P_N
6.3	13.6	0.8
5	11	1.0
4	9	1.25
3.2	7.4	1.6
2.5	6	2.0
2	5	2.5

当使用系数（安全）$C = 1.25$ 时　　　　　表 F10.1.3－3

管系列 S	标准尺寸率 SDR	公称压力 P_N
6.3	13.6	1.0
5	11	1.25
4	9	1.6
3.2	7.4	2.0
2.5	6	2.5
2	5	3.2

C. PP－R 管材不同使用条件下允许的工作压力 P_N（表 F10.1.3－4、表 F10.1.3－5）。

当使用系数（安全）$C = 1.5$ 时　　　　　表 F10.1.3－4

使用温度（℃）	使用年限（供参考）（年）	管　系　列　S					
		6.3	5	4	3.2	2.5	2
		标　准　尺　寸　率 SDR					
		13.6	11	9	7.4	6	5
		允许工作压力 P_N　（MPa）					
10	1	1.40	1.76	2.38	2.78	3.50	4.42
	5	1.31	1.66	2.10	2.64	3.32	4.18
	10	1.28	1.61	2.04	2.55	3.22	4.04
	25	1.24	1.56	1.97	2.47	3.11	3.91

使用温度（℃）	使用年限（供参考）（年）	管 系 列 S					
		6.3	5	4	3.2	2.5	2
		标 准 尺 寸 率 SDR					
		13.6	11	9	7.4	6	5
		允许工作压力 P_N （MPa）					
10	50	1.23	1.52	1.92	2.40	3.03	3.81
	100	1.18	1.48	1.87	2.34	2.95	3.71
20	1	1.19	1.50	1.89	2.38	3.00	3.78
	5	1.12	1.41	1.78	2.23	2.81	3.54
	10	1.09	1.37	1.73	2.17	2.73	3.44
	25	1.05	1.33	1.67	2.11	2.65	3.34
	50	1.02	1.29	1.63	2.04	2.57	3.24
	100	1.00	1.25	1.59	1.99	2.49	3.14
30	1	1.01	1.28	1.62	2.02	2.55	3.21
	5	0.95	1.20	1.51	1.90	2.39	3.01
	10	0.92	1.16	1.47	1.83	2.31	2.91
	25	0.89	1.12	1.42	1.77	2.23	2.81
	50	0.86	1.09	1.38	1.73	2.18	2.74
	100	0.84	1.06	1.34	1.69	2.12	2.64
40	1	0.86	1.08	1.36	1.71	2.15	2.71
	5	0.80	1.01	1.28	1.60	2.02	2.54
	10	0.78	0.98	1.24	1.56	1.96	2.47
	25	0.75	0.94	1.19	1.50	1.88	2.37
	50	0.73	0.92	1.15	1.45	1.83	2.31
	100	0.70	0.89	1.12	1.41	1.78	2.24
50	1	0.73	0.92	1.16	1.45	1.83	2.21
	5	0.68	0.85	1.08	1.35	1.70	2.14
	10	0.66	0.82	1.05	1.31	1.65	2.07
	25	0.63	0.80	1.01	1.26	1.59	2.00

使用 温度 （℃）	使用年限 （供参考） （年）	管 系 列 S					
		6.3	5	4	3.2	2.5	2
		标 准 尺 寸 率 *SDR*					
		13.6	11	9	7.4	6	5
		允许工作压力 P_N （MPa）					
50	50	0.62	0.77	0.98	1.22	1.54	1.94
	100	0.60	0.74	0.95	1.18	1.49	1.87
60	1	—	—	—	—	1.54	1.94
	5					1.43	1.80
	10					1.38	1.74
	25					1.33	1.67
	50					1.27	1.60
70	1	—	—	—	—	1.30	1.64
	5					1.19	1.50
	10					1.17	1.47
	25					10.1	1.27
	50					0.85	1.07
80	1	—	—	—	—	1.09	1.37
	5					0.96	1.20
	10					0.80	1.00
	25					0.64	0.80
95	1	—	—	—	—	0.77	0.97
	5					0.50	0.63
	10					0.42	0.53

当使用系数(安全)$C=1.25$ 时 表 F10.1.3－5

使用温度(℃)	使用年限(供参考)(年)	管 系 列 S					
		6.3	5	4	3.2	2.5	2
		标 准 尺 寸 率 SDR					
		13.6	11	9	7.4	6	5
		允许工作压力 P_N(MPa)					
10	1	1.68	2.11	2.86	3.34	4.20	5.29
	5	1.58	2.00	2.51	3.16	3.98	5.01
	10	1.54	1.93	2.45	3.06	3.85	4.85
	25	1.49	1.87	2.37	2.96	3.73	4.69
	50	1.48	1.82	2.31	2.88	3.63	4.57
	100	1.43	1.77	2.25	2.81	3.44	4.45
20	1	1.42	1.80	2.27	2.86	3.60	4.53
	5	1.35	1.69	2.14	2.68	3.38	4.25
	10	1.31	1.64	2.08	2.61	3.28	4.13
	25	1.27	1.60	2.01	2.53	3.18	4.01
	50	1.23	1.55	1.96	2.45	3.09	3.89
	100	1.20	1.50	1.91	2.38	2.99	3.77
30	1	1.22	1.53	1.94	2.43	3.06	3.85
	5	1.14	1.44	1.81	2.28	2.87	3.61
	10	1.11	1.39	1.76	2.20	2.77	3.49
	25	1.07	1.34	1.70	2.13	2.68	3.37
	50	1.04	1.31	1.65	2.07	2.61	3.29
	100	1.01	1.28	1.61	2.02	2.55	3.21
40	1	1.04	1.29	1.64	2.05	2.58	3.25
	5	0.97	1.21	1.54	1.92	2.42	3.05
	10	0.94	1.18	1.49	1.87	2.36	2.97
	25	0.91	1.13	1.43	1.80	2.26	2.85
	50	0.88	1.10	1.39	1.75	2.20	2.77
	100	0.85	1.07	1.35	1.69	2.13	2.69

使用温度（℃）	使用年限（供参考）（年）	管 系 列 S					
		6.3	5	4	3.2	2.5	2
		标 准 尺 寸 率 SDR					
		13.6	11	9	7.4	6	5
		允许工作压力 P_N(MPa)					
50	1	0.88	1.10	1.39	1.75	2.20	2.77
	5	0.82	1.02	1.29	1.62	2.04	2.57
	10	0.79	0.99	1.26	1.57	1.97	2.49
	25	0.76	0.96	1.21	1.52	1.91	2.41
	50	0.74	0.93	1.17	1.47	1.85	2.33
	100	0.72	0.89	1.14	1.42	1.78	2.25
60	1	—	—	—	1.47	1.85	2.33
	5				1.37	1.72	2.17
	10				1.32	1.66	2.08
	25				1.26	1.59	2.00
	50				1.21	1.53	1.92
70	1	—	—	—	1.24	1.56	1.96
	5				1.14	1.43	1.80
	10				1.11	1.40	1.76
	25				0.96	1.21	1.52
	50				0.81	1.02	1.28
80	1	—	—	—	1.04	1.31	1.64
	5				0.91	1.15	1.44
	10				0.76	0.96	1.20
	25				0.61	0.76	0.96
95	1	—	—	—	0.73	0.92	1.16
	5				0.48	0.61	0.76
	10				0.40	0.51	0.64

(2) 无规共聚聚丙烯 PP－R 管材的主要技术性能指标(表 F10.1.3－6)

无规共聚聚丙烯 PP－R 管材的主要技术性能指标　　　　表 F10.1.3－6

项　　　　目		指　　标	
		管　材	管　件
密度	g/cm³	0.9	
弹性模量 E	20℃,MPa	800	
热膨胀系数	℃⁻¹	1.5×10^{-4}	
导热系数	w/m℃	0.24	
纵向回缩率	%	≤2	—
冲击试验	%	破损率≤10	
熔体流动速率 g/10min,230℃/2.16kg		≤0.65	≤0.65
液压试验	短期:20℃,1h,环应力 16MPa	无渗漏	无渗漏
	长期:95℃,1000h,环应力 3.5MPa	无渗漏	无渗漏
热稳定性试验110℃,8760h,环应力 1.9MPa		无渗漏	无渗漏

(3) 聚丙烯塑料管材和管件的物理机械性能(本资料为我国 SG 78—74 标准和 JISK6742、JISK6743 标准,它比 ISO/DIS15874 国际标准低,仅供增加对管材性能知识参考):

密度(g/cm³):0.90～0.91

抗拉强度(MPa):30.0～39.0

断裂伸长率(%):≥200

线膨胀系数:(10.8～11.2)10⁻⁵/℃

热变形温度(在 0.46 MPa 条件下)℃:100～116

硬度(洛氏 R):95～105

常温下使用压力:0.60MPa

(4) 无规共聚聚丙烯 PP－R 管材在实际工程应用时应注意的使用环境问题:从表 F10.1.3－4、表 F10.1.3－5 中可以看出无规共聚聚丙烯 PP－R 管材随管内输送介质温度的升高,其机械强度(承压能力)剧减,因此以用于冷水供应系统为宜;若用于热水供应系统,以管内输送热水温度≤60℃为宜,不宜用于管内输送热水温度 $t > 60℃$ 的热水供应和供暖系统。若用于室内热水供应系统,其管内输送热水温度不宜 $t > 65℃$,且宜选择使用(安全)系数 $C = 1.25$、SDR 值＝7.4、6、5 或使用(安全)系数 $C = 1.5$、SDR 值＝6、5 的管材。

F10.1.4　交联聚乙烯 PE－X 管材

依据 ISO/DIS 15875 国际标准其管材的物理力学性能和公称外径、最小壁厚、外径和最小壁厚允许误差、管件物理力学性能详见 DBJ/T 01—49—2000《低温热水地板辐射供暖技术规程》附录 B、附录 C、附录 D。

(1) 交联聚乙烯 PE－X 管材的规格与性能

交联聚乙烯 PE－X 管材的规格与标准尺寸率 SDR、管系列 S 和使用系数(安全系数) C 有关。其中[注:第(1)条的技术参数均摘录自北京华源亚太化学建材有限责任公司和北京青云联合化学建材技术有限公司的企业标准]。

$$SDR = 管材外径(d_e)/管材厚度(e);\quad 管系数\ S = (SDR - 1)/2$$

A. 交联聚乙烯 PE－X 管材产品规格尺寸表,见表 F10.1.4－1。

交联聚乙烯 PE－X 管材产品规格尺寸　　　　　　表 F10.1.4－1

公称外径 (d_e)	北京华源亚太化学建材有限责任公司					北京青云联合化学建材技术有限公司	
	壁　厚　e　(mm)				不同公称直径的误差(mm)	壁厚 e (mm)	内径 d_i (mm)
	管　系　列　S						
	6.3	5	4	3.15			
	标　准　尺　寸　率　SDR						
	13.6	11	9	7.3			
12	—	—	—	—		1.8	8.4
16	1.3	1.8	1.8	2.2	＋0.30	2.0	12.0
20	1.5	1.9	2.3	2.8	＋0.30	2.0	16.0
25	1.9	2.3	2.8	3.5	＋0.30	2.3	20.4
32	2.4	2.9	3.6	4.4	＋0.30	2.9	26.2
40	3.0	3.7	4.5	5.5	＋0.40	3.7	32.6
50	3.7	4.6	5.6	6.9	＋0.50	4.6	40.8
60	—	—	—	—		5.8	51.4
63	4.7	5.7	7.1	8.7	＋0.50	—	—

B. PE－X 管材不同使用条件下允许的工作压力 P_N,表 F10.1.4－2。

PE－X 管材不同使用条件下允许的工作压力　　　　　　表 F10.1.4－2

使用温度 (℃)	使用年限 (供参考) (年)	北京华源亚太化学建材有限责任公司				北京青云联合化学建材技术有限公司
		管　系　列　S				
		6.3	5	4	3.15	
		标　准　尺　寸　率　SDR				
		13.6	11	9	7.3	
		允许工作压力 P_N(MPa)				
20	—	—	—	—	—	1.25
40	—	—	—	—	—	1.05

使用温度(℃)	使用年限(供参考)(年)	北京华源亚太化学建材有限责任公司				北京青云联合化学建材技术有限公司
		管 系 列 S				
		6.3	5	4	3.15	
		标 准 尺 寸 率 SDR				
		13.6	11	9	7.3	
		允许工作压力 P_N(MPa)				
50	1	0.89	1.12	1.41	1.77	—
	5	0.87	1.10	1.38	1.74	
	10	0.86	1.09	1.37	1.72	
	25	0.85	1.07	1.35	1.70	
	50	0.85	1.07	1.34	1.69	
	100	0.84	1.06	1.33	1.67	
60	1	0.79	1.00	1.26	1.58	0.80
	5	0.78	0.98	1.23	1.55	
	10	0.77	0.97	1.22	1.54	
	25	0.76	0.96	1.21	1.52	
	50	0.75	0.95	1.20	1.51	
70	1	0.71	0.89	1.13	1.42	—
	5	0.70	0.88	1.10	1.39	
	10	0.69	0.87	1.09	1.38	
	25	0.68	0.86	1.08	1.36	
	50	0.67	0.85	1.07	1.35	
80	1	0.64	0.80	1.01	1.27	0.50
	5	0.63	0.79	0.99	1.24	
	10	0.62	0.78	0.98	1.23	
	25	0.61	0.77	0.97	1.22	
90	1	0.57	0.72	0.91	1.14	—
	5	0.56	0.71	0.89	1.12	
	10	0.55	0.70	0.88	1.11	

使用温度(℃)	使用年限(供参考)(年)	北京华源亚太化学建材有限责任公司				北京青云联合化学建材技术有限公司
		管 系 列 S				
		6.3	5	4	3.15	
		标 准 尺 寸 率 SDR				
		13.6	11	9	7.3	
		允许工作压力 P_N(MPa)				
95	1	0.54	0.68	0.86	1.08	0.40
	5	0.53	0.67	0.84	1.06	
	10	0.53	0.66	0.83	1.05	

C. PE－X管材的物理化学力学性能(表 F10.1.4－3)。

PE－X管材的物理化学力学性能　　　　表 F10.1.4－3

项 目	单位	北京华源亚太化学建材有限责任公司				北京青云	试验方法
		要求	静液压强度(MPa)	温度(℃)	试验时间(h)	测试值	
密 度	g/cm³	—	—	—	—	0.950	—
交联度(硅烷交联)	%	≤65	—	—	—	70~75	—
拉伸失效率	%	—	—	—	—	400	
纵向收缩率	%	≤3	—	120	厚度≤8mm　　1 8mm<厚度≤16mm　2 厚度>16mm　　4	—	—
拉伸屈服应力	MPa	—	—	—	—	25	
管内耐压强度(A) (B) (C) (D) (E)	MPa	试验中破裂	12.0 4.8 4.7 4.6 4.4	20 95 95 95 95	1 1 22 135 1000	—	—
硬 度	kg/mm²	—	—	—	—	70	—
软化点温度	℃	—	—	—	—	130	
软化温度	℃	—	—	—	—	135	
膨胀系数	℃⁻¹	—	—	—	—	$1.4×10^{-4}$	
热稳定性	—	无破坏或泄漏	2.5	110			
导热系数	w/m℃	—	—	—	—	0.33	

(2) 聚乙烯塑料管材和管件的物理性能(本资料为我国 SG 78—74 标准和 JISK6742、JISK6743 标准,它比 ISO/DIS15874 国际标准低,仅供增加对管材性能知识参考,其性能应以 1.3.1 项的参数为准):

常温下使用压力(MPa):高压 0.8 低压 0.6

拉伸强度(MPa):≥ 0.8

断裂伸长率(%):≥200

液压试验:2 倍使用压力,保持 5min 无破裂、无渗漏现象。

室内给水和室外埋地部分的使用温度≤45℃,工作压力不超过 0.5 MPa。

(3) 交联聚乙烯 PE – X 管材在实际工程应用时应注意的使用环境问题:从表 F10.1.4 – 1、表 F10.1.4 – 2 可以看出交联聚乙烯 PE – X 管材随管内输送介质温度的升高,其机械强度(承压能力)剧减,因此以用于冷水供应系统为宜;若用于热水供应系统,以管内输送热水温度≤60℃为宜,不宜用于管内输送热水温度 >60℃的热水供应和供暖系统。若用于室内热水供应系统,其管内输送热水温度不宜 >65℃,且宜选择 SDR 值 =9、7.3 的管材。

F10.1.5 聚丁烯 PB 管材

依据 ISO/DIS15876 国际标准其管材的物理力学性能和公称外径、最小壁厚、外径和最小壁厚允许误差、管件物理力学性能详见 DBJ/T 01—49—2000《低温热水地板辐射供暖技术规程》附录 B、附录 C、附录 D。聚丁烯 PB 管材的规格性能和应用中应注意的问题与 PP – R、PE – X 塑料管道类同,不再赘述。

F10.1.6 交联铝塑复合 XPAP 管材的规格与性能

依据 ASTM F1281—1998 美国材料与试验协会标准,其管材的物理力学性能和公称外径、最小壁厚、外径和最小壁厚允许误差、管件物理力学性能详见 DBJ/T 01—49—2000《低温热水地板辐射供暖技术规程》附录 B、附录 C、附录 D。

依据 CECS 105:2000《建筑给水铝塑复合管管道工程技术规程》的规定应符合如下的要求。

(1) 交联铝塑复合 XPAP 管材的截面尺寸:依据 CECS 105:2000《建筑给水铝塑复合管管道工程技术规程》第 3.2.2 条的规定,交联铝塑复合 XPAP 管材的截面尺寸应符合表 F10.1.6 – 1 和表 F10.1.6 – 2 的要求。

搭接焊铝塑复合管基本结构尺寸(mm)　　　　　　　表 F10.1.6 – 1

公称外径 d_e	外 径		壁 厚		内层聚乙烯最小厚度	外层聚乙烯最小厚度	铝层最小厚度
	最小值	偏差	最小值	偏差			
12	12	+ 0.30	1.60	+ 0.40	0.70	0.40	0.18
14	14	+ 0.30	1.60	+ 0.40	0.80	0.40	0.18
16	16	+ 0.30	1.65	+ 0.40	0.90	0.40	0.18

公称外径 d_e	外 径		壁 厚		内层聚乙烯 最小厚度	外层聚乙烯 最小厚度	铝层最 小厚度
	最小值	偏差	最小值	偏差			
20	20	+0.30	1.90	+0.40	1.00	0.40	0.23
25	25	+0.30	2.25	+0.50	1.10	0.40	0.23
32	32	+0.30	2.90	+0.50	1.20	0.40	0.28
40	40	+0.40	4.00	+0.60	1.80	0.70	0.35
50	50	+0.50	4.50	+0.70	2.00	0.80	0.45
63	63	+0.60	6.00	+0.80	3.00	1.00	0.55
75	75	+0.70	7.50	+1.00	3.00	1.00	0.65

对接焊铝塑复合管基本结构尺寸(mm)　　　　表 F10.1.6-2

公称外径 d_e	外 径		壁 厚		内层聚乙烯 最小厚度	外层聚乙烯 最小厚度	铝层最 小厚度
	最小值	偏差	最小值	偏差			
12	12	+0.30	1.60	+0.40	0.70	0.40	0.18
14	14	+0.30	1.60	+0.40	0.80	0.40	0.18
16	16	+0.30	1.65	+0.40	0.90	0.40	0.18
20	20	+0.30	1.90	+0.40	1.00	0.40	0.23
25	25	+0.30	2.25	+0.50	1.10	0.40	0.23
32	32	+0.30	3.00	+0.50	1.40	0.60	0.60
40	40	+0.40	3.50	+0.50	1.65	0.70	0.75
50	50	+0.50	4.00	+0.60	1.80	0.80	1.00
63	63	+0.60	5.00	+0.60	2.20	1.00	1.20
75	75	+0.70	7.50	+1.00	3.00	1.20	1.65

（2）交联铝塑复合 XPAP 管材的机械性能：

A．产品的变形气压试验：依据 CECS 105:2000《建筑给水铝塑复合管管道工程技术规程》第3.2.3条的规定。将交联铝塑复合 XPAP 管材浸入水槽，一端封堵，另一端通入1.0MPa 的压缩空气，稳压 3min，管壁应无膨胀、无裂纹、无泄漏。

B. 产品的静液压强度检验:依据 CECS 105:2000《建筑给水铝塑复合管管道工程技术规程》第3.2.4条的规定,其静液压强度检验应符合表 F10.1.6－3 要求。

静液压强度检验　　　　　　　　　　　　　　　　　表 F10.1.6－3

管材用途	试验温度(℃)	静液压强度(MPa)	持续时间(h)	合格指标
冷水管	60±2	2.48±0.07	10	管壁无膨胀、无破裂、无泄漏
热水管	82±2	2.72±0.07		

C. 产品的环径向拉伸力和爆破强度检验:依据 CECS 105:2000《建筑给水铝塑复合管管道工程技术规程》第3.2.4条的规定,其环径向拉伸力和爆破强度检验应符合表 F10.1.6－4要求。

交联铝塑复合 XPAP 管材环径向拉伸力和爆破强度检验标准　表 F10.1.6－4

公称外径 (mm)	管环径向拉伸力(N)		爆破强度 (MPa)
	中密度聚乙烯复合管	高密度聚乙烯复合管	
12	2000	2100	7.0
14	2100	2300	7.0
16	2100	2300	6.0
20	2400	2500	5.0
25	2400	2500	4.0
32	2600	2700	4.0
40	3300	3500	4.0
50	4200	4400	4.0
63	5100	5300	3.5
75	6000	6300	3.5

F10.2　管道安装前应具备的条件

F10.2.1　施工准备工作应齐全:
(1) 设计图纸及其他技术文件齐全,并已经过会审。
(2) 已按批准的施工组织设计或施工方案进行技术交底。
(3) 材料、施工力量、机具和专用机具等已具备,能保证正常施工。
(4) 施工场地及施工用水、用电、材料贮放场地等临时设施能满足施工需要。
F10.2.2　对建筑物的结构、设计图纸、施工方案及其他工种的配合措施已熟悉和了解。安装人员已熟悉管材的一般性能,掌握安装的基本操作要点,严禁盲目施工。

F10.2.3 施工现场的环境温度应与管材、管件存放地点(或库房)的环境温度应接近,相差较大时应于安装前将管材、管件存放在现场一定时间,使其温度接近施工现场的环境温度。粘接环境温度低于 −10℃时,应采取防寒、防冻措施。

F10.2.4 室内明装管道的敷设应在土建粉饰(或粘贴面层)完毕后进行;暗装管道的管槽必须采用1:2水泥砂浆填补粉刷完毕;埋地管道应在土建回填土夯实以后,再重新挖沟,严禁在回填土之前或未经夯实的土层中敷设;敷设的管道沟底和沟壁土建的防水、粉刷、管道支架预埋应基本完毕。

F10.2.5 施工现场的通风、防火、防毒技术措施完备、可靠,并经安全部门验收合格。设备、管材及配件的进场验收已进行且验收合格。

F10.2.6 冬期施工的防寒、防冻措施应准备就绪、安全可靠,并经相关部门验收合格。

F10.3 材料的质量要求

F10.3.1 管材、管件和胶粘剂应有明显准确的生产厂家名称(或商标)、规格、主要技术特性的标志,包装上应有批号、数量、生产日期(胶粘剂尚应有使用有效期限)、执行标准、检验员代号。防火套管、阻火圈应有规格、耐火极限、生产厂名等标志。

F10.3.2 管材、管件和胶粘剂应有国家允许生产的资质证书和采用标准说明书,同时应有产品的物理性能、机械性能、化学成分的出厂质量检验合格证明书及使用说明书等。

F10.3.3 管材和管件的管壁颜色应一致,无色泽不均匀及分解变色线。

F10.3.4 管材的内外表面应光滑、平整、清洁,不允许有分层、针孔、气泡、夹渣、起(脱)皮、裂纹、裂口、碰撞凹陷和划痕,卷材的截面应无明显的椭圆变形。但允许有压入物等轻微的、局部的划痕、凹坑和斑点等缺陷,其划痕和凹坑的深度应不超过管材外径允许的误差的范围。

一般塑料给水管材的划痕允许深度 Δh 如下:

公称外径 $De \leqslant 75mm$ 划痕深度 $\Delta h < 0.3mm$;

公称外径 $De \leqslant 110mm$ 划痕深度 $\Delta h < 0.4mm$;

公称外径 $De \leqslant 160mm$ 划痕深度 $\Delta h < 0.5mm$;

公称外径 $De \leqslant 200mm$ 划痕深度 $\Delta h < 0.6mm$。

铝塑复合给水管材的划痕允许深度 Δh 如下:

公称外径 $De \leqslant 32mm$ 划痕深度 $\Delta h < 0.3mm$;

公称外径 $De \leqslant 40mm$ 划痕深度 $\Delta h < 0.4mm$;

公称外径 $De \leqslant 50mm$ 划痕深度 $\Delta h < 0.5mm$;

公称外径 $De \leqslant 63mm$ 划痕深度 $\Delta h < 0.6mm$;

公称外径 $De \leqslant 75mm$ 划痕深度 $\Delta h < 0.7mm$。

F10.3.5 管材的外径允许的偏差应是正偏差,一般允许偏差如下:

公称外径 $De \leqslant 75mm$ $0 \leqslant$ 允许偏差 $\Delta h \leqslant +0.3mm$;

公称外径 $De \leqslant 110mm$ $0 \leqslant$ 允许偏差 $\Delta h = +0.4mm$;

公称外径 $De \leqslant 160mm$　　　$0 \leqslant$ 允许偏差 $\Delta h = +0.5mm$；

公称外径 $De \leqslant 200mm$　　　$0 \leqslant$ 允许偏差 $\Delta h = +0.6mm$。

铝塑复合管材允许的偏差如下：

公称外径 $De \leqslant 32mm$　　　$0 \leqslant$ 允许偏差 $\Delta h = +0.3mm$；

公称外径 $De \leqslant 40mm$　　　$0 \leqslant$ 允许偏差 $\Delta h = +0.4mm$；

公称外径 $De \leqslant 50mm$　　　$0 \leqslant$ 允许偏差 $\Delta h = +0.5mm$；

公称外径 $De \leqslant 63mm$　　　$0 \leqslant$ 允许偏差 $\Delta h = +0.6mm$；

公称外径 $De \leqslant 75mm$　　　$0 \leqslant$ 允许偏差 $\Delta h \leqslant +0.7mm$。

F10.3.6　管材在同一截面处壁厚的偏差不得超过 14%。

F10.3.7　胶粘剂应属于同一厂家的产品，胶内不得含有团块和不溶颗粒与杂质，并且不得呈胶凝状态和分层现象，未搅拌时不得有析出物，不同生产厂家生产的胶粘剂和型号不同的胶粘剂不得混合使用。

F10.3.8　施工及安装的专用工具必须与产品配套，属于同一厂家的产品，且必须标有生产厂家的厂名、出厂合格证和使用说明书。

F10.3.9　铜质管件必须符合现行国家 GB/T 5232《加工黄铜》标准中的 HPb59 - 1 的要求。管件必须是管材生产厂家的配套产品。管件表面应光滑无毛刺，无缺损和变形，无气泡和沙眼。同一口径的锁紧螺帽、紧箍环应能互换。管件内使用的密封圈材质应符合给水卫生标准要求的丁氰橡胶或硅橡胶。

F10.4　材料的运输和存储

F10.4.1　管材、管件和胶粘剂存储

（1）管材、管件和胶粘剂不得露天存放，应存放在库房或简易的棚屋内。存放库房或简易棚屋内应有良好的通风，室温不宜大于 40℃，不得曝晒。存放的库房或简易棚屋要有防火、避光措施，并防止阳光直射和远离热源，与热源的距离不得小于 1m。注意防火安全，严禁与油类或化学品混合堆放。管材堆放在平整的场地上，堆放应水平、有规则，避免局部压弯管道。堆放管材的支垫物宽度不得小于 75mm，间距不得大于 1m，外悬端部不宜超过 500mm，叠放高度不得超过 1～1.5m。管件原箱堆码不宜超过 3 箱。

（2）胶粘剂等应存放于阴凉、干燥、安全可靠，且远距火源的危险品库房内。

F10.4.2　管材、管件和胶粘剂的运输：管材、管件和胶粘剂的运输、装卸和搬运应轻放，不得抛、摔、拖、滚，避免接触油污和受剧烈碰撞、尖锐物的冲击。

胶粘剂运输的环境应阴凉、干燥、安全可靠，且远距火源。

F10.5　管材的切割

F10.5.1　管材切割的准备工作

（1）管材切割必须在分项技术交底之后，且设计中的矛盾得到圆满解决之后进行。

（2）管材切割前其连接的设备的型号规格必须定型，尺寸确定，连接支管的甩口位置、走向必须确定，现场定位核实准确无误。

（3）管材切割前对管路中配套的阀件、伸缩器、防火套管、阻火圈的安装位置现场定位必须核实准确无误。

（4）管材切割前对进场的管材应进行清除垃圾、杂物、泥砂、油污等项的清洁工作，公称外径 $De\leqslant32mm$ 的卷状管材应进行管道展开、调直。施工过程中对管材的开口和敞口应及时堵塞防止管材、管件污染。

F10.5.2 管材的截断与弯曲

（1）管材的截断：

A. 截断前应检查管材的规格、长度、材质是否符合设计要求，管口的毛刺、不平整处应整理完好，端面与轴线应垂直。

B. 复合管材的截断应使用专用的管剪或管子割刀器进行裁剪。一般的塑料管材的裁管可选用细齿的木工锯或手锯、割刀或专用断管机具进行切割。

C. 切面应平整，垂直于管轴线，并去掉断口处的毛刺、毛边。切口端部应削成倒角，倒角长度宜为 2.5～3.0mm，倒角坡口后管端厚度为壁厚的 1/3～1/2，倒角一般为 10°～15°。完成倒角后应将残屑清除干净，不留毛刺。

（2）管材的弯曲：需要进行弯曲的管道应采用专用弯管器进行弯曲。公称外径 $De\leqslant25mm$ 管道采用在管内放置专用弹簧后，用手直接加力弯曲；公称外径 $De\geqslant32mm$ 管道采用专用弯管器弯曲。管道的弯曲半径以管轴心计不得小于管道 5 倍公称外径 De，而 PB 和 PE－X 管道不得小于管道 6 倍公称外径 De，且应一次弯曲成型，不得多次弯曲。

F10.6 管材的连接

F10.6.1 承插粘贴连接

（1）承插粘贴连接的插入深度以承插口长度的 1/3～1/2 为宜，并做出标志。

（2）承插粘贴连接的管道粘接时应将承口内侧和插口外侧擦拭干净，无尘砂、无水迹，有油污的应用清洁剂擦净。

（3）承插粘贴连接的承插口内外侧胶粘剂的涂刷应先涂刷管件承口内侧，后涂刷插口外侧，胶粘剂的涂刷应迅速、均匀、适量、不得漏涂。涂满胶粘剂后，应在 20s 内完成粘接，若操作过程中胶粘剂出现干涸，应清除干涸的胶粘剂后，重新涂抹。

（4）承插粘贴连接的管子插入方向应找正，插入后应将管道旋转 90°，但旋转不得超过 1/4 圈，且不得插到底后再进行旋转。管道承插过程中也不得用锤子击打。管道插入深度至少应超过标志深度，插接好后应将插口处多余的胶粘剂清除干净。

（5）初粘接的接头应避免受力，需静置固化一定时间，牢靠后再进行粘接。

（6）粘接环境温度低于 －10℃时，应采取防寒、防冻措施。不得使用冻结的胶粘剂，也不得采用明火或电炉等加热装置加热胶粘剂。

(7) 溶剂粘接连接主要用于 PVC – U 聚氯乙烯给水（排水）管道和 PVC – C 聚氯乙烯热水给水管道。

F10.6.2　承插胶圈密封柔性连接

(1) 承插胶圈密封柔性连接一般用于较大管径的埋地塑料管道。

(2) 承插胶圈密封柔性连接前必须检查管材、管件及胶圈的质量，清理干净承口内侧（包括胶圈凹槽）和插口外侧，不得有土或其他杂物，将橡胶圈安装在承口凹槽内，不得扭曲，异型胶圈必须安装正确，不得装反。

(3) 承插胶圈密封柔性连接的管端插入长度必须留出由于温差产生的管道伸长量，伸长量应按施工时闭合温差计算确定，一般情况下可按表 F10.6.2 采用。

管长 6m 时管端的温差伸长量　　　　　表 F10.6.2

插入时最低环境温度（℃）	设计最大温差（℃）	伸长量（mm）
≥15	25	10.5
10 ~ 15	30	12.6
5 ~ 10	35	14.7

注：1. 表中管道运行中内外介质最高温度按40℃计算，当大于40℃时应按实际温升计算；

　　2. 管长不是 6m 时，伸长量可按管道实际长度依比例增减。

(4) 承插胶圈密封柔性连接时将插口端对准承口，并保持管道轴线平直，将其一次插入，直至标志线均匀外露在承口端部。

(5) 承插胶圈密封柔性连接主要用于 PVC – U 聚氯乙烯给水（排水）管道。

F10.6.3　过渡连接

(1) 不同材质的两种管材或管材与管件（或阀门、消火栓）之间可采用过渡连接。过渡连接的两端接头构造必须与两端连接接头形式相适应。

(2) 过渡连接的连接件一般采用特制的管件，与各端管道或附件的连接应遵循下列规定：

A. 阀门、消火栓或钢管为法兰接头时，过渡件与其连接端必须采用相应的法兰接头，其法兰的螺栓孔的位置和直径必须与连接端的法兰一致。

B. 连接不同材质的管材采用承插连接时，过渡件与其连接端必须采用相应的承插式接头，其承口的内径或插口的外径及密封圈的规格等必须符合连接端承口和插口的要求；当不同材质管材为平口端时，宜采用套筒式接头连接，套筒内径必须符合两端连接件不同外径的规定。

C. 与 PVC – U(PVC – C)管管端的连接宜采用柔性接头，并优先采用套筒式、活接头等快速连接件。当连接的 PVC – U(PVC – C)管管端为承插式接头连接时，过渡件应采用相应的承口或插口连接。

D. 过渡件宜采用工厂制作的产品，并优先采用 PVC – U(PVC – C)注塑成型或二次加工成型的管件。

F10.6.4 塑料管与金属管配件的螺纹连接

(1) 塑料管与金属管配件采用螺纹连接的塑料管材,其连接部位管材的公称外径应为 $De \leq 63mm$。

(2) 塑料管与金属管配件的连接采用螺纹连接时,必须采用注射成型的螺纹塑料管件。其管件螺纹部分的最小壁厚不得小于表 F10.6.4 的规定。

注射塑料管件螺纹处管壁最小壁厚的尺寸(mm) 表 F10.6.4

塑料管外径	20	25	32	40	50	63
螺纹处的壁厚	4.5	4.8	5.1	5.5	6.0	6.5

(3) 注射成型的螺纹塑料管件与金属管配件螺纹连接时,宜将塑料管件作为外螺纹,金属管配件作为内螺纹;若塑料管件作为内螺纹,则宜使用在注射螺纹端外部嵌有金属加固圈的塑料连接件。

(4) 注射成型的螺纹塑料管件与金属管配件螺纹连接宜采用聚四氟乙烯生料带作为密封填充物,不宜使用厚白漆、麻丝作为密封填充物。

F10.6.5 卡套式的连接

(1) 卡套式的连接一般用于铝塑复合给水管道和 PE – X 交联聚乙烯给水管道的连接,卡套式连接有承插卡环夹紧式和卡套 C 型紧箍环螺帽锁紧式两个系列。前者用于交联聚乙烯 PE – X 管材和聚丁烯 PB 管材的连接,后者用于交联铝塑复合 XPAP 管材的连接。卡套式的连接应符合以下的安装程序。

(2) 卡套式的连接前应检查管口的切割质量,若管口有毛刺、不平整或端面不垂直管道轴线时,应进行修正。

(3) 卡套式的连接前应用专用的刮刀将管口处的聚乙烯内层削成坡口,坡角为 20° ~ 30°,深度 1.0 ~ 1.5mm,完成倒角后用清洁纸或布将坡口擦净,并用整圆器将管口整圆。

(4) 将锁紧螺帽、C 型紧箍环套在管上,用力将管芯插入管内直至管口达到管芯根部。

(5) 将 C 型紧箍环移至距离管口 0.5 ~ 1.5mm 处,再将锁紧螺帽与管件本体拧紧。

F10.6.6 热熔式或电熔式插接连接

(1) 热熔式或电熔式插接连接(它们均为电热熔接)一般用于 PP – R 无规共聚聚丙烯塑料和聚丁烯 PB 管材。管剪和焊接机、管道配件均为生产厂家配套供应。与金属管道或与给水器具的连接则采用带金属嵌件的管件连接。

(2) 热熔式或电熔式插接连接的熔接工具分手持式和台式两种,手持式熔接工具适用于较小管径的管道,台式熔接工具适用于较大管径的管道。

(3) 热熔式或电熔式插接连接分剪管、热熔、插接三个工序进行。

(4) 热熔式或电熔式插接连接前应检查管口的切割质量,若管口有毛刺、不平整或端面不垂直管道轴线时,应进行修正。

(5) 热熔式或电熔式插接连接应严格按厂家规定的技术参数进行操作,在加热和插接过程中不得转动管材和管件。

(6) 热熔式或电熔式插接连接时应将管材直线插入管件中,插入深度应符合要求,管材和管件的中轴线应重合,不得有偏差出现。

(7) 热熔式或电熔式插接连接后的正常熔接在结合面处应有一均匀的熔接圈。

F10.7　给水塑料和复合管材的水压试压标准

F10.7.1　建筑硬聚氯乙烯给水管道 PVC – U 的水压试验:

(1) 室外埋地建筑硬聚氯乙烯给水管道 PVC – U 的水压试验:详见 CECS 17:2000 第 10 章,第 10.1 节～第 10.3 节。

(2) 室内建筑硬聚氯乙烯给水管道 PVC – U 的水压试验:依据 CECS 41:92《建筑给水硬聚氯乙烯管道设计与施工验收规程》第五章的规定进行。其试验标准为:

试验压力为管道系统工作压力的 1.5 倍,但不得小于 0.6MPa。

试验进行时间:对于粘接管道水压试验必须在粘接连接安装 24h 后进行。

水压试验步骤:注满水后升压时间不得少于 10min,升至试验压力后稳压 1h,观察接头部位是否渗漏;若无渗漏,则再补压至试验压力值后,如 15min 内的压力降不超过 0.05MPa 为合格。

F10.7.2　无规共聚聚丙烯 PP – R 管道的水压试验:关于实际工程系统和管段的强度水压试验标准。

(1) 用于低温热水辐射供暖系统应执行 DBJ 01—49—2000《低温热水地板辐射供暖应用技术规程》第 6.2 条、第 6.3 条和 GB 50242—2002《建筑给水排水与采暖工程施工质量验收规范》第 8.6.1 条的规定。

(2) 用于分户热计量供暖系统应依据 DBJ 01—605—2000《新建集中供暖住宅分户热计量设计技术规程》第 5.1.5 条、第 5.1.6 条和 GB 50242—2002《建筑给水排水与采暖工程施工质量验收规范》第 8.6.1 条的规定,执行相应的技术规范和规程的水压试验标准。

(3) 用于室内给水(冷、热、消防喷洒系统),当设计选择的管材工作压力等级符合前述 PP – R 物理机械性能要求时,仍然按 GB 50242—2002《建筑给水排水与采暖工程施工质量验收规范》第 4.2.1 条、第 6.2.1 条规定执行。

F10.7.3　交联聚乙烯 PE – X 管道的水压试验

关于实际工程系统和管段的强度水压试验标准。

(1) 用于低温热水辐射供暖系统应执行 DBJ 01—49—2000《低温热水地板辐射供暖应用技术规程》第 6.2 条、第 6.3 条和 GB 50242—2002《建筑给水排水与采暖工程施工质量验收规范》第 8.6.1 条的规定;

(2) 用于分户热计量供暖系统应依据 DBJ 01—605—2000《新建集中供暖住宅分户热计量设计技术规程》第 5.1.5 条、第 5.1.6 条和 GB 50242—2002《建筑给水排水与采暖工程施工质量验收规范》第 8.6.1 条的规定,执行相应的技术规范和规程的水压试验标准。

（3）用于室内给水（冷、热、消防喷洒系统），当设计选择的管材工作压力等级符合前述 PE－X 管材物理机械性能要求时，仍然按 GB 50242—2002《建筑给水排水与采暖工程施工质量验收规范》第 8.6.1 条的规定执行。或按厂家规定水压试验压力为工作压力 P 的 1.5 倍，最低不得低于 0.60MPa 进行试压。

F10.7.4　聚丁烯 PB 管道的水压试验

聚丁烯 PB 管材的规格性能和应用中应注意的问题与 PP－R、PE－X 塑料管道类同。

F10.7.5　交联铝塑复合 XPAP 管材在实际工程系统和管段安全的强度水压试验标准

（1）用于低温热水辐射供暖系统应执行 DBJ 01—49—2000《低温热水地板辐射供暖应用技术规程》第 6.2 条、第 6.3 条和 GB 50242—2002《建筑给水排水与采暖工程施工质量验收规范》第 8.6.1 条的规定。

（2）用于分户热计量供暖系统应依据 DBJ 01—605—2000《新建集中供暖住宅分户热计量设计技术规程》第 5.1.5 条、第 5.1.6 条和 GB 50242—2002《建筑给水排水与采暖工程施工质量验收规范》第 8.6.1 条的规定，执行相应的技术规范和规程的水压试验标准。

（3）用于室内给水（冷、热供应系统）中，按 CECS 105：2000《建筑给水铝塑复合管管道工程技术规程》第 6.0.4 条的规定进行。即实验压力为系统的工作压力的 1.5 倍，但不小于 0.6MPa；试验时系统压力升压时间不应小于 10min，升至试验压力后停止加压，稳压 1h，观察各接口部位应无渗漏现象；稳压 1h 后，再补压至规定的试验压力值，15min 内，压力降不超过 0.05MPa 为合格。

以上水压试验合格后，再进行持压试验（严密性试验），将系统再次升压至规定的试验压力值，持续 3h，压力下降终止值应不低于 0.6MPa，且无渗漏为合格。

（4）高层建筑给水和消防喷洒系统的水压试验：当设计选择的交联铝塑复合 XPAP 管材工作压力等级符合前述物理机械性能要求时，仍然按 GB 50242—2002《建筑给水排水与采暖工程施工质量验收规范》第 4.2.1 条、第 6.2.1 条的规定执行。

F10.8　建筑给水塑料及铝塑复合管材在采购和使用中的几点实施意见

F10.8.1　建筑给水塑料及铝塑复合管道、管件材质的抗拉强度远比镀锌钢管材质钢材低，且其承压能力随管内输送介质温度的增加而急剧下降，因此同一材质、同一规格（外径 De）产品的压力等级较多。不同的使用环境（管内输送介质温度、使用的工作压力、使用年限、室内或户外埋地敷设等）其选用的管道压力等级也不同，在订货和进场检验时，不仅要检查其价格、外观质量、规格、材质、相关技术文件的齐备和有效性，更应注意产品的压力等级是否与设计的使用环境相符。

F10.8.2　理清此类管材的物理化学机械性能及产品规格，熟悉产品出厂机械性能检测液压试验标准和各项产品性能指标（包括卫生标准）的重要性，防止采购不合格产品而引起工程质量事故和卫生中毒事故的发生。

F10.8.3　理清出厂机械性能检测液压试验标准与施工现场工程安装质量系统强度水压试验标准的区别，纠正为了一时的方便，不加区分地采取统一的超高标准水压试验压力(如"冷水管道试验压力为管道系统工作压力的 1.5 倍,但不得小于 1.0MPa;热水管道试验压力为管道系统工作压力的 2.0 倍,但不得小于 1.5MPa")。杜绝水压试验压力超高而造成爆管质量事故的产生。

F10.8.4　不同管材、不同使用环境施工现场管道的水压试验标准应按相关规范和规程的规定进行。

F10.8.5　随着新产品不断开发并投入实际工程中应用,而相应的安装规程的制定总是有一段时间的滞后。况且某些新产品往往是某同类产品的衍生物,如 PVC－U、PVC－C 均是聚氯乙烯树脂 PVC 的衍生物,其基本成分均为氯乙烯单体的聚合物,仅是为了局部改良某些物理和机械性能,添加了某些添加剂,或改变了某些生产工艺而已。因此,在实际工程应用中,除了管道强度和严密性水压试验标准应依据相应的施工规范执行外,安装工艺采用的标准可结合实际工程的具体情况,参照生产厂家的企业标准或同类产品的安装工艺进行。

F10.8.6　在应用上述的管道连接方法时,应依据不同的管道材质和工程实际的需要,选用不同的连接方法。

F10.8.7　在室内供暖工程和冷热水供应工程中,埋地(或埋入楼板垫层内)管道应按 DBJ 01—49—2000《低温热水地板辐射供暖应用技术规程》第 5.2 条做好绝热层的铺设,或规范、设计要求做好保温措施。低温热水地板辐射供暖绝热层的铺设可以参照图 F10.8.7－1、图 F10.8.7－2 施工。

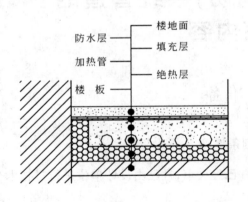

图 F10.8.7－1　楼层辐射供暖地板构造图

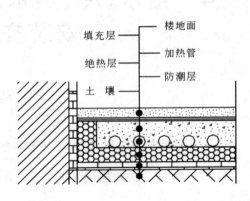

图 F10.8.7－2　底层辐射供暖地板构造图

F10.8.8　埋地(楼板)管道应采取可靠技术措施防止地面在二次装修时受重物压迫或高温传热而受损坏垫层和管道,为此可在垫层浇筑时在管线敷设区域边缘预埋标志物(图 F10.8.8)伸出地面,待混凝土垫层养护期满后,再设置明显的标志物(如用耐擦拭涂料划线标识)。

图 F10.8.8　预埋区域显示预埋件

213

第二篇　分部(子分部)工程的施工技术交底

本篇仅着重综合介绍部分"分部(子分部)工程的施工技术交底"的编制,未阐明的若干"分部(子分部)工程的施工技术交底"可以参考文中介绍的思路进行编制。在篇中涉及到的施工技术交底记录表格请查阅 DBJ 01—51—2003《建筑工程资料管理规程》的相关部分。"分部(子分部)工程的施工技术交底"中涉及到的主要问题,在第一篇的第三章"暖卫通风空调工程单位(子单位)工程施工技术交底"、第三篇的"分项工程施工技术交底"各章中均作了详细的说明,因此"分部(子分部)工程施工技术交底"仅以较省略的篇幅进行阐述,以避免不必要的重复。

4　给水(冷、热水、消防)系统管道的安装交底内容

4.1　施工准备

4.1.1　管道安装工程,在施工前应具备下列条件

(1) 设计的施工图纸及其他技术文件齐全,并已经会审,且已由设计单位进行过技术交底;

(2) 施工方案或施工组织设计已获批准;

(3) 材料、施工力量、施工机具等能保证正常施工;

(4) 施工现场的用水、用电、材料贮放场地等条件能满足需要。

4.1.2　了解建筑的结构形式和制定与土建专业配合的措施

施工前应了解建筑的结构,并根据设计图纸和施工方案制订与土建工程及其他工程的配合措施。

4.1.3　了解安装管材的特性和连接方法的特点

安装人员必须熟悉给水使用的管材和管件的性能,掌握操作要点,严禁盲目施工。

4.1.4 配合土建工程的施工进度进行预留孔洞和预埋件的施工

在建筑结构工程施工过程中，应配合土建做好管道穿越墙体、楼板等结构的预留洞、预埋件及凿洞等工序。留洞尺寸应按设计规定做到标高、位置和大小正确。

4.1.5 认真检查验收进场的管料、配件的质量

应对管材及管件的外观质量进行认真检查，清除管材及管件的污物和杂质。

4.2 管道安装的一般规定

4.2.1 材料的贮运

(1) 管材应按不同规格捆扎后，再用纸或塑料包装；管件应按不同品种和不同规格用聚乙烯薄膜包装后再分别装箱存贮，不得分散装箱存贮。

(2) 搬运管材和管件时，不得剧烈碰撞，抛摔滚拖。应小心轻放，并避免污染。

(3) 管材和管件应存放在通风良好的库房或货棚内，不得露天存放，且与热源的距离不得小于 1m。

(4) 管材应水平堆放在平整的地面或水平的支垫物上。放置在支垫物上时，端部悬臂段的长度不应大于 0.5m；且管材应逐层堆放，堆放层数不得超过 30 层。

4.2.2 施工现场与材料贮放场地温差较大时，应于安装前将管材和管件在现场放置一段时间，使其温度接近施工现场的环境温度。

4.2.3 在明敷管道系统中，应尽可能避免给水管件与潮湿的物体直接接触。

4.2.4 管道系统安装间断或完毕时，对管道的敞口处，应及时封堵。

4.2.5 管道穿墙壁、楼板及嵌墙暗敷时，应配合土建施工预留孔洞、沟槽。其预留孔洞或开凿沟的槽尺寸可按下列规定实施：

(1) 预留孔洞尺寸宜比管道外径大 50～100mm。

(2) 嵌墙暗管墙槽尺寸的宽度可按管道外径加 100mm，深度可按管道外径加 30mm。

4.2.6 架空管道管顶上部距离顶板的净空不宜小于 200mm。

4.2.7 管道穿越地下室或地下构筑物的外墙时，应采取严格的防水措施。

4.2.8 较薄的给水的管材和与卫生洁具连接的阀门、水表、水嘴等应采用内、外丝管螺纹的管件连接，严禁在较薄的给水管材(如衬塑钢管)上套丝连接。

4.2.9 安装完后的干管，不得有塌腰、拱起的波浪现象和左右扭曲的蛇弯现象。

4.2.10 管道系统的水平(横)管宜有 2‰～5‰ 的坡度，坡度应坡向泄水方向。

4.2.11 水平管道的纵、横方向的弯曲，立管垂直度，平行管道和成排阀门的安装质量允许的偏差应符合 GB 50242—2002《建筑给水排水及采暖工程施工质量验收规范》第 4.2.8 条表 4.2.8，即符合表 4.2.11 的规定；管道和阀门安装允许的偏差应符合 GB 50242—2002《建筑给水排水及采暖工程施工质量验收规范》第 4.2.8 条表 4.2.8，即符合表 4.2.11 的规定。

管道和阀门安装允许偏差和验收方法 表 4.2.11

项次	项		目	允许偏差(mm)	检 验 方 法
1	水平管道纵横弯曲	钢管	每米全长 25m 以上	1≯25	用水平尺、直尺、拉线和尺量检查
		塑料管复合管	每米全长 25m 以上	1.5≯25	
		铸铁管	每米全长 25m 以上	2≯25	
2	立管垂直度	钢管	每米 5m 以上	3≯8	吊线和尺量检查
		塑料管复合管	每米 5m 以上	2≯8	
		铸铁管	每米 5m 以上	3≯10	
3	成排管段和成排阀门		在同一平面上的间距	3	尺量检查

4.2.12 室内给水设备安装允许的偏差应符合 GB 50242—2002《建筑给水排水及采暖工程施工质量验收规范》第 4.4.7 条表 4.4.7,即符合表 4.2.12 的规定。

室内给水设备安装允许偏差和验收方法 表 4.2.12

项次	项		目	允许偏差(mm)	检 验 方 法
1	静置设备		坐 标	15	经纬仪或拉线、尺量
			标 高	±5	水准仪、拉线和尺量
			垂直度(每米)	5	吊线和尺量检查
2	离心式水泵		立式泵体垂直度(每米)	0.1	水平尺和塞尺检查
			卧式泵体水平度(每米)	0.1	水平尺和塞尺检查
		联轴器同心度	轴向倾斜度(每米)	0.8	在联轴器互相垂直的四个位置上用水准仪、百分表或测微螺钉和塞尺检查
			径向位移	0.1	

4.2.13 管道和设备保温层的厚度和平整度的偏差应符合 GB 50242—2002《建筑给水排水及采暖工程施工质量验收规范》第 4.4.8 条表 4.4.8,即符合表 4.2.13 的规定。

室内给水管道和设备保温允许偏差和验收方法 表 4.2.13

项次	项		目	允许偏差(mm)	检 验 方 法
1	厚 度			$+0.1\delta$ -0.05δ	用钢针刺入
2	表面平整度		卷 材	5	用 2m 靠尺和楔形塞尺检查
			涂 抹	10	

4.2.14 消火栓箱安装应符合下列的规定

(1) 栓口应朝外,且不应安装在门轴侧;

(2) 栓口中心距离地面为 1.1m,允许偏差为 ± 20mm;

(3) 阀门中心距离箱体侧面为 140mm,距离箱体后面为 100mm,允许偏差为 ± 5mm;

(4) 消火栓箱箱体安装的垂直度允许偏差为 3mm。

4.2.15 太阳能热水器安装允许的偏差应符合 GB 50242—2002《建筑给水排水及采暖工程施工质量验收规范》第 6.13.14 条表 6.13.14 的规定,即表 4.2.15 的规定。

太阳能热水器安装允许偏差和验收方法　　　　表 4.2.15

项 目		允许偏差(mm)	检 验 方 法
板式直管太阳能热水器	标 高	中心线距地面(mm)	± 20	尺量
	固定安装朝向	最大偏移角	不大于 15°	分度议检查

4.2.16 饮用水管道在使用前应采用每升水中含 20～30mg 游离氯的清水灌满管道进行消毒。含氯水在管中应静置 24h 以上,消毒后,再用饮用水冲洗管道,并再次检测,当水质符合现行的国家标准《生活饮用水卫生标准》的规定后,方可交付使用。

4.2.17 其他复合管道的安装质量要求见相应的补充规范或规程。

4.2.18 系统安装完成后应按照相应规范的要求进行管道冲洗、水压试验以及与该系统的用途要求,进行规范规定的各种试验,例如消火栓系统的消火栓试射试验、水箱的满水试验等等。

4.2.19 注意成品保护,严禁攀踏管道或利用管道系安全绳、搁搭脚手架和用作其他支撑。

4.3 管道系统安装的顺序

4.3.1 安装准备

熟悉图纸,对施工人员进行安装技术交底,并组织安装人员学习相应的安装施工工艺标准和规范、规程。

4.3.2 预制加工

按设计图纸纸面绘制施工草图。在草图中确定分路叉口位置,管道管径变径位置、规格、长度尺寸,预留接口、阀件、附件的位置和长度尺寸。并实地进行核对、调整和标志。丈量管道分段长度尺寸,进行下料、加工。

4.3.3 干管安装

安装顺序一般由总引入口开始。安装前应对管道进行管膛吹扫,安装后进行找直、找正,复合管道坡度、变径管位置和规格、管道甩口位置和规格、管道走向等等进行复核。

4.3.4 立管安装

（1）竖井内立管的安装

竖井内立管应上下统一吊线,管线的垂直度应控制在规范允许的范围之内。然后安装管卡,管卡一般采用型钢制作,管卡一般安排在管井口部。

（2）墙体内立管的安装

墙体内立管的安装应在结构施工中预留管槽,安装后应吊线找直,并用管卡固定。支管的甩口应明露,并加临时丝堵。

4.3.5 支管安装

支管安装时应将预制好的支管按立管（或水平干管）上的甩口顺序,依次逐段安装。并依据管道的长度适当安装临时固定卡,核定预留管口位置和高度。找平、找正后再栽支管卡架,去掉临时固定卡,安装临时堵头。

4.3.6 管道防腐保温

按设计要求进行管道支架、管道的油漆和保温。

4.4 系统的配管与安装

4.4.1 管道系统的配管和连接的步骤

（1）按设计图纸的坐标和标高在现场实地进行放线,并绘制放线实测的施工图;

（2）按实测施工图进行配管;

（3）熟悉复合管材、铜质管材、塑料管材等产品的出厂说明书、安装图集、安装顺序和注意事项,并进行预装配;

（4）现场安装连接管道。

4.4.2 配管切割、套丝或滚槽

（1）根据现场测量的实际管材长度确定管材切断尺寸。复合管道和塑料管材采用专用的滚槽工具（机）断管。断管时应保证断口端面与管材中心轴线垂直。斜切的倾斜角度当 $DN \leqslant 50$ 以下管材不大于 $2°$, $DN \geqslant 65$ 以上管材不大于 $\leqslant 1.5°$,然后去掉切口的毛刺、飞边。

（2）压槽时应根据压槽机使用说明书的要求,按不同规格的管材选择相对应的滚轮,并按压槽尺寸表要求滚压沟槽。槽距以预装完卡环、垫圈、密封环无缝隙为理想槽距。压槽尺寸参见相应材质管材规程的附表尺寸进行。

（3）压槽和切断时,进刀不能太快,手柄每转的进给量不大于 0.2mm。如果进刀太快,可能导致个别管材出现变形和破裂。

218

（4）一般钢管的套丝和焊接应按规范的要求进行。

4.4.3 管道安装（装管）

（1）铜质管材的钎焊按相应的规程或铜质管材产品说明书要求进行。

（2）一般可用丝扣和焊接连接的钢管等管材按规范的要求进行。

（3）用管件连接或粘接的复合管材、塑料管材的连接按管材产品说明书和相应的规程、行业标准的要求进行。

（4）衬塑钢管的安装可参照下列步骤进行

A. 装管前必须去掉管材连接部位的复膜层。

B. 检查接头各附件是否齐全。

C. 对 DN50 以下管件，按管件"装配说明书"附图所示顺序，将螺母、卡环、垫圈、径向密封圈依次装在管材上，端向密封圈置入管件承插孔底部，然后将管材插入承插孔，最后用扳手将锁紧螺母拧紧。

D. 对 DN65 以上的大管件连接时，先将接口、卡环、垫圈、密封圈套在管材上，然后与接头法兰盘连接。拧紧法兰盘的螺栓时，应按对角同时紧固，防止偏斜造成密封不严。

4.5 室内管道系统的敷设和设备的安装

4.5.1 室内明敷管道应在土建粉饰完毕后进行安装，安装前应首先复核预留孔洞和预埋件的位置是否正确。

4.5.2 管道安装前，宜按规范要求事先设置管道的吊架、托架和管卡。管道的吊架、托架和管卡位置应准确，埋设应平整、牢固。吊架、托架和管卡与管道接触面应紧密，但不得损伤管道表面。非钢质的管道当 $DN \leqslant 50$ 时，应采用管材厂家配套的专用管卡（如衬塑钢管）。

4.5.3 给水管道的立管和水平管的支撑间距应符合本书第 3 篇第 11 节表 11.1.2 - 1 ~ 表 11.1.2 - 10、表 11.2.1 - 3、表 11.2.2 的规定。

4.5.4 在连接三通、弯头、阀门、给水栓及各个配水点等受力处，必须采用管卡固定，管卡宜设置于管件接头部位，管卡与管件之间的距离不得大于管材直径的 4 倍。

4.5.5 管道距离墙面（装修后的墙面）的距离应为 12 ~ 15mm。

4.5.6 给水用的衬塑钢管和其他复合管道穿过楼板、地面、屋面时必须设置套管，套管可采用钢管或塑料管，但穿屋面时必须采用金属套管；套管应高出地面 50mm、屋面 50 ~ 100mm，并采用严格的防水措施。

4.5.7 复合管道或塑料管道敷设时严禁轴向扭曲，穿墙或楼板时不得强制校正。

4.5.8 室内暗敷的给水管道当采用衬塑钢管等复合管道时，可直接埋入维护结构的结构层或垫层内。当维护结构的结构层或垫层外有液体长期存在，难以保持干燥的环境时，管道应采取涂漆或涂沥青等防护措施。

4.5.9 给水管道采用衬塑钢管（或其他复合管道）与其他专业管道平行时，应留有一定的保护距离，若设计无规定时，净距不宜小于 10mm。

4.5.10 暗装的复合管道不应有接头,其接头宜伸出维护结构(地面或楼板、墙体)外面。

4.5.11 室内暗敷的给水衬塑钢管的墙槽应采用1:2水泥砂浆填补。

4.6 给水管道和空调冷热水循环管道测温孔的制作和安装

在进行系统水力平衡和试运转时要测量进出口水温,并进行调节,以便达到设计水量、供回水温度和温差的要求,因此在管道上应依据事先运转试验的安排,并按照测试测孔布置的原则安装温度、压力测孔,其构造如图4.6.0所示。

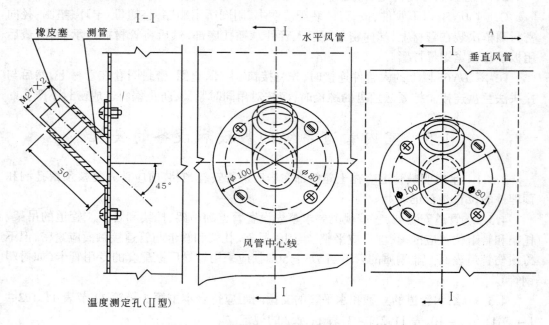

图4.6.0 管道温度压力测孔构造示意图

4.7 水压、试射和灌水等试验

4.7.1 管道系统的水压试验

(1)管道系统的水压试验应符合下列规定:

A. 试验压力应为管道系统工作压力的1.5倍(复合管材或塑料管材按相应的规程规定取值),但不得小于0.6MPa;

B. 水压试验之前,应全面检查管材、阀件、支架是否符合设计及规范要求;对试压管道应采取安全有效的固定和保护措施,接头部位必须明露。

(2)水压试验应按以下步骤进行:

A．将试压管道末端封堵,缓慢向系统内注水,同时将管道内气体排尽;

B．系统管道充满水后,先进行管道严密性检查;

C．加压宜采用手动泵缓慢升压,升压时间不得小于 10min;

D．升至规定试验压力后,停止加压,稳定 1h,观察接头部位是否有漏水现象;

E．稳定 1h 后,补压至规定试验压力值,15min 内的压力下降不超过 0.05MPa 为合格。

(3) 管道水压试验设置的压力表应经校验合格,压力表的量程应适中,刻度分割应≤0.05MPa。

(4) 当在冬期的环境温度低于 5℃进行水压试验和通水能力检验时,应采取可靠的防冻措施。

4.7.2　室内消火栓供水系统的试射试验

依据 GB 50242—2002《建筑给水排水及采暖工程施工质量验收规范》第 4.3.1 条的规定,室内消火栓系统安装完成后,应取屋顶层(或水箱间内)的试射消火栓和首层取两处消火栓进行实地试射试验,试验的水柱和射程以达到设计的要求为合格。

4.7.3　其他相关试验

其他相关试验按照不同的材质和相应的规范、规程规定进行。

4.8　验　　收

4.8.1　管道系统,应根据工程的特点,进行中间验收和竣工验收。中间验收应由施工单位会同建设单位进行;竣工验收应由主管单位组织施工、设计、建设和有关单位联合进行,并应做好记录,签署文件、立卷归档。

4.8.2　暗管安装应进行隐蔽验收。应着重检查管槽平整度、管道支撑、套管安装、防伸缩措施,并应进行水压试验和通水能力检验。

4.8.3　明装安装验收时,应检查支、吊架间距和形式是否满足设计要求。

4.8.4　竣工验收时,应具备下列文件:

(1) 施工图、竣工图及设计变更文件;

(2) 管材、管件出厂合格证或现场检验记录;

(3) 隐蔽工程验收记录和中间试验记录;

(4) 水压试验及通水能力检验记录;

(5) 生活饮用水管道的通水清洗和消毒记录;

(6) 工程质量事故处理记录;

(7) 工程质量检验评定记录。

4.8.5　竣工质量应符合设计要求和相关规范、规程的有关规定。竣工验收时,应重点检查和检验下列项目:

(1) 坐标、标高和坡度的正确性;

(2) 连接点或接口的整洁、牢固和密封性;

（3）支撑件和管卡的安装位置和牢固性；

（4）给水系统的通水能力检验，按设计要求同时开放的最大数量的配水点是否全部达到额定流量；

（5）对有特殊要求的建筑物，可根据管道布置，分层、分段进行通水能力检验；

（6）仪表的灵敏度和阀门的灵活性检验。

5　排水、雨水系统管道安装的交底内容的编制

排水系统施工技术交底内容应阐明该工程包含子分部工程的项目，如生活污水系统、生活废水系统、实验生产工艺废水系统及中水系统等。并阐明各个系统的材质和连接方法，例如生活污水、实验废水系统采用硬聚氯乙烯排水塑料管，承插粘接。雨水管线采用给水用聚氯乙烯塑料管，承插粘接。

5.1　排水管道的安装顺序

排水管道预制→排水干管安装→立管安装→支管安装→卡架固定→灌水试验→卫生洁具安装→系统通球试验。

5.2　排水管道安装的一般规定

5.2.1　排水管道的坡度要求

（1）铸铁管道生活污水排水系统

铸铁管道生活污水排水系统管道的坡度必须符合设计或 GB 50242—2002《建筑给水排水及采暖工程施工质量验收规范》第5.2.2条表5.2.2或表5.2.1-1的规定。

生活污水铸铁管道的坡度　　　　　　　　表5.2.1-1

项次	管径(mm)	标准坡度(‰)	最小坡度(‰)
1	50	35	25
2	75	25	15
3	100	20	12
4	125	15	10
5	150	10	7
6	200	8	5

（2）塑料管道生活污水排水系统

塑料管道生活污水排水系统管道的坡度必须符合设计或 GB 50242—2002《建筑给水排水及采暖工程施工质量验收规范》第5.2.3条表5.2.3或表5.2.1-2的规定。

生活污水塑料管道的坡度　　　　　　　　　　表 5.2.1-2

项次	管径（mm）	标准坡度（‰）	最小坡度（‰）
1	50	25	12
2	75	15	8
3	110	12	6
4	125	10	5
5	160	7	4

（3）雨水管道排放系统

悬吊式雨水管道的敷设坡度不得小于5‰；埋地雨水管道的敷设最小坡度应符合 GB 50242—2002《建筑给水排水及采暖工程施工质量验收规范》第5.3.3条表5.3.3或表5.2.1-3的规定。

地下埋设雨水管道的最小坡度　　　　　　　　表 5.2.1-3

项次	管径（mm）	最小坡度（‰）
1	50	20
2	75	15
3	100	8
4	125	6
5	150	5
6	200～400	4

5.2.2　塑料排水管道伸缩节和阻火圈的设置

（1）伸缩节的设置

塑料排水管道必须按照设计要求的位置设置伸缩节，如设计无要求时，伸缩节的间距不得大于4m。

（2）阻火圈的设置

高层建筑中明装的塑料排水管道应按照设计和规范要求的设置阻火圈或防火套管。

5.2.3　排水管道安装支吊架间距的要求

（1）金属排水管道吊钩或卡箍的设置

金属排水管道吊钩或卡箍应固定在承重结构上，固定件的间距：横管不大于2m；立管不大于 3m。楼层高度小于或等于 4m 的立管可以只安装一个固定件。立管底部的弯管处应设支墩或采取固定措施。

（2）塑料排水管道支吊架的设置

塑料排水管道支吊架的间距应符合表 5.2.3 的要求。

塑料排水管道支吊架的最大间距（m） 表 5.2.3

管径（mm）	50	75	110	125	160
立　管	1.2	1.5	2.0	2.0	2.0
横　管	0.5	0.75	1.10	1.30	1.6

5.2.4　排水通气管的安装

（1）排水通气管不得与风道或烟道连接。

（2）排水通气管应高出屋面 300mm，但必须大于最大的积雪厚度。

（3）在排水通气管出口处 4m 以内有门窗时，通气管应高出门窗顶部 600mm 或引向无门窗一侧。

（4）在有经常人员停留的平屋顶上，排水通气管应高出屋面 2m，并应根据防雷要求设置防雷装置。

（5）有隔热层的屋面，排水通气管高出屋面的高度应从隔热层的板面算起。

5.2.5　一般排水污水管禁止与下列管道直接连接

（1）与未经消毒处理的医院含菌污水排放管道连接。

（2）与饮食业工艺设备的排水管、饮用水箱的溢流管连接，并应留出不小于 100mm 的隔断空间。

（3）与一般排放的雨水管道。

5.2.6　清扫口和检查口的设置

（1）生活污水清扫口和检查口的设置

生活污水清扫口和检查口应按设计要求设置清扫口和检查口，设计无要求时，按 GB 50242—2002《建筑给水排水及采暖工程施工质量验收规范》第 5.2.6 条的规定设置。

（2）悬吊的雨水管道的检查口或带法兰堵口的三通的安装间距不得大于表 5.2.6 的规定。

悬吊雨水管道检查口的间距 表 5.2.6

项次	悬吊雨水管道直径（mm）	检查口的间距（m）	检查方法
1	≤150	≥15	拉线、尺量检查
2	≥200	≥20	

5.2.7 防结露措施

管井内、吊顶内、设备层内和明装的厨房、卫生间内的排水管道应采取防结露的保温措施。

5.2.8 排水管道的隐蔽

吊顶、管井及设备层内等需做防结露保温的排水管道以及埋地的排水管道,在隐蔽前必须进行灌水试验,否则不得进行隐蔽。

5.3 排水管道安装允许的误差

5.3.1 钢管雨水管道焊接焊口允许的偏差

钢管雨水管道焊接焊口允许的偏差应符合表5.3.1的规定。

表5.3.1

钢管雨水管道焊接焊口允许的偏差

项次	项	目		允许偏差(mm)	检验方法
1	焊口平直度	管壁厚度10mm以内		管壁厚度1/4	焊接检验尺和游标卡尺检查
2	焊缝加强面	高 度		+ 1mm	
		宽 度			
3	咬 边	深 度		小于0.5mm	直尺检查
		长 度	连线长度	25mm	
			总长度(两侧)	少于焊缝长度的10%	

5.3.2 室内排水和雨水管道安装的偏差

室内排水和雨水管道安装的偏差应符合表5.3.2的规定。

表5.3.2

室内排水和雨水管道安装的偏差

项次	项	目		允许偏差(mm)	检验方法
1	坐 标			15	
2	标 高			± 15	
3	横管纵横方向弯曲	铸铁管	每1米	≯1	用水准仪(水平尺)、直尺、拉线和尺量检查
			全长(25m以上)	≯25	
		钢 管	管径≤100mm	1	
			管径＞100mm	1.5	

项次	项 目			允许偏差(mm)	检验方法
3	横管纵横方向弯曲	钢 管	全长(25m以上) 管径≤100mm	≥25	用水准仪(水平尺)、直尺、拉线和尺量检查
			管径>100mm	≥38	
		塑料管	每1米	1.5	
			全长(25m以上)	≥38	
		钢筋混凝土管、混凝土管	每1米	3	
			全长(25m以上)	≥75	
4	立管垂直度	铸铁管	每1米	3	吊线和尺量检查
			全长(5m以上)	≥15	
		钢 管	每1米	3	
			全长(5m以上)	≥10	
		塑料管	每1米	3	
			全长(5m以上)	≥15	

5.4　排水管道的试验

5.4.1　室内排水和雨水管道的灌水试验

（1）室内的排水管道的灌水试验

室内的排水管道和雨水管道安装完成后应进行灌水试验，方法为打开下一层立管检查口，用充气橡胶皮胆封闭立管上部，进行闭水试验。合格后，撤去橡胶皮胆，封好检查口。隐蔽或埋地的排水管道在隐蔽前必须做灌水试验，其灌水高度不低于底层卫生器具的上边缘或底层地面的高度，满水15min水面下降后，再灌满水持续5min，液面不降，管道及接口无渗漏为合格。

（2）雨水管道的灌水试验

雨水管道安装完成后应进行灌水试验，方法为用充气橡胶皮胆封闭雨水立管底部，进行闭水试验。合格后，撤去橡胶皮胆，再进行隐蔽或埋地施工。灌水试验的灌水高度从雨水漏斗至雨水立管底的高度，满水15min水面下降后，再灌满水持续5min，液面不降，进行全面检查管道及接口无渗漏为合格。

5.4.2　排水管道的通球试验

依据 GB 50243—2002 第5.2.5条的规定，排水主立管及水平干管均应进行通球试验。

（1）通球试验

通球试验应按不同管径进行横管和立管试验。立管试验后按立管编号分别填写记录单，横管试验后按每个单元分层填写记录单。

（2）试验球直径

通球球径应不小于排水管直径的 2/3，大小见表 5.4.2。

通球试验的试验球直径   表 5.4.2

管　　径(mm)	150	100	75	50
胶球直径(mm)	100	70	50	32

（3）合格标准：管道的通球率必须达到 100%。

5.5 验　　收

5.5.1 管道系统，应根据工程的特点，进行中间验收和竣工验收。中间验收应由施工单位会同建设单位进行；竣工验收应由主管单位组织施工、设计、建设和有关单位联合进行，并应做好记录，签署文件、立卷归档。

5.5.2 暗管安装应进行隐蔽验收。应着重检查管槽平整度、管道支撑、套管安装、防渗漏措施，并应进行灌水试验和通球能力检验。

5.5.3 明装安装验收时，应检查支、吊架间距和形式是否满足设计要求。

5.5.4 竣工验收时，应具备下列文件：

（1）施工图、竣工图及设计变更文件；

（2）管材、管件出厂合格证或现场检验记录；

（3）隐蔽工程验收记录和中间试验记录；

（4）灌水试验及通球能力检验记录；

（5）工程质量事故处理记录；

（6）工程质量检验评定记录。

5.5.5 竣工质量应符合设计要求和相关规范、规程的有关规定。竣工验收时，应重点检查和检验下列项目：

（1）坐标、标高和坡度的正确性；

（2）连接点或接口的整洁、牢固和密封性；

（3）支撑件和管卡的安装位置和牢固性；

（4）排水系统的通水能力检验，按设计要求同时开放的最大数量的配水点是否全部达到额定流量和排放能力；

（5）对有特殊要求的建筑物，可根据管道布置，分层、分段进行通水能力检验。

6 室内采暖系统和室外供热管网管道安装的交底内容

6.1 采暖系统管道和室外供热管网的安装顺序

6.1.1 采暖系统管道的安装流程

预留管洞→管道预制加工→管道支吊架安装→干管安装→立管安装→水压试验→散热器安装→支管安装→水压试验→系统冲洗→系统调试。

6.1.2 室外供热管网的安装流程

（1）直埋

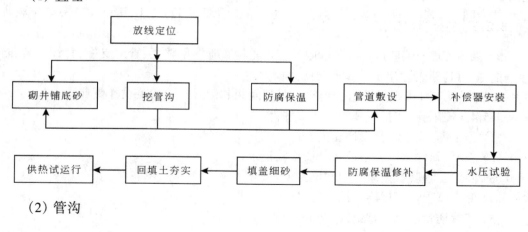

（2）管沟

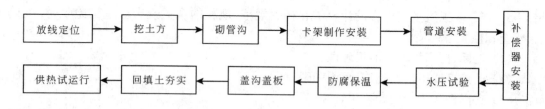

6.2 管道安装前的准备工作

6.2.1　室内供暖系统管道安装前的准备

（1）熟悉图纸,配合土建施工进度预留槽洞及安装预埋件。

（2）按设计图纸和规范规定放样,绘制安装详图,确定管路坐标和标高、坡向、坡度、管径、变径、预留甩口、阀门、卡架、拐弯、节点、伸缩补偿器及干管起点、终点的位置,并于现场进行校对、调整。

（3）按调整后的放样详图断管、套丝、煨弯、除锈、防腐,进行管件加工和预组装、调直。

（4）清理地沟内的污物。做好伸缩补偿器的加工或安装前的检查(如成品的波纹或套筒式补偿器)工作。

（5）按设计和规范的质量要求和间距规定,做好管道支、吊、卡架的预制和安装。

（6）做好散热器的组对、防腐、试压工作,按设计要求将散热器稳装到各房间的散热器的托钩上。

（7）做好上述管件支、吊、托架的加工制作、安装的预检、隐检工作,填写相应的检查记录单。

6.2.2　室外供热管网管道安装前的准备

（1）熟悉图纸,配合土建施工进度预留孔洞、安装预埋件。

（2）按设计图纸和规范规定放样,绘制安装详图,确定管路坐标和标高、坡向、坡度、管径、变径、预留甩口、阀门、卡架、拐弯、节点、伸缩补偿器及干管起点、终点的位置,并于现场进行校对、调整。

（3）按调整后的放样详图断管、套丝、煨弯、除锈、防腐,进行管件加工和预组装、调直。

（4）清理地沟内的污物。做好伸缩补偿器的加工或安装前的检查(如成品的波纹或套筒式补偿器)工作。

（5）按设计和规范的质量要求和间距规定,做好管道支、吊、卡架的预制和安装。

（6）做好管件支、吊、托架的加工制作、安装的预检、隐检工作,填写相应的检查记录单。

6.3　系统管道和附属设备的安装

6.3.1　室内供暖系统管道的安装

（1）室内供暖管道安装的顺序

A. 地沟内的托、吊、支架应在沟盖板未安装前安装和检验完毕。位于楼板下及顶层的干管应在结构封顶后或结构进入安装层的一层以上之后安装。立管必须在确定准确的地面标高后进行安装,支管必须在墙面抹灰后进行安装。

B. 管道安装的顺序应先安装室外干管,然后再安装室内干管、立管和支管。

C. 进行水压试验合格后,再进行防腐保温。

(2) 室外供热管网管道安装的顺序

A. 地沟内的托、吊、支架应在管道安装前进行安装和检验完毕。

B. 管道安装的顺序应先安装干管,后安装支管,最后安装阀门、补偿器等附件。

C. 进行水压试验合格后,再进行防腐保温。

6.3.2 室内供暖系统和室外供热管网管道的安装质量要求

(1) 管道坡向和坡度

A. 热水供暖和热水供应的供热(水)干管的坡向宜与管内水流方向相反(即反坡敷设,也称抬头走),这样符合气泡浮升与水流方向同向,利于排气,避免"气塞"。热水供暖的回水干管、热水供应的循环干管、蒸汽干管、蒸汽凝结水干管的坡向宜与管内介质流向相同(即顺坡敷设)。

B. 上供下回供暖系统(上分式)的集气罐安装在供水干管末端是符合机械循环热水供暖系统的内在机理的,因为气泡在管中的浮升速度均小于机械循环热水供暖系统管内水流的速度($\geqslant 0.25m/s$),要靠坡度来促使气泡倒流是不可能的(气泡在管内的浮升速度分别为垂直立管内 $0.25m/s$,水平和稍微倾斜干管内流速为 $0.1 \sim 0.2m/s$)。因此未经设计人员许可,不得随意改变集气罐的位置。若安装在供水干管中部,只能水泵停止运行时排气。

C. 热水供暖、热水供应管道及汽水同向流动的蒸汽和凝结水管道坡度一般为 0.003,但不得小于 0.002;汽水逆向流动的蒸汽管道坡度不得小于 0.005。

D. 连接散热器支管的坡度应为 1%。当支管太短保持 1% 坡度有一定困难时,则按支管长度 $\leqslant 500mm$ 时、坡度值为 5mm,大于 500mm 时为 10mm 进行安装;当一根立管接往两根支管时,只要其中一根超过 500mm 其坡度值为 10mm。

(2) 材质要求和接口的质量控制

A. 供暖、供汽、凝结水管一般采用焊接钢管(水煤气管)或无缝钢管,而热水供应管道一般采用镀锌焊接钢管(水煤气管)或铜管、金属塑料复合管道等。为避免因电位差造成的加速电腐蚀现象,因此不得采用焊接钢管和镀锌管件混合使用,反之亦然。金属塑料复合管道的接口配件按其相应的规范和规程的要求安装。

B. 钢质管材与配件直径无论是采用何种连接方式,在管材的选用上应选择外径和壁厚与焊接钢管接近的规格,以适应套丝和外径一致的要求。

C. 高温热水供暖管道、住宅工程室内低温供暖干管不应采用油任(活接头)作为可拆卸的连接件,如设计要求必须设置可拆卸的连接件时,应使用法兰连接。

D. 散热器与支管的连接必须安装可拆装连接件,单管穿流式热水供暖系统无闭合管的立管阀门之后可不安装油任(活接头),有闭合管的立管阀门之后应设油任(活接头),但闭合管可不安装油任(活接头),而立管接回水干管一侧的阀门前应安装油任(活接头)。油任(活接头)的安装方向应是插口方向与水流方向相同。

E. 供暖干管分环路进行分支连接时,不得采用丁字直线管段连接,应考虑管道的伸缩要求,采用羊角弯分路连接;对于主回路上的水平分支管(包括只带一根立管的水平管段较长的支管),当主干管管径≥40mm时,宜焊成斜三通形式分路;当主干管管径<40mm时,若采购不到斜三通,可以采用一般三通分流连接。

F. 供暖管道的变径连接时不得采用补心变径,水平管应采用变径短管变径。热水供暖的供回水的水平管、热水供应水平管采用上平下斜的偏心变径接头;立管和接散热器支管采用同心变径接头(但不得用补心);蒸汽水平干管采用上斜下平的偏心接头;蒸汽立管和凝结水(立、水平)管采用同心变径接头。变径管的长度详见本篇相关部分。变径起始点距离管道分叉点的距离:当管径≥70mm时为300mm;当管径≤50mm时为200mm。

G. 法兰盘的安装接口要求

(A) 法兰盘连接一般用于管径大于32mm的管道,常用平焊钢法兰。平焊钢法兰适用于温度≤300℃,公称压力≤2.5MPa的输送水、蒸汽、空气、煤气等中低压管道,其材质为A3或20号钢。

(B) 法兰与管道连接的连接方法分两种:管道压力为0.25~1.0MPa时,采用普通焊接法兰,即法兰与管道焊口处不开坡口;压力为1.6~2.5MPa时,应采用加强焊接法兰,加强焊接法兰是在法兰端面与管子外周边接触的端面管孔周边开坡焊接。

(C) 法兰焊接时必须使管子与法兰端面垂直,可用法兰靠尺检查,检查时需从相隔90°的两个互相垂直的方向进行,调整后点焊固定,再次进行检查法兰的垂直度,直至合格后再焊接。在检查法兰垂直度的同时,还应检查管子插入法兰的深度,应使管子端面距法兰盘内端面有一定的距离,其大小为管壁厚度的1.3~1.5倍。一切检查合适后再进行焊接,焊完后如焊缝有高出法兰盘内端面的,应用锉刀锉平,以保证法兰连接的严密性。

(D) 法兰连接的安装顺序:首先应将两法兰对平找正,并先在法兰盘螺孔中穿几根螺栓,插入法兰密封垫片,再次将螺栓穿齐,找正衬垫,按对角顺序分三至四次拧紧螺栓,以保证衬垫受力均匀,密封可靠。法兰中间不得放置斜面衬垫或几个衬垫,且螺杆伸出螺母端面的长度不宜大于螺杆直径的1/2。供暖及热水供应宜采用橡胶石棉垫;蒸汽等高温管道绝对不允许使用橡胶垫。衬垫外周应带"柄"以便调整衬垫在法兰中的位置,不带柄的垫称"死垫"。"死垫"是一块不开口的圆形垫料,它与钢板(约3mm)叠在一起,夹在法兰中间,用作堵板。但"死垫"的钢板应加在垫圈后方,位置颠倒了易出事故。垫片的允许偏差见表6.3.2-1。

软垫片的允许偏差(mm) 表6.3.2-1

公称直径(mm)	法兰密封面形式					
	平面式		凹凸式		榫槽式	
	允许偏差 (mm)					
	内径	外径	内径	外径	内径	外径
<125	+2.5	-2.0	+2.0	-1.5	+1.0	-1.0
≥125	+3.5	-3.5	+3.0	-3.0	+1.5	-1.5

(E) 变配电室、控制室内管道和设备接口均应为焊接接口,且不得设置阀门。

（3）管道的支、吊、托架

A. 管道的支、吊、托架制作安装和间距详见第三篇"管道的支、吊、托架制作安装技术交底部分"。

B. 层高≤5m，每层设一个立管卡，层高＞5m，每层不得小于两个。管卡安装高度距地面为1.5～1.8m，两个以上可均匀安装。立管卡埋深应≥100mm。

C. 供暖、热水供应冷热水支管在拐弯处及易受外力影响而变形的部位，以及散热器支管长度大于1.5m的应增加支托卡架。住宅工程供暖及冷、热水支管管径小于25mm，管中心距墙面不超过60mm，可采用单管卡作为托架，但支架间距不得超过1.5m。

（4）竖井内立管的安装

当竖井内有较多的管道时，其配管安装工作比一般竖井内管道的安装要复杂，安装前应认真做好纸面放样和实地放线排列工序，以确保安装工作的顺利进行。竖井内立管安装应在井口设型钢支架，上下统一吊线安装卡架，暗装支管应画线定位，并将预制好的支管敷设在预定位置，找正位置后用勾钉固定。竖井内管道安装应按照事先拟定的步骤进行，以免影响质量、进度和造成不必要的返工与浪费。

（5）分户供暖住宅工程竖井内管道的安装

分户供暖住宅工程竖井内不仅有较多的管道，而且尚有热量计量的温感元件和仪表、流量计、调节阀件，因此配管工作比一般竖井内管道的安装要复杂得多，安装前应认真做好纸面放样和实地放线排列工序，以确保安装工作的顺利进行。竖井内立管安装还应在井口设型钢支架，上下统一吊线安装卡架，暗装支管应画线定位，并将预制好的支管敷设在预定位置，找正后用勾钉固定。

（6）管道伸缩器安装的注意事项

A. 自然补偿

它是利用管道中弯曲的部件（弯头、乙字弯等）吸收管道因热膨胀和冷缩引起的变形（伸长、缩短）。当利用管道弯曲部件不能吸收管道热胀冷缩的变形时，才在直管段上每隔一定距离安装伸缩器，以补偿管道伸缩的变形。

B. 方形伸缩补偿器

方形伸缩补偿器由与管道同径管材加工而成。加工方法一般采用煨弯制作。尺寸较小的方形伸缩补偿器可用一根管道煨成，大尺寸的方形伸缩补偿器可用两根或三根管道煨制后再焊接而成。因方形伸缩补偿器作用时其顶部受力最大，因此要求顶部采用一根管道煨制，不得有焊口存在。伸缩器组对时应在平地上连接，连接点应在受力较小的垂直臂中部位置，组对尺寸应正确，四个弯曲角要在一个平面内，弯曲角必须是90°，否则会引起组对不易，造成横向位移，使支架偏心受力，甚至发生管道脱离支架。伸缩器安装时应将两臂拉伸（或压缩）其补偿量一半长度，误差允许值为±10mm。方形伸缩补偿器垂直安装时，应加装排气、泄水装置。伸缩器安装时应在两固定支座附近增设导向支座（活动支座），以防止运行时因管道伸缩脱离支座。

C. 波纹伸缩器（波形伸缩补偿器）

波形伸缩补偿器由波节、内衬套筒组成，内衬套筒一端与波壁焊接，另一端可以自由移动。波形伸缩器一般用3～4mm厚钢板制成，强度较低，补偿力小，只用于工作压力 *PN*

≤0.7MPa 的气体管道或管径大于 150mm 的低压管道。安装时应注意使管道内输送的介质流动方向从焊端流向自由端,并与管道坡度一致,防止凹槽内大量积水;同时还需在波峰的下端设置放水装置,中心线不得偏离管道中心线;不能在波节上安置吊装绳和焊接支架或附件。波形伸缩器的预拉伸量和预压缩量见表 6.3.2 - 2,安装可分 2～3 次逐次加大,并使每个波节四周受力均匀,其拉伸量允许偏差值为 ±5mm。

波形伸缩器的预拉伸量和预压缩量(mm)　　　　　　表 6.3.2 - 2

实际安装温度(℃)	- 20	- 10	0	10	20	30	40	50	60	70	80
预拉伸量	0.5ΔL	0.4ΔL	0.3ΔL	0.2ΔL	0.1ΔL						
预压缩量						0	0.1ΔL	0.2ΔL	0.3ΔL	0.4ΔL	0.5ΔL

波形伸缩器安装后应符合下列要求:

(A) 按设计规定进行预拉伸(或预压缩),使受力均匀。

(B) 内套有焊缝的一端,水平管道应迎介质流向安装,垂直管道应置于上部。波形伸缩器应与管道保持同心,不得偏心。

(C) 安装时应设临时固定,待管道安装固定后再拆除临时固定设施。

(D) 水压试验时压力绝对不允许超过波形伸缩器的使用压力。为避免过量拉伸,试压前应将伸缩器用固定架夹牢。

D. 套筒式伸缩器

套筒式伸缩器有套筒伸缩补偿器和填料式伸缩补偿器两种,其材质有铸铁和钢制。一般用于管径 DN > 100,且工作压力也较大。PN 小于 1.6MPa 时用钢制补偿器;PN 小于 1.3MPa 时用铸铁补偿器。套筒式补偿器的特点是补偿能力较大,占地小,安装简单,但易漏水,需要经常更换填料。因此在遇水能发生危险的场合及埋地敷设的管道不能采用。套筒式伸缩器还有单向和双向补偿之分,单向补偿应安装在固定支架旁边的直管段上,双向补偿应安装在直管线中间。安装前应将伸缩器拆开,检查内部零件及填料是否齐备,质量是否符合要求。安装时还应使伸缩器中心线与管道中心线一致,不得偏斜,并在靠近伸缩器两侧各设一个导向支架,以免运行时管道偏离中心位置。套筒式伸缩器安装时应进行预拉伸(预压缩),预拉伸(预压缩)后的安装长度由管道最大伸缩量确定,但同时还应考虑到管道低于安装温度下运行的可能性,因此其导管支撑环与外壳支撑环之间应留有一定间隙。其预留间隙可参照表 6.3.2 - 3 取值。套筒式补偿器安装还应符合下列要求。

套筒式伸缩补偿器的安装间隙(△ 值)　　　　　　表 6.3.2 - 3

固定支座间的直管段长度(m)	在下列温度安装时其间隙量 △ 的最小值(mm)		
	5℃	5～20℃	20℃
100	30	50	60
70	30	40	50

（A）与管道保持同心，不得歪斜。

（B）按设计规定安装长度，并考虑气温变化，留有剩余伸缩量（Δ值），允许偏差为±5mm。

（C）在靠近补偿器两侧，至少各有一个导向支座，保证运行时自由伸缩，不偏离中心。

（D）插管应安装在介质的流入端。

（E）填料石棉绳应涂石棉粉，并逐圈装入，逐圈压紧，各圈接口应相互错开。

（7）管道安装允许的偏差

A. 管道和设备保温允许的偏差应符合本书第4节表4.2.13的要求。

B. 供暖管道安装允许的偏差应符合表6.3.2-4的要求。

供暖管道安装允许的偏差　　　　表 6.3.2-4

项次	项 目			允许偏差（mm）	检验方法
1	横管道纵横方向弯曲（mm）	每 1m	管径≤100mm	1	用水平尺、直尺、拉线和尺量检查
			管径>100mm	1.5	
		全长（25m 以上）	管径≤100mm	≯13	
			管径>100mm	≯25	
2	立管垂直度（mm）	每 1m		2	吊线和尺量检查
		全长（5m 以上）		≯10	
3	弯管	椭圆率 $\dfrac{D_{\max}-D_{\min}}{D_{\max}}$	管径≤100mm	10%	用外卡钳尺量检查
			管径>100mm	8%	
		皱褶不平度（mm）	管径≤100mm	4	
			管径>100mm	5	

C. 散热器组对后平直度允许的偏差应符合表6.3.2-5的要求。

散热器组对后平直度允许的偏差　　　　表 6.3.2-5

项次	散热器类型	片数	允许偏差（mm）	检验方法
1	长翼型	2~4	4	拉线和尺量检查
		5~7	6	
2	铸铁片型	3~15	4	
	钢制片型	16~25	6	

D. 散热器安装允许的偏差应符合表6.3.2-6的要求。

E. 室外供热管网管道安装允许的偏差应符合表6.3.2-7的要求。

散热器安装允许的偏差　　　表 6.3.2-6

项次	项　目	允许偏差(mm)	检验方法
1	散热器背面与墙内表面距离	3	尺量检查
2	与窗中心线或设计定位尺寸	20	
3	散热器垂直度	3	吊线和尺量检查

供热管道安装允许的偏差　　　表 6.3.2-7

项次	项　目			允许偏差(mm)	检验方法
1	坐标(mm)	敷设在沟槽内及架空		20	用水准仪(水平尺)直尺、拉线
		埋　地		50	
2	标高(mm)	敷设在沟槽内及架空		±10	尺量检查
		埋　地		±15	
3	水平管道纵、横方向弯曲(mm)	每 1m	管径≤100mm	1	用水准仪(水平尺)直尺、拉线和尺量检查
			管径>100mm	1.5	
		全长(25m 以上)	管径≤100mm	≯13	
			管径>100mm	≯25	
4	弯　管	椭圆率 $\dfrac{D_{max} - D_{min}}{D_{max}}$	管径≤100mm	8%	用外卡钳尺量检查
			管径>100mm	5%	
		皱褶不平度(mm)	管径≤100mm	4	
			管径 125~200mm	5	
			管径 250~400mm	7	

F. 地沟内管道安装位置其净距(保温层外表面)应符合下列规定。

（A）与沟壁的净距离　　　　　　　　　　100~150mm

（B）与沟底的净距离　　　　　　　　　　100~200mm

（C）与沟底的净距离(不通行地沟)　　　　50~100mm

　　　　　　　　(半通行和通行地沟)　　　200~300mm

6.3.3　管道和系统试压

（1）试压的分类

分强度及严密性试验和单项试验及综合试验。试验工质为水。一般承压管网系统的强度试验和严密性试验采用同一套设备,分阶段进行。第一阶段试验压力比系统的额定工作压力高,一般为额定工作压力的 1.2~1.5 倍,当压力升至试验压力时停止升压,若在稳压 5min(或 10min)内,压力降≤0.02(0.05)MPa、系统无渗漏为合格,此段试验为系统的强度试验。然后将压力降至额定工作压力,稳压一定时间,检查系统各管道接口、阀件等附属配件是否渗漏,不渗漏为合格,此段试验称为严密性试验。

单项试压主要用于分系统和分工序管道安装后,或隐蔽(或埋设)前的管道试压;综合试压用于系统全部(含附属设备和附件)安装完成后的试压。

(2)试验标准

A.热水供暖系统

(A)单项试压

多层建筑:试验压力 0.7MPa,5min 内无渗漏,压降≤0.02MPa。然后将试验压力降至工作压力,进行严密性试压,压力维持时间 10min 以上,并进行外观检查不渗不漏为合格。

高层建筑:试验压力 1.2MPa,5min 内无渗漏,压降≤0.02MPa。然后将试验压力降至工作压力,进行严密性试压,压力维持时间 10min 以上,并进行外观检查不渗不漏为合格。

(B)综合试压

室内热水供暖系统综合试验压力应符合两个条件,并取其中最大值作为水压试验压力。第一个条件是:试验压力等于系统顶点的工作压力加不小于 0.1MPa;第二个条件是:试验压力必须维持系统顶点的压力不小于 0.3MPa。依此推论,试验压力应满足的第二个条件是:

$$(0.3 + 0.01\Delta h)\text{MPa}$$

式中　Δh——为系统顶点与试压泵所在层次楼面标高差,单位为 m。

依上述条件,具体到实际工程时,对于不同类型的建筑水压试验压力的取值分别为:

多层建筑——在 0.5MPa 与 $(0.3 + 0.01\Delta h)$MPa 中取最大值,且 5min 压力降≤0.02MPa。

高层建筑——在 0.8MPa 与 $(0.3 + 0.01\Delta h)$MPa 中取最大值,且 5min 压力降≤0.02MPa。

然后将试验压力降至工作压力,进行严密性试压,压力维持时间 10min 以上,并进行外观检查不渗不漏为合格。

若试验压力大于系统最低点(最低层)散热器所能承受的最大试验压力,则应分层(或分层段)做水压试验。

B.室内蒸汽供汽(暖)工程

(A)当蒸汽工作压力(表压力)≤0.07MPa,应以系统顶点工作压力的 2 倍作水压试验,同时还应保证系统最低点试验压力≤0.25MPa 检查不渗不漏。然后将试验压力降至工作压力,进行严密性试压,压力维持时间 10min 以上,并进行外观检查不渗不漏为合格。

(B)当蒸汽工作压力(表压力)>0.07MPa,水压试验压力同室内热水供暖系统。为简化试验压力的计算,在实际工程中,水压试验压力值可按热水供暖系统一样取值。

C.室外供热管道工程(饱和蒸汽压力<0.8MPa 的蒸汽供热系统和热水温度≤150℃的高温热水供热系统)

水压试验压力为系统工作压力的 1.5 倍,但不小于 0.6MPa,且 10min 内压力降≤0.05MPa,然后将系统压力降至工作压力,作外观检查,系统不渗不漏为合格。

D．室内热水供应工程(包括室内给水工程和中水系统)的水压试验

（A）单项试压：水压试验压力应为工作压力的 2 倍，且不小于 0.6MPa，也不大于 1.0MPa，即：

$$0.6MPa \leqslant 2P \leqslant 1.0MPa$$

试验时将压力升至试验压力，并将压力维持 10min，在 10min 内压力降应 $\leqslant 0.05MPa$，然后再将系统试验压力降至系统工作压力值，进行外观检查，不渗不漏为合格。这里工作压力 P 是系统中最不利的某层用水点的资用压力 ΔP(使用压力)与该用水点至系统最低点(或试泵所在层标高)的高差 Δh 之和，即（$\Delta P + 0.1\Delta h$）MPa。

（B）综合试压：试验压力同单项试压，但试验时限改为 1.0h，在 1.0h 内压力降应 $\leqslant$ 0.05MPa，然后再将系统试验压力降至系统的工作压力值，进行外观检查，不渗不漏为合格。

E．试压合格后分别填写试验记录单。

F．注意事项

由于新规范已颁布，因此以上试验标准与新规范不符的，应以新规范要求为准，也可以参照前面的"F3　给水、排水、供暖与通风空调工程施工试验汇编"的规定执行。

6.3.4　管道的冲洗

系统安装完毕和综合水压试验后，系统调试前应进行系统冲洗。

（1）供暖系统的冲洗：系统投入使用之前，必须进行冲洗，冲洗前应将管道系统安装的流量孔板、滤网、温度计、压力表等阻碍污物通过的设施临时拆除，待冲洗合格后再重新安好。

（2）热水供暖系统管道及蒸汽凝结水管道、热水供应管道的冲洗水源为清水(自来水或无杂质、透明度清澈的消毒天然地面水或地下水)。冲洗水压和流量应按设计提供的最大压力和最大流量进行，直到出水口的水色透明度与进水侧水质的水色透明度目测一致为合格。压力不足的应增加加压泵加压，不得用水压试验的泄水代替冲洗试验。

（3）蒸汽管道采用蒸汽冲洗，应依 GB 50235—97 第 8.4.2 条规定，吹扫蒸汽的流量和压力按设计的最大流量和压力进行，但流速不得 <30m/s，吹扫前应缓缓冲汽升温暖管，经凝结排水口将暖管的大量凝结水排出，待暖管恒温 1h 后，再进行吹扫冲洗，吹洗后待温度降至环境温度后，再重复进行暖管吹扫，一般吹扫次数不得少于三次，直到管内无铁锈及污物为合格。

（4）管道冲洗记录单的填写应分专业、分段、分系统进行填表，试验记录单应填写注水部位、放水部位、吹扫次数、吹(冲)洗情况和效果、日期、时间及有关人员签名齐全。

6.3.5　管道的防腐与保温

管道保温前应做好管道和设备、附件的防腐工作。防腐前应清污除锈，清污除锈应先用刮刀锉刀将管道表面的污锈去掉，然后用钢刷刷净，直至露出金属本色为止，刷油漆之前应用棉纱将表面浮土擦净。镀锌钢管锌皮损坏和外露丝扣处及焊接钢管、支架、散热器等应刷防锈漆两道银粉漆两道。

管道保温因常用的保温壳生产工艺低，外径不一，误差较大，在施工前应进行挑选，同一规格的外径尽量一致，保温层之间的缝隙应用碎料填实，以免产生'冷桥'和影响外观质量。

6.3.6 散热器的安装

散热器安装应在土建抹灰(粗装修)之后、精装修之前，管道安装、水压试验合格后进行。散热器必须用卡钩与墙体固定牢；支管安装应认真细致，乙字弯煨制应与墙体拐角相配合，上下对齐且与墙面平行。散热器在防腐前应做好除锈工作，确保防腐质量。散热器组对后应逐组 100% 进行水压试验，试验压力为散热器额定工作压力的 1.2 倍，并应分层填写试压记录单。

6.3.7 供暖系统和热水供应系统的热工调试

供暖工程热工调试必须测定的数据有

(1) 供暖房间的室温，室温允许的误差住宅为 +2℃，民用建筑为 +2～ -1℃。

(2) 测定热水供应系统最远配水点的水温。当设计计算配水点数量同时开放时，配水点水温允许误差为 +5℃。

(3) 测定锅炉房及各建筑物各热力点的热力出口、入口处的连续 24h 热力工况、温度、压力的数据。

(4) 若竣工时因季节关系无条件进行热工调试，依据(94)质监总站第 036 号文第四部分第 20 条规定，必须在竣工单上注明热工调试延期，并附有建设单位的证明书。

(5) 如设计无特别要求，可按(94)质监总站第 036 号文第四部分第 20 条规定，只进行室温的简单平衡调试。

(6) 按分项单位工程分别填写调试记录单。

7 空调冷、热水循环系统管道与设备安装的交底内容

7.1 空调冷、热水循环系统管道安装的特点

7.1.1 空调冷、热水循环系统包括的范畴

空调冷、热水循环系统包括空调冷、热水系统，空调凝结水排放系统，蒸汽输送系统，冷却水循环系统和直接输送制冷剂的 VRV 系统等。因此，我们将空调冷、热水系统，空调凝结水排放系统，蒸汽输送系统，冷却水循环系统统称为空调水系统。

7.1.2 空调水系统管道安装的特点

(1) 空调冷热水输送系统、冷却水循环系统和空调凝结水排放系统

空调冷、热水系统输送的介质为冷、热水,其中空调冷冻水输送系统、冷却水循环系统、凝结水排放系统管道安装工艺与给水工程的生活给水系统没有多少差别,不同的是空调冷冻水的温度远比给水工程的生活给水系统输送的介质温度低得多。因此,管道、设备的保温质量非常关键,若管道、设备的保温不严密,存在缝隙或漏空,将引起冷桥现象,造成系统管道和设备表面出现凝结水,致使引起保温材料失效,建筑装修(如吊顶、墙体等)受损坏。

其次,管道的支吊架处若处理不当,也会形成冷桥,其恶果与管道保温质量失控相同。

因此,它们的安装技术交底内容,参照上述相应系统的安装技术交底内容,并进行适当的补充即可。

(2) 空调热水输送系统、蒸汽输送系统

空调热水输送系统和热水采暖系统和给水工程的热水供给系统的安装工艺类似。空调的汽源蒸汽的输送系统的安装工艺与供热工程的蒸汽输送系统相同。

(3) 本章主要探讨的内容

本章将着重阐述空调水循环系统安装的具体问题。

7.2 空调水系统的安装流程

7.2.1 空调系统冷冻水循环系统的安装流程

安装准备→预制加工→卡架安装→干管安装→立管安装→支管安装→试压→冲洗→防腐→保温→调试。

7.2.2 空调系统冷凝水管的安装流程

安装准备→预制加工→卡架安装→立管安装→水平干支管安装→设备联接→灌水试验→通水冲洗→防腐→防结露保温。

7.3 空调水系统管道与设备安装应注意事项

7.3.1 空调水系统管道与设备安装应符合下列的要求

(1) 隐蔽管道隐蔽前必须进行水压试验和经监理人员验收、认可签字。

(2) 焊接钢管和镀锌钢管不得采用热煨弯管。

(3) 管道与设备连接应在设备安装完毕后进行,与水泵、制冷机组的接管必须为柔性接口。柔性短管不得强行对口连接,与其连接的管道应设置独立支架。

（4）冷热水及冷却水系统应在系统冲洗、排污合格（目测以排出口的水色和透明度与入口对比相近，无可见杂物），再循环运行 2h 以上，且水质正常后才能与制冷机组、空调设备相贯通。

（5）固定在建筑结构上的管道支吊架，不得影响结构安全。管道穿越墙体或楼板处应设置钢制套管，管道接口不得置于套管内，钢制套管应与墙体装饰表面或楼板底部平齐，上部应高出楼板地面 20～50mm，并不得将套管作为管道的支撑。

保温管与套管四周间隙应用不燃绝热材料填充紧密。

（6）阀门的安装应符合以下规定

A．阀门安装位置、高度、进出口方向必须符合设计要求，连接应牢固紧密。

B．安装阀门前必须进行外观检查，阀门的铭牌应符合国家有关规范的规定。对工作压力大于 1.0MPa 及在主干管上起切断作用的阀门，应进行强度和严密性试验，合格后方准使用。其他阀门可以不单独进行试验，但应按照一般阀门的要求进行抽查试验，并于系统试压中一起检验。

（7）补偿器的补偿量和安装位置必须符合设计和产品技术文件的要求，并依据设计计算的补偿量进行预拉伸或预压缩。有补偿器的管道应有固定支座和导向支座，它们的结构形式和位置应符合设计和产品文件的要求。固定支座应在补偿器进行预拉伸或预压缩之前固定。

（8）冷却塔、水泵、水箱、集水缸、分水器、储冷罐的型号、规格、技术参数等应符合设计要求和产品性能指标。并依据设计和规范要求进行水压、灌水等试验。

（9）管道安装的准备

A．管道安装前应进行现场勘察、放线，并依据设计图纸和规范规定放样，绘制安装详图，确定管线坐标和标高、坡向、坡度、管径、变径、预留甩口、阀门、卡架、拐弯、节点、伸缩补偿器及干管起点、终点的位置，并于现场进行校对、调整。

B．按调整后的放样详图断管、套丝、煨弯、除锈、防腐，进行管件加工和预组装、调直。

C．按设计和规范的质量要求和间距规定，做好管道支、吊、卡架的预制和安装。

（10）非金属的硬性塑料管道的连接方法应符合设计和产品技术文件要求。

（11）金属管道的安装应符合下列的要求：

A．管道和配件安装前应进行清污除锈，安装过程中断时应及时封闭敞开的管口。

B．热煨弯管道的曲率半径不应小于管道外径的 3.5 倍，冷弯不应小于管道外径的 4.0 倍。焊接弯管不应小于管道外径的 1.5 倍，冲压弯管不应小于管道外径的 1.0 倍。弯管的最大外径与最小外径之差不应大于管道外径的 8%，管壁减薄率不应大于 15%。

C．冷凝水管的排放坡度应符合设计要求。设计无要求时，其坡度不宜大于或等于 8‰。软管连接长度不宜大于 150mm。

D．冷热水管与支吊架之间应有隔热衬垫（不燃或难燃和承压强度大的硬质材料或防腐的木衬垫），厚度不应小于保温层厚度，宽度略大于支吊架的支承面。衬垫的表面应平整、接合面的间隙应填实。

E．焊接管道的焊接材料品种、规格、性能应符合设计要求，管道焊口的组对和坡口形式应符合表 7.3.1－1 的规定，对口的平整度为 1%，全长不大于 10mm。固定焊口应远离设备,且不宜与设备接口的中心线重合,对接焊缝与支吊架的距离应大于50mm。

管道焊接坡口形式和尺寸   表 7.3.1－1

项次	厚度 T（mm）	坡口名称	坡口形式	坡口尺寸			备 注
				间隙 C（mm）	钝边 P（mm）	坡口角度（°）	
1	1～3	Ⅰ型坡口		0～1.5	—	—	内壁错边量≤ $0.1T$ 且≤2mm 外壁≤3mm
	3～6			1～2.5	—	—	
2	6～9	V型坡口		0～2.0	0～2	65～75	
	9～26			0～3.0	0～3	55～65	
3	2～30	T型坡口		0～2			

F. 管道安装的坐标、标高和纵横向的弯曲度应符合表 7.3.1－2 的规定,在吊顶等处暗装管道的位置应正确,无明显的偏差。

管道安装允许的偏差与检验方法   表 7.3.1－2

项 目			允许偏差(mm)	检 查 方 法
坐 标	架空及地沟	室 外	25	按系统检查管道的起点、终点、分支点和变向点及各点之间的直管 用经纬仪、水准仪、液体连通器、水平仪、拉线和尺量检查
		室 内	15	
	埋 地		60	
标 高	架空及地沟	室 外	±20	
		室 内	±15	
	埋 地		±25	
水平管道平直度	$DN \leqslant 100mm$		$2L‰$,最大 40	用直尺、拉线和尺量检查
	$DN > 100mm$		$3L‰$,最大 60	
立管垂直度			$5L‰$,最大 25	用直尺、线锤、拉线和尺量检查
成排管段间距			15	用直尺尺量检查
成排管段或成排阀门在同一平面上			3	用直尺、拉线和尺量检查

注:L——管道的有效长度(mm)

241

G. 金属管道的支吊架的形式、位置、间距、标高应符合设计或有关技术标准的要求。设计无要求时,应按下列规定设置。

(A) 支吊架的安装应平整牢固,与管道紧密接触。管道与设备的连接应独立设置支吊架。

(B) 机房内的总、干管的支吊架应采用承重防晃动的管架,与设备连接的管道宜有减振措施。当水平支管采用单杆吊架时,应在管道的起始点、阀门、三通、弯头和直管段每隔15m 设置承重防晃动的支吊架。

(C) 无热位移的管道吊架的吊杆应与管道垂直,有热位移的管道吊架的吊杆应偏向管道伸缩相反的方向,偏移量按计算确定(应提供确切的数值)。

(D) 滑动支架的滑动面应清洁、平整,其位置应符合设计文件的规定。吊架的吊杆应从支承面的中心向位移反方向偏移 1/2 的位移值。

(E) 竖井内的立管,每隔 2~3 层应设导向支架。

(F) 水平安装的管道支吊架间距应符合表 7.3.1 – 3 的规定。

钢管支吊架的最大间距　　　　　　　　表 7.3.1 – 3

公称直径		15	20	25	32	40	50	70	80	100	125	150	200	250	300
最大间距	L_1	1.5	2.0	2.5	2.5	3.0	3.5	4.0	5.0	5.0	5.5	6.5	7.5	8.5	9.5
	L_2	2.5	3.0	3.5	4.0	4.5	5.0	6.0	6.5	6.5	7.5	7.5	9.0	9.5	10.5
	对大于 300mm 的管道可参考 300mm 管道														

注:1. 适用于工作压力不大于 2.0MPa,不保温或保温材料密度不大于 200kg/m³ 的管道系统;
　　2. L_1 用于保温管道,L_2 用于不保温管道。

(G) 管道支吊架的焊接不得有漏焊、欠焊或焊接裂纹等缺陷。支架与管道焊接时,管道一侧的咬边量应小于 0.1 管壁厚。

(12) 管道与风机盘管机组和空调设备的连接宜采用弹性接管或耐压强度大于等于1.5 倍系统工作压力的金属或非金属软管。

(13) 采用硬塑管道或复合管道时,管道与金属支吊架之间应有隔热措施。它们的支吊架距离应符合相关的规程和产品技术文件的要求。

(14) 冷却塔、水泵及空调制冷设备等的安装参考相关的章节。

7.3.2 空调水系统管道与设备防腐保温的要求

(1) 阀门、过滤器及法兰处的绝热结构应能单独拆卸。

(2) 管道穿越墙、楼板套管处的绝热,应采用不燃或难燃软、散的材料填实。

(3) 空调冷冻水管的吊架、吊卡与管道之间应按设计设隔热垫。

(4) 水箱、分水器、集水器、管道等保温层缝隙的严密,以免产生冷桥。易起尘的保温材料应防止施工时对环境、设备及其他专业安装工程的污染。

(5) 为增加外观质量和避免环境污染,对指标违标的保温层外表可以采用 $\delta \leqslant 0.5mm$ 的薄镀锌钢板或薄铝板包装。

(6) 保温工程冬季及户外施工应有防冻与防雨措施。

7.4　空调水系统的试验与调试

详见"F3　给水、排水、供暖、通风空调工程相关试验规定汇编"、"4. 给水(冷、热水、消防)系统管道的安装交底内容"和"6. 室内采暖系统和室外供热管网管道安装的交底内容"的相关内容。

8　通风、空调系统风道与设备安装的交底内容

8.1　通风空调工程安装分部工程划分的特点

8.1.1　通风空调分部分项工程的划分

依据 GB 50243—2002《通风与空调工程施工质量验收规范》第 3.0.8 条的规定：

A. 当通风与空调工程作为建筑工程的分部工程施工时,其子分部与分项工程按表8.1.1 划分。

通风与空调分部工程的子分部划分　　　　　　　　　　表 8.1.1

子分部工程	分　项　工　程　送　排　风　系　统	
送排风系统	风管与配件制作 部件制作 风管系统安装 风管与设备防腐 风机安装 系统调试	通风设备安装,消声设备制作与安装
防排烟系统		排风口、常闭正压风口与设备安装
除尘系统		除尘与排污设备安装
空调系统		空调设备安装、消声设备制作与安装,风管与设备绝热
净化空调系统		空调设备安装、消声设备制作与安装、风管与设备绝热、高效过滤器安装、净化设备安装
制冷系统	制冷机组安装,制冷剂管道及配件安装,制冷附属设备安装,管道与设备的防腐与绝热,系统调试	
空调水系统	冷热水管系统安装,冷却水管系统安装,冷凝水管系统安装,阀门及部件安装,冷却塔安装,水泵及附属设备安装,管道与设备的防腐与绝热,系统调试	

B. 当通风与空调工程作为单位工程独立验收时,其子分部工程上升为分部工程,分项工程按表8.1.1 划分。

C. 通风与空调工程有关的土建工程施工完毕后,应由建设或总包、监理、设计及施工单位共同进行会检。会检的组织由建设、监理或总包单位负责。

D. 通风与空调工程子分部中的各个分项,可根据施工工程的实际情况一次或数次验收。

E. 隐检工程在隐蔽前必须经监理人员验收及认可签证。

F. 通风与空调工程竣工的系统调试应在建设和监理单位的共同参与下进行。

G. 净化空调系统洁净室(区域)的洁净度等级应符合设计要求。

8.1.2 通风空调工程安装顺序

通风空调工程安装的顺序应按照风管及配件的制作、风管部件的制作、风管系统吊装、设备安装、系统与设备的防腐保温、风机或空调设备的安装、系统测试与调试等步骤和顺序进行。

8.1.3 本文通风空调分部工程安装技术交底内容编制的说明

(1)"分部(子分部)工程施工技术交底"将以省略方式编制

由于通风空调系统和锅炉设备安装的分部工程与子分部工程依据它们验收的情况有互相交替的可能,分部工程与分项工程的交底内容也难以明显分开。况且工程施工中的主要问题在第一篇第三章"暖卫通风空调工程单位(子单位)工程施工技术交底"和第三篇"分项工程施工技术交底"的各章节中均作了详细的说明。因此"分部(子分部)工程施工技术交底"仅以较省略的篇幅进行阐述,或将个别项目全部放在"分项工程施工技术交底"中阐述,以避免不必要的重复。

(2)"分项工程施工技术交底"内容的重点

在下一篇"分项工程施工技术交底"内容将侧重于金属风道系统的介绍。对于非金属材料的通风空调系统(如硬聚氯乙烯、有机玻璃钢、无机玻璃钢系统),由于此类系统一般由生产厂家负责安装、调试,因此不作更多的研讨。

8.2 通风空调工程系统压力等级的划分
与强度、严密性的检测

8.2.1 通风空调工程系统压力等级的划分

依据 GB 50243—2002《通风与空调工程施工质量验收规范》第 4.1.5 条的规定,风管系统按其工作压力划分为三个类别,详见表 8.2.1。

风管系统类别的划分 表 8.2.1

系统类别	系统工作压力 P(Pa)	密 封 要 求
低压系统	$P \leqslant 500$	接缝和接管连接处严密

系统类别	系统工作压力 P(Pa)	密　封　要　求
中压系统	$500 < P \leqslant 1500$	接缝和接管连接处增加密封措施
高压系统	$P > 1500$	所有的拼接缝和接管连接处均应采取密封措施

8.2.2　通风空调工程系统风管的强度和严密性要求

（1）通风空调风管制作的强度和严密性要求

依据 GB 50243—2002《通风与空调工程施工质量验收规范》第 4.2.5 条的规定，风管的制作必须通过工艺性的检测或验证，其强度和严密性要求应符合设计或下列规定。即：

A．风管的强度应能满足在 1.5 倍工作压力下接缝处无开裂。

B．矩形风管的允许漏风量应符合以下规定：

低压系统风管　　　　　　$Q_L \leqslant 0.1056 P^{0.65}$

中压系统风管　　　　　　$Q_M \leqslant 0.0352 P^{0.65}$

高压系统风管　　　　　　$Q_H \leqslant 0.0117 P^{0.65}$

式中　Q_L、Q_M、Q_H——在相应的工作压力下，单位面积（风管的展开面积）风管在单位时间内允许的漏风量，$m^3/h \cdot m^2$；

　　　　P——风管系统的工作压力，Pa。

C．低压、中压系统的圆形金属风管、复合材料风管及非法兰连接的非金属风管的允许漏风量为矩形风管的允许漏风量的 50%。

D．砖、混凝土风管的允许漏风量不应大于矩形风管规定允许漏风量的 1.5 倍。

E．排烟、除尘、低温送风系统风管的允许漏风量应符合中压系统风管的允许漏风量标准（低压中压系统均同）。1~5 级净化空调系统按高压系统风管的规定执行。

F．检查数量及合格标准

（A）检查数量：按风管系统类别和材质分别抽查，但不得少于 3 件及 $15m^2$。

（B）检查方法及合格标准：检查产品合格证明文件和测试报告书，或进行强度和漏风量检测。低压系统依据 GB 50243—2002《通风与空调工程施工质量验收规范》第 6.1.2 条的规定，在加工工艺得到保证的前提下可采用灯光检漏法检测。

（2）通风空调系统的检漏试验

依据 GB 50243—2002《通风与空调工程施工质量验收规范》第 6.1.2 条的规定，风管系统安装后，必须进行严密性检验，合格后方能交付下一道工序施工。风管严密性检验以主、干管为主。

A．通风空调系统管道安装的灯光检漏试验

依据 GB 50243—2002《通风与空调工程施工质量验收规范》第 6.1.2 条、第 6.2.8 条和附录 A 的规定，通风系统管段安装后应分段进行灯光检漏，并分别填写检测记录单。

（A）测试装置

详见图 8.2.2－1。

图 8.2.2 – 1　灯光检漏装置

（B）灯光检漏的标准

低压系统抽查率为 5%，合格标准为每 10m 接缝的漏光点不大于 2 处，且 100m 接缝的漏光点不大于 16 处为合格。

中压系统抽查率为 20%，合格标准为每 10m 接缝的漏光点不大于 1 处，且 100m 接缝的漏光点不大于 8 处为合格。

高压系统抽查率为 100%，应全数合格。

B．通风空调系统漏风量的检测

（A）测试装置

通风管道安装时应分系统、分段进行漏风量检测，其检测装置如图 8.2.2 – 2 所示，连接示意图详见图 8.2.2 – 3。

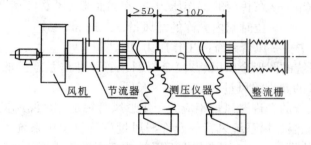

负压风管式漏风量测试装置

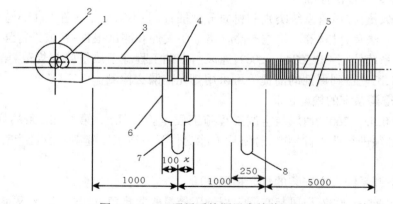

图 8.2.2 – 2　通风系统漏风率检装置图

孔板 1（$D = 0.0707$m）；$x = 45$mm；孔板 2（$D = 0.0316$m）；$x = 71$mm；

1—进风挡板；2—风机；3—钢风管 $\phi100$；4—孔板；5—软管 $\phi100$；

6—软管 $\phi8$；7、8—压差计

246

（B）检测数量

依据 GB 50243—2002《通风与空调工程施工质量验收规范》第 6.2.8 条和附录 A 的规定。低压系统抽查率为 5%，中压系统抽查率为 20%，高压系统抽查率为 100%。

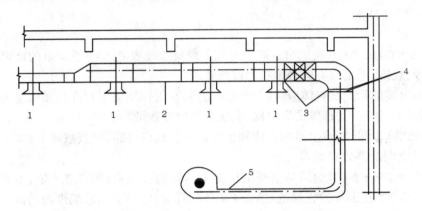

图 8.2.2-3　风管检漏测试系统连接示意图

1—风口；2—被试风管；3—盲板；4—胶带密封；5—试验装置

（C）合格标准：详见本节第（1）款，即 8.2.2-（1）。

（3）通风与空调机组和部件的检漏试验

依据 GB 50243—2002《通风与空调工程施工质量验收规范》第 7.1.1 条、第 7.2.3 条和附录 A 的规定。

A．现场组装的组合式空调机组

其漏风量的检测必须符合现行国家标准 GB/T 14294《组合式空调机组》的规定。

（A）测试装置：详见图 8.2.2-4。

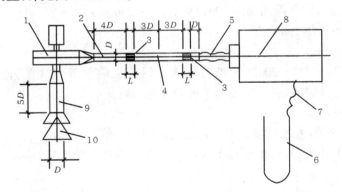

图 8.2.2-4　组合式空调机组测试装置

1—试验风机；2—出气风道；3—多孔整流器；4—测量孔；5—连接软管；
6—压差计；7—连接胶管；8—空调器；9—进气风道；10—节流器

（B）检测数量

依据 GB 50243—2002《通风与空调工程施工质量验收规范》第 7.2.3 条的规定。一般空调机组抽查率为总数的 20%，但不少于 1 台。净化空调机组 1~5 级洁净空调系统抽查率为总数的 100%；6~9 级洁净空调系统抽查率为 50%。

（C）合格标准

详见本节第(1)款，即 8.2.2 - (1)。

B. 除尘器

依据 GB 50243—2002《通风与空调工程施工质量验收规范》第 7.2.4 条的规定。

a. 型号、规格、进出口方向必须符合设计要求。

b. 现场组装的除尘器壳体应进行漏风量检测，在工作压力下允许的漏风量为 5%，其中离心式除尘器为 3%。布袋式除尘器、电除尘器抽查数量为 20%。

c. 布袋式除尘器、电除尘器的壳体和辅助设备接地应可靠，抽查数量 100%。

C. 洁净空调的高效过滤器

依据 GB 50243—2002《通风与空调工程施工质量验收规范》第 7.2.5 条、附录 B.3 和 JGJ 71—90《洁净室施工及验收规范》第 3.4.4 条的规定，洁净空调系统进场的高效过滤器或超高效过滤器(D 类)进场必须按 GB 50243—2002《通风与空调工程施工质量验收规范》附录 B.3 的方法进行检漏试验，即：

（A）对于安装于送、排风末端的高效过滤器或超高效过滤器(D 类)，应用采样速率大于 1L/min 的光学粒子计数器或检漏仪(光度计法)进行安装边框和全断面的扫描法检漏。D 类高效过滤器宜采用激光粒子计数器或凝结核计数器。

（B）采用粒子计数器检漏高效过滤器，其上风侧应引入均匀浓度的大气尘或含其他气溶胶尘的空气。对大于等于 $0.5\mu m$ 尘粒，浓度应大于等于 $3.5 \times 10^5 pc/m^3$；或对大于等于 $0.1\mu m$ 尘粒，浓度应大于等于 $3.5 \times 10^7 pc/m^3$。若检测超高效过滤器(D 类)，对大于等于 $0.1\mu m$ 尘粒，浓度应大于等于 $3.5 \times 10^9 pc/m^3$。

（C）高效过滤器的检测采用扫描法，即在过滤器的下风侧用粒子计数器的等动力采样头，放在距离被检部位表面的 20~30mm 处，以 5~20mm/s 的速度，对过滤器的表面、边框和封头胶处进行移动扫描检查。

（D）检测结果

应符合依据 GB 50243—2002《通风与空调工程施工质量验收规范》附录 B.3 或 JGJ 71—90《洁净室施工及验收规范》第 5.4.1 条的规定，即：

a. 允许透过率

高效过滤器允许的透过率应≤出厂合格透过率的 2 倍；

超高效过滤器(D 类)允许的透过率应≤出厂合格透过率的 3 倍。

b. 抽检数量

依据 GB 50243—2002《通风与空调工程施工质量验收规范》第 7.2.5 条的规定，高效过滤器的仪器抽检数量按每批抽查 5%，但不少于 1 台。

c. 外观检查

目测不得有变形、脱落、断裂等破损现象。

8.3 通风空调工程系统施工技术交底内容编制的其他问题

8.3.1 通风空调工程非金属风管风管系统安装施工技术交底内容的重点

由于硬聚氯乙烯、有机玻璃钢、无机玻璃钢和复合玻璃纤维等非金属风管一般由建设单位选购订货，生产厂家安装，总包单位仅负责施工质量监督和施工技术资料收集与汇总。因此，施工单位应注意审查非金属风管的材质、安装质量、系统参数检测和系统调试是否符合设计和规范要求（详见 8.3.2 款）。但是这些问题正是建设单位容易忽略的地方。

特别是施工技术资料的管理，厂家往往不能按照《建筑工程施工资料管理规程》要求办理，这就给总包单位在工程完工后的资料整理带来很大的麻烦。因此，现场管理人员应争取监理和建设单位的配合，把这部分的资料收集齐全。

这里应注意的非金属风管的使用场合，由于有的非金属风管内表面不是光滑的，因此易积尘而滋养细菌；有的非金属风管内表面没有屏蔽纤维飞散的措施，易起尘。且从使用一定年限后拆开的部分品种玻璃纤维风管内部均有一层乌黑的附着物。

因此，硬聚氯乙烯、有机玻璃钢、无机玻璃钢和复合玻璃纤维等非金属风管一般均应用有于防火要求的送排风系统。用于空调系统就得慎重，特别是会起尘和积尘的非金属风管，不能在洁净空调系统中采用。

8.3.2 非金属风管制作安装的质量要求

（1）非金属风管制作安装质量的一般要求

A. 防火风管的本体、框架与固定材料、密封垫料必须是不燃材料，其耐火等级应符合设计要求。

B. 复合材料风管的覆面材料必须是不燃材料，内部的绝热材料应为不燃或难燃 B_1 级，且对人体无害的材料。

C. 风管必须通过工艺性的检测或验证，其强度和严密性要求符合 GB 50243—2002 第 4.2.5 条的规定，详见 8.2.2 -（1）。

D. 矩形风管弯管的制作一般应采用曲率半径为一个平面边长的内外同心圆弧弯管。当采用其他形式的弯管时，平面边长小于 500mm 时，必须设置弯管导流片。抽查数量 20%，但不少于 2 件。

E. 出厂或进场产品必须有材料质量合格证明文件、性能检测报告。进场应观察检查或点燃试验其材料的可燃性是否符合设计和规范要求。

F. 圆形弯管的曲率半径和最少分节数量应符合表 8.3.2 - 1 的规定。圆形弯管的弯曲角度和圆形三通、四通支管与总管夹角的制作偏差不应大于 3°。

G. 风管与配件的咬口缝应紧密、宽度一致；折角应平直，圆弧应均匀，两端面平行。无明显的扭曲与翘角，表面平整，凹凸不大于 10mm。

H. 风管的外径或外边长的允许偏差：当风管的外径或外边长小于或等于 300mm 时，

为2mm；当大于300mm时，为3mm。管口平面度的允许偏差为2mm，矩形风管两条对角线长度之差不应大于3mm。圆形法兰任意正交两直径之差应不大于2mm。

I.风管法兰的焊缝应熔合良好、饱满，无假焊和孔洞。法兰的平面度的允许偏差为2mm。同一批加工的相同规格法兰的螺栓孔排列应一致，并具有互换性。

（2）不同材质非金属风管制作安装质量的特殊要求

A.硬聚氯乙烯风管制作安装质量的特殊要求

圆形弯管的曲率半径和最少分节数量　　　　　　　　表8.3.2-1

弯管直径 D （mm）	曲率半径 R	弯管角度和最少节数							
		90°		60°		45°		30°	
		中节	端节	中节	端节	中节	端节	中节	端节
80～220	≥1.5D	2	2	1	2	1	2	—	2
220～450	D～1.5D	3	2	2	2	1	2	—	2
450～800	D～1.5D	4	2	2	2	1	2	1	2
800～1400	D	5	2	3	2	2	2	1	2
1400～2000	D	8	2	5	2	3	2	2	2

（A）硬聚氯乙烯风道的法兰的规格必须符合表8.3.2-2、表8.3.2-3的规定。其螺栓孔的间距不得大于120mm，矩形风管法兰的四角应有螺栓孔。

硬聚氯乙烯圆形风道法兰的规格（mm）　　　　　　　表8.3.2-2

风管直径 D	材料规格宽×厚	连接螺栓	风管直径 D	材料规格宽×厚	连接螺栓
$D \leqslant 180$	35×6	M6	800<D≤1400	45×12	M10
180<D≤400	35×8	M8	1400<D≤1600	50×15	
400<D≤500	35×10		1600<D≤2000	60×15	
500<D≤800	40×10		$D>2000$	按设计	

硬聚氯乙烯矩形风道法兰的规格（mm）　　　　　　　表8.3.2-3

风管长边 b	材料规格宽×厚	连接螺栓	风管长边 b	材料规格宽×厚	连接螺栓
$b \leqslant 160$	35×6	M8	800<b≤1250	45×12	M10
160<b≤400	35×8	M8	1250<b≤1600	50×15	
400<b≤500	35×10		1600<b≤2000	60×18	
500<b≤800	40×10	M10	$b>2000$	按设计	

（B）硬聚氯乙烯风道的直径或边长大于 500mm 时，风管与法兰的连接处应设加强板，且间距不得大于 450mm。

（C）硬聚氯乙烯风道的两端面应平行，无明显的扭曲，外径或外边长允许的偏差为 2mm。表面应平整、圆弧均匀，凹凸不应大于 5mm。

（D）硬聚氯乙烯风道焊缝的坡口形式和角度应符合表 8.3.2 - 4 的要求。

硬聚氯乙烯风道焊缝的形式和坡口角度　　　　　表 8.3.2 - 4

焊缝形式	焊缝名称	图　形	焊缝高度 （mm）	板材厚度 （mm）	焊缝坡口角度 （°）
对接 焊缝	V 形单 面焊		2 ~ 3	3 ~ 5	70 ~ 90
	V 形双 面焊		2 ~ 3	5 ~ 8	70 ~ 90
	X 形双 面焊		2 ~ 3	≥8	70 ~ 90
搭接焊缝	搭接焊		≥最小板厚	3 ~ 10	—
填角 焊缝	填角焊 无坡角		≥最小板厚	6 ~ 18	—
			≥最小板厚	≥3	—
对角 焊缝	V 形对 角焊		≥最小板厚	3 ~ 5	70 ~ 90
	V 形对 角焊		≥最小板厚	5 ~ 8	70 ~ 90

焊缝形式	焊缝名称	图　形	焊缝高度 （mm）	板材厚度 （mm）	焊缝坡口角度 （°）
对角 焊缝	V形对 角焊		≥最小板厚	6～15	70～90

（E）焊缝应饱满，焊条排列应整齐，无焦黄、断裂等现象。

（F）用于洁净室时，还应符合 GB 50243—2002 第 4.3.11 条的有关规定。

B. 有机玻璃钢风管制作安装质量的特殊要求

（A）有机玻璃钢风道的法兰的规格必须符合表 8.3.2－5 的规定。其螺栓孔的间距不得大于 120mm，矩形风管法兰的四角应有螺栓孔。

有机、无机玻璃钢风管法兰规格（mm）　　　　表 8.3.2－5

风道长边或直径尺寸	法兰规格（宽×厚）	螺栓规格	法兰处的密封垫片	
			一般风道	排烟风道
$D(b) \leqslant 400$	30×4	M8×25	9501 胶带	石棉橡胶垫
$400 < D(b) \leqslant 1000$	40×6	M8×30		
$1000 < D(b) \leqslant 2000$	50×8	M10×35		

（B）有机玻璃钢风道的加固，应为本体材料或防腐性能相同的材料，并与风管成为一个整体。

（C）有机玻璃钢风道不应有明显的扭曲，内表面应平整光滑，外表面应整齐美观，厚度应均匀，且边缘无毛刺，并无气泡及分层现象。

（D）风道外径或外边长允许的偏差为 3mm。圆形风管的任意正交两条直径之差不应大于 5mm。矩形风管的两条对角线之差不应大于 5mm。

（E）法兰应与风管成为一整体，并应有过渡圆弧，并与风管轴线成直角，管口平面度的允许偏差为 3mm。螺栓的排列应均匀，至管壁的距离应一致，允许偏差为 2mm。

（F）矩形风管的边长大于 900mm，且管段长度大于 1250mm 时，应设加固筋，加固筋距离的分布应均匀、整齐。

C. 无机玻璃钢风管制作安装质量的特殊要求

（A）无机玻璃钢风道的法兰的规格必须符合表 8.3.2－5 的规定。其螺栓孔的间距不得大于 120mm，矩形风管法兰的四角应有螺栓孔。

（B）无机玻璃钢风道的加固应为本体材料或防腐性能相同的材料，并与风道成为一个整体。

（C）无机玻璃钢风管的表面应光洁、无裂纹、无明显泛霜和分层现象。

（D）无机玻璃钢风管外形尺寸允许偏差应符合表8.3.2-6的规定。

无机玻璃钢风管外形尺寸允许偏差（mm）　　　　　表8.3.2-6

直径或大边长	矩形风管外表平面度	矩形风管管口对角线之差	法兰平面度	圆形风管两直径之差
≤300	≤3	≤3	≤2	≤3
301～500	≤3	≤4	≤2	≤3
501～1000	≤4	≤5	≤2	≤4
1001～1500	≤4	≤6	≤3	≤5
1501～2000	≤5	≤7	≤3	≤5
＞2001	≤6	≤8	≤3	≤5

（E）无机玻璃钢风道的法兰的规格必须符合表8.3.2-5的规定。其螺栓孔的间距不得大于120mm，矩形风管法兰的四角应有螺栓孔。

D．复合材料风管制作安装质量的特殊要求

（A）复合材料风管采用法兰连接时，法兰与风道板材的连接应可靠，其绝热层不得外露，不得采用降低板材强度和绝热性能的连接方法。

（B）风管折角缝、闭合缝必须粘合严密，无开裂缝隙。管壁无孔洞，铝箔面无腐蚀。

（C）铝箔胶带必须粘接严密，顺风管长度方向无拼接缝。

（D）管壁加固必须符合抗管内正静压力或负压力要求，管壁上所有穿孔缝隙必须用密封胶带严密封堵。

（E）与钢制连接件的搭接部位必须用胶严密粘合，其外围必须垫L形钢制压条，并用螺栓紧固、压实。

（F）钢制连接件的焊缝严禁有烧穿、漏焊和裂纹等缺陷。

（G）风管外观折角平直，直管两端面应平行，榫接或套接缝处平整。管表面凹凸不大于5mm。钢制配件的法兰与管壁垂直，翻边平整、宽度不小于6mm，紧贴法兰。铝箔胶带粘贴平整，管表面无损伤，无污染。

（H）钢制连接件表面平整，法兰螺栓孔孔距及与风管套接的螺栓孔孔距应符合施工规范要求，并具有互换性。焊接牢固，焊缝处不得设螺栓孔。

（I）风管加固应牢固可靠，间距适宜，整齐均称。

（J）风管的尺寸偏差应符合表8.3.2-7的规定。

（K）风管在静压500Pa作用下，管壁变形不大于1%，同时风管的结合缝不开裂，管外表复合层不脱胶。

（L）风管内壁在风速15m/s条件下，风管纤维不脱落。

（M）复合纤维风管不宜用于洁净级别8级（十万级）以上的洁净空调系统。

（N）复合纤维风管的水平安装支吊架间距与横撑规格应符合表8.3.2-8的规定。吊架的吊杆一律采用φ8mm的圆钢。

复合玻璃纤维风管允许的尺寸偏差 表 8.3.2-7

项次	项目		允许偏差(mm)	检验方法
1	风管内侧最大边长	≤300	0 -3	尺量检查
		>300	0 -4	
2	风管长度(每1.2m)		±2	
3	矩形风管两对角线之差		4	
4	法兰两对角线之差		3	
5	法兰或风管端面的平面度		2	风管放在平台上用塞尺检查
6	矩形法兰焊缝对接处平面度		1	
7	矩形法兰边长		+2 0	尺量检查
8	法兰面与风管的垂直度		2‰	直角尺与尺量检查
9	风管两端法兰对应大边的平面度		2‰	风管放在平台上用塞尺检查
10	90°三通法兰短管	支管与干管的垂直度	2‰	直角尺检查
		支管扭曲度	2‰	风管放在平台上用直角尺检查

复合纤维风管的水平安装支吊架间距与横撑规格(mm) 表 8.3.2-8

风管内侧底边长度(mm)	吊、支架最大间距(mm)	水平横撑规格(角钢)
≤450	2800	30×3
500~900	2400	40×3
1000~1500	1800	45×4
1550~2400	1500	50×4
2500~4000	1500	65×5

（O）明装复合纤维风管与风口安装允许的偏差应符合表 8.3.2-9 的规定。按不同用途各抽查 20%，但不少于一个系统。其中水平、垂直风管管段在 5 段以内各抽查 1 段，5段以上各抽查 2 段。风口按系统抽查 20%，但不少于两个房间的风口。

明装复合纤维风管与风口安装允许的偏差 表 8.3.2-9

项次	项	目		允许偏差	检查方法
1	风管	水平度	每米(mm)	3	拉线、液体连通器和尺量检查
			总偏差(mm)	20	
2		垂直度	每米(mm)	2	直角尺、吊线和尺量检查
			总偏差(mm)	20	
3	风口	水平度		3‰	水准仪和尺量检查
		垂直度		2‰	吊线和尺量检查

8.4 通风空调工程系统安装的参数检测和系统调试

通风空调工程系统安装的参数检测和系统调试内容详见第一篇附件"F3 给水、排水、供暖、通风空调工程相关试验规定汇编"的 F38、F39、F42、F43、F45、F46、F47、F48、F49、F50、F53 等款。

第三篇　分项工程的施工技术交底

本篇仅着重综合介绍"分项工程的施工技术交底"的编制,未阐明的部分分项工程的施工技术交底可以参考文中介绍的编制思路进行编写。在篇中涉及到的施工技术交底记录表格请查阅 DBJ 01—51—2003《建筑工程资料管理规程》的相关部分。

9　暖卫通风空调工程分项工程施工技术交底概述

9.1　暖卫通风空调分项工程施工技术交底的编制

9.1.1　暖卫通风空调分项工程施工技术交底应注意的事项

(1) 分项工程施工技术交底应分阶段进行

应按施工工序分阶段进行,分项工程施工技术交底分前期交底和施工过程中的交底两种。为了审阅方便和查找有序,应在交底提要中注明交底日期。

(2) 分项工程施工技术交底编制的依据

分项工程施工技术交底应依据施工规范、规程、施工工艺、细部做法和设计图纸要求,针对季节变化分别结合土建不同施工阶段的结构施工、建筑装修和土建施工方法、施工部位,按施工组织设计的部署及要求进行书面交底。和施工组织设计交底一样,对本工序的施工进度目标、质量目标、所用材料设备要求的交代要具体、明确。

(3) 分项工程施工技术交底编制的着重点

对本工序的施工重点、难点及采用的相应的技术措施、组织管理措施要详细、明确、惟一。要有可操作性和针对性,应指出易出现的通病、质量事故、安全等问题,并要有具体的、可行的相应对策。

(4) 分项工程施工技术交底时应办理签认手续

分项工程施工技术交底的双方应办理签认手续,注明交底日期。因同种工序的交底随工程进程的延伸,可能会有多次,为了查找方便和避免资料记载时间与现场安装阶段实际时间相互发生错位,因此应在交底提要栏内标注交底日期。

(5) 分项工程施工技术交底应对新技术、新材料、新产品、新工艺的使用进行交待

新技术、新材料、新产品、新工艺使用的技术交底应先收集资料,资料来源主要是说明书及社会调查。施工工艺、技术措施、技术标准主要还是厂家在使用说明书介绍的企业技术标准和操作方法。

9.1.2 暖卫通风空调分项工程施工技术交底编制的要求

(1) 分项工程施工阶段的划分

单位工程的各专业应按照 GB 50300—2001《建筑工程施工质量验收统一标准》附录 B 进行各专业分部、分项工程的阶段划分进行,即按表 1.3.1"建筑工程分部工程、分项工程的划分"进行。但是为了保障各专业工程后续工序的安装质量,各专业在编制分项工程施工项目技术交底时,应增加"预留孔洞、预埋件预埋"分项工程的技术交底。

室外工程的划分可依据专业类别和工程规模划分单位(子单位)工程;或依据 GB 50300—2001 附录 C 划分,即表 1.3.2"室外单位(子单位)工程和分部工程的划分"。

(2) 分项工程施工技术交底应分阶段进行编制

为了提高分项工程施工技术交底的功效,各阶段的施工技术交底应一次编制就绪,但不应一次性地进行交底。交底应随着安装工程的进度,有计划、有顺序、有条不紊地分工序和分阶段进行补充、修正和交底。

(3) 分项工程施工技术交底应注意时限性和完整性

即各阶段的施工技术交底的编制应于该工序的实施前编制完成,并及时向施工工长、施工质量检查员、施工班组长和该工序实施的工人进行交底完毕。

(4) 分项工程施工技术交底应突出重点和难点

一般常规的操作工艺和流程可不必进行交底,应重点交代完成此工序的关键部位和技术难点,解决这些问题的具体技术措施和管理措施。以及常见通病的预防,和预防这些通病的具体技术措施以及自检、交接检的具体规定。在交底中也不要使用模棱两可的语句,更不要使用规范和规程的语言。技术措施要明确,质量标准要惟一,不得出现××到××的数字,使工人在操作时没有选择的余地。

(5) 分项工程施工技术交底应突出与其他专业的关系

即说明可能与其他专业安装出现的矛盾,解决这些矛盾的技术措施和管理措施。

(6) 施工技术交底的主要参考资料

编制分项工程施工技术交底时应依据设计图纸的要求,现场的具体情况和参照第一篇表 1.5.1~表 1.5.3 所列的规范、规程和参考资料进行。

(7) 分项工程技术交底记录

分项工程技术交底后应及时按贯标程序的要求填写贯标记录,在贯标记录表中应有交底时间、地点、参加人员、交底的主要项目和主要内容,以及交底人和被交底人的签名。

9.2 暖卫通风空调分项工程施工技术交底记录

9.2.1 分项工程技术交底记录(C2-2-1)的填写

分项工程技术交底记录包括的内容有。

(1) 一般栏目

有工程名称(或分部分项工程名称)、编号、施工部位、技术负责人、交底人、接受交底人的签名。

(2) 交底提要

应填写工程数量、施工班组、参加人员、计划完成时间、工程重点、难点和主要技术措施、交底时间(以便区分相同工序中的不同区段、交底时间)等。

当"交底提要"的内容较多,文字数量较长,在"技术交底记录表"中填写有困难时,可以书写在附加的记录纸中,并将其附在相应的"技术交底记录表"后面。而在"技术交底记录表"中的"交底提要"栏目中加注"详见附页"。

(3) 交底内容

一般交底内容较多,文字数量较长,当在"技术交底记录表"中填写有困难时,可以书写在附加的记录纸中,并将其附在相应的"技术交底记录表"后面。而在"技术交底记录表"中的"交底内容"栏目中加注"详见附页"。

A. 主要材料

说明使用材料的具体材质、型号规格、外观质量的要求、材料质量试验的技术要求,同时说明相关的检验手段,手续是否齐全合格。

B. 质量要求

说明该工序要达到质量的目标(涉及质量标准的应提出误差允许值的具体数字。数值只能是惟一的,不能有选择的余地,或有一个范围),具体的技术措施(措施应是肯定的、且是唯一的,不允许有第二种方法),注意事项及引用规范、规程的条文和条款等。

C. 安全操作事项

说明防止出现人身伤亡事故、人身安全及质量事故的常规操作和保证安全的正确操作方法与过程。

D. 技术操作方法及措施

说明对本工序的实施条件(如本专业前面工序和土建专业、其他专业的相应工序应做到什么程度)、正确的施工方法、流程、技术措施,特别是技术难点及解决技术难点实施的技术措施更应交代清楚。

其他事项:如成品保护、冬雨期施工应注意的事项,露天施工或其他环境气候对施工质量、施工安全的影响及注意事项,以及防止环境污染应采取的技术和管理措施。

E. 书写要求

书写语气应是肯定的、惟一的,不能用空洞无物的语言(例如"应符合设计和规范要求",应具体阐明规范、规程名称和编号,及相关条文编号,并将条文内容列出来)。文字编排应采用计算机文字处理程序,插图应用计算机的 AutoCAD 制作、粘贴插入。

9.2.2 分项工程技术交底记录(C2-2-1)填写示例

(1) 示例项目名称

广安门医院医用辅助楼工程地下一、二层孔洞预留和预埋件、短管预埋分项工程技术交底。

(2) 交底记录表(表式 C2-2-1)的填写

详见表 9.2.2-1。交底示例附图,详见图 9 2.2-1~图 9.2.2-5。

孔洞预留和预埋件、短管预埋分项工程技术交底记录 　　　　表 9.2.2-1

技术交底记录(表式 C2-2-1)			编号	J_N
				001
工程名称	广安门医院扩建医用辅助楼工程 地下一、二层和夹层孔洞预留和预埋件、短管的预埋		施工单位	新兴建设总公司 五公司六项目部
交底提要:详见附页				
交度内容:详见附页				
技术负责人	× ×	交底人	× ×	接受交底人	×××、×××、×××等

本表由施工单位填报,交底单位与接受交底单位各保存一份。

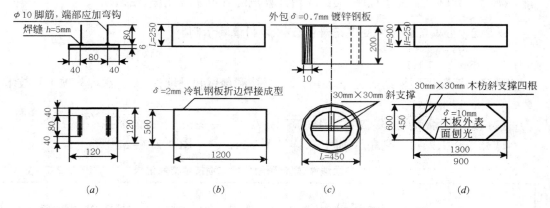

图 9.2.2-1　施工技术交底示例附图

（a）预埋件详图；（b）预埋短管详图；（c）圆形木模制作详图；（d）矩形木模制作详图

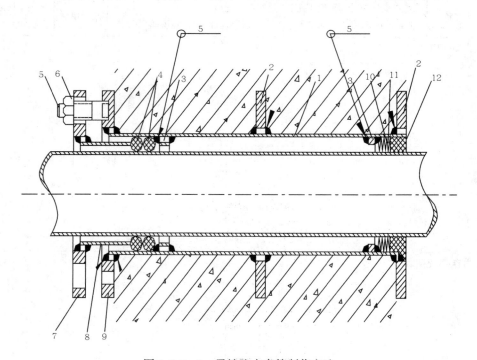

图 9.2.2-2　柔性防水套管制作方法

1—套管；2—翼环；3—挡圈；4—橡皮圈；5—螺母；6—双头螺栓；7—法兰盘；8—短管；
9—翼盘；10—沥青麻丝；11—牛皮纸层；12—20厚油膏嵌逢

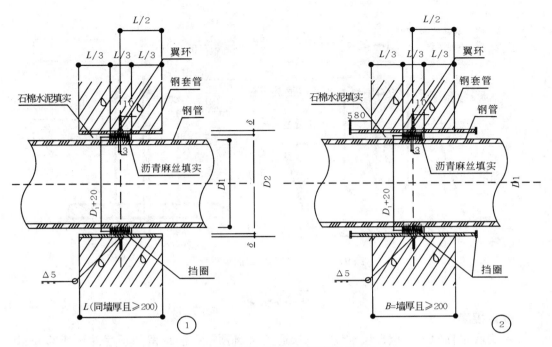

图 9.2.2 – 3　钢性穿墙防水套管的制作方法

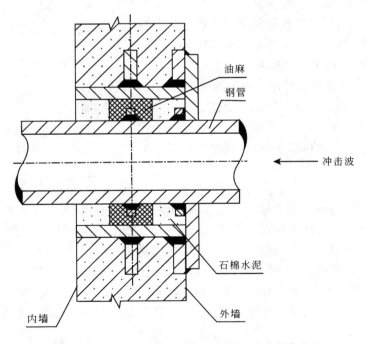

图 9.2.2 – 4　地下人防穿密闭墙密闭套管的制作方法

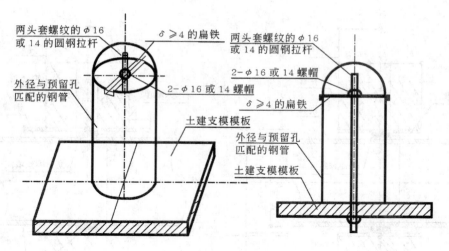

图 9.2.2 – 5　圆形预留洞模板做法

示例附页

交底提要:

本交底包括地下一层夹层和地下二层通风管道预留孔洞预留和预埋件预埋部分,共计墙体上预留孔洞三个、楼板上预留孔洞两个;预埋件五十八件,其中楼板上三十件、墙体上十件、柱子上十八件;短管一件。预埋件主要用于固定风道的支、吊、托架。安装难点是位置、标高的准确性,控制预留和埋设位置准确性的技术措施是:

(1) 以墙柱中心线为度量尺寸的基准线;

(2) 采用钢尺和水准尺丈量;

(3) 丈量尺寸由两人操作。施工班组为王××班共计五人。

工程完成日期:为 2001.11.25 ~ 2002.1.13。交底时间 2001.11.20。

交底人:×　　×。

接受交底人:有通风工长、质量检查员及施工人员王××班五人共计七人。

交底内容:

1. 主要材料

预埋件采用 $\delta = 6$mm 的 3 号冷轧钢板和 $\phi 10$mm 钢筋制作详见图 9.2.2 – 1(a);预埋短管采用 $\delta = 3$mm 的 3 号冷轧钢板制作,钢板表面应光滑、无严重锈蚀,无污染,短管的内表面刷防锈漆两道详见图 9.2.2 – 1(b);预留孔洞的模具圆形孔洞用 $\delta = 10$mm 木板制作成内模,外包 $\delta = 0.7$mm 镀锌铁皮,内衬 30mm × 30mm 木枋支撑;方形孔洞木模用 $\delta = 10$mm 木板制作成模,相互连接的两块模板采用榫接头连接,模板外侧应用刨刀刨光。模板内侧四角采用 30mm × 30mm 木枋倾斜支撑,倾斜角度为 45°详见图 9.2.2 – 1(c)、(d)。柔性防水套管制作方法详见图 9.2.2 – 2,钢性穿墙防水套管的制作方法详见图 9.2.2 – 3,地下人防穿密闭墙密闭套管的制作方法详见图 9.2.2 – 4,圆形预留洞模板做法详见图 9.2.2 – 5。

2. 数量及位置

预埋件和预留孔洞的数量、规格尺寸和埋设位置见表 9.2.2 – 2,尺寸参照 GB 50243—

262

2002 第 4.2.6 条表 4.2.6 - 1 和表 4.2.6 - 2 的规定制作。

预埋件和预留孔洞的数量、规格尺寸和埋设位置　　　　表 9.2.2 - 2

序号	名　称	规　格	模(埋)板尺寸	板材尺寸	斜撑或埋筋尺寸	数量	标高	平面位置
1	预埋铁件	—	$120 \times 120 \times 6$	$120 \times 120 \times 6$	$2 - \phi10\ L = 280$	58		详见设施 05、06
2	圆形木模	$\phi350$	$\phi450$	$10 \times 200 \times 450$	$30 \times 30 \times 390$	2		详见设施 05、06、07
3	方形模板	800×320	900×450	$10 \times 250 \times 45010 \times 250 \times 900$	$30 \times 30 \times 200$	2		详见设施 05、06、07
4	方形模板	1200×500	1300×600	$10 \times 300 \times 60010 \times 300 \times 1300$	$30 \times 30 \times 250$	1		详见设施 05、06、07
5	预埋短管	1200×500	1200×500	$\delta = 2\text{mm}$	—	1		详见设施 05

3．质量标准要求

(1) 位置和标高应准确,其误差在 ±5mm 以内。

(2) 圆形风道模板外径的误差应小于 ±2mm,椭圆度用丈量互相垂直 90° 两外径相差不应大于 2mm。

(3) 矩形风道模板外边长度误差应小于 ±2mm,模板相互之间的垂直度为两对角线丈量相差不应大于 3mm。

(4) 孔洞内表面应光滑平整,不起毛或无蜂窝、狗洞现象。

(5) 预埋件的脚筋与铁板的焊接质量应焊缝均匀,无气泡、气孔、夹渣和烧熔、熔坑现象,焊渣应清除干净,脚筋应垂直钢板,且尺寸应符合图示要求。

4．施工前提(施工条件)

预留孔洞和预埋件预埋应在土建专业钢筋绑扎就绪、合模之前进行安装固定就位。同时应在再次校核施工图纸和与其他专业会审无误后施工。

5．预埋件和预留孔洞模板固定措施

(1) 预埋件的固定只许用退火钢丝绑扎固定,不允许用焊接固定,若土建钢筋与固定位置要求不一致,可增设辅助钢筋,将预埋件脚筋焊接在辅助钢筋上,然后再将辅助钢筋绑扎在土建的钢筋网上。辅助钢筋的直径采用 $\phi12\text{mm}$。短管用四根焊接于短管侧面(互成井字形)的 $L = $ 边长 $+ 2 \times 250$、$\phi16$　8 根锚固。

(2) 孔洞模板的固定,可用 2 英寸的圆钉钉于楼板或墙板的木模板上,然后增设加固钢筋。其中圆形孔洞模板用 4 根 $\phi16\text{mm}$、$L = 800\text{mm}$ 的井字形加固钢筋绑扎固定在土建的钢筋网片上,矩形孔洞模板可用 8 根或 16 根 $\phi12\text{mm}$、长度分别为 $L = $ 边长 $+ 800\text{mm}$(井字筋,共 8 根)和 $L = 600\text{mm}$(8 根与井字筋成 45° 的加固筋,仅长边 $L = 1300\text{mm}$ 的孔洞模板才有)固定筋绑扎于土建的钢筋网片上。

(3) 土建专业浇筑混凝土时应派工人在现场进行成品保护和校正埋设位置移动的误差。

(4) 在此工序的实施过程中,应特别关注埋设位置的准确性,措施如前所述。

6. 安全措施

(1) 施工人员应戴安全帽进行作业。

(2) 施工人员应穿硬底和防滑鞋进入现场,防止铁钉扎脚伤人。

(3) 安装前应检查焊接设备是否符合安全使用要求,电源、接线有无破皮、漏电等不安全因素,严禁未检查就启用焊接设备进行焊接工作。

(4) 高空作业施工人员应系好安全带。

7. 填写预检和隐检资料

施工过程检查合格后,预留孔洞应填写《预检工程检查记录表》C5－1－2,预埋件和预埋短管的预埋应填写《隐蔽工程检查记录表》C5－1－1。不合格项应填写《不合格项处置记录表》C1－5。

8. 示例附图(图9.2.2－1～图9.2.2－5)

10 预埋件制作、预埋和预留孔洞预留分项工程施工技术交底

10.1 暖卫工程预埋件制作、预埋和预留孔洞预留分项工程施工技术交底内容的编制

示例

10.1.1 预留孔洞及预埋件施工应注意的问题

(1) 预留孔洞及预埋件施工在土建结构施工期间进行。

(2) 预留孔洞按设计要求施工,设计无要求时按 DBJ 01—26—96(三)表1.4.3规定或表10.1.1施工。预留孔洞及预埋件应特别注意:(Ⅰ)预留、预埋位置的准确性;(Ⅱ)预埋件加工的质量和尺寸的精确度。

预留孔洞尺寸参考表   表 10.1.1

项次	管 道 名 称	明 管	暗 管
		留孔尺寸长×长宽	墙槽尺寸宽度×深度
1	采暖或给水立管:$DN \leqslant 25$	100×100	130×130
	$32 \leqslant DN \leqslant 50$	150×150	150×130
	$70 \leqslant DN \leqslant 100$	200×200	200×200
2	一根排水立管:$DN \leqslant 50$	150×150	200×130
	$70 \leqslant DN \leqslant 100$	200×200	250×200

264

项次	管道名称	明管	暗管
		留孔尺寸长×长宽	墙槽尺寸宽度×深度
3	两根采暖或给水立管：$DN \leqslant 32$	150×100	200×130
4	给水、排水立管各一根　$DN \leqslant 50$ $70 \leqslant DN \leqslant 100$	200×150 250×200	200×130 250×200
5	2根给水立管和　$DN \leqslant 50$ 1根排水立管：$70 \leqslant DN \leqslant 100$	200×150 350×200	250×130 380×200
6	给水或散热器支管　$DN \leqslant 25$ $32 \leqslant DN \leqslant 40$	100×100 150×130	60×60 150×100
7	排水支管　$DN \leqslant 80$ $DN = 100$	250×200 300×250	—
8	采暖或排水主干管　$DN \leqslant 80$ $100 \leqslant DN \leqslant 125$	300×250 350×300	—
9	给水引入管：$DN \leqslant 100$	300×200	—
10	排水排出管穿基础　$DN \leqslant 80$ $100 \leqslant DN \leqslant 150$	300×300 （管径 + 300）×（管径 + 200）	—

（3）在混凝土楼板、梁、墙上预留孔洞、槽和预埋件时应有专人按设计图纸将管道及设备的位置、标高尺寸测定，标好孔洞的部位，将预制的模盒、预埋铁件在绑扎钢筋前按测定的标记位置固定牢靠，盒内应塞满纸团等物，在浇筑混凝土过程中应有专人配合校对，看管模盒、埋件，以免移位。

钢筋混凝土楼板上预留孔洞套管模具的具体做法见图 10.1.1。

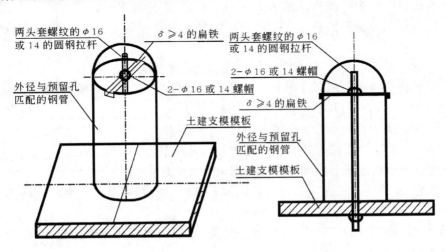

图 10.1.1　圆形预留洞模板做法

A. 土建施工人员开始绑扎底筋时，专业人员开始安装套管，安装前将套管内、外涂刷脱模剂。

B. 套管安装时不能破坏钢筋，需要移动钢筋时请土建人员协助。

C. 套管与模板、钢筋之间采用钉子、钢丝固定，防止套管在混凝土施工过程中发生移位。

D. 套管安装结束后，专业质检员校核套管位置，并安排专人在现场负责所有套管的保护。

E. 混凝土强度达到 70%时，将所有套管拔出，拔管时要防止破坏混凝土。套管拔出后应及时清除套管表面的混凝土，在套管的内外壁再刷脱模剂，以备下次使用。

（4）凡属预制墙板、楼板需要剔凿孔洞，必须在装修或抹灰前剔凿，其直径与管道外径的间隙不得超过 30mm，遇有剔混凝土空心楼板肋或断筋时，必须预先征得有关部门的同意及采取相应补救措施后，方可剔凿。

（5）在外砖内模和外挂板内模工程中，对个别无法预留的孔洞，应在大模板拆除后及时进行剔凿。

（6）预留洞、预埋件位置、标高应符合设计要求，质量符合规范的有关规定和设计要求。

（7）保证预留孔洞及预埋件施工质量的具体技术措施

A. 分阶段认真进行技术交底；

B. 控制好预留、预埋位置的准确性，措施可采用钢尺丈量和控制土建模板的移位变形；模具选用优良材质并改进预留孔洞模具的刚度、表面光洁度；适当扩大模具的尺寸，留有尺寸调整的余地；加强模具固定措施；做好成品保护，防止模具滑动。

10.1.2 预埋套管的加工制作

（1）预留、预埋件应汇总列表，由专人进行统一制作、加工。

（2）原材料严格按照规范、图集要求采购，并作材料进场报验。

（3）钢管切割前必须找平、找直、固定牢固，防止管道在切割过程中移动，以保证切口的平齐。

（4）管材切割后应及时清理钢管切口处的毛刺，将两端打磨平滑。

（5）防水套管的止水环必须由专业焊工进行焊接，双面焊缝平滑、严密、牢固。技术员必须对所有的套管焊缝进行检查，确保焊缝质量。

（6）柔性防水套管制作方法见图 10.1.2 - 1。

（7）地下人防穿密闭墙密闭套管的制作方法见图 10.1.2 - 2。

（8）钢性穿墙防水套管的制作方法见图 10.1.2 - 3。

（9）预留、预埋件焊接完成后，应清除焊渣、铁锈、油污等，非接触混凝土的部位应刷防锈漆一遍。

（10）预留、预埋件制作完成后，应统一分类、分规格保存在干燥的仓库内，由专人负责管理和发放。

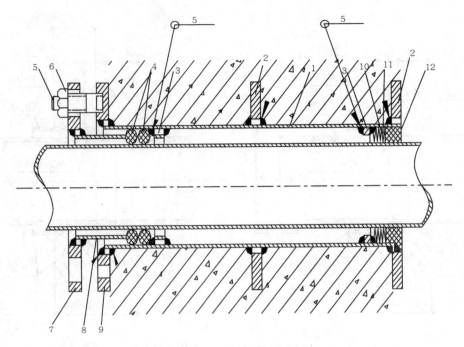

图 10.1.2-1　柔性防水套管制作方法

1—套管;2—翼环;3—挡圈;4—橡皮圈;5—螺母;6—双头螺栓;7—法兰盘;8—短管;
9—翼盘;10—沥清麻丝;11—牛皮纸层;12—20 厚油膏嵌逢

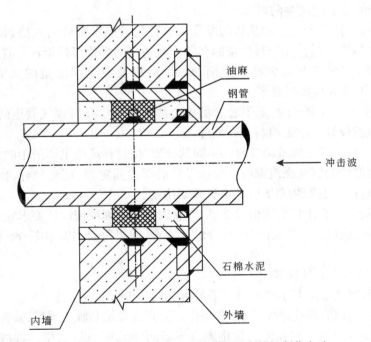

图 10.1.2-2　地下人防穿密闭墙密闭套管的制作方法

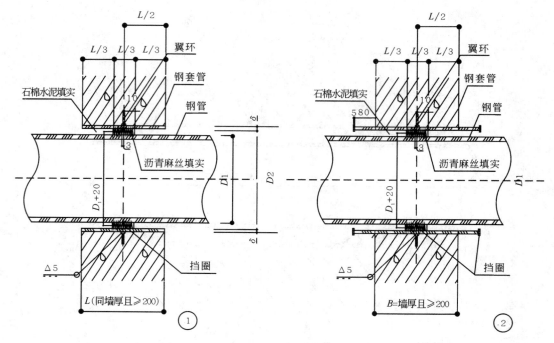

图 10.1.2－3 钢性穿墙防水套管的制作方法

10.1.3 预埋套管的安装

（1）套管的安装应注意的事项

A．钢套管应依据所穿过构筑物的厚度及管径尺寸确定套管的规格、长度，下料后套管内壁应刷防锈漆一道。用于穿楼板的套管应在适当的部位焊好架铁。管道安装时把预制好的套管穿好，套管上端应高出地面 20mm，厨房及卫生间浴室的套管应高出地面 50mm，套管的下端应与楼板面平。

B．预埋上下层的套管时，上下套管的中心线应重合。凡有煤气管道的房间，所有套管的缝隙均应按设计要求做填料严密处理。

C．防水套管应根据构筑物及管内不同的介质，按设计或施工图册中的要求进行预制加工。将预制好的套管在浇筑混凝土前按设计的部位固定好，校对坐标、标高，平整合格后一次性浇筑，待管道安装完毕后把填料塞紧捣实。

D．套管安装一般比管道规格大 2 号，内壁做防腐处理或按设计要求施工。

E．预留洞、预埋件位置、标高应符合设计要求，质量符合 GBJ 302—88 有关规定和设计要求。

（2）外墙防水套管的安装

A．套管的安装必须与土建外墙钢筋的绑扎同步进行。

B．根据墙体钢筋绑扎进度计划，将制作好的套管搬运到施工现场，妥善保存。

C．专业技术员与土建技术员确定施工现场的"50 线"、纵向、横向轴线的位置，确定套管的安装高度、相对位置。

D. 将套管安放在钢筋网格中,找平、找正,以保证混凝土工程施工结束后,套管的安装质量。套管的安装效果见图 10.1.3-1。

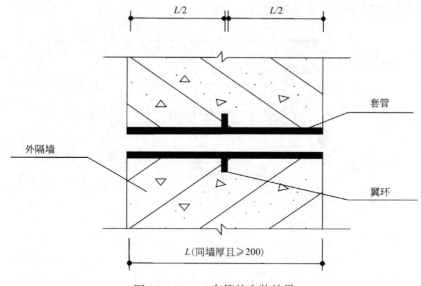

图 10.1.3-1　套管的安装效果

E. 防水套管于墙体钢筋采用绑扎固定。套管固定完成后,向套管内部填充泡沫塑料或聚乙烯材料,填满填实,防止水泥、砂浆等进入套管内部。

F. 安装工作结束后,专业质量检查员与技术员一起复查。确认无误后,通知监理工程师进行隐检,办理相关手续。

G. 土建合模过程中,安排专人负责现场巡视,做好成品保护。

(3) 墙、柱、管井内预埋件的安装

A. 预埋件的安装由本专业技术员带领人员进行,主体工程施工结束前,不能更换预埋件的安装人员。

B. 在墙、柱钢筋绑扎前,将制好的预埋件搬运到施工现场。

C. 预埋件的安装位置、标高确定后,将预埋件与钢筋绑扎牢固。

D. 安装好的预埋件应确定其标高及与其他轴线的相对位置,记录于专用表格内,便于拆模后找到预埋件。

E. 土建合模前,各专业质检员参照图纸及统计表格核对所有预埋件的标高位置,确认无误后办理隐检手续。

F. 墙、柱模板拆除后,及时安排专业人员将所有预埋件找到,并用防锈漆将外露钢板涂刷两遍。

(4) 内隔墙预留孔洞套管安装

A. 套管安装与墙体砌筑同步进行,专业安装人员必须到位,技术人员在现场确定套管的标高及相对位置。

B. 套管安装时,必须保证套管两端与墙体后期的外装饰层平齐。

C. 施工过程中,专业技术人员应随时与土建、装修技术人员保持联系,如果墙体的装饰层厚度改变,及时调整套管的长度。

D. 内隔墙套管安装效果见图 10.1.3 – 2。

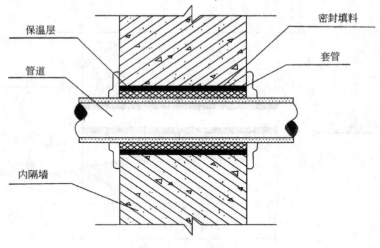

保温层
管道
内隔墙
密封填料
套管

图 10.1.3 – 2　内隔墙套管安装

10.1.4　安全措施

(1) 施工人员应戴安全帽进行作业。

(2) 施工人员应穿硬底和防滑鞋进入现场,防止铁钉扎脚伤人。

(3) 安装前应检查焊接设备是否符合安全使用要求,电源、接线有无破皮、漏电等不安全因素,严禁未检查就启用焊接设备进行焊接工作。

(4) 高空作业施工人员应系好安全带。

10.1.5　填写预检和隐检资料

施工过程检查合格后,预留孔洞应填写《预检工程检查记录表》C5 – 1 – 2,预埋件和预埋短管的预埋应填写《隐蔽工程检查记录表》C5 – 1 – 1。不合格项应填写《不合格项处置记录表》C1 – 5。

10.2　通风空调工程预埋件制作、预埋和预留孔洞预留 分项工程施工技术交底内容的编制

示例

10.2.1　预埋套管的加工制作

(1) 熟悉图纸

A. 技术员首先充分了解本专业机房、进出户管、立管、横干管、支管的布置情况。

B. 根据专业管线的系统图和各层平面图,明确各系统立管在建筑内的准确安装位置,并将所有数据汇总列表。

C. 根据各层专业管路平面布置图和设计说明,明确各个系统管线在楼层内横干管、支管的准确安装位置、标高、保温要求,并将所有数据汇总列表。

(2) 管线的综合排列

A. 技术人员依据各个专业系统管线安装参数汇总列表,比较各个系统管线的安装位置。认真校核图纸中是否有管线交叉现象、管道间距是否满足保温要求、各系统安装能否正常进行。

B. 各系统管线布置按照冷凝水管、风管、空调水管的顺序排列。图纸中如果存在现场技术人员无法解决的问题,应及时报请监理、设计协商解决。

C. 各个专业管线安装位置明确后,根据施工图纸安排各系统管线位置。

D. 汇总管线布置结果,分别绘制机房、管井、楼层管线布置总图。并将布置图复制下发到各技术员及安装人员。

E. 技术员根据确定的管线布置图和本专业管道安装及保温要求,统计本专业所有的预留、预埋件的准确位置、标高、规格和数量。将所有统计结果汇总列表,准备预留和预埋件的加工制作。

F. 预留、预埋件的规格确定后,向土建技术负责人送交套管数量、安装位置统计表。由土建技术人员确定钢筋的处理、加固及分工问题。

(3) 预留、预埋件的加工制作

预留、预埋件应汇总列表,由一名工长带领施工人员在现场进行预留、预埋件的统一制作、加工。

10.2.2 预留、预埋件的安装

(1) 套管及构件预埋

本工程的风管套管预埋大多存在于地下人防工程内,构件预埋大多存在于风管吊装和风机、空调机组、空气末端以及一些其他设备安装上,通风空调预埋件由通风空调专业技术人员配合土建完成。预埋风管(图 10.2.2)由 3mm 厚的钢板焊接而成,内刷防锈漆,并在预埋风管外加 3mm 厚的密闭肋,密闭肋的高为 50 ~ 80mm,与预埋风管的连接为双面焊接。

(2) 孔洞预留

风管穿墙预留孔洞尺寸应比实际风管截面尺寸每边大 100 ~ 150mm,在进行孔洞木盒支撑之前,应认真对照图纸,检查是否有遗漏,支撑预留孔洞的木盒中心的大小、位置与标高与图纸是否相符。

10.2.3 安全措施

(1) 施工人员应戴安全帽进行作业。

(2) 施工人员应穿硬底和防滑鞋进入现场,防止铁钉扎脚伤人。

(3) 安装前应检查焊接设备是否符合安全使用要求,电源、接线有无破皮、漏电等不

安全因素,严禁未检查就启用焊接设备进行焊接工作。

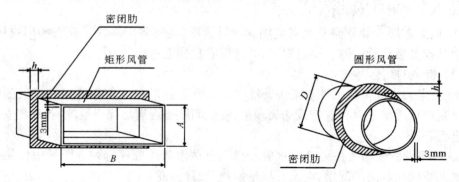

图 10.2.2　带有密闭肋预埋风管大样图

(4) 高空作业施工人员应系好安全带。

10.2.4　填写预检和隐检资料

施工过程检查合格后,预留孔洞应填写《预检工程检查记录表》表式 C5 – 1 – 2,预埋件和预埋短管的预埋应填写《隐蔽工程检查记录表》表式 C5 – 1 – 1。不合格项应填写《不合格项处置记录表》表式 C1 – 5。

11　暖卫通风空调工程管道支吊架施工技术交底内容的编制

11.1　管道支、吊、托架的安装的一般要求

示例

11.1.1　暖卫通风空调管道支、吊、托架类型的选用

支、吊、托架类型的选用应依据管道安装位置的不同、管道距离支撑面的距离、管道的大小、根数和管道的长度进行选择。不得不论实际情况,一概无原则地采用吊架。如管道根数为单根或两根,且距离楼板较近时,可采用吊架加抗晃动支架;距离顶板距离较远,但距离墙、柱较近的,应考虑采用托架;距离墙、柱、顶板、地板距离均较远的,可考虑采用落地的支撑托架。

管道口径较大、根数较多的,无论是滑动支架或固定支架,均应进行承载力的重新计算和支架结构的重新设计。支、吊、托架类型详见图 11.1.1 – 1 ~ 图 11.1.1 – 5。

11.1.2 支、吊、托架的间距

托、吊卡架制作按 DBJ 01—26—96(三)第 1.4.5 条规定制作,管道托、吊架间距不应大于该规程和下列各表的规定。固定支座制作与施工应按设计详图施工。

（1）依据 GB 50242—2002 第 3.3.8 条的规定,钢制管道水平安装支吊架间距应不大于表 11.1.2 - 1 间距。

钢制管道支架的最大间距   表 11.1.2 - 1

公称直径		15	20	25	32	40	50	70	80	100	125	150	200	250	300
支架的最大间距(m)	保温管道	2	2.5	2.5	2.5	3	3	4	4	4.5	6	7	7	8	8.5
	非保温管道	2.5	3	3.5	4	4.5	5	6	6	6.5	7	8	9.5	11	12

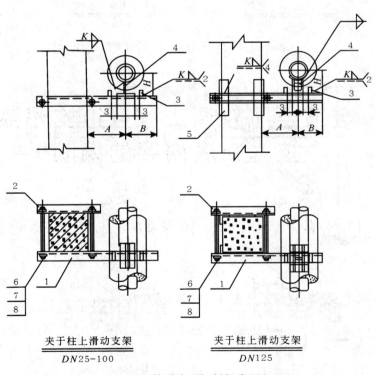

夹于柱上滑动支架　　　　　　夹于柱上滑动支架
$DN25$-100　　　　　　　　　　DN125

图 11.1.1 - 1　管道支、吊、托架类型(一)

273

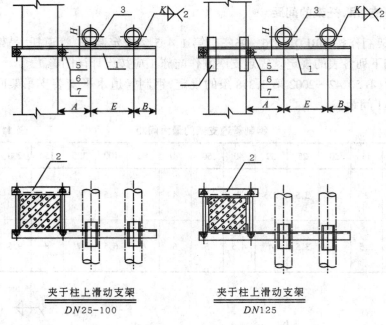

夹于柱上滑动支架
$DN25-100$

夹于柱上滑动支架
$DN125$

图 11.1.1-2　管道支、吊、托架类型(二)

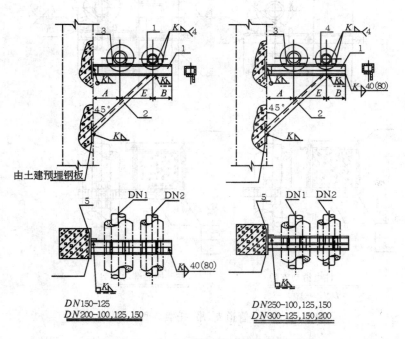

由土建预埋钢板

$DN150-125$
$DN200-100,125,150$

$DN250-100,125,150$
$DN300-125,150,200$

图 11.1.1-3　管道支、吊、托架类型(三)

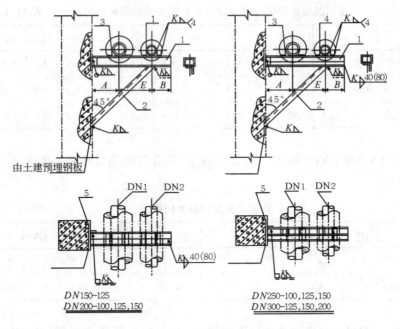

图 11.1.1-4　管道支、吊、托架类型（四）

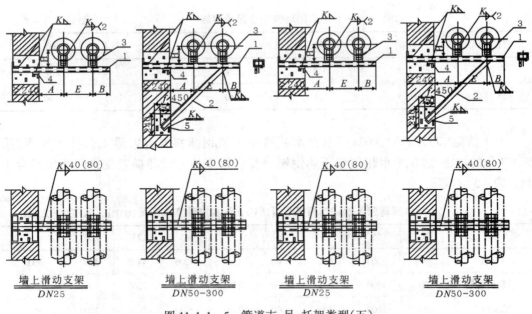

图 11.1.1-5　管道支、吊、托架类型（五）

　　（2）依据 GB 50242—2002 第 3.3.9 条的规定，塑料及复合管管道垂直或水平安装支吊架间距应不大于表 11.1.2-2，采用金属制作的管道支架，应在管道与支架间加衬非金属垫或套管。

管径(mm)			12	14	16	18	20	25	32	40	50	63	75	90	110
支架最大间距(m)	立管		0.5	0.6	0.7	0.8	0.9	1.0	1.1	1.3	1.6	1.8	2.0	2.2	2.4
	水平管	冷水	0.4	0.4	0.5	0.5	0.6	0.7	0.8	0.9	1.0	1.1	1.2	1.35	1.55
		热水	0.2	0.2	0.25	0.3	0.3	0.35	0.4	0.5	0.6	0.7	0.8	—	—

（3）依据 GB 50242—2002 第 3.3.10 条的规定,铜管管道垂直或水平安装支吊架间距应不大于表 11.1.2－3。

铜制管道支架的最大间距　　　表 11.1.2－3

公称直径		15	20	25	32	40	50	65	80	100	125	150	200
支架最大间距(m)	垂直管道	1.8	2.4	2.4	3.0	3.0	3.0	3.5	3.5	3.5	3.5	4.0	4.0
	水平管道	1.2	1.8	1.8	2.4	2.4	2.4	3.0	3.0	3.0	3.0	3.5	3.5

（4）依据 GB 50242—2002 第 5.2.9 条的规定,排水塑料管道支吊架间距应不大于表 11.1.2－4。

排水塑料管道支吊架间距　　　表 11.1.2－4

管径(mm)	50	75	110	125	160
立　管	1.2	1.5	2.0	2.0	2.0
横　管	0.5	0.75	1.10	1.30	1.60

（5）依据 CECS 135：2002《建筑给水超薄壁不锈钢塑料复合管道工程技术规程》第5.3.7 条的规定,建筑给水超薄壁不锈钢塑料复合管道的立管和横管支撑间距应符合表11.1.2－5 的规定。

给水超薄壁不锈钢塑料复合管道的立管和横管支撑间距(mm)　　　表 11.1.2－5

DN	20	25	32	40	50	63	75	90	110
立　管	2000	2300	2600	3000	3500	4200	4800	4800	5000
不保温横管	1500	1800	2000	2200	2500	2800	3200	3800	4000
保温横管	1200	1600	1800	2000	2300	2500	2800	3200	3500

注：1. 配水点两端应设支撑固定,支撑件离配水点中心间距不得大于 150mm；

　　2. 管道折角转弯时,在折转部位不大于 500mm 的位置应设支撑固定；

　　3. 立管应在距地(楼)面 1.6～1.8m 处设支撑。

（6）PPR 聚丙烯给水管道管卡的固定和支架的间距应符合表 11.1.2－6 要求。

公称外径 d_e	立管间距	横管间距	公称外径 d_e	立管间距	横管间距
12	500	400	32	1100	800
14	600	400	40	1300	1000
16	700	500	50	1600	1200
18	800	500	63	1800	1400
20	900	600	75	2000	1600
25	1000	700	—	—	—

（7）XPAP 交联铝塑复合管管道最大支撑间距应符合表 11.1.2-7 的规定。

XPAP 交联铝塑复合管管道最大支撑间距(mm)　　　　表 11.1.2-7

公称外径 d_e	立管间距	横管间距	公称外径 d_e	立管间距	横管间距
12	500	400	32	1100	800
14	600	400	40	1300	1000
16	700	500	50	1600	1200
18	800	500	63	1800	1400
20	900	600	75	2000	1600
25	1000	700	—	—	—

（8）PE-X 交联聚乙烯管道支撑点的间距见表 11.1.2-8。

PE-X 交联聚乙烯管道支撑点的间距　　　　表 11.1.2-8

管径 D(mm)		16～20	25	32	40	50	63
立　管		0.8	0.9	1.0	1.3	1.6	1.8
横　管	冷水管	0.5	0.6	0.75	0.95	1.10	1.20
	热水管	0.3	0.35	0.4	0.5	0.6	0.7

（9）钢塑复合管道卡箍连接的最大支承间距应符合表 11.1.2-9 的要求。

钢塑复合管道卡箍连接的最大支承间距　　　　表 11.1.2-9

管径(mm)	最大支承间距(m)
65～100	3.5
125～200	4.2
250～315	5.0

（10）消防喷洒管道支吊架的间距应符合表 11.1.2－10 的要求。

管道支吊架之间的间距 表 11.1.2－10

管道公称直径	25	32	40	50	70	80	100	125	150	200	250	300
距离(m)	3.5	4.0	4.5	5.0	6.0	8.0	8.5	7.0	8.0	9.5	11.0	12.0

（11）依据 GB 50242—2002 第 3.3.11 条的规定，采暖、给水及热水供应系统的金属立管管卡安装应符合下列的要求。

A. 楼层高度小于或等于 5m，每层必须安装一个金属立管管卡。

B. 楼层高度大于 5m，每层不得少于 2 个金属立管管卡。

C. 管卡的安装高度距离地面应为 1.5～1.8m，2 个以上管卡应均匀安装，同一房间管卡应安装在同一高度上。

11.2 管道支、吊、托架的安装

11.2.1 暖卫通风空调管道吊架的安装

（1）楼板下水平管道吊架根部的安装

A. 楼板下安装的水平管道，当直径 $DN \leqslant 150$ 时，采用 A3 型吊架。A3 型吊架制作、安装如图 11.2.1－1 所示，A3 型吊架间距及制作材料表 11.2.1－1。

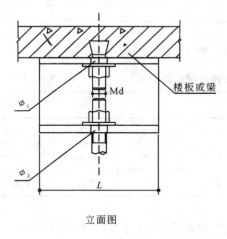
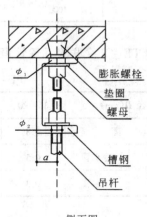

图 11.2.1－1 A3 型吊架

A3 型吊架距离和制作材料表 表 11.2.1－1

公称直径 (mm)	吊架间距(m) 保温(不保温)	吊杆直径 ϕ (mm)	槽钢规格	槽钢长度 (mm)
15	1.5(2.5)	8	[8	80

公称直径 (mm)	吊架间距(m) 保温(不保温)	吊杆直径 ϕ (mm)	槽钢规格	槽钢长度 (mm)
20	2(3)	8	[8	80
25	2(3.5)	8	[8	80
32	2.5(4)	8	[8	80
40	3(4.5)	8	[8	80
50	3(5)	10	[10	100
65	4(6)	10	[10	100
80	4(6)	12	[10	100
100	4(6)	12	[10	100
125	6(6)	16	[12.6	120
150	6(6)	16	[12.6	120

B. 楼板下安装的水平管道,当管道直径 $150 < DN \le 300$ 时,采用 A1 型吊架。A1 型吊架制作、安装见图 11.2.1 - 2,A1 型吊架间距及制作材料表 11.2.1 - 2。

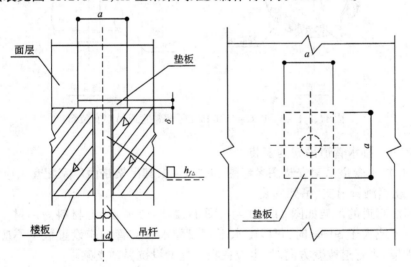

图 11.2.1 - 2　A1 型吊架制作安装

A1 型吊架间距及制作材料表　　　　　　　　　表 11.2.1 - 2

公称直径(mm)	吊架间距(m)	吊杆直径 ϕ(mm)	垫板规格 $a \times a \times \delta$(mm)
200	6	20	$160 \times 160 \times 12$
250	6	20	$160 \times 160 \times 12$
300	6	24	$160 \times 160 \times 12$

（2）管道吊架的安装的步骤

A. 按设计图纸和规范要求，测定好吊卡的位置和标高，找好坡度，在楼板的吊卡所在位置埋设膨胀螺栓，安装型钢。

B. 用22号钢丝或小线在型钢下表面的吊孔中心位置拉直绷紧，把中间型钢吊架依次栽好。

C. 根据管道的标高计算出吊杆的长度，统一制作、加工、安装。

（3）U－PVC排水管道和PPR等给水管道吊架的安装

A. PP－R等给水管道吊架的安装

PP－R等给水管道按设计要求设置吊架，吊架安装如图11.2.1－3所示，但在安装热水管道的吊架时，应在热水管道的吊架与PP－R等管道之间增加橡胶垫。

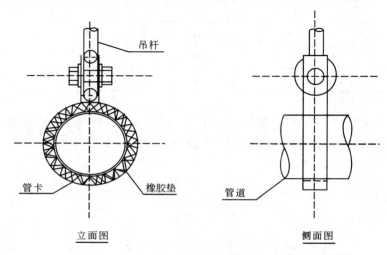

图11.2.1－3　PVC－U和PPR等塑料管道吊架安装图

B. PVC－U排水管道吊架的安装

PVC－U排水管道吊架安装图参考图11.2.1－2，其吊架是由厂家配套供应的。

（4）自动喷洒管道支、吊架安装

自动喷洒管道的吊架如图11.2.1－1、图11.2.1－2所示，但材料为钢材。当水平管道的管径等于或大于50mm时，每段配水干管或配水管支管均应设置数量不应少于1个的抗晃动支架；当管道改变方向时，也应在拐弯处增设抗晃动支架。

自动喷洒管道支架、吊架的安装位置不应妨碍喷头的喷水效果，且管道支架、吊架与喷头之间的距离不宜小于300mm；它们与末端喷头之间的距离不宜大于750mm。水平钢管支、吊架安装间距不得大于表11.2.1－3的规定。

消防喷淋水平钢管支、吊架安装间距　　　　　表11.2.1－3

公称直径 DN(mm)	25	32	40	50	70	80	100	125	150	200	250
不保温管道(m)	3.5	4.0	4.5	5.0	5.0	6.0	6.5	7.0	8.0	9.5	11
保温管道(m)	2.5	2.5	3	3	4	4	4.5	6	7	7	8

消防喷淋支管防晃动支架见图11.2.1－4,干管(*DN*70~150)防晃动支架见图11.2.1－5。

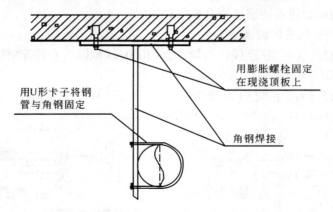

用膨胀螺栓固定
在现浇顶板上

用U形卡子将钢
管与角钢固定

角钢焊接

图 11.2.1－4　支管防晃动支架图

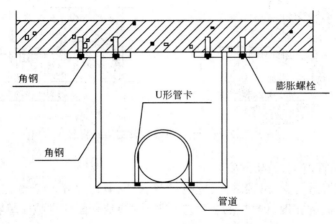

角钢

U形管卡

膨胀螺栓

角钢

管道

图 11.2.1－5　干管防晃动支架图

11.2.2　暖卫通风空调管道型钢支架的安装

（1）型钢支架安装的间距

沿墙或柱子敷设的管道一般采用型钢支架,钢管支架间距见表11.1.2－3或表11.2.2。其他材质的管道支架间距详见表11.1.2－2~表11.1.2－9。

钢制管道型钢支架间距表　　　　　　　　表 11.2.2

DN(mm)	25	32	40	50	70	80	100	125	150
保温管道(m)	2.0	2.5	3.0	3.0	4.0	4.0	4.5	5.0	6.0
不保温管道(m)	3.5	4.0	4.5	5.0	5.0	6.0	6.5	7.0	8.0

（2）型钢支架安装的操作

按设计标高计算出管道两端点的管底标高,按设计坡度进行放坡,用坡度线作为支架安装的基准线,确保管道安装坡度符合要求。

(3)沟槽式连接的管道的固定

对沟槽式连接的管道,在连接件两侧 500 ~ 1000mm 范围内应补充增加固定支架。

(4)型钢支架的构造

沿墙敷设型钢支架安装见图 11.2.2 – 1。

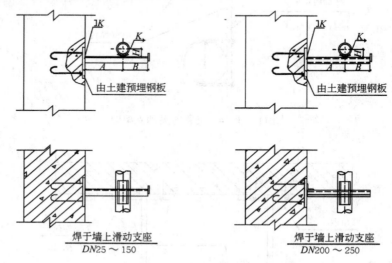

图 11.2.2 – 1　钢管沿墙敷设支架安装图

(5)空调冷媒管道支、吊架的安装

A. 空调冷媒管道与支、吊架之间,应有绝热衬垫,其厚度不小于绝热层厚度,宽度应大于支、吊架支承面的宽度。衬垫的表面应平整,衬垫结合面的空隙应填实。吊顶内水平管道吊架见图 11.2.2 – 2。

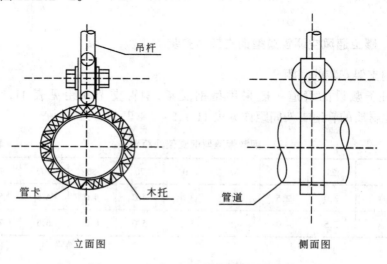

图 11.2.2 – 2　空调冷媒管道吊架安装图

282

B. 空调冷媒成排管道支架见图 11.2.2－3。

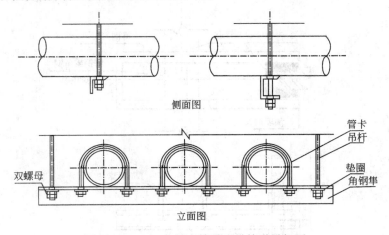

图 11.2.2－3　空调水管道成排管道吊架图

（6）管道井内管道导向支架的安装

管道井内管道导向支架的安装见图 11.2.2－4。

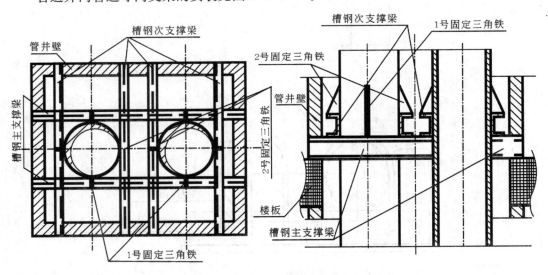

图 11.2.2－4　管道井内导向支座安装

11.3　大型管道或多根大型管道支架的制作和安装

大型（大口径）管道（如循环水量较大的冷却水管道）或多根大型管道的支架，尤其在管道井内的支架，采用一般图集的标准做法，往往不能满足制作和安装要求，必须依据实际情况进行核算和另行设计，其形式见图 11.3.0。这方面的工作必须在结构支模之前准备完成，并与土建专业配合，做好预埋工作。

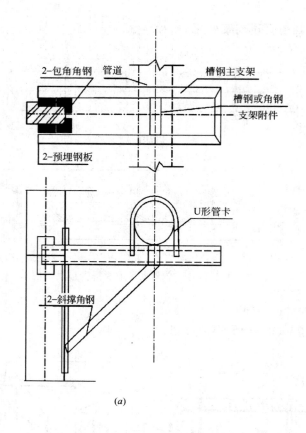

(a)

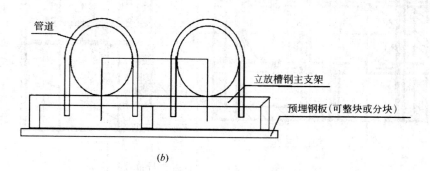

(b)

注：1. 大型管道在管井内的支架可参考此图施工，但是槽钢
　　　应平放（即长边平行井壁）；

　　2. 柱子上的支架是否需要斜撑，应示管道根数和管井小大，
　　　是否保温而定；

　　3. 大型管道支座的型钢号码应请结构专业人员协助计算确定；

　　4. 固定支架其他附件做法参照有关图集制作。

图 11.3.0　大型（大口径）管道或多根大型管道的支架

（a）大型管道或多根管道固定在柱子上支座做法示意图；（b）大型管道或多根管道水平支座示意图

11.4 钢屋架管道支架的制作和安装

本工程钢屋架为 H 型型钢构成,没有大口径的管道,因此,对屋架的承载能力一般没有特别要求,但是,对于固定支座则应请结构专业的技术人员进行认真核算。具体做法如下:

(1) 吊架

吊架的承载基件(底盘)可在 H 型型钢的腹板打眼,用螺栓固定(图 11.4.0)。

(2) 抗晃动支架

抗晃动支架的固定方法见图 11.4.0。

(3) 托架

托架的固定方法见图 11.4.0。

(4) 固定支架

固定支架的固定不宜固定在钢屋架上,宜固定在附近的柱子上。固定支架的设置应请结构专业的技术人员进行认真核算,并共同研究固定方法。

11.5 立管卡安装

立管管卡当层高小于或等于 5m 时,每层需安装一个管卡。当每层安装一个管卡时,高度应距地面 1.5~1.8m;两个以上的管卡应均匀安装。成排或同一房内的立管管卡和阀门等的安装高度应保持一致。成排立管管卡安装见图 11.5.0。

11.6 泵房支吊架安装

(1) 泵房水泵配管单管道吊架安装见图 11.6.0-1,多管道吊架安装见图 11.6.0-2。

(2) 水泵吸水管采用落地支架见图 11.6.0-3。水泵出水管底部采用落地支架见图 11.6.0-4,上部采用单管减振吊架。

11.7 固定支架的安装

11.7.1 管道固定支架安装注意事项

固定支架的安装应在土建结构施工前做好策划,依据管道安装位置的周围环境和安装条件,考虑采用何种固定支座的结构形式,以及预埋件的规格、埋设位置,在土建专业支模过程中,将固定支座的预埋件预埋就位。固定支座安装时尚应注意支座主承载元件型钢的设置方向,槽钢的长边应与受力最大的推力方向相一致。其制作参见国家标准 95R 402《室内热力管道支架》图集。管道固定支座构造形式示意图见图 11.7.1。

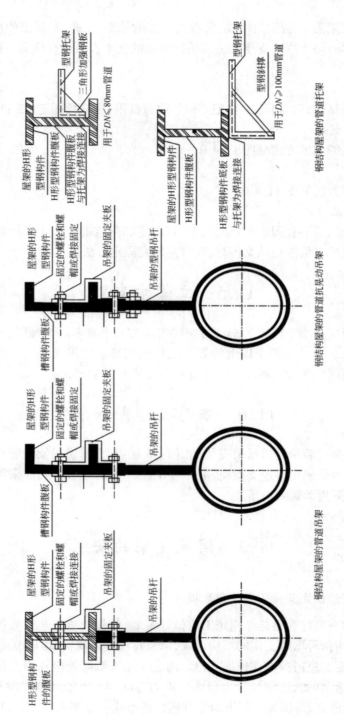

钢结构屋架的管吊架

钢结构屋架的管道抗震动吊架

钢结构屋架的管道托架

用于DN≤80mm管道

用于DN≥100mm管道

图11.4.0　钢屋架管道支架的制作和安装

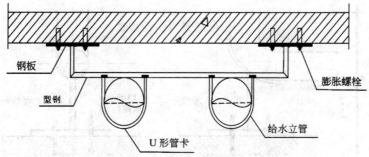

图 11.5.0　成排立管管卡安装图

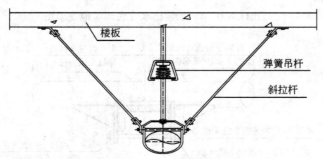

图 11.6.0－1　水泵配管单管道吊架

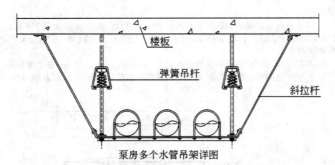

泵房多个水管吊架详图

图 11.6.0－2　泵房多管吊架安装图

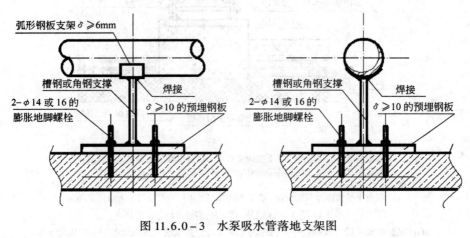

图 11.6.0－3　水泵吸水管落地支架图

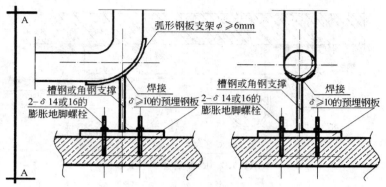

图 11.6.0-4 水泵出水管底部落地支架图

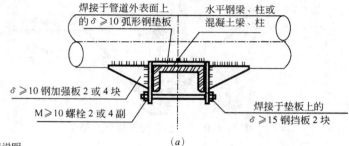

(a)

使用说明:

　　1. 本示意图可以灵活的应用于室内的梁柱上或管沟内架设于沟墙的横梁上，也可以用于管沟内埋设于沟底板和现浇的混凝土沟盖板的钢立柱上、钢梁、钢柱应采用≥7.5号的角钢或槽钢制作;

　　2. 在具体应用时应依据具体的地点和管道的直径对固定支座的各个零件进行调整;

　　3. 各配件之间和各配件与管壁之间的焊接应避免将管壁烧穿或烧成熔坑。

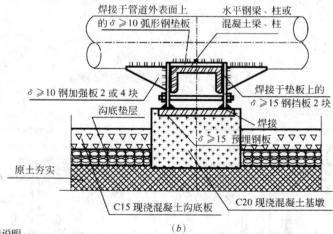

(b)

使用说明:

　　1. 本示意图可以灵活的应用于室内或管沟内敷设于混凝土基墩上的管道;

　　2. 混凝土基墩的尺寸在具体应用时应依据具体的地点和管道的直径由结构专业技术人员计算确定;

　　3. 混凝土基墩预埋钢板的固定脚筋直径和尺寸由结构专业技术人员计算确定。

图 11.7.1 管道固定支座构造形式示意图

（a）安装在水平梁上或垂直柱上的固定支座;（b）直接安装于混凝土基墩上的固定支座

288

11.7.2 供水管道固定支架的安装

供水管道按设计要求设置固定支架,见图11.7.2。

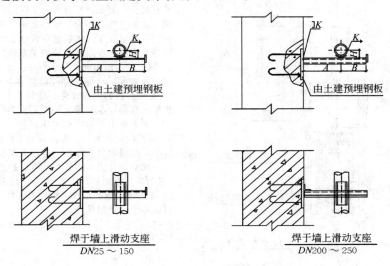

图 11.7.2 管道固定支架

11.8 弹簧支架的安装

对于热力管道、大型的管道或设备,为了防止管道变形引起管道破坏和减少动态设备运行时的振动,在系统安装时往往采用弹簧支吊架。弹簧支吊架的安装图见图11.8.0。

11.9 不能按照规范、规程、图集要求
处理问题的解决措施

当水平敷设的管道距离顶板较近、而距离隔墙较远无法按照标准图集设置管道支、吊架时,可以采取如下的技术措施(图11.9.0)。在执行自行设计的技术措施时,有时也会遇到监理人员的无理挑剔,此时应求助于设计人员的帮助,争得设计人员的认可,因为按惯例,设计人员在设计过程中,可以依据具体情况采取与规范和规程有出入的具体实用的技术措施。

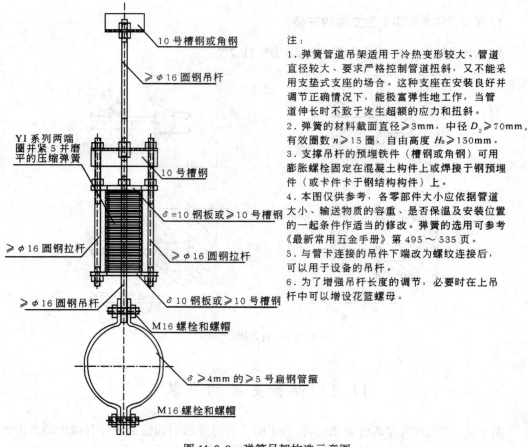

注：
1. 弹簧管道吊架适用于冷热变形较大、管道直径较大、要求严格控制管道扭斜，又不能采用支垫式支座的场合。这种支座在安装良好并调节正确情况下，能极富弹性地工作，当管道伸长时不致于发生超额的应力和扭斜。
2. 弹簧的材料截面直径≥3mm，中径 D_2≥70mm，有效圈数 n≥15 圈，自由高度 H_0≥150mm。
3. 支撑吊杆的预埋铁件（槽钢或角钢）可用膨胀螺栓固定在混凝土构件上或焊接于钢预埋件（或卡件卡于钢结构构件）上。
4. 本图仅供参考，各零部件大小应依据管道大小、输送物质的容重、是否保温及安装位置的一起条件作适当的修改。弹簧的选用可参考《最新常用五金手册》第 495～535 页。
5. 与管卡连接的吊件下端改为螺纹连接后，可以用于设备的吊杆。
6. 为了增强吊杆长度的调节，必要时在上吊杆中可以增设花篮螺母。

图中标注（从上到下）：
10 号槽钢或角钢
≥φ16 圆钢吊杆
Y1 系列两端圈并紧 5 并磨平的压缩弹簧
10 号槽钢
δ=10 钢板或≥10 号槽钢
≥φ16 圆钢拉杆
≥φ16 圆钢拉杆
≥φ16 圆钢吊杆
δ 10 钢板或≥10 号槽钢
M16 螺栓和螺帽
δ≥4mm 的≥5 号扁钢管箍
M16 螺栓和螺帽

图 11.8.0　弹簧吊架构造示意图

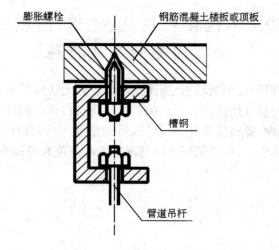

膨胀螺栓
钢筋混凝土楼板或顶板
槽钢
管道吊杆

图 11.9.0　管道吊杆示意图

12 镀锌、非镀锌钢管和无缝钢管施工技术交底内容的编制

12.1 镀锌钢管安装的一般要求

镀锌钢管,$DN \geqslant 100$ 的管道采用卡箍式柔性管件连接,沟槽卡箍式的连接等。$DN \leqslant 80$ 的管道采用丝扣连接,安装时丝扣肥瘦应适中,外露丝扣不大于 3 扣,锌皮损坏处应采取可靠的防腐措施(涂防锈漆后再涂刷银粉漆)。$DN > 80$ 的镀锌钢管及由于消火栓供水立管至埋于墙内连接消火栓 $DN < 100$ 的支管,因转弯过急或受安装尺寸限制时也可采用对口焊接连接。做好防腐措施和冷水管穿墙应加 $\delta \geqslant 0.5mm$ 的镀锌套管,缝隙用油麻充填。穿楼板应预埋套管,套管直径比穿管大 2 号,高出地面 $\geqslant 20mm$,底部与楼板结构底面平等其他质量要求。

12.2 镀锌钢管安装的质量要求

12.2.1 水平给水管道应有 2‰ ~ 5‰ 的坡度坡向泄水装置。汽、水同向流动的水平热水供暖管道和汽、水同向流动的蒸汽、凝结水管道应有 2‰ ~ 3‰ 的坡度。汽、水逆向流动的水平热水供暖管道和汽、水逆向流动的蒸汽、凝结水管道应有大于 5‰ 的坡度。

12.2.2 给水引入管与排水排出管的水平净距离不得小于 1m。室内给水与排水管道平行敷设时,两管道间的最小净距离不得小于 0.5m,交叉敷设时垂直净距离不得小于 0.15m。给水管应敷设在排水管上面,若给水管敷设在排水管下面时,给水管应加套管,其长度不得小于排水管管径的 3 倍。

12.2.3 室内给水管道安装允许的偏差详见表 12.2.3 – 1 的规定;室内给水设备安装允许偏差表 12.2.3 – 2 的规定。

12.2.4 供暖管道安装允许的偏差详见表 12.2.4 的规定。

12.2.5 室外给水管道安装允许的偏差详见表 12.2.5 的规定。

管道和阀门安装允许偏差和验收方法　　　　　　　　表 12.2.3－1

项次	项　　目		允许偏差(mm)	检 验 方 法
1	水平管道纵横弯曲	钢　管	每　米　　1 全长 25m 以上　　$\geqslant 25$	用水平尺、直尺、拉线和尺量检查
		塑料管复合管	每　米　　1.5 全长 25m 以上　　$\geqslant 25$	
		铸铁管	每　米　　2 全长 25m 以上　　$\geqslant 25$	

项次	项	目		允许偏差(mm)	检 验 方 法
2	立 管 垂 直 度	钢管	每米	3	吊线和尺量检查
			5m 以上	≯8	
		塑料管 复合管	每米	2	
			5m 以上	≯8	
		铸铁管	每米	3	
			5m 以上	≯10	
3	成排管段和成排阀门	在同一平面上的间距		3	尺量检查

室内给水设备安装允许偏差和验收方法 表 12.2.3-2

项次	项	目	允许偏差(mm)	检 验 方 法
1	静置 设备	坐 标	15	经纬仪或拉线、尺量
		标 高	±5	水准仪、拉线和尺量
		垂直度(每米)	5	吊线和尺量检查
2	离心式 水泵	立式泵体垂直度(每米)	0.1	水平尺和塞尺检查
		卧式泵体水平度(每米)	0.1	水平尺和塞尺检查
		联轴器 同心度 轴向倾斜度(每米)	0.8	在联轴器互相垂直的四个位置上用水准仪、百分表或测微螺钉和塞尺检查
		联轴器 同心度 径向位移	0.1	

供暖管道安装允许的偏差 表 12.2.4

项次	项	目		允许偏差(mm)	检验方法
1	立管垂直度(mm)	每 1 米		2	吊线和尺量检查
		全长(5m 以上)		≯10	
2	横管道纵横 方向弯曲(mm)	每 1 米	管径≤100mm	1	用水平尺、直尺、拉线 和尺量检查
			管径>100mm	1.5	
		全长 (25m 以上)	管径≤100mm	≯13	
			管径>100mm	≯25	
3	弯管	椭圆率 $\dfrac{D_{max} - D_{min}}{D_{max}}$	管径≤100mm	10%	用外卡钳尺量检查
			管径>100mm	8%	
		皱褶不平度(mm)	管径≤100mm	4	
			管径>100mm	5	

室外给水管道安装允许的偏差 表 12.2.5

项次	项 目			允许偏差(mm)	检验方法
1	坐标	铸铁管	埋 地	100	拉线和尺量检查
			敷设在沟槽内	50	
		钢管、塑料管、复合管	埋 地	100	
			敷设在沟槽内或架空	40	
2	标高	铸铁管	埋 地	±50	
			敷设在地沟内	±30	
		钢管、塑料管、复合管	埋 地	±50	
			敷设在地沟内或架空	±30	
3	水平管纵横向弯曲	铸铁管	直段(25m以上)起点~终点	40	
		钢管、塑料管、复合管	直段(25m以上)起点~终点	30	

12.2.6 室外供热管道安装允许的偏差详见表 12.2.6 的规定。

供热管道安装允许的偏差 表 12.2.6

项次	项 目			允许偏差(mm)	检验方法
1	坐标(mm)	敷设在沟槽内及架空		20	用水准仪(水平尺)直尺、拉线
		埋 地		50	
2	标高(mm)	敷设在沟槽内及架空		±10	尺量检查
		埋 地		±15	
3	水平管道纵、横方向弯曲(mm)	每1m	管径≤100mm	1	用水准仪(水平尺)直尺、拉线和尺量检查
			管径>100mm	1.5	
		全长(25m以上)	管径≤100mm	≯13	
			管径>100mm	≯25	
4	弯 管	椭圆率 $\dfrac{D_{max} - D_{min}}{D_{max}}$	管径≤100mm	8%	用外卡钳尺量检查
			管径>100mm	5%	
		皱褶不平度(mm)	管径≤100mm	4	
			管径125~200mm	5	
			管径250~400mm	7	

12.2.7 给水立管和装有 3 个或 3 个以上配水点的支管始端均应安装可拆卸的连接件。

12.2.8 焊接管道焊接质量详见焊接钢管和无缝钢管的安装部分。

12.2.9 镀锌钢管安装应防止的质量通病

(1) 避免黑白混用,即防止镀锌钢管与非镀镀锌管件混用。

(2) 防止以冷镀镀锌钢管代替镀锌钢管。

(3) 防止管道甩口与支路管线或用水点接口严重错位。

(4) 防止管道走向倒流,即急剧回流。

(5) 防止管道距离墙面过近,影响维修;防止管道距离墙面过远,影响美观和其他专业管线的安排。

12.3 镀锌钢管安装的施工方法

12.3.1 镀锌钢管丝扣连接的施工方法

在管道安装前,首先绘制安装草图,标出每段长度及管径。

(1) 干管安装

管道安装时从总入口开始操作,管道运到安装部位后按编号依次排开,并用管钳依次上紧,丝扣外露 2~3 扣,安装完后找直找正,安装后清理麻头,所有管口加好临时丝堵,立管穿越楼板处应统一加钢制套管,套管大于管道 2 号,高出地面 2cm,高度应相同,管道做好后应用油麻及密封胶将套管封堵好。

(2) 立管安装

每层从上至下统一吊线安装卡件,分层排列,校核甩口的高度、方向是否正确,然后按顺序安装。

(3) 支管安装

支管从立管甩口处依次逐段进行安装,有截门时应将截门盖卸下再安装,根据管道长度适当的加好固定卡,核定不同卫生器具的冷热水管预留口高度、位置是否正确,找平、找正后再组装。

12.3.2 镀锌钢管沟槽连接的施工方法

现场测绘管段长度。然后进行下料,连接管段的长度应是管段两端口间净长度减去 6~8mm,每个连接口之间应有 3~4mm 间隙,并用钢印编号。采用机械截管,截面应垂直轴心,允许偏差为:管径不大于 100mm 时,偏差不大于 1mm,管径大于 125mm 时,偏差不大于 1.5mm。用专用滚槽机压槽,压槽时管段应保持水平,钢管与滚槽机截面成 90°,压槽时应持续渐进。检查橡胶密封圈是否匹配,涂润滑剂,并将其套在一根管段的末端,将对接的另一根管段对上,将胶圈移至连接段中央。将卡箍套在胶圈外,并将边缘卡入沟槽中。将带变形块的螺栓插入螺栓孔,并将螺母对称交替拧紧。

12.4 焊接钢管和无缝钢管的安装

12.4.1 焊接钢管和无缝钢管安装质量要求

(1) 焊接钢管和无缝钢管安装的一般要求

焊接钢管 $DN \leqslant 32$ 的采用丝扣连接, $DN \geqslant 40$ 的采用焊接连接, 无缝钢管 $DN \geqslant 100$ 的管道采用沟槽式卡箍柔性管件连接, $DN \leqslant 80$ 的管道采用焊接连接。采用丝扣连接安装时丝扣肥瘦应适中, 外露丝扣不大于 3 扣。丝扣连接、焊接连接接口的质量要求同镀锌钢管。与阀门等附件的连接视附件的连接方式而定, 可采用丝接、焊接和法兰连接。焊接接口是本工程的控制重点。管道穿墙应预埋厚 $\delta \geqslant 1mm$, 直径比管径大 1 号的套管, 套管两端与墙面平, 缝隙填充油麻密封; 管道穿楼板的预埋套管要求同本节 12.1。安装中应特别注意暖气片进出水管甩口的位置, 以免影响支管坡度的要求; 与散热器连接的灯叉弯应在现场实地煨弯, 弯曲半径应与墙角相适应, 保证安装后美观和上下整齐。

(2) 注意无缝钢管与焊接钢管外径和厚度尺寸的匹配

由于无缝钢管的管道连接附件(弯头、三通等)均为冲煅压制产品, 其外径一般均比同口径的管道小, 因此, 在备料采购时, 应特别注意无缝钢管与钢压制弯头规格的匹配, 以免安装后出现外径不一的外观质量事故。无缝钢管与钢压制弯头规格的匹配可以参见表 12.4.1。

无缝钢管与钢压制弯头规格匹配表 表 12.4.1

DN (mm)	相应英制 (in)	相应无缝钢管外径×壁厚(mm)	与焊接钢管配套弯头外径×壁厚(mm)	DN (mm)	相应英制 (in)	相应无缝钢管外径×壁厚(mm)	与焊接钢管配套弯头外径×壁厚(mm)
15	1/2	22×3	—	150	6	159×4.5	168×4.5
20	3/4	25×3	—	200	8	219×6	—
25	1	32×3.5	—	250	10	273×8	—
32	1 1/4	38×3.5	42×3.5	300	12	325×8	—
40	1 1/2	45×3.5	50×3.5	350	14	377×9	—
50	2	57×3.5	60×3.5	400	—	426×9	—
65	2 1/2	76×4	76×4	450	—	480×10	—
80	3	89×4	89×4	500	—	530×10	—
100	4	108×4	114×4	600	—	630×10	—
125	5	133×4.5	140×4.5				

12.4.2 焊接钢管和无缝钢管焊接连接应注意事项

(1) 本工程热力管道采用氩弧焊焊接, 其他管道采用手工电弧焊焊接。焊接工人必须有压力容器焊接操作的准许证,必须持证上岗。

(2)管道采用对口焊接。坡口加工时,管道端面应与管道轴线垂直。垂直度可用直角尺检查,其最大偏差不得超过 1.5mm。坡口的加工采用机械方法加工,坡口有凹凸不平的应磨平。

(3)管道的组对。管道组对时其错口值应符合《锅炉安装手册》的有关规定。组对前应将管口不圆的管道进行修整、调圆。组对时焊接两端的坡口及长度 15～20mm 内的管道内外壁表面的油漆、油污、锈迹、毛刺均应进行清理干净。为保证焊接质量,组对时管道对口的缝隙见表 12.4.2。

组对管道对口的缝隙(mm)   表 12.4.2

焊缝名称	管壁厚度(mm)	缝隙宽度(mm)	焊缝张角(°)
单面焊 V 形口	3～5	0.5～1	50～60
双面焊 V 形口	5～8	1.5～2.5	50～60
双面焊 X 形口	≥8	2.0～3.0	50～60

(4)其外观质量要求焊缝表面无裂纹、气孔、弧坑和夹渣,焊接咬边深度不超过0.5mm,两侧咬边的长度不超过管道周长的 20%,且不超过 40mm。

(5)除了进行一般的质量检查外,尚应进行焊缝射线探伤检查。

(6)采用法兰连接时,法兰端面应与管道的中心线垂直,两法兰之间的间距应符合规范规定,螺栓孔径和个数应相同(即压力等级应一样),螺栓孔应对齐。法兰的垫片应是封闭的,若需要拼接时其接缝应采用迷宫式的对接方式。当管内介质温度 ≥100℃时,螺栓、螺母应涂以二氧化钼油脂、石墨机油或石墨粉。

(7)管道穿墙应预埋厚 $\delta \geq 1$mm,直径比管径大 2 号的套管、套管两端与墙面平,缝隙填充油麻密封;穿楼板应预埋套管,套管直径比穿管大 2 号,高出地面 ≥20mm,底部与楼板结构底面平。供暖管道安装中应特别注意暖气片进出水管甩口的位置,以免影响支管坡度的要求;与散热器连接的灯叉弯应在现场实地煨弯,弯曲半径应与墙角相适应,保证安装后美观和上下整齐。配电室或控制室内的管道应采用焊接接口,不得有丝扣、法兰等活接口,散热器和管道的放气、泄水管应引到喷水喷不到电器设备的地方。

(8)为了配合检测和测试的需要,在管道安装时应按设计和施工前拟定的位置安装测试探头的测孔。

12.4.3 焊接钢管和无缝钢管焊接的施工方法

钢管焊接时,先把管子选好调直,清理好管腔,找直后用点焊固定,校正、调直后施焊,焊完后保证管道正直。所有焊接部分,焊接金属与被焊接金属应彻底熔融,焊接的穿透性应包括不倾斜部分并延伸到管子的内壁。焊后用金属刷和研磨法清理每层焊缝上的金属以除去一切焊渣和鳞屑,然后在需要的地方刨削以备第二层的恰当淀积。焊接后的焊缝加厚部位高于被焊部位正常表面不小于 1.6mm,也不应大于 3.18mm。焊缝加厚部应中间隆起,且在所焊接的表面两侧递降,焊缝暴露表面外观应精巧,并且被焊件的下表面不应有凹陷。

12.4.4　镀锌钢管、焊接钢管和无缝钢管焊接的质量要求

（1）镀锌钢管、焊接钢管和无缝钢管焊接的外观质量要求

其焊接外观质量应焊缝表面无裂纹、气孔、弧坑、未熔合、未焊透和夹渣等缺陷。焊缝高度应不低于母材,焊缝与母材应圆滑过渡。焊接咬边深度不超过0.5mm,两侧咬边的长度不超过管道周长的20%,且不超过40mm。

（2）拼接焊接连接接口尺寸和焊接质量的要求

A. 等厚焊件坡口形式和尺寸详见表12.4.4－1。

B. 不等厚焊件坡口形式和尺寸要求如图12.4.4所示。

C. 焊接对接接头焊缝表面的质量标准详见表12.4.4－2。

等厚焊件坡口形式和尺寸　　　　　　　　表 12.4.4－1

序号	填口名称	坡　口　形　式	手工焊接填口尺寸(mm)		
1	Ⅰ形坡口		单面焊	s	>1.5~2	2~3
				c	0+0.5	0+1.0
			双面焊	s	≥3~2.5	3.5~6
				c	0+1.0	$1^{+1.5}_{-1.0}$
2	V形坡口		s ≥3~9 >9~25		
			α 70°±5° 50°±5°		
			c 1±1 $2^{+1.0}_{-1.0}$		
			p 1±1 $2^{+1.0}_{-2.0}$		
3	X形坡口		s≥12~50		
			$c=2^{+1.0}_{-1.0}$		
			$p=2^{+1.0}_{-2.0}$		
			$\alpha=60°±6°$		

焊接对接接头焊缝表面的质量标准　　　　　　　　表 12.4.4－2

序号	项　目	质量标准
1	 表面裂纹　　表面气孔 表面夹渣　　熔合性飞溅	不允许

序号	项　目	质量标准
2	咬边	深度：$e<0.5$，长度≤该焊缝总长的10%
3	表面加强高度	深度：$e\leqslant1+0.2b$，但最大为5
4	表面凹陷	深度：$e\leqslant0.5$，长度≤该焊缝总长的10%
5	接头坡口错位	$e\leqslant0.25s$，但最大为5

钢管对口时错位允许偏差	壁厚（mm）	2.5~5	6~10	12~14	≥16
	允许偏差值（m）	0.5	1.0	1.5	2.0

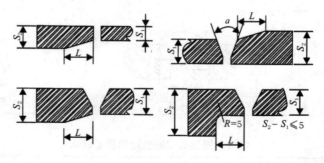

注：1. $L\geqslant4(S_2-S_1)$；

2. 当薄件厚度小于或等于10mm、厚度差大于3mm及薄件厚度大于10mm、厚度差大于薄件厚度的30%或超过15mm时，按图中规定削薄厚件边缘。

图12.4.4　不等厚焊件焊接的对口形式和尺寸

12.5 镀锌钢管、焊接钢管和无缝钢管的沟槽式连接施工要求

12.5.1 沟槽式连接适用的管材

（1）沟槽式连接的钢管可采用镀锌焊接钢管、焊接钢管、镀锌无缝钢管、无缝钢管、不锈钢管或内壁涂塑（或衬塑）的镀锌焊接钢管、焊接钢管、镀锌无缝钢管、无缝钢管、不锈钢管等。

（2）镀锌焊接钢管应符合 GB/T 3091《低压流体输送用镀锌焊接钢管》、GB/T 3092《低压流体输送用焊接钢管》、GB/T 8163《输送流体用无缝钢管》、GB/T1 4976《流体输送用不锈钢无缝钢管》的规定；内壁涂塑（或衬塑）的各种钢管也应符合国家现行有关产品标准规定。

12.5.2 沟槽式连接管接头的加工与尺寸要求

（1）沟槽式连接管接头的加工

沟槽式连接管接头采用的平口端环形沟槽必须采用专门的滚槽机加工成型，加工可在现场依据配管长度进行沟槽加工。

（2）沟槽式连接管接头的尺寸要求

沟槽式连接管接头要求钢管的最小壁厚和沟槽尺寸、端面至沟槽边的尺寸应符合图 12.5.2 和表 12.5.2 的规定。

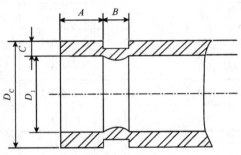

图 12.5.2　钢管沟槽尺寸图

公称直径 d_e	钢管外径 D_c	最小壁厚 δ	管端至沟槽 边尺寸 $A^{+0.0}_{-0.5}$	沟槽宽度 $B^{+0.5}_{-0.0}$	沟槽深度 $C^{+0.5}_{-0.0}$	沟槽外径 D_1
20	27	2.75			1.5	24.0
25	33	3.25				28.4
32	42	3.25	14	8.00	1.8	38.4
40	48	3.50				44.4
50	57	3.50				52.6
50	60	3.50				55.6
65	76	3.75	14.5	9.5	2.2	71.6
80	89	4.00				84.6
100	108	4.00				103.6

钢管的最小壁厚和沟槽尺寸（mm）　　表 12.5.2

公称直径 d_e	钢管外径 D_c	最小壁厚 δ	管端至沟槽边尺寸 $A_{-0.5}^{+0.0}$	沟槽宽度 $B_{-0.0}^{+0.5}$	沟槽深度 $C_{-0.0}^{+0.5}$	沟槽外径 D_1
100	114	4.00				109.6
125	133	4.50				128.6
125	140	4.50				135.6
150	159	4.50	16	9.5	2.2	154.6
150	165	4.50				160.6
150	168	4.50				163.6
200	219	6.00			2.5	214.0
250	273	6.50	19			268.0
300	325	7.50				319.0
350	377	9.00		13		366.0
400	426	9.00			5.5	415.0
450	480	9.00	25			469.0
500	530	9.00				519.0
600	630	9.00				619.0

注:表内钢管的公称压力 P_N 均不小于 2.5MPa。

12.5.3 沟槽式连接管接头的管件和附件

（1）管接头管件

A．沟槽式管接头的分类和供应

沟槽式管接头有刚性接头、挠性接头、支管接头和转换接头。

组成沟槽式刚性接头、挠性接头和支管接头的卡箍件、橡胶密封圈、紧固件(螺栓、螺母)应由生产沟槽式管接头的厂家配套供应。

B．卡箍和转换接头的材质应采用球墨铸铁、铸钢或锻钢,同一管道系统上转换接头的材质宜与管件的材质一致。

C．橡胶密封圈材料应根据介质的性质和温度确定,对于输送生活饮用水的管道可采用天然橡胶、合成橡胶或硅橡胶。对于输送含油和化学品等介质的管道应采用合成橡胶。

D．用于生活饮用水和饮用净水管道的橡胶密封圈和管配件的表面涂装,应符合现行国家标准 GB/T 17219《生活饮用水输配水设备及防护材料的安全性评价标准》和国家现行有关标准的规定。

E．沟槽式刚性接头、挠性接头和支管接头的公称压力应符合表 12.5.3 的规定。

沟槽式接头的公称压力

表 12.5.3

接头类别		公称直径 DN(mm)	公称压力 P_N(MPa)
刚性接头		≤200	2.5
		≥250	1.6
挠性接头		≤300	2.5
		≥350	1.6
支管接头 (机械三通)	沟槽式	≤200	2.5
	螺纹式	≤200	1.6

注:机械四通的公称压力 P_N 可按生产厂家提供的数据采用。

F. 直管管段、直管与管件的连接宜采用刚性接头。对于有温度补偿功能的弯管、折线形管道,应在其产生角变位的管段上采用挠性接头;在管段上每 4～5 个连续的刚性接头间,应设置一个挠性接头。埋地管道的接头和管道进墙外侧的第一个接头必须采用挠性接头。挠性接头距离外墙面不宜大于 300mm。

G. 接头不得埋在承重的墙体、板、梁、柱内,接头与结构外壁的净距不得小于 200mm。

H. 沟槽式管道系统附件(阀门、过滤器、隔振和位移补偿装置等)的接口为法兰或螺纹时,应采用转换接头。

(2) 沟槽式管件和附件

A. 沟槽式连接管接头采用的平口管件和附件其端部的沟槽应在管件生产厂加工成型,不得在施工现场切割开槽。

B. 常用的弯头(90°、45°、同径、异径)、三通(同径、异径)、四通(同径、异径)、异径管、堵头(盲板)等沟槽式管件的规格、材质、外形尺寸应符合现行行业标准 CJ/T 156《沟槽式管接头》的规定。

C. 特殊用途的异形管件和附件,可按生产厂家的企业标准执行。

D. 沟槽式管件和附件平口端部的沟槽尺寸、管端至沟槽边尺寸应符合表 12.5.2 的规定。

E. 沟槽式管道系统中管件(90°弯头、45°弯头、三通、盲板等)的公称压力按下列规定采用。

DN≤300mm P_N = 2.5MPa; DN≥350mm P_N = 1.6MPa。

12.5.4 沟槽式连接管道的安装

(1) 沟槽式连接管道安装前应具备的条件

A. 设计图纸和其他技术文件应齐全。

B. 施工方案(施工组织设计)和配管图已进行技术交底。

C. 工程用的管材、沟槽式接头、沟槽式管件等管道组合件、管道支撑件、施工力量、机具、水、电供应已准备就绪,能进行正常施工,并符合质量要求。

D. 对施工人员已进行沟槽式连接方式安装的技术培训。

E. 在施工现场已对安装的管材、沟槽式接头、沟槽式管件等管道组合件、管道支撑件的材质、规格、型号、产品说明书、出厂合格证书核对无误,质量符合设计要求。

F. 对管道安装的预留孔洞的位置、尺寸、标高已核对无误,质量符合设计和规范要求。

(2) 沟槽式连接管道安装的质量要求

A. 管材的切割和预加工

(A) 管道的切割应采用机械切割,切口表面应平整,无裂缝、凹凸、缩口、熔渣、氧化物等,并打磨光滑。

(B) 当管端沟槽加工部位的管口不圆整时应整圆,壁厚应均匀,表面的污物、油漆、铁锈、碎屑应清除。

(C) 管材切割前应按配管图先标定管道外径,其外径误差和管壁厚度误差应在允许的公差范围之内。管材切口端面应垂直于管道的中心线,其倾角的偏差(图 12.5.4)不得大于表 12.5.4 – 1 的规定。

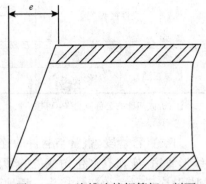

图 12.5.4　沟槽连接钢管切口割面

切割端面倾斜角允许偏差(mm)　　　　　表 12.5.4 – 1

公称直径 DN	切割端面倾斜角允许偏差 e(mm)
≤80	0.8
100～150	1.2
≥200	1.6

B. 现场管材的滚槽加工

(A) 用滚槽机加工沟槽的步骤

a. 将合格的管材架设在滚槽机和滚槽机的尾架上。

b. 在管子上用水平仪测量,使其处于水平位置。

c. 将管子端面与滚槽机正面贴紧,使管轴线与滚槽机正面垂直。

d. 启动滚槽机,滚压环形沟槽。

e. 停机用游标卡尺量测沟槽深度和宽度,在确认沟槽尺寸符合要求后,滚槽机卸荷,取出管子。

注:1. 在滚槽机滚压沟槽时,严禁管子出现纵向位移和角位移;

　　2. 滚槽机应有限位装置。

(B) 滚压成型沟槽的质量要求

a. 管端至沟槽段的表面应平整,无凹凸、无滚痕。

b. 沟槽圆心应与管壁同心,沟槽宽度和深度应符合表 12.5.2 的要求。

c. 用滚槽机对管材加工成型的沟槽,不得损坏管子的镀锌层及内壁的各种涂层和内衬层。

d. 滚槽时,沟槽外径 D_1 不得大于表 12.5.2 的规定值,加工一个沟槽的时间不宜小于表 12.5.4－2 的要求。

加工一个沟槽的时间 表 12.5.4－2

公称直径 DN(mm)	50	65	80	100	125	150	200	250	300	350	400	450	500	600
时间 (min)	2	2	2.5	2.5	3	3	4	5	6	7	8	10	12	16

C. 支管接头的现场开孔

(A) 将开孔机固定在管道预定的开孔部位,使开孔的中心线和钻头的中心线对准管道的中轴线。

(B) 启动电机转动钻头。

(C) 转动手轮使钻头缓慢向下钻孔,并适时、适量地向钻头添加润滑剂,直至钻孔完毕。

(D) 开孔完毕后,摇回手轮,使开孔机的钻头复位。

(E) 撤除开孔机后,清除开孔部位的钻落金属和残渣,并将孔洞打磨光滑。

(F) 开孔直径应不小于支管的外径。

D. 接头的连接和安装

(A) 沟槽式接头的安装

a. 核查所有安装的管材、接头、管件的型号、规格、尺寸、材质是否正确和符合质量要求。

b. 在橡胶密封圈上涂抹润滑剂,并检查橡胶密封圈是否有损伤。

注:润滑剂可采用肥皂水或洗洁剂,不得采用油润滑剂。

c. 连接时先将橡胶密封圈安装在接口中间部位,可将橡胶密封圈先套在一侧管端,定位后再套上另一侧管端。

d. 校直管道中轴线。

e. 在橡胶密封圈的外侧安装卡箍件。必须将卡箍件的内缘嵌固在沟槽内,并将其固定在沟槽的中心部位。

f. 压紧卡箍件至端面闭合后,即刻安装紧固件,安装时应均匀交替拧紧螺栓。

g. 在安装卡箍件过程中,必须目测检查橡胶密封圈的变化情况,防止起皱。

h. 安装完毕后,即刻检查并确认卡箍件内缘全圆周嵌固在沟槽内。

(B) 支管接头的安装

a. 在已开孔洞的管道上安装机械三通或机械四通时,卡箍件上连接支管的中心线必须与管道上的孔洞中心线对准。

b. 安装后的机械三通、机械四通内的橡胶密封圈,必须与管道上的孔洞同心,间隙均匀。

c. 压紧支管卡箍件至两端面闭合,即刻安装紧固件,安装时应均匀交替拧紧螺栓。

d. 在安装支管卡箍件过程中,必须目测检查橡胶密封圈的变化情况,防止起皱。

E. 支(吊)架安装

(A) 安装前应检查支(吊)架的形式、材质、加工尺寸、制造质量是否符合现行国家有关标准的规定,安装后应检查是否安装牢靠、位置正确和符合设计要求。

(B) 支(吊)架安装的质量控制要求

a. 立管支架(管卡)当楼层高度不大于 5m 时,立管支架(管卡)每层必须安装 1 个;当楼层高度大于 5m 时,立管支架(管卡)每层安装必须不少于 2 个。当立管上无支管接出时,支架(管卡)安装高度宜距离地面 1.20～1.60m。

b. 每一直线横管管段的吊架(托架)必须设置一个;直线横管管段上两个吊架(托架)的距离不得大于表 12.5.4-3 的规定。

横管管段吊架(托架)间允许的间距(m)　　　　　　表 12.5.4-3

公称直径 DN(mm)	20	25	32	40	50	70	80	100	125	150	200	250	300	350～400	450～600
刚性接头	2.10		2.10		3.00	3.65		4.25		5.15		5.75		7.00	
挠性接头	2.40		3.00			3.60			4.20			4.80		5.40	6.00

注:本表适用于非保温管道,对保温管道,应按管道上保温材料重量的影响相应缩短吊架的间距。

c. 横管吊架(托架)应设置在接头(刚性接头、挠性接头和支管接头)两侧和三通、四通、弯头、异径管管件上下游连接接头的两侧。吊架(托架)与接头的净距离不宜小于 150mm 和大于 300mm。

(C) 应在管道系统中的下列位置设置固定支架(吊架)

a. 进水立管的底部。

b. 立管接出支管的三通、四通、弯头的部位。

c. 立管因自由长度较长而需要支撑立管重量的部位。

d. 横管接出支管与支管接头、三通、四通、弯头等管件连接的部位。

e. 高温管道设置补偿器需要控制管道伸缩的部位。

(D) 管道安装时应及时固定和调整支(吊)架,且不宜使用临时支(吊)架。支(吊)架与管子接触应紧密,滑动支架滑动面应洁净平整,应有防止脱落的设施。

(3) 水压试验和管道冲洗

水压试验和管道冲洗标准应依据管道的用途,参照不同用途的施工质量验收规范、规程的要求进行。但管道试压时,不得转动卡箍件和紧固件,需要拆卸或移动沟槽式接头时,必须在管道排水降压后进行。

13　不锈钢钢管安装技术交底内容的编制

13.1　不锈钢管道预制和安装应具备的条件

13.1.1 安装应具备的条件

（1）与管道安装相关的土建工程已检验合格，并办理验收手续。

（2）与管道连接的设备已安装就绪，固定牢固，已检验合格，并办理验收手续。

（3）管道的组成件、支撑件、管子、阀门、管件内部已清理干净，无杂物，质量符合设计要求。

（4）管道已脱脂，管内防腐、衬里等工序已进行完毕。

（5）其他相关联的条件已具备，且检查合格。

13.1.2 管道的预制

（1）管道预制宜按管道系统单线图进行施工。并按管道系统单线图的顺序对各管件进行编号，各管件的编号应与管道系统单线图的编号顺序对应。

（2）自由管段和封闭管段位置的选择应合理，封闭管段的加工长度应按现场实测长度加工。自由管段和封闭管段加工允许的尺寸偏差应符合表 13.1.2 的规定。预制完毕后，应将内部清理干净，并及时封闭管口。

自由管段和封闭管段加工允许的尺寸偏差（mm）　　　表 13.1.2

项　　　目		允　许　偏　差	
		自由管段	封闭管段
长　　度		±10	±1.5
法兰面与管子中心垂直度	$DN < 100$	0.5	0.5
	$100 \leqslant DN \leqslant 300$	1.0	1.0
	$DN > 300$	2.0	2.0
法兰螺栓孔对称水平度		±1.6	±1.6

（3）不锈钢管道应采用机械或等离子方法切割，采用砂轮切割或修磨时应使用专用砂轮片。

13.2　不锈钢管道的安装

13.2.1　管道应按安装预制的编号顺序安装。

13.2.2　安装时法兰应与管道同心，并能保证螺栓自由穿入，两法兰之间应保持平行，其偏差不得大于法兰外径的 1.5‰，且不得大于 2mm。不得用强制性拧紧螺栓的方法消除歪斜。

13.2.3　不锈钢管道法兰之间和不锈钢管道与支架之间的非金属垫片中氯离子的含量不得超过 50×10^{-6}（50ppm）。

13.2.4　管道对口时应在距离接口 200mm 处测量平直度，当管道公称直径小于

100mm 时,允许偏差为 1mm。当管道公称直径大于或等于 100mm 时,允许偏差为 2mm。但是全长允许偏差均为 10mm。

13.2.5 管道安装时不得用强力对口、加偏垫或多层垫等方法来消除接口端面的空隙、偏斜、错口或不同心等缺陷。

13.2.6 管道穿墙、穿楼板时应加套管,套管的处理同一般管道安装。套管内不得有管子的焊缝。

13.2.7 当管道安装进程有间断时,应及时封堵管子的敞口。

13.2.8 不锈钢管的管道上不应焊接临时支撑物。不得用铁质工具敲击管道。

13.2.9 埋地管道的防腐层应在安装前做好,焊缝部位未经水压试验不得做防腐。

13.2.10 注意成品保护,防止损坏防腐层和保温层。

13.2.11 管道的安装误差应符合 GB 50235—97《工业金属管道工程施工及验收规范》第 6.3.29 条的规定,即应符合表 13.2.11 的规定。

不锈钢管道安装允许的偏差 表 13.2.11

项次	项 目		允许偏差(mm)	检验方法
1	坐标(mm)	敷设在沟槽内及架空　室　外	25	用水准仪(水平尺)直尺、拉线
		敷设在沟槽内及架空　室　内	15	
		埋　地	60	
2	标高(mm)	敷设在沟槽内及架空　室　外	±20	尺量检查
		敷设在沟槽内及架空　室　内	±15	
		埋　地	±25	
3	水平管道平直度	管径≤100mm	$2L‰$,最大 50	用水准仪(水平尺)直尺、拉线和尺量检查
		管径>100mm	$3L‰$,最大 80	
4	立管铅垂度		$5L‰$,最大 30	
5	成排管道间距		15	
6	交叉管的外壁或绝热层间距		20	

注:L——管道的有效长度;
　　DN——管道的公称直径。

13.2.12 管道与设备连接前,应检查法兰的平行度和同轴度,允许偏差应符合表 13.2.12 的要求。

法兰平行度和同轴度的允许的偏差 表 13.2.12

机器转速(r/min)	平行度(mm)	同轴度(mm)
3000~6000	≤0.15	≤0.50
>6000	≤0.10	≤0.20

13.3　不锈钢管道的试验

参见第一篇附件 F3 相关部分编写。

14　超薄壁不锈钢塑料复合管道安装技术交底内容的编制

14.1　超薄壁不锈钢塑料复合管道的构造、应用范围和产品颜色标志

14.1.1　超薄壁不锈钢塑料复合管的构造

超薄壁不锈钢塑料复合管是由外层厚度不大于 1/60 外径的不锈钢壳体,内层为符合输送生活饮水卫生要求的塑料和中间层(塑料与不锈钢之间)采用热熔胶或特种胶粘剂(环氧胶等)粘合而成的三层组合管。

14.1.2　应用范围

主要用于输送生活饮用冷热水和空调系统的冷热水介质,其中:

冷水管:内层为符合卫生要求的高密度聚乙烯(HDPE)或硬聚氯乙烯(PVC－U),工作温度≤40℃的冷水(含空调冷冻水)管。

热水管:内层为符合卫生要求的耐温聚乙烯(PE－RT,PE－X)或氯化聚氯乙烯(PVC－C),长期工作温度≤70℃,瞬间温度≤90℃的热水(含空调热水)管。

14.1.3　产品颜色标志

冷热水管除了管材表面标有工作温度外,内层塑料颜色冷水管为树脂本色,热水管为橙红色(氯化聚氯乙烯为灰色)。

14.2　超薄壁不锈钢塑料复合管道的规格和专用胶粘剂的物理力学性能

14.2.1　超薄壁不锈钢塑料复合管道的压力等级、规格、管壁厚度

(1) 管材的压力等级

管材的压力等级为 1.6MPa。

（2）管材的规格和管壁厚度

管材的规格和管壁厚度应符合表 14.2.1 的规定。

管材的规格和管壁厚度(mm)　　　　　　　　　　表 14.2.1

公称外径 d_e	16	20	25	32	40	50	63	75	90	110
不锈钢厚度	0.25	0.25	0.28	0.30	0.35	0.40	0.45	0.50	0.55	0.60
粘结层厚度	0.10	0.10	0.10	0.10	0.10	0.20	0.20	0.20	0.25	0.25
PE 类塑料层厚度	1.65	1.65	2.12	2.60	3.05	3.40	4.35	5.30	6.20	7.15
管壁总厚度	2.00	2.00	2.50	3.00	3.50	4.00	5.00	6.00	7.00	8.00
聚氯类塑料层厚度	1.15	1.15	1.62	2.10	2.05	2.40	2.85	3.30	3.70	4.15
管壁总厚度	1.50	1.50	2.00	2.50	2.50	3.00	3.50	4.00	4.50	5.00

14.2.2　超薄壁不锈钢塑料复合管道专用胶粘剂的物理力学性能

（1）管材、管件连接件浸泡液的卫生性能应符合国家标准 GB/T 17219《生活饮用水输配水设备及防护材料的安全性评价标准》的要求。

（2）专用胶粘剂的主要物理力学性能应符合表 14.2.2 的要求。

胶粘剂的主要物理力学性能　　　　　　　　　　表 14.2.2

项　　　目		指 标 和 要 求
外观	A 组分	乳白色膏状体，无异味
	B 组分	橙色胶体，无异味
黏度(MPa·s)	A 组分	4000～7000
	B 组分	4000～7000
拉伸强度(MPa)		≥25
剪切强度(MPa)		≥25
耐冷水性(25℃,48h 浸泡)		剪切强度≥25MPa
耐热水性(85℃,48h 浸泡)		剪切强度≥25MPa
25～30℃,20% 强度固化时间		≤30min

注：胶粘剂配比 A:B 组分 1:5(配比时每组分不应超过±5%)。强度为常温 48h 固化测试性能。

14.3 超薄壁不锈钢塑料复合管材、管件的连接方式和适用条件

超薄壁不锈钢塑料复合管材、管件的连接方式和适用条件应符合表14.3.0的规定。

管材、管件的连接方式和适用条件   表14.3.0

序号	管 件	承接方式	适 用 条 件
1	径向密封承插式 不锈钢管件	低温钎焊	冷热水管道系统(d_e32 ~ 110),各种敷设方法,$d_e \leqslant 25$ 嵌装和埋设管道
		胶粘剂粘接	冷热水管道系统($d_e \leqslant 32$),明装或暗敷
2	承插式不锈钢管件	低温钎焊	冷热水管道系统(d_e20 ~ 110),各种敷设方法,$d_e \leqslant 25$ 嵌装和埋设管道
		胶粘剂粘接	冷热水管道系统($d_e \leqslant 32$),明装、暗敷和冷水管嵌装管道
3	卡套式金属管件	螺纹紧固	明装、暗敷冷热水管道系统($d_e \leqslant 32$)
4	不锈钢套法兰管件	螺纹紧固	冷热水管道系统(d_e50 ~ 110) 管道附件和设备连接(d_e50 ~ 110)
5	给水用硬聚氯乙烯 (PVC – U)管件	胶粘剂粘接	明装、暗敷冷水管道系统($d_e \leqslant 32$)
6	弹性密封圈承插式管件	承插连接	明装、暗敷冷热水管道系统($d_e \leqslant 40$)

14.4 超薄壁不锈钢塑料复合管管道的安装

14.4.1 超薄壁不锈钢塑料复合管安装的一般规定

(1) 管材、管件连接用的橡胶圈、特种胶粘剂、低温钎焊料和有关的施工工具等均应由管材生产企业配套供应。

(2) 管材、管件应有企业质量检查部门出具的质量合格证书。管材应标明适用介质(冷水或热水)、规格、商标、生产厂名称和出厂日期。管件应标明商标、规格;管件的包装上应有生产批号、生产日期和检验人员的代号。

(3) 管材、管件内外表面应光泽平整,色泽一致,无明显的痕纹凹陷,断口平直,冷热水管标志醒目,内壁清洁无污染。

(4) 配套的辅助材料(橡胶圈、卡环、胶粘剂、卡箍等)应符合相应的材料和性能要求。设有预置橡胶圈的承插式管件,其橡胶件应平整,坐入位置应正确。

（5）管道可以明装、暗装、埋地和嵌墙敷设，但不得浇筑在钢筋混凝土结构内，埋于楼地板垫层内的管道管径不宜大于 d_e25（注：d_e 代表外径）。

（6）明装管道不宜穿越卧室、储藏室，不得穿越烟道、风道、配电间。管道埋地敷设时，不得穿越设备基础及有集中荷载的部位。室外埋地管道应敷设在冰冻线以下，且管顶的复土厚度不应小于 150mm。

（7）管道不宜敷设在热水或其他热力管道上部，与其他管道的净距离不应小于 120mm。

（8）管道离家用热水器、煤气灶具等发热点的距离不宜小于 400mm。当管道受热源辐射热加温管道表面温度超过 60℃ 时应采取有效的隔热措施。

（9）当热水管道直线长度大于 30m 时，应设置补偿器。

（10）管径大于 50mm 的金属阀门或管道附件，其重量不宜直接由管路系统直接承担，应另设固定支架。

（11）嵌墙管道粉刷保护层厚度冷水管不宜小于 10mm，热水管不宜小于 15mm；地面找平层内埋设管道的覆盖层厚度不应小于 15mm。

（12）冷水管穿越楼板处应作为固定支承点；热水管穿越楼板、墙体处应预埋金属或塑料套管，套管内径不小于热水管外径 d_e + 50mm。且立管在每层应设固定支承。

（13）管道穿越楼板、屋面、墙壁及嵌装墙内时，应配合土建预留孔、槽或预埋管，留孔开槽尺寸及预埋套管应符合下列规定。

A．预留孔洞直径应大于管道外径 70mm 以上。

B．嵌装墙内管道的预留墙槽尺寸：深度 d_e + 30mm，宽度不小于 d_e + 40mm。

C．横管嵌墙开槽长度超过 1.0m 时，应争得结构设计单位同意。

D．管道穿越地下室墙壁、水池（箱）壁，应预埋带防水翼环的套管，套管的内径应大于管道外径 d_e + 60mm。

E．立管穿越地面时，在地坪上部宜设置钢制护套管，应座入地坪找平层内，套管应高出地坪 120mm 以上，护套管的内径应大于立管外径 d_e + 10mm。

（14）冷热水管穿越楼板、墙体、屋面预留孔洞的间隙的处理

A．管道穿越楼板、屋面预留孔洞的间隙应采用 C20 细石混凝土分两次嵌实填平；第一次填板厚的 2/3，当细石混凝土强度达到 50% 后，再进行第二次嵌实到与结构面层相平。

B．热水管与护套管间的间隙宜用发泡聚乙烯或其他耐热软性填料填实。

C．管道穿越水池（箱）壁和地下室混凝土墙板的防水套管间隙，中间部位应采用防水胶泥嵌实，其宽度不小于池（箱）壁厚度的 50%，其余部分应采用 M10 的防水水泥砂浆嵌实。

（15）超薄壁不锈钢塑料复合管立管和横管敷设的支吊架应符合下列的规定。

A．超薄壁不锈钢塑料复合管立管和横管（水平管）的支吊架间距应符合表 14.4.1 的规定。

d_e	20	25	32	40	50	63	75	90	110
立　管	2000	2300	2600	3000	3500	4200	4800	4800	5000
不保温横管	1500	1800	2000	2200	2500	2800	3200	3800	4000
保温横管	1200	1600	1800	2000	2300	2500	2800	3200	3500

注：1. 配水点两端应设支承固定,支承件离配水点中心间距不得大于 150mm;

　　2. 管道折角转弯时,在折转部位不大于 500mm 的位置应设支承固定;

　　3. 立管应在距地(楼)面 1.6～1.8m 处设支承。

B. 室内明装和暗装管道应按表 14.4.1 的规定设置支吊架及管卡。沿板底敷设时,管壁距离顶板不宜小于 100mm。

C. 冷热水管道应采用金属的管卡和支吊架,吊卡支座应与墙体结构牢靠固定。明装管道中管卡与管材固定的卡环宜采用不锈钢材料制作。

(16) 管道与管道附件的连接应采用带螺纹的管件。管材外壁不得以任何方式加工螺纹。

(17) 管道转弯处宜采用管件连接,$d_e \leqslant 32mm$ 的管材,当采用直管材折曲转弯时,其弯曲半径不应小于 $12d_e$,且弯曲时应套有相应口径的弹簧管。管道弯曲部位不得有凹陷和起皱现象。

(18) $d_e \leqslant 50mm$ 管材的断料宜使用专用割刀手工断料,或专用机械切割断料;$d_e >$ 50mm 管材的断料宜使用专用机械切割断料。手工断料应有良好的同圆性。

(19) 穿越道路的室外埋地管道,当管道埋深 $\leqslant 650mm$ 时,应按设计要求加设金属或钢筋混凝土套管保护。

14.4.2　超薄壁不锈钢塑料复合管连接和安装的质量要求

(1) 超薄壁不锈钢塑料复合管连接的质量要求

A. 超薄壁不锈钢塑料复合管的连接应符合下列的规定。

(A) 管道应根据承插口的深度正确断料,管材的端口应平整、光滑、无毛刺,不锈钢面层应向管材圆心方向收口。

(B) 管材、管件采用管材端口径向密封时,管材端面嵌入的橡胶圈应该紧固、压缩。其压缩变形程度应控制在插入管件时保持一定的阻力,不宜有松弛现象。

B. 胶粘剂粘接连接

当管材与不锈钢和给水硬聚氯乙烯(PVC－U)管件连接采用胶粘剂粘接时,应符合下列的规定和操作要求。

(A) 胶粘剂应通过卫生性能测试合格,粘接的剪切强度、配合比、固化时间等应符合表 14.2.2 的要求。

(B) 承口和插口应清洁。当受有机物污染时,应用丙酮或无水酒精揩擦,表面挥发干燥后方可涂胶。涂胶应先涂承口后涂插口,由里向外均匀涂抹。当采用管材端口径向密封形式时,只涂抹管材插口部位。

（C）胶粘剂应涂刷均匀,插入承口底部后旋转 90°,并保持 15~25s。粘接完成后,将挤出的多余胶粘剂沿管口周边揩擦干净。

（D）粘接管段应在安装 24h 后进行试压。

C. 低温钎焊连接

当管材与管件采用低温钎焊连接时,现场施工应符合下列的规定和操作要求。

（A）焊接部位表面应清洁。当有油类等有机污染物时,应用丙酮或无水酒精揩擦干净。

（B）管件承口有嵌入式焊料时,应采用由企业提供的电热卡钳操作,其加热方法和控制要求应符合说明书的规定。

（C）采用火焰加热焊接时,施工人员必须经培训考核方可上岗,未取得上岗证者不得操作。

（D）焊接结束后应检查焊缝质量,严格防止缺焊、漏焊现象。

（E）在火焰加热焊接现场,必须遵守明火操作的有关规定。

D. 弹性密封圈管件的管道连接

弹性密封圈管件的管道连接和安装,应符合下列的规定和操作要求。

（A）管件承口密封胶圈的放置位置应正确,胶圈应平整妥贴。用直尺测量承口长度和胶圈后部的有效承口长度,并在管材端头做出标记。

（B）用清洁干布揩擦管材端口和承口部位。

（C）管材插口应涂适量洗洁精或医用凡士林,将管材一次插入管件承口,直到有效承口长度中间部位为止。

（D）每支管道的承口部位、管道系统的三通、90°弯管部位,应设固定支承和防止推脱的固定装置。

E. 卡套式连接

管道卡套式连接应按下列工序施工。

（A）管材端口按次序套入锁紧螺母、C 形卡圈、锥形橡胶圈。

（B）管材端部用专用工具卡成凹槽后插入管件根部,推动 C 形环,将胶圈与管件口部压紧,锁紧螺母。

（2）超薄壁不锈钢塑料复合管安装的质量要求

A. 管位坐标、管道标高、管道坡度应正确。明装和暗装管道的允许偏差应符合下列规定。

（A）水平管道的纵向、横向弯曲,每 10m 管段的误差不应大于 5mm。

（B）立管的垂直度,每 1m 管段的误差不应大于 2mm,每 5m 管段的误差不应大于 8mm。

B. 管路系统的连接点和接口部位应整洁、牢固和密闭。支承件和管卡安装位置正确和牢固。

C. 给水系统通水试验时,按设计要求开启最大数量配水点时,测量配水点额定流量应符合要求。一般以一个横向支管为一个通水系统。对有特殊要求的建筑物,可根据管道布置分层、分段进行通水能力检查。

D. 生活饮用水管道检查合格后,应采用含 20~30mg/L 有效氯的药溶液进行消毒。

消毒液的泡浸时间应保持 24h 以上，消毒后应用清水冲洗，冲洗后的水质符合 GB 5749《生活饮用水卫生标准》的要求。

E. 管道的水压试验

管道的水压试验按 GB 50242—2002《建筑给水排水与采暖工程施工质量验收规范》规定进行。

15 钢塑料复合管道安装技术交底内容的编制

15.1 钢塑料复合管道的材质要求

15.1.1 管道系统工作压力与管材、管件、连接方式的选择

钢塑料复合管道应依据系统的工作压力选择管材、管件的类型和连接方式，详见表 15.1.1。

管道系统工作压力与管材、管件及连接方式的选择 表 15.1.1

系统工作压力(MPa)	管材材质的选择	管件材质的选择	连接方式
$P \leqslant 1.0$	涂(衬)塑焊接钢管	可锻铸铁衬塑管件	螺纹连接
$1.0 < P \leqslant 1.6$	涂(衬)塑无缝钢管	无缝钢管或球墨铸铁涂(衬)塑管件	法兰或沟槽式连接
$1.6 < P < 2.5$	涂(衬)塑无缝钢管	无缝钢管或铸钢涂(衬)塑管件	
连接方式注解	管径 $DN \leqslant 100mm$ 时宜采用螺纹连接。管径 $DN \geqslant 100mm$ 宜采用法兰或沟槽式连接，水泵房内配管宜采用法兰连接		

15.1.2 给水水箱(池)内配管类型的选择

(1) 水箱(池)内浸水部分的管道应采用内外涂塑焊接钢管及管件(包括法兰、水泵吸水管、溢水管、吸水喇叭、溢水斗等)。

(2) 泄水管、出水管应采用管内外及管口端涂塑管段。管道穿越钢筋混凝土水池(箱)的部位应采用耐腐蚀防水套管。

(3) 管道的支承件、紧固件均应采用经防腐蚀处理的金属支承件。

15.1.3 热水供应系统中的管道、管件类型和密封材料的选择

(1) 热水供应管道系统中的管道应采用内衬交联聚乙烯(PEX)、氯化聚氯乙烯(PVC

– C)的塑钢复合管。

(2)热水供应管道系统中的管件应采用内衬聚丙烯(PP)、氯化聚氯乙烯(PVC – C)的管件。

(3)热水供应管道系统中当采用橡胶密封时,应采用耐热橡胶密封圈。

15.1.4 埋地的钢塑复合管道的防腐措施

埋地的钢塑复合管道宜在管道外壁采取可靠的防腐措施。

15.2 钢塑复合管道的安装

15.2.1 管道安装的前提

(1)施工图纸、相关技术文件应齐全,并进行过设计技术交底。所需管材、配件、阀门等附件和管道支承件、紧固件、密封圈等应具备有核对过的产品合格证、质量保证书、型号、规格、品种和数量,且有经过进场检验合格单。

(2)施工用水、用电满足要求,施工机具已到位。施工人员已经过培训,对塑钢复合管管材性能及安装操作程序基本掌握。

(3)与管道连接的设备已就位固定,安装定位。

15.2.2 钢塑复合管道安装的一般要求

(1)施工机具的配套应齐全

钢塑复合管道安装应配备金属锯、自动套丝机、专用压槽滚槽机、冷弯弯管机等必要的施工机械,一般情况下专用压槽滚槽机由厂家直接配给,待施工完成后收回。

(2)钢塑复合管道安装的一般规定

A. 管道穿越楼板、屋面、水箱(池)壁(底)应预留孔洞或预埋套管。预留孔洞尺寸应为管道外径加 40mm;管道在墙体内暗敷需开管槽时,管槽宽度应为管道外径加 30mm,且管槽的坡度应与管道坡度相符。埋地、嵌墙敷设管道在进行隐蔽工程验收后应及时填补。

B. 钢筋混凝土水箱(池)在进水管、出水管、泄水管、溢水管等穿越处应预埋防水套管,并应用防水胶泥嵌填密实。

C. 管径大于 50mm 时,可用冷弯弯管机冷弯,但其弯曲曲率半径不得小于 8 倍管径,弯曲角度不得大于 10°。

D. 室内埋地管道的安装应在底层土建地坪施工前安装;室内埋地管道安装至外墙外不宜少于 500mm,管口应及时封堵,防止异物进入和污染。

E. 安装管道的顺序宜从大口径管道逐渐接驳到小口径管道。钢塑复合管不得埋设于钢筋混凝土结构层中。

(3)钢塑复合管道的连接

A. 管道的螺纹连接

螺纹连接的套丝工艺应符合 CECS 125：2001《建筑给水钢塑复合管管道工程技术规

程》第 6.2.1 条～第 6.2.3 条的规定。管端应用细锉修光管端的毛边,用棉丝和毛刷清除管端和螺纹内的油水和金属切削。衬塑管道应用专用绞刀将衬塑层厚度 1/2 倒角,倒角坡度一般为 10°～15°。涂塑管道应用削刀削成轻内倒角。

管端、管螺纹清理后应进行防腐、密封处理。密封宜采用防锈密封胶和聚四氯乙烯生料带缠绕螺纹,同时用色笔在管壁上标记拧入深度。管道不得采用非衬塑的可锻铸铁连接件,管子与管件连接前应检查衬塑可锻铸铁连接件内的相交密封圈或厌氧密封胶。拧紧时不得逆向旋转。外露丝扣、管钳痕迹和外表损坏部分应涂防锈密封胶。厌氧密封胶的管接头的养护期不得少于 24h,在养护期间不得进行试压。钢塑复合管不得与阀门、消火栓、铜管、塑料管直接连接,应采用黄铜质内衬塑的内螺纹专用过渡管接头过渡连接。

B. 管道的法兰连接

管道法兰连接的法兰应符合 CECS 125:2001《建筑给水钢塑复合管管道工程技术规程》第 6.3.1 条的规定,法兰有凸面板式平焊钢制管法兰和凸面带颈螺纹钢制法兰两种,法兰的压力等级应与管道的压力等级相匹配,凸面带颈螺纹钢制法兰仅适用于公称管径不大于 150mm 的塑钢复合管。现场应采用凸面带颈螺纹钢制法兰连接。

C. 管道的沟槽连接

管道的沟槽连接适用于 $DN \geqslant 65$ 的涂(衬)塑钢复合管,沟槽连接件的工作压力应与管道的工作压力相匹配。输送热水管道沟槽连接件内的密封圈应采用耐温型橡胶密封圈,用于输送饮用水的密封圈应符合 GB/T 17219《生活饮用水输配水设备及防护材料的安全性评估标准》的要求。

沟槽连接段的长度应是管段两端口间净长度减去 6～8mm,每个接口之间应有 3～4mm 的间隙,并用钢印编号。

管道断面应与管轴线垂直允许偏差当管径 $DN \leqslant 100$ 为 $\leqslant 1$mm,当管径 $DN > 100$ 为 $\leqslant 1.5$mm。管外壁端面应有 1/2 壁厚的圆角。

涂塑复合钢管的沟槽连接宜采用现场测量,工厂预涂塑加工,现场安装的施工方案。管段的涂塑除了内壁外,还应涂管口端和管端外壁与橡胶密封圈接触的部位。与橡胶密封圈接触的管外端应平整光滑,不得有划伤橡胶圈或影响密封的毛刺。

沟槽连接的管道不必考虑管道的热胀冷缩。埋地管道用沟槽式卡箍接头时,其防腐措施应与管道相同。

沟槽连接管道支承的最大间距应符合表 15.2.2 的要求。

沟槽连接管道支承的最大间距   表 15.2.2

管径(mm)	最大支承间距(m)
65～100	3.5
125～200	4.2
250～315	5.0

15.3 钢塑复合管道的试验与质量检查

15.3.1 钢塑复合管道施工中的试验

钢塑复合管道施工中的试验与普通钢管给水系统相同,请参照第一篇附件《F3 给水、排水、供暖、通风空调工程相关试验规定汇编》相关项目编写。

15.3.2 钢塑复合管道施工中的质量检查的重点

(1) 管材、管件的标志是否与用途一致,冷水管所用的管材、管件不得用于热水系统。

(2) 管道与阀门、给水栓的连接是否采用专用的过渡配件。

(3) 沟槽式连接是否采用专用的橡胶密封圈。

(4) 螺纹连接部位的管段露牙数是否过多。

(5) 水箱(池)内浸水部分管道外壁是否涂塑,支撑件是否牢固和防腐,穿越池壁(底)处的防水性及牢固性。

(6) 检查管位、管径、标高、坡度、垂直度、支撑位置及牢固性。

(7) 埋地管道的防腐处理。

(8) 各种施工技术管理资料是否齐全合格。

16 XPAP 交联铝塑料复合管道安装技术交底内容的编制

16.1 XPAP 交联铝塑料复合管道的材质要求

16.1.1 铝塑复合管道的型号规格

铝塑复合管道的型号规格必须符合 CECS 105:2000《建筑给水铝塑复合管管道工程技术规程》第 3.1.4 条的规定,用于冷水的给水管道的用途代号为"L"、外层颜色为白色;用于热水给水和供暖系统的管道的用途代号为"R"、外层颜色为橙红色。

16.1.2 铝塑复合管道管材的外观质量

铝塑复合管道管壁的颜色应一致,无色泽不均及分解变色线,内外壁应光滑、平整,无气泡、裂口、裂纹、脱皮、痕纹及碰撞凹陷,盘材调直后的截面应无明显的椭圆变形。

16.1.3 铝塑复合管道管材的截面尺寸

铝塑复合管道管材的截面尺寸应符合 CECS 105:2000《建筑给水铝塑复合管管道工程

技术规程》表 3.2.2 - 1 和表 3.2.2 - 2 的规定,即表 16.1.3 - 1 和表 16.1.3 - 2 的规定。

搭接焊铝塑复合管基本结构尺寸(mm)　　　　　表 16.1.3 - 1

公称外径 d_e	外　径		壁　厚		内层聚乙烯 最小厚度	外层聚乙烯 最小厚度	铝层最 小厚度
	最小值	偏差	最小值	偏差			
12	12	+ 0.30	1.60	+ 0.40	0.70	0.40	0.18
14	14	+ 0.30	1.60	+ 0.40	0.80	0.40	0.18
16	16	+ 0.30	1.65	+ 0.40	0.90	0.40	0.18
20	20	+ 0.30	1.90	+ 0.40	1.00	0.40	0.23
25	25	+ 0.30	2.25	+ 0.50	1.10	0.40	0.23
32	32	+ 0.30	2.90	+ 0.50	1.20	0.40	0.28
40	40	+ 0.40	4.00	+ 0.60	1.80	0.70	0.35
50	50	+ 0.50	4.50	+ 0.70	2.00	0.80	0.45
63	63	+ 0.60	6.00	+ 0.80	3.00	1.00	0.55
75	75	+ 0.70	7.50	+ 1.00	3.00	1.00	0.65

对接焊铝塑复合管基本结构尺寸(mm)　　　　　表 16.1.3 - 2

公称外径 d_e	外　径		壁　厚		内层聚乙烯 最小厚度	外层聚乙烯 最小厚度	铝层最 小厚度
	最小值	偏差	最小值	偏差			
12	12	+ 0.30	1.60	+ 0.40	0.70	0.40	0.18
14	14	+ 0.30	1.60	+ 0.40	0.80	0.40	0.18
16	16	+ 0.30	1.65	+ 0.40	0.90	0.40	0.18
20	20	+ 0.30	1.90	+ 0.40	1.00	0.40	0.23
25	25	+ 0.30	2.25	+ 0.50	1.10	0.40	0.23
32	32	+ 0.30	3.00	+ 0.50	1.40	0.60	0.60
40	40	+ 0.40	3.50	+ 0.50	1.65	0.70	0.75
50	50	+ 0.50	4.00	+ 0.60	1.80	0.80	1.00
63	63	+ 0.60	5.00	+ 0.60	2.20	1.00	1.20
75	75	+ 0.70	7.50	+ 1.00	3.00	1.20	1.65

16.1.4　铝塑复合管道管材的静压强度及环向拉伸力和爆破强度

铝塑复合管道管材的静压强度及环向拉伸力和爆破强度应符合 CECS 105:2000《建筑给水铝塑复合管管道工程技术规程》第 3.2.3 条 ~ 第 3.2.5 条表 3.2.4、表 3.2.5 的规定。

（1）铝塑复合管道的工作压力检验

将管材浸入水槽，一端封堵，另一端通入 1.0MPa 的压缩空气，稳压 3min，管壁无膨胀、无裂纹、无泄漏。

（2）铝塑复合管道的静液压强度检验

铝塑复合管道的静液压强度检验应符合表 16.1.4 - 1 的要求。

铝塑复合管道的静液压强度检验　　　　　表 16.1.4 - 1

管材用途	试验温度(℃)	静液压强度(MPa)	持续时间(h)	合格指标
冷水管	60 ± 2	2.48 ± 0.07	10	管壁无膨胀、无破裂、无泄漏
热水管	82 ± 2	2.72 ± 0.07		

（3）铝塑复合管道的环向拉伸力和爆破强度检验

铝塑复合管道的环向拉伸力和爆破强度检验应不小于表 16.1.4 - 2 的数值。

铝塑复合管道的环向拉伸力和爆破强度检验　　　　表 16.1.4 - 2

公称外径 (mm)	管环径向拉伸力(N)		爆破强度 (MPa)
	中密度聚乙烯复合管	高密度聚乙烯复合管	
12	2000	2100	7.0
14	2100	2300	7.0
16	2100	2300	6.0
20	2400	2500	5.0
25	2400	2500	4.0
32	2600	2700	4.0
40	3300	3500	4.0
50	4200	4400	4.0
63	5100	5300	3.5
75	6000	6300	3.5

16.1.5　铝塑复合管道的铜质管件

铝塑复合管道的铜质管件必须符合现行国家 GB/T 5232《加工黄铜》标准中的 HPb59 - 1 的要求。管件必须是管材生产厂家的配套产品。管件表面应光滑无毛刺，无缺损和变形，无气泡和砂眼。同一口径的锁紧螺帽、紧箍环应能互换。管件内使用的密封圈材质应是符合卫生要求的丁腈橡胶或硅橡胶。

16.1.6 铝塑复合管道的产品资料

铝塑复合管道的进场材料必须附有产品质量合格证书和产品说明书。

16.2 XPAP 交联铝塑复合管道的安装

16.2.1 XPAP 交联铝塑复合管道安装的条件

（1）铝塑复合管管道必须采用专用工具（图 16.2.1）进行安装。施工人员应经过必要的技术培训。

器具、管剪、弯管器、铰刀、扳手

图 16.2.1　铝塑复合管道安装工具

（2）明装管道应在内墙面粉刷（或粘贴面层）完成后进行；暗装管道应配合土建施工工序施工同时进行。

16.2.2 XPAP 交联铝塑复合管道的运输、存放和加工

（1）铝塑复合管道的运输、存放

管材及附件的运输、装卸和搬运应小心轻放，避免油污、抛、摔、滚、拖。管材及附件应存放在通风条件良好的库房内，不得露天存放，并防止阳光照射和远离热源。严禁与油类或化学品混合堆放，注意防火安全。堆放场地应平整，堆高不宜超过 2m。管件原箱堆码不宜超过 3 箱。

（2）管道的清洁、调直、截断与弯曲

进场材料应清除垃圾、杂物、泥砂、油污，施工过程中应防止管材、管件污染，开口应及时堵塞。公称外径 $d_e \leqslant 32$mm 管道应展开、调直。管材的截断应使用专用的管剪或管子割刀。公称外径 $d_e \leqslant 25$mm 管道采用在管内放置专用弹簧用手直接加力弯曲，公称外径 $d_e \geqslant 32$mm 管道采用专用弯管器弯曲；管道的弯曲半径以管轴心计不得小于管道 5 倍公称外径 d_e，且应一次弯曲成型，不得多次弯曲。

16.2.3　XPAP 交联铝塑复合管道的安装

(1) 管道的连接

A. 铝塑复合管道之间的连接

铝塑复合管道之间、铝塑复合管道与其专用管件之间的连接一般采用卡套连接,其具体步骤如下:

(A) 连接前应检查管道的规格材质长度是否符合设计要求,管口的毛刺、不平整处是否整理完好,端面是否与轴线垂直。

(B) 用专用的刮刀将管口处的聚乙烯内衬削成坡口,坡角为 20°～30°,深度 1.0～1.5mm,并用清洁纸或布将坡口擦净。

(C) 用整圆器将管口整圆。再将锁紧螺帽、C 形紧箍环套在管上,用力将管芯插入管内直至管口达到管芯根部。

(D) 将 C 形紧箍环移至距离管口 0.5～1.5mm 处,再将锁紧螺帽与管件本体拧紧。

B. 铝塑管道与不同材质管道或管件之间的过渡连接

(A) 不同材质的两种管材或管材与管件(或阀门、消火栓)之间可采用过渡连接,过渡连接的两端接头构造必须与两端连接接头形式相适应。

(B) 过渡连接的连接件一般采用特制的管件,与各端管道或附件的连接应遵循下列规定:

a. 阀门、消火栓或钢管为法兰接头时,过渡件与其连接端必须采用相应的法兰接头,其法兰的螺栓孔的位置和直径必须与连接端的法兰一致。

b. 连接不同材质的管材采用承插连接时,过渡件与其连接端必须采用相应的承插式接头,其承口的内径或插口的外径及密封圈的规格等必须符合连接端承口和插口的要求;当不同材质管材为平口端时,宜采用套筒式接头连接,套筒内径必须符合两端连接件不同外径的规定。

c. 与 UPVC(CPVC)管管端的连接宜采用柔性接头,并优先采用套筒式、活接头等快速连接件。当连接的 UPVC(CPVC)管管端为承插式接头连接时,过渡件应采用相应的承口或插口连接。

d. 过渡件宜采用工厂制作的产品,并优先采用 UPVC(CPVC)注塑成型或二次加工成型的管件。

(2) 直埋管道的安装

A. 直埋管道管槽的预留

低温地板辐射供暖直埋管道的管槽应配合土建施工工序预留,管槽底部和槽壁应平整,无凸出的尖锐物。管槽宽度应比管道公称外径 d_e 大 40～50mm,深度应比管道公称外径 d_e 大 20～25mm。

B. 直埋管道管的敷设

铺放管道后应用管卡(或鞍形卡片)将管道固定(图 16.2.3－1)。管卡的固定和支架的间距应符合表 16.2.3 要求。水压试验合格后方可用 M7.5 水泥砂浆填塞管槽。冷水管道宜分两层填塞,第一层填高为槽深 3/4,水泥砂浆初凝后左右轻摇管道使管壁与水泥砂浆之间形成缝隙,再填充第二层水泥砂浆至与地面平,水泥砂浆应密实饱满。热水管道的回填与冷水管道大体相同,仅在管道拐弯处在水泥砂浆填塞前沿转弯管外侧插嵌宽度等于外径,厚度为 5~10mm 的质松软板条,再进行上述操作。

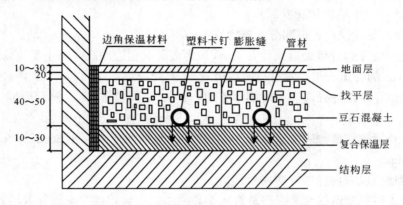

图 16.2.3－1　埋地管道卡钩固定详图

（3）穿越混凝土屋面,楼板、墙体等部位应预留孔洞或预埋套管的施工

穿越混凝土屋面,楼板、墙体等部位应预留孔洞或预埋套管,孔洞或套管的内径宜比管道公称外径 d_e 大 30~40mm。穿越屋面、楼板的管道应有防渗漏措施,首先在贴近屋面或楼板的底部设管道固定支撑件,预留孔洞或预埋套管与管道之间的环形缝隙用 C15 细石混凝土或 M15 膨胀水泥砂浆分两次嵌缝,第一次嵌至板厚 2/3 高度,待强度达到 50%后再进行第二次嵌缝至板面,并用 M10 水泥砂浆抹高、宽不小于 25mm 的三角灰。管道穿越无防水要求的墙体、梁、板应在靠近穿越孔洞的一端设固定支承件将管道固定,预留孔洞或预埋套管与管道之间的环形缝隙用 M7.5 的水泥砂浆填实。

管道最大支撑间距(mm)　　　　　　　　　　　　　　表 16.2.3

公称外径 d_e	立管间距	横管间距	公称外径 d_e	立管间距	横管间距
12	500	400	32	1100	800
14	600	400	40	1300	1000
16	700	500	50	1600	1200
18	800	500	63	1800	1400
20	900	600	75	2000	1600
25	1000	700			

（4）管道伸缩器的设置与固定支承的设置间距

A. 无伸缩补偿装置的直线管段,固定支承件的最大间距:冷水管不宜大于 6.0m,热水管不宜大于 3.0m,且应设置在管道配件附近。

B. 有伸缩补偿装置的直线管段,固定支承件的间距经计算确定。管道伸缩补偿装置应装在两固定支承件中间部位。采用管道折角进行补偿时,悬臂长度不应大于3.0m,自由臂长度不应小于300mm。

C.固定支承件的管卡与管道表面应为面接触,管卡的宽度宜为管道公称外径 d_e 的1/2,收紧管卡时不应损坏管壁。

(5)埋地敷设进户管道和分水器的安装

A.进户管穿越外墙处应预留孔洞,管顶距离孔洞上边净高应不小于100mm。公称外径 $d_e \geqslant 40$mm 的管道应采用水平折弯后进户。

B.管道穿出地坪处应套长度不小于100mm的金属套管,套管根部应插入地坪 30~50mm。

C.室外管道的埋深应大于冰冻深度,且非行车地面应不小于300mm,行车地面应不小于600mm。

D.埋地敷设管件应做好防腐处理。

E.为了避免管道的交叉进户总管末端和回水总管起始点应安装分水器和集水器,分水器见图16.2.3-2,分户供暖入口见图16.2.3-3。

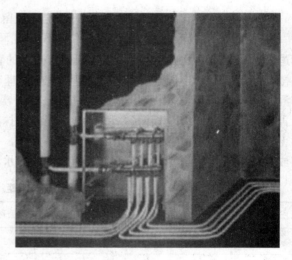

图16.2.3-2 分户供暖分水器 　　　　图16.2.3-3 分户供暖入口示例

16.2.4 埋地敷设管道的成品保护措施

A.暗埋管道区域的标志线

为了能按规程和设计要求,能在楼板浇筑后,准确地标出暗埋管道的区域,以防止以后室内装修时避免凿(或钻)坏管道,安装暗埋管道后,浇筑垫层混凝土前,应预埋标志物(图16.2.4),以便楼板浇筑垫层混凝土后能准确地画出安装暗埋管道区域的标志线。

B.防止浇筑混凝土时损坏管道的保护措施

浇筑混凝土时,为防止振捣棒等施工工具和人员踩坏管道,应在敷设管道处加保护覆盖板。

图 16.2.4　预埋标志物

16.3　XPAP 交联铝塑复合管道使用后出现的问题

近年在实际交付使用的工程中出现过接口漏水,引起建筑室内装修损坏的现象。造成接口渗漏的原因有如下各点:

(1) 实际使用时选材不当。出于工程管理人员(建设、监理、施工)的疏忽和推销人员的错误推荐,往往将用于冷水系统的管材,用于热水供暖系统。

(2) 产品质量存在问题,基层铝管拼接搭接焊处的厚度与同圆周方向的厚度差额过大、造成卡箍接口扩管后的厚薄不一,促使连接管件难以压严。经过几次热胀冷缩后,接口松动漏水。

(3) 施工中接口扩口时扩口不匀,也是造成渗漏的原因之一。

(4) 因建筑层高限制,暖气片接口距离地面太低,致使埋地管与暖气接口支管的连接困难,影响接口质量而造成渗漏。

16.4　XPAP 交联铝塑复合管道系统的水压试验

XPAP 交联铝塑复合管道系统的水压试验安装 GB 50242—2002《建筑给水排水及采暖工程施工验收规范》的要求进行编写。

17　PP－R 聚丙烯管道安装技术交底内容的编制

17.1　PP－R 聚丙烯管道的材质要求

17.1.1　PP－R 聚丙烯管道的产品规格

PP－R 聚丙烯管道的产品规格与标准尺寸率 SDR、管系列 S 和使用系数(安全系数) C 有关,因此在选用时应依据工程的重要性、使用年限和使用水温(即冷水或热水)、工作压力进行选用。管系列 S 和标准尺寸率 SDR 越大,管材的壁厚越薄,管材能够承受的工作压力越小。相同的管材外径,当管系列 S 和标准尺寸率 SDR、承受的工作压力相同(即外径、壁厚、承受的工作压力相同)时,其使用安全系数越低。因此,在选用时,应特别注意依据工程的具体情况进行选用。若设计图纸没有注明管材的壁厚,订货时,可以参照表 17.1.1-1~表 17.1.1-5 进行选用(注:其中表 17.1.1-1~表 17.1.1-6 的技术参数均摘录自北京青云联合化学建材技术有限公司的企业标准)。

$$SDR = 管材外径(de)/管材厚度(e);管系列 S = (SDR-1)/2$$

(1) PP-R 管材产品规格尺寸见表 17.1.1-1。

PP-R管材的产品规格 表 17.1.1-1

公称外径 (d_e)	壁　　　厚　　　e						长度 (L)
	管　　系　　列　　S						
	6.3	5	4	3.2	2.5	2	
	标　准　尺　寸　率　SDR						
	13.6	11	9	7.4	6	5	
20	—	—	2.3	2.8	3.4	4.0	
25	—	2.3	2.8	3.5	4.2	5.0	
32	2.4	2.9	3.6	4.4	5.4	6.4	
40	3.0	3.7	4.5	5.5	6.7	8.0	4000±10
50	3.7	4.6	5.6	6.9	8.3	10.0	
63	4.7	5.8	7.1	8.6	10.5	12.6	
75	5.5	6.8	8.4	10.1	12.5	15.0	
90	6.6	8.2	10.1	12.3	15.0	18.0	
110	8.1	10.0	12.3	15.1	18.3	22.0	

(2) PP-R 管材标准尺寸率 SDR 与管材公称压力 P_N 的关系。

当使用系数(安全)$C=1.5$ 时 表 17.1.1-2

管系列 S	标准尺寸率 SDR	公称压力 P_N
6.3	13.6	0.8
5	11	1.0
4	9	1.25
3.2	7.4	1.6
2.5	6	2.0
2	5	2.5

当使用系数(安全)$C=1.25$时　　　　表 17.1.1-3

管系列 S	标准尺寸率 SDR	公称压力 P_N
6.3	13.6	1.0
5	11	1.25
4	9	1.6
3.2	7.4	2.0
2.5	6	2.5
2	5	3.2

（3）PP-R 管材不同使用条件下允许的工作压力 P_N。

当使用系数(安全)$C=1.5$时　　　　表 17.1.1-4

使用温度（℃）	使用年限（供参考）（年）	管 系 列 S					
		6.3	5	4	3.2	2.5	2
		标 准 尺 寸 率 SDR					
		13.6	11	9	7.4	6	5
		允许工作压力 P_N （MPa）					
10	1	1.40	1.76	2.38	2.78	3.50	4.42
	5	1.31	1.66	2.10	2.64	3.32	4.18
	10	1.28	1.61	2.04	2.55	3.22	4.04
	25	1.24	1.56	1.97	2.47	3.11	3.91
	50	1.23	1.52	1.92	2.40	3.03	3.81
	100	1.18	1.48	1.87	2.34	2.95	3.71
20	1	1.19	1.50	1.89	2.38	3.00	3.78
	5	1.12	1.41	1.78	2.23	2.81	3.54
	10	1.09	1.37	1.73	2.17	2.73	3.44
	25	1.05	1.33	1.67	2.11	2.65	3.34
	50	1.02	1.29	1.63	2.04	2.57	3.24
	100	1.00	1.25	1.59	1.99	2.49	3.14
30	1	1.01	1.28	1.62	2.02	2.55	3.21
	5	0.95	1.20	1.51	1.90	2.39	3.01

使用温度（℃）	使用年限（供参考）（年）	管 系 列 S					
		6.3	5	4	3.2	2.5	2
		标 准 尺 寸 率 SDR					
		13.6	11	9	7.4	6	5
		允许工作压力 P_N （MPa）					
30	10	0.92	1.16	1.47	1.83	2.31	2.91
	25	0.89	1.12	1.42	1.77	2.23	2.81
	50	0.86	1.09	1.38	1.73	2.18	2.74
	100	0.84	1.06	1.34	1.69	2.12	2.64
40	1	0.86	1.08	1.36	1.71	2.15	2.71
	5	0.80	1.01	1.28	1.60	2.02	2.54
	10	0.78	0.98	1.24	1.56	1.96	2.47
	25	0.75	0.94	1.19	1.50	1.88	2.37
	50	0.73	0.92	1.15	1.45	1.83	2.31
	100	0.70	0.89	1.12	1.41	1.78	2.24
50	1	0.73	0.92	1.16	1.45	1.83	2.21
	5	0.68	0.85	1.08	1.35	1.70	2.14
	10	0.66	0.82	1.05	1.31	1.65	2.07
	25	0.63	0.80	1.01	1.26	1.59	2.00
	50	0.62	0.77	0.98	1.22	1.54	1.94
	100	0.60	0.74	0.95	1.18	1.49	1.87
60	1					1.54	1.94
	5					1.43	1.80
	10					1.38	1.74
	25					1.33	1.67
	50					1.27	1.60
70	1					1.30	1.64
	5					1.19	1.50
	10					1.17	1.47

使用温度(℃)	使用年限(供参考)(年)	管系列 S					
		6.3	5	4	3.2	2.5	2
		标准尺寸率 SDR					
		13.6	11	9	7.4	6	5
		允许工作压力 P_N（MPa）					
70	25					10.1	1.27
	50					0.85	1.07
80	1					1.09	1.37
	5					0.96	1.20
	10					0.80	1.00
	25					0.64	0.80
95	1					0.77	0.97
	5					0.50	0.63
	10					0.42	0.53

当使用系数(安全)C=1.25时　　　　　表 17.1.1-5

使用温度(℃)	使用年限(供参考)(年)	管系列 S					
		6.3	5	4	3.2	2.5	2
		标准尺寸率 SDR					
		13.6	11	9	7.4	6	5
		允许工作压力 P_N(MPa)					
10	1	1.68	2.11	2.86	3.34	4.20	5.29
	5	1.58	2.00	2.51	3.16	3.98	5.01
	10	1.54	1.93	2.45	3.06	3.85	4.85
	25	1.49	1.87	2.37	2.96	3.73	4.69
	50	1.48	1.82	2.31	2.88	3.63	4.57
	100	1.43	1.77	2.25	2.81	3.44	4.45
20	1	1.42	1.80	2.27	2.86	3.60	4.53
	5	1.35	1.69	2.14	2.68	3.38	4.25

使用温度（℃）	使用年限（供参考）（年）	管 系 列 S					
		6.3	5	4	3.2	2.5	2
		标 准 尺 寸 率 SDR					
		13.6	11	9	7.4	6	5
		允许工作压力 P_N(MPa)					
20	10	1.31	1.64	2.08	2.61	3.28	4.13
	25	1.27	1.60	2.01	2.53	3.18	4.01
	50	1.23	1.55	1.96	2.45	3.09	3.89
	100	1.20	1.50	1.91	2.38	2.99	3.77
30	1	1.22	1.53	1.94	2.43	3.06	3.85
	5	1.14	1.44	1.81	2.28	2.87	3.61
	10	1.11	1.39	1.76	2.20	2.77	3.49
	25	1.07	1.34	1.70	2.13	2.68	3.37
	50	1.04	1.31	1.65	2.07	2.61	3.29
	100	1.01	1.28	1.61	2.02	2.55	3.21
40	1	1.04	1.29	1.64	2.05	2.58	3.25
	5	0.97	1.21	1.54	1.92	2.42	3.05
	10	0.94	1.18	1.49	1.87	2.36	2.97
	25	0.91	1.13	1.43	1.80	2.26	2.85
	50	0.88	1.10	1.39	1.75	2.20	2.77
	100	0.85	1.07	1.35	1.69	2.13	2.69
50	1	0.88	1.10	1.39	1.75	2.20	2.77
	5	0.82	1.02	1.29	1.62	2.04	2.57
	10	0.79	0.99	1.26	1.57	1.97	2.49
	25	0.76	0.96	1.21	1.52	1.91	2.41
	50	0.74	0.93	1.17	1.47	1.85	2.33
	100	0.72	0.89	1.14	1.42	1.78	2.25
60	1	—	—	—	1.47	1.85	2.33
	5				1.37	1.72	2.17

使用温度(℃)	使用年限(供参考)(年)	管 系 列 S					
		6.3	5	4	3.2	2.5	2
		标 准 尺 寸 率 SDR					
		13.6	11	9	7.4	6	5
		允许工作压力 P_N(MPa)					
60	10				1.32	1.66	2.08
	25	—	—	—	1.26	1.59	2.00
	50				1.21	1.53	1.92
70	1				1.24	1.56	1.96
	5				1.14	1.43	1.80
	10	—	—	—	1.11	1.40	1.76
	25				0.96	1.21	1.52
	50				0.81	1.02	1.28
80	1				1.04	1.31	1.64
	5				0.91	1.15	1.44
	10	—	—	—	0.76	0.96	1.20
	25				0.61	0.76	0.96
95	1				0.73	0.92	1.16
	5	—	—	—	0.48	0.61	0.76
	10				0.40	0.51	0.64

(4) 无规共聚聚丙烯 PP – R 管材的主要技术性能指标(表 17.1.1 – 6)

无规共聚聚丙烯 PP – R 管材的主要技术性能指标　　表 17.1.1 – 6

项　　目		指　　标	
		管　材	管　件
密度	g/cm³	0.9	
弹性模量 E	20℃,MPa	800	
热膨胀系数	℃⁻¹	1.5×10^{-4}	
导热系数	w/m℃	0.24	

项　　　　目		指　　标	
		管　材	管　件
纵向回缩率	%	≤2	—
冲击试验	%	破损率≤10	—
熔体流动速率 g/10min,230℃/2.16kg		≤0.65	≤0.65
液压试验	短期：20℃，1h，环应力 16MPa	无渗漏	无渗漏
	长期：95℃，1000h，环应力 3.5MPa	无渗漏	无渗漏
	热稳定性试验 110℃,8760h,环应力 1.9MPa	无渗漏	无渗漏

17.1.2　PP－R聚丙烯管道在实际工程应用时应注意的使用环境问题

从表 17.1.1－4、表 17.1.1－5 可以看出聚丙烯 PP－R 管材随管内输送介质温度的升高,其机械强度(承压能力)剧减,因此,以用于管内输送温度≤60℃的冷水供应系统、热水供应系统和供暖系统为宜,不宜用于管内输送温度 $t>60℃$ 的热水供应系统和供暖系统。若用于室内热水供应系统和供暖系统,其管内输送热水温度不宜 $t>65℃$,且宜选择使用(安全)系数 $C=1.25$、SDR 值 $=7.4$、6、5 或使用(安全)系数 $C=1.5$、SDR 值 $=6$、5 的管材。

17.2　PP－R 聚丙烯管道的安装

17.2.1　PP－R聚丙烯管道安装的准备

(1) 土建拆模后应对预留孔洞和预埋管件进行全面的检查与校验,不符合要求的应加以调整。

(2) 依据纸面放样详图和设备安装尺寸,并按照 GB 50242—2002《建筑给水排水及采暖工程施工质量验收规范》的有关规定,到现场实地放线校验无误后,测定各管段的实际长度,然后进行配管和裁管。裁管工具可用木工锯或手锯切割,但切口应垂直均匀、无毛刺。

(3) 选定支承件和固定形式,按 GB 50242—2002《建筑给水排水及采暖工程施工质量验收规范》的规定,确定垂直管道和水平管道支承件间距,选定支承件的规格、数量和埋设位置。

(4) 土建粗装修后开始按放线测量的实际尺寸下料,然后进行管道接口的热熔粘接安装管道。

17.2.2　PP－R聚丙烯管道的安装

(1) PP－R 聚丙烯管道安装的专用工具

PP-R聚丙烯管道安装的专用工具和操作要领见图17.2.2。

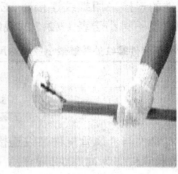

使用管剪将管材按需要长度剪开,剪口　在管材的端头作焊接深度标记。
与轴线成直角。

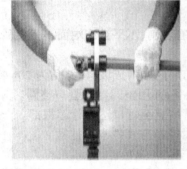
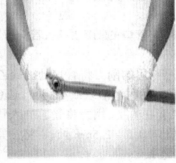

将管材管件同时插到焊接机上加热,时　达到规定的加热时间后,将管材、管件
间依据管材直径而定。　　　　　　　从焊接机上取下,立即插接,在插接过
　　　　　　　　　　　　　　　　　程中,避免扭动歪斜。

图 17.2.2　PP-R聚丙烯管道的安装专用工具和操作步骤

（2）PP-R聚丙烯管道的安装操作

A. 管道安装顺序应自下而上,分层进行,先安装立管,后安装横管,施工应连续。

B. 管道按放线的实际尺寸下料,清理切口的毛刺,用干净的棉纱或柔软的布料擦净管口和连接管件内壁,插入管子,然后进行管道接口的热熔粘接安装管道。

C. 管道粘接后应迅速摆正位置,并进行垂直度、水平坡度校正。校正无误后,用木楔卡牢,用铁丝临时固定,待粘接固化后再紧固支承件,但卡箍不宜过紧,以免损坏管件。最后拆除临时固定设施、支模堵洞等。

（3）管道的连接

A. 塑料管与金属管配件的螺纹连接

（A）塑料管与金属管配件采用螺纹连接的塑料管材,其连接部位管材的公称外径应

为 $d_e \leqslant 63$mm。

（B）塑料管与金属管配件的连接采用螺纹连接时，必须采用注射成型的螺纹塑料管件。其管件螺纹部分的最小壁厚不得小于表 17.2.2 的规定。

注射塑料管件螺纹处管壁最小壁厚的尺寸(mm)   表 17.2.2

塑料管外径	20	25	32	40	50	63
螺纹处的壁厚	4.5	4.8	5.1	5.5	6.0	6.5

（C）注射成型的螺纹塑料管件与金属管配件螺纹连接时，宜将塑料管件作为外螺纹，金属管配件作为内螺纹；若塑料管件作为内螺纹，则宜使用在注射螺纹端外部嵌有金属加固圈的塑料连接件。

（D）注射成型的螺纹塑料管件与金属管配件螺纹连接宜采用聚四氟乙烯生料带作为密封填充物，不宜使用厚白漆、麻丝作为密封填充物。

B．卡套式的连接

（A）PP－R 聚丙烯管道的卡套式连接一般采用有承插卡环夹紧式系列。卡套式的连接应按以下的安装程序。

（B）卡套式的连接前应检查管口的切割质量，若管口有毛刺、不平整或端面不垂直管道轴线时，应进行修正。

（C）卡套式的连接前应用专用的刮刀将管口处的聚乙烯内层削成坡口，坡角为 20°～30°，深度 1.0～1.5mm，完成倒角后用清洁纸或布将坡口擦净，并用整圆器将管口整圆。

（D）将锁紧螺帽、紧箍环套在管上，用力将管芯插入管内直至管口达到管芯根部。

（E）将紧箍环移至距离管口 0.5～1.5mm 处，再将锁紧螺帽与管件本体拧紧。

C．热熔式或电熔式插接连接

（A）热熔式或电熔式插接连接（它们均为电热熔接）一般用于 PP－R 无规共聚丙烯塑料和聚丁烯 PB 管材。连接用的管剪和焊接机、管道配件均为生产厂家配套供应。与金属管道或与给水器具的连接则采用带金属嵌件的管件连接。

（B）热熔式或电熔式插接连接的熔接工具分手持式和台式两种，手持式熔接工具适用于较小管径的管道，台式熔接工具适用于较大管径的管道。

（C）热熔式或电熔式插接连接按剪管、热熔、插接三个工序进行。

（D）热熔式或电熔式插接连接前应检查管口的切割质量，若管口有毛刺、不平整或端面不垂直管道轴线时，应进行修正。

（E）热熔式或电熔式插接连接应严格按厂家规定的技术参数进行操作，在加热和插接过程中不得转动管材和管件。

（F）热熔式或电熔式插接连接时应将管材直线插入管件中，插入深度应符合要求，管材和管件的中轴线应重合，不得有偏差出现。

（G）热熔式或电熔式插接连接后的正常熔接在结合面处应有一均匀的熔接圈。

17.2.3 明装敷设 PP－R 聚丙烯管道的质量验收

应依据设计和 GB 50242—2002《建筑给水排水及采暖工程施工质量验收规范》的要

求,管道的最大支撑间距见表17.2.3。其支吊架、管道安装质量要求进行验收,详见第二篇第4节。

管道最大支撑间距(mm)   表 17.2.3

公称外径 d_e	立管间距	横管间距	公称外径 d_e	立管间距	横管间距
12	500	400	32	1100	800
14	600	400	40	1300	1000
16	700	500	50	1600	1200
18	800	500	63	1800	1400
20	900	600	75	2000	1600
25	1000	700	—	—	—

管道的水压试验按设计和 GB 50242—2002《建筑给水排水及采暖工程施工质量验收规范》的要求进行,详见第一篇第三节附录 F3 的相关部分。

18 PE-X 交联聚乙烯管道安装技术交底内容的编制

18.1 PE-X 交联聚乙烯管道的材质要求

18.1.1 PE-X 聚乙烯管道的产品规格

交联聚乙烯 PE-X 管材的规格与标准尺寸率 SDR、管系列 S 和使用系数(安全系数) C 有关。因此在选用时应依据工程的重要性、使用年限和使用水温(即冷水或热水)、工作压力进行选用。管系列 S 和标准尺寸率 SDR 越大,管材的壁厚越薄,管材能够承受的工作压力越小。相同的管材外径,当管系列 S 和标准尺寸率 SDR、承受的工作压力相同(即外径、壁厚、承受的工作压力相同)时,其使用安全系数越低。因此,在选用时,应特别注意工程的具体情况进行选用。若设计图纸没有注明管材的壁厚,订货时,可以参照表 18.1.1 -1、表 18.1.1-2 进行选用。(注:其中表 18.1.1-1 和表 18.1.1-2 的技术参数均摘录自北京华源亚太化学建材有限责任公司和北京青云联合化学建材技术有限公司的企业标准)。

$$SDR = 管材外径(de)/管材厚度(e);管系数 \ S = (SDR - 1)/2$$

A. 交联聚乙烯 PE-X 管材产品规格尺寸表(mm)。

交联聚乙烯 PE－X 管材产品规格尺寸　　　　表 18.1.1－1

公称外径 (d_e)	北京华源亚太化学建材有限责任公司				不同公称直径的误差(mm)	北京青云联合化学建材技术有限公司	
	壁　厚　e　（mm）					壁厚 e (mm)	内径 d_i (mm)
	管　系　列　S						
	6.3	5	4	3.15			
	标　准　尺　寸　率　SDR						
	13.6	11	9	7.3			
12	—	—	—	—	—	1.8	8.4
16	1.3	1.8	1.8	2.2	＋0.30	2.0	12.0
20	1.5	1.9	2.3	2.8	＋0.30	2.0	16.0
25	1.9	2.3	2.8	3.5	＋0.30	2.3	20.4
32	2.4	2.9	3.6	4.4	＋0.30	2.9	26.2
40	3.0	3.7	4.5	5.5	＋0.40	3.7	32.6
50	3.7	4.6	5.6	6.9	＋0.50	4.6	40.8
60	—	—	—	—	—	5.8	51.4
63	4.7	5.7	7.1	8.7	＋0.50	—	—

B. PE－X 管材不同使用条件下允许的工作压力 P_N(表 18.1.1－2)。

PE－X管材不同使用条件下允许的工作压力　　　　表 18.1.1－2

使用温度 (℃)	使用年限(供参考)(年)	北京华源亚太化学建材有限责任公司				北京青云联合化学建材技术有限公司
		管　系　列　S				
		6.3	5	4	3.15	
		标　准　尺　寸　率　SDR				
		13.6	11	9	7.3	
		允许工作压力 P_N(MPa)				
20		—	—	—	—	1.25
40		—	—	—	—	1.05
50	1	0.89	1.12	1.41	1.77	
	5	0.87	1.10	1.38	1.74	
	10	0.86	1.09	1.37	1.72	

使用温度（℃）	使用年限（供参考）（年）	北京华源亚太化学建材有限责任公司				北京青云联合化学建材技术有限公司
		管 系 列 S				
		6.3	5	4	3.15	
		标 准 尺 寸 率 SDR				
		13.6	11	9	7.3	
		允许工作压力 P_N(MPa)				
50	25	0.85	1.07	1.35	1.70	—
	50	0.85	1.07	1.34	1.69	
	100	0.84	1.06	1.33	1.67	
60	1	0.79	1.00	1.26	1.58	0.80
	5	0.78	0.98	1.23	1.55	
	10	0.77	0.97	1.22	1.54	
	25	0.76	0.96	1.21	1.52	
	50	0.75	0.95	1.20	1.51	
70	1	0.71	0.89	1.13	1.42	—
	5	0.70	0.88	1.10	1.39	
	10	0.69	0.87	1.09	1.38	
	25	0.68	0.86	1.08	1.36	
	50	0.67	0.85	1.07	1.35	
80	1	0.64	0.80	1.01	1.27	0.50
	5	0.63	0.79	0.99	1.24	
	10	0.62	0.78	0.98	1.23	
	25	0.61	0.77	0.97	1.22	
90	1	0.57	0.72	0.91	1.14	—
	5	0.56	0.71	0.89	1.12	
	10	0.55	0.70	0.88	1.11	
95	1	0.54	0.68	0.86	1.08	0.40
	5	0.53	0.67	0.84	1.06	
	10	0.53	0.66	0.83	1.05	

C. PE－X 管材的物理化学力学性能(表 18.1.1－3)。

PE－X管材的物理化学力学性能　　　　　表 18.1.1－3

项　目	单位	北京华源亚太化学建材有限责任公司				北京青云
		要求	静液压强度(MPa)	温度(℃)	试验时间(h)	测试值
密　度	g/cm³					0.950
交联度(硅烷交联)	%	≤65				70～75
拉伸失效率	%					400
纵向收缩率	%	≤3		120	厚度≤8mm　　　　1 8mm＜厚度≤16mm　2 厚度＞16mm　　　4	
拉伸屈服应力	MPa					25
管内耐压强度(A) 　　　　　(B) 　　　　　(C) 　　　　　(D) 　　　　　(E)	MPa	试验中破裂	12.0 4.8 4.7 4.6 4.4	20 95 95 95 95	1 1 22 135 1000	
硬　　度	kg/mm²					70
软化点温度	℃					130
软化温度	℃					135
膨胀系数	℃⁻¹					1.4×10^{-4}
热稳定性		无破坏或泄漏	2.5	110		
导热系数	w/m℃					0.33

18.1.2　PE－X聚乙烯管材在实际工程应用时应注意的使用环境问题

从表 18.1.1－1、表 18.1.1－2 中可以看出交联聚乙烯 PE－X 管材随管内输送介质温度的升高,其机械强度(承压能力)剧减,因此,以用于管内输送介质温度≤60℃的冷水供应系统、热水供应系统和供暖系统为宜。不宜用于管内输送温度＞60℃的热水供应系统和供暖系统。若用于室内热水供应系统和供暖系统,其管内输送热水温度不宜＞65℃,且宜选择 *SDR* 值＝9、7.3 的管材。

18.2 PE–X 交联聚乙烯管道的安装

18.2.1 PE–X 聚乙烯管道安装的一般要求

（1）管道安装质量应符合设计和 GB 50242—2002《建筑给水排水及采暖工程施工质量验收规范》和 DBJ/T 01—49—2000《低温热水地板辐射供暖应用技术规程》相关条文的要求。

（2）管道距离热源应大于 1m，明装管道距离家用灶具不得小于 0.4m。

（3）冷热水给水管道的管径 ≤25mm 时，宜采用集中设置分水器进行供水，以便于缩短连接点到配水点的距离。分水器应配置分水箱，分水器中心离地高度冷水为 0.3m，热水为 0.45m。分水器见图 18.2.1–1，分水器与系统的连接见图 18.2.1–2。

图 18.2.1–1　分水器

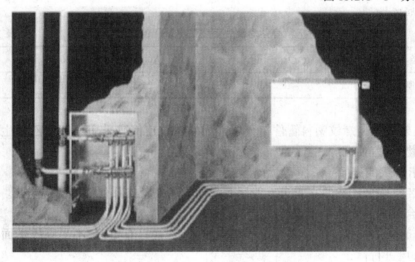

图 18.2.1–2　分水器与系统的连接

（4）管道不宜穿越建筑物的沉降缝、伸缩缝，必须穿越时，在穿越部位应设置防沉降或防伸缩措施。

（5）当管道固定支座距离冷水管 $L \leqslant 6m$，热水管 $L \leqslant 3m$ 时。且直线管道采用伸缩节进行补偿时，伸缩节的公称压力不应小于管道系统所用的压力等级。当全部支撑点均为固定支撑点时，则可不再设伸缩节。

（6）当供应管道为盘状管时，应于施工现场以合适的方法使之平直，安装时应适当缩短支撑点的距离。

（7）管道支撑点的间距见表 18.2.1。

管径 D(mm)	16～20	25	32	40	50	63
立　管		0.8	0.9	1.0	1.3	1.6	1.8

管径 D(mm)		16～20	25	32	40	50	63
立　管		0.8	0.9	1.0	1.3	1.6	1.8
横　管	冷水管	0.5	0.6	0.75	0.95	1.10	1.20
	热水管	0.3	0.35	0.4	0.5	0.6	0.7

18.2.2　PE－X交联聚乙烯管道的连接

（1）塑料管与金属管配件的螺纹连接

A．塑料管与金属管配件采用螺纹连接的塑料管材，其连接部位管材的公称外径应为 $d_e \leqslant 63$mm。

B．塑料管与金属管配件的连接采用螺纹连接时，必须采用注射成型的螺纹塑料管件。其管件螺纹部分的最小壁厚不得小于表18.2.2的规定。

C．注射成型的螺纹塑料管件与金属管配件螺纹连接时，宜将塑料管件作为外螺纹，金属管配件作为内螺纹；若塑料管件作为内螺纹，则宜使用在注射螺纹端外部嵌有金属加固圈的塑料连接件。

塑料管外径	20	25	32	40	50	63
螺纹处的壁厚	4.5	4.8	5.1	5.5	6.0	6.5

D．注射成型的螺纹塑料管件与金属管配件螺纹连接宜采用聚四氟乙烯生料带作为密封填充物，不宜使用厚白漆、麻丝作为密封填充物。

（2）卡套式的连接

PE－X交联聚乙烯给水管道一般用有承插卡环夹紧式系列的卡套式连接。卡套式的连接应符合以下的安装程序：

A．卡套式的连接前应检查管口的切割质量，若管口有毛刺、不平整或端面不垂直管道轴线时，应进行修正。

B．卡套式的连接前应用专用的刮刀将管口处的聚乙烯内层削成坡口，坡角为 20°～30°，深度 1.0～1.5mm，完成倒角后应用清洁纸或布将坡口擦净，并用整圆器将管口整圆。

C．用力将管芯插入管内直至管口达到管芯根部。

D．再将锁紧螺帽与管件本体拧紧。

（3）热熔式或电熔式插接连接

A．热熔式或电熔式插接连接（它们均为电热熔接）一般用于 PP－R 无规共聚丙烯塑料和聚丁烯 PB 管材。管剪和焊接机、管道配件均为生产厂家配套供应。与金属管道或与给水器具的连接则采用带金属嵌件的管件连接。

B．热熔式或电熔式插接连接的熔接的工具有手持式和台式两种，手持式熔接工具适用于较小管径的管道,台式熔接工具适用于较大管径的管道。

C. 热熔式或电熔式插接连接按剪管、热熔、插接三个工序进行。

D. 热熔式或电熔式插接连接前应检查管口的切割质量,若管口有毛刺、不平整或端面不垂直管道轴线时,应进行修正。

E. 热熔式或电熔式插接连接应严格按厂家规定的技术参数进行操作,在加热和插接过程中不得转动管材和管件。

F. 热熔式或电熔式插接连接时应将管材直线插入管件中,插入深度应符合要求,管材和管件的中轴线应重合,不得有偏差出现。

G. 热熔式或电熔式插接连接后的正常熔接在结合面处应有一均匀的熔接圈。

18.3 交联聚乙烯 PE－X 管道的水压试验

应以实际工程的具体要求选用系统和管段的强度水压试验标准。

18.3.1 用于低温热水辐射供暖系统应执行 DBJ 01—49—2000《低温热水地板辐射供暖应用技术规程》第 6.2 条、第 6.3 条和 GB 50242—2002《建筑给水排水及采暖工程施工质量验收规范》第 8.6.1 条的规定。

18.3.2 用于分户热计量供暖系统应依据 DBJ 01—605—2000《新建集中供暖住宅分户热计量设计技术规程》第 5.1.5 条、第 5.1.6 条和 GB 50242—2002《建筑给水排水及采暖工程施工质量验收规范》第 8.6.1 条的规定,执行相应的技术规范和规程的水压试验标准。

18.3.3 用于室内给水(冷、热、消防喷洒系统),当设计选择的管材工作压力等级符合前述 PE－X 管材物理机械性能要求时,仍然按 GB 50242—2002《建筑给水排水及采暖工程施工质量验收规范》第 8.6.1 条的规定执行。或按厂家规定水压试验压力为工作压力 P 的 1.5 倍,最低不得低于 0.60MPa 进行试压。

19 PVC－U 硬聚氯乙烯排水管道安装技术交底内容的编制

19.1 PVC－U 硬聚氯乙烯排水管道的材质要求

(1) 硬聚氯乙烯管道的安装应符合 CJJ/T 29—98《建筑排水硬聚氯乙烯管道工程技术规程》和设计的有关规定。

(2) 选用产品的各项性能应符合国家的有关规定,所用胶粘剂应是同一厂家配套产品。管材、管件、胶粘剂应有合格证、说明书、生产厂名、生产日期(胶粘剂尚应有使用有效日期)、执行标准、 检验员代号。防火套管、阻火圈应有规格、耐火极限、生产厂名等标志。

（3）管材内外表层应光滑，无气泡裂纹，管壁薄厚均匀，色泽一致。直管段挠度不大于 1%。管件造型应规矩光滑，无毛刺。承口与插口配套。

（4）管材、管件的运输、装卸和搬运应轻放，不得抛、摔、拖。存放库房应有良好通风，室温不宜大于 40℃，不得暴晒，距离热源不得小于 1m。管材堆放应水平、有规则，支垫物宽度不得小于 75mm，间距不得大于 1m，外悬端部不宜超过 500mm，叠放高度不得超过 1.5m。

（5）胶粘剂等存放与运输应阴凉、干燥、安全可靠，且远距火源。胶内不得含有团块和不溶颗粒与杂质，并且不得呈胶凝状态和分层现象，未搅拌时不得有析出物，不同型号的胶粘剂不得混合使用。

（6）管道粘接时将承口内侧和插口外侧擦拭干净，无尘砂、无水迹，有油污的应用清洁剂擦净。承插口内外侧胶粘剂的涂刷，应先涂刷管件承口内侧，后涂刷插口外侧，胶粘剂的涂刷应迅速、均匀、适量、不得漏涂。管子插入方向应找正，插入后应将管道旋转 90°，管道承插过程不得用锤子击打。插接好后应将插口处多余的胶粘剂清除干净。粘接环境温度低于 −10℃时，应采取防寒、防冻措施。

19.2　PVC－U 硬聚氯乙烯排水管道的安装

19.2.1　PVC－U 硬聚氯乙烯排水管道安装的条件

室内明装管道要在弹好室内 50 线，粗装修抹灰工程已完成，安装场地无障碍物后进行施工。

19.2.2　PVC－U 硬聚氯乙烯排水管道的安装

（1）楼层管道（明装管道）的安装

A．应按管道系统及卫生设备的设计位置，结合设备排水口的尺寸、排水管道管口施工的要求，配合土建结构施工进行孔洞的预留和套管等预埋件的预埋。

B．土建拆模后应对预留孔洞和预埋管件进行全面的检查与校验，不符合要求的应加以调整。

C．依据纸面放样图纸和设备安装尺寸，并依据 CJJ/T 29—98 第 3.1.9 条、第 3.1.10 条、第 3.1.15 条、第 3.1.19 条、第 3.1.20 条的有关规定到现场实地放线校验无误后，测定各管段的实际长度，然后进行配管和管道裁剪。管道裁剪可用木工锯或手锯切割，但切口应垂直均匀、无毛刺。

D．选定支承件和固定形式，按 CJJ/T 29—98 第 4.1.8 条规定确定垂直管道和水平管道支承件间距，选定支承件的规格、数量和埋设位置。

E．土建粗装修后开始按放线的计划，安装管道和伸缩器，在管道粘接之前，依据 CJJ/T 29—98 第 4.1.13 条、第 4.1.14 条的规定将需要安装防火套管或阻火圈的楼层，先将防火套管和阻火圈套在管道上，然后进行管道接口粘接。

F. PVC－U管伸缩节及阻火圈设置要求为：

（A）干管：每隔4m设一个伸缩节。

（B）立管：长度≤4m时，每层设一个伸缩节；长度>4m时，每层设二个伸缩节。

（C）横支管：没有分支的横向直管段，每隔2m应加设一个伸缩节。

（D）PVC－U排水立管应每层设置阻火圈，阻火圈设置在各层顶板下。伸缩节布置的几种形式如图19.2.2－1和图19.2.2－2所示。

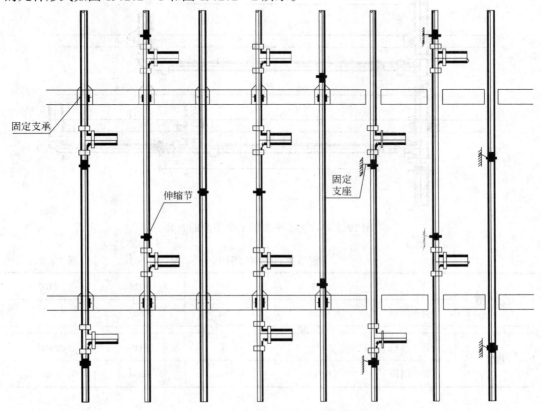

图 19.2.2－1　立管伸缩节、固定支架的布置形式

（E）管道安装顺序应自下而上，分层进行，先安装立管，后安装横管，施工应连续。

a. 干管安装：干管安装采用托、吊支撑安装，按设计坐标、标高、坡度、坡向做好托、吊架，管段粘连时，必须按粘接工艺依次进行，断口要平齐，同时注意甩口方向。

b. 立管安装：将立管上端伸入上一层洞口内，垂直用力插入至标记为止，合适后即用抱卡紧固于伸缩节下沿，找直、找正，并测量顶板至三通口部中心是否符合要求。

（F）管道粘接后应迅速摆正位置，并进行垂直度、水平坡度校正。校正无误后，用木楔卡牢，用铁丝临时固定，待胶粘剂固化后再紧固支承件，但卡箍不宜过紧，以免损坏管件。然后拆除临时固定设施、支模堵洞等。

（G）管道支、吊架间距应符合表19.2.2的要求。

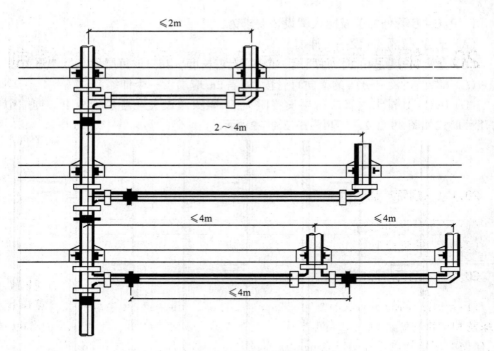

图 19.2.2－2　水平支管上伸缩节的安装

管道支、吊架的间距　　　　　　　　　　　　　　　　表 19.2.2

立　　管	管　　径	$\phi50$	$\phi75$	$\phi110$	$\phi160$
	管卡间距	1.2m	1.5m	2m	2m
横管	管　　径	$\phi50$	$\phi75$	$\phi110$	$\phi160$
	管卡间距	0.5m	0.75m	1.1m	1.6m

（2）埋地管道的安装

A. 埋地管道安装顺序应先安装室内 ±0.00 以下埋地管线部分,并伸出外墙 250mm,待土建施工结束后,再从外墙边沿敷设至检查井。

B. 埋地管道的沟底应平整、无突出的硬物。一般还应敷设厚度 100~150mm 的砂垫层,垫层宽度不应小于管道外径的 2.5 倍,坡度应与管道设计坡度相同。埋地管道灌水试验合格后才能回填,回填时管顶 200mm 以下应用细土回填,待压实后再分层回填至设计标高。每一层回填土高度为 300mm 夯至 150mm。

C. 穿越地下室外墙时应采用刚性防水套管等措施,套管应事先预埋,套管与管道外壁间的缝隙中部应用防水胶泥充填,两端靠墙面部分用水泥砂浆填实。

20 铜管管道安装技术交底内容的编制

20.1 铜管的材质要求

20.1.1 铜管产品的质量要求

（1）采用铜管和配件应有产品合格证书和材质试验报告书。
（2）铜管的管径、壁厚及材质的化学成分应符合设计和国家标准要求。

20.1.2 铜管产品的外观质量要求

（1）铜管产品的表面及内壁均应光洁，无疵孔、裂缝、结疤、尾裂或气孔。黄铜管不得有绿锈和严重脱锌。纵向划痕深度应不大于 0.03mm，局部凸出高度不大于 0.35mm。疤块、碰伤的凹坑深度不超过 0.03mm，且其表面积不超过管子表面积的 5‰。
（2）铜管的内外表面应干净无污染，安装时应清理管子内壁的污物，并用汽油或其他有机溶剂擦洗铜管的插入部分表面，以防止任何油脂、氧化物、污渍或灰尘影响钎料对母体的焊接性能，使焊接产生缺陷。
（3）铜管管件（接头）若有污垢，应用铜丝或钢丝刷刷净，不得用不清洁的工具进行处理。

20.2 铜管管道系统的安装

20.2.1 铜管管道系统安装的准备

（1）铜管的调直
弯曲的铜管安装前应调直后再安装。铜管的调直宜在管内充砂用调直器调直或采用木锤子、橡皮锤子，在铺木垫板的平台上进行，不得用铁锤敲打。铜管调直后，管内应清理干净，并放置平直，防止其表面被硬物划伤。
（2）铜管的切割
铜管切口表面应平整，不得有毛刺、凹凸等缺陷，切口平面允许倾斜，偏差为管子直径的 1%。

20.2.2 铜管的连接方法

铜管的连接方法有四种。即喇叭口翻边连接（亦称卡套连接，适用于 φ25 以下的管子）、焊接连接（主要采用钎焊，一般适用于 φ25 以下的管子，如银钎焊和铜钎焊）、连接件或法兰连接、螺纹连接。铜管连接应符合下列规定。

（1）喇叭口翻边连接（亦称卡套连接）

一般用于热水供应系统或制冷工质输送系统。喇叭口翻边连接的管道应保持同轴，当公称直径小于或等于50mm时，其偏差不应大于1mm；当公称直径大于50mm时，其偏差不应大于2mm。制作喇叭口的管段应预先退火、锉平、管口毛刺刮光，再用专用工具制作。喇叭口外径应小于紧固螺母内径0.3～0.5mm，以免紧固时喇叭口被螺母的内径卡死，扭坏接管，以至不能保证密封。同时翻边时也不得出现裂纹、分层豁口及皱褶等缺陷，并有良好的密封面。

（2）螺纹连接

螺纹连接一般用于工业管道，且螺纹连接的管子应有一定的壁厚，套丝后管壁的净厚度应能承受管内流体的安全压力，管螺纹应完整，螺纹的断丝和缺丝的缺损不得大于螺纹全扣数10％，螺纹的连接应牢固，螺纹根部应有外露螺纹，其螺纹部分应涂以石墨甘油。

（3）焊接连接

铜管的焊接连接可采用对焊、承插式焊接及套管式焊接，其中承口的扩口深度不应小于管径，扩口方向应迎向介质流向。

A．管道的钎焊

普通铜管的焊接连接主要采用钎焊（如银钎焊和铜钎焊）。普通管道钎焊一般采用搭接焊接或套接连接，管道采用搭接连接的搭接长度为管壁厚度的6～8倍；当管道的公称直径（指外径）小于25mm时，搭接长度为管道公称直径（外径）ϕ的1.2～1.5倍。管道采用套接连接的套管长度为$L = 2 \sim 2.5\phi$，ϕ为管道外径，但承口的扩口长度不应小于管径。钎焊后的管件必须在8h内进行清洗，可用湿布擦拭焊接部分（常用的方法是用煮沸的含10％～15％的明矾水溶液涂刷接头处，然后用水冲洗擦干），以稳定焊接部分和除去残留的熔剂和熔渣，避免腐蚀。焊后的正常焊缝应无气孔、无裂纹和无未熔合等缺陷。常用于热水给水系统或制冷工质输送系统。

B．铜管的对接焊连接

（A）氧－乙炔焊的对接焊连接

手工的氧－乙炔焊的对接焊连接一般用于黄铜设备和工业管道系统的管道，其焊接工艺和质量应符合GB 50236—98《现场设备、工业管道焊接工程施工及验收规范》第8.2.1条～第8.3.6.3条的规定。焊接采用氧－乙炔加热火焰时，火焰应呈中性或略带还原性，加热时焊炬应沿管子作环向转动，使之均匀加热，一般预热至呈暗色为宜。

焊接时应均匀加热被焊接的管件，并用加热的焊丝沾取适量钎料（焊剂、焊粉）均匀涂抹在焊缝上。当温度达到650～750℃时，送入钎料（焊剂、焊粉），切勿将火焰直接加热钎料（焊剂、焊粉），以免因毛细管作用和润湿作用致使熔化后的液体钎料（焊剂、焊粉）在缝内渗透。当钎料（焊剂、焊粉）全部熔化时停止加热，否则钎料（焊剂、焊粉）会不断往里渗透，不能形成饱满的焊角。

（B）手工钨极氩弧焊的对接焊连接

手工钨极氩弧焊的对接焊连接一般用于紫铜设备和工业管道系统的管道。

（4）连接件或法兰连接

铜管采用法兰连接时,铜管与法兰的连接有焊接和翻边连接两种。铜管采用法兰连接时必须采用凹凸法兰,并在凹槽内填装密封垫片。密封垫片的材料——对于输送介质为氟利昂、水的管道采用胶质石棉垫或紫铜环;对于输送介质为氮气的管道采用胶质石棉垫或铅片。铜管与法兰采用翻边连接时管道的翻边宽度见表20.2.2。

铜管与法兰翻边连接时的翻边宽度(mm)　　　　　　　表20.2.2

公称直径	15	20	25	32 ~ 100	125 ~ 200
翻边宽度	11	13	16	18	20

20.2.3　气焊材料的选用

焊铜管时采用的焊丝其成分应力求与基层金属的化学成分基本一致。焊接时可采用下列的焊丝。

（1）焊铜时的焊丝

当壁厚为 $\delta = 1 \sim 2mm$ 时,焊丝成分为纯铜(电解铜,含杂质 $< 0.4\%$);当壁厚为 $\delta = 3 \sim 10mm$ 时,焊丝成分为铜 99.8%、磷 0.2%;当壁厚为 $\delta > 10mm$ 时,焊丝成分为磷 0.2%、硅 $0.15\% \sim 0.35\%$、其余为铜。

（2）焊黄铜时的焊丝

铜 62%、硅 $0.45\% \sim 0.5\%$,其余为含锌量;或硅 $0.2\% \sim 0.3\%$、磷 0.15%,其余为含铜量。

（3）气焊用的熔剂(焊剂、焊粉)

气焊用熔剂的性能——熔点约 $650℃$,呈酸性反映,应能有效地熔融氧化铜和氧化亚铜,焊接时生成液态熔渣覆盖于焊缝表面,防止金属氧化。常用铜焊及合金铜焊熔剂(焊剂、焊粉)见表20.2.3。

常用铜焊及合金铜焊熔剂　　　　　　　表20.2.3

硼酸 H_3BO_3	硼砂 Na_2BO_3	磷酸氢钠 Na_2HPO_4	碳酸钾 K_2CO_3	氯化钠 NaCl
100	—	—	—	—
—	100	—	—	—
50	50	—	—	—
25	75	—	—	—
35	50	15	—	—
—	56	—	32	22

20.2.4　铜管的安装

（1）铜管的弯曲

铜管及铜合金管道的弯管可先将管内充填无杂质的干细砂,并用木锤敲实,再热弯或冷弯。热弯后管内不易清除的细砂可用浓度 15%～20% 的氢氟酸在管内存留 3h 使其溶蚀,再用 10%～15% 的碱溶液中和,然后以干净水冲洗,再在 120～150℃ 温度下历时 3～4h 烘干。

冷弯一般用于紫铜管,冷弯前也应先将管内充填无杂质的干细砂,并用木锤敲实,再进行冷弯,冷弯前先将管道加热至 540℃ 时,立即取出管道,并将其加热部分浇水,待其冷却后再放到胎具上弯制。手工弯管示意图如图 20.2.4 所示。

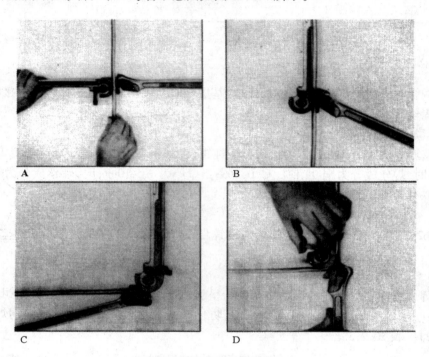

图 20.2.4　手工弯管操作示意图

热弯或冷弯后管道的椭圆率不应大于 8%,弯管的直边长度不应小于管径,且不小于 30mm。

(2)铜波纹膨胀节的安装

安装铜波纹膨胀节时,其前后的直管长度不得小于 100mm。

20.2.5　铜管安装应符合以下的要求

(1)铜管敷设的支架设置要求

铜管敷设时水平和垂直管道最大支撑支架的间距按表 20.2.5 要求设置,支架形式见图 20.2.5。

铜管水平管道最大支撑支架的间距(mm)   表 20.2.5

公称外径 φ	立管间距	横管间距	公称外径 φ	立管间距	横管间距
8	500	400	45	1300	1000
10	600	400	55	1600	1200
15	700	500	70	1800	1400
18	800	500	80	2000	1600
22	900	600	85	2200	1800
28	1000	700	96	2500	2200
35	1100	800	100	3000	2500

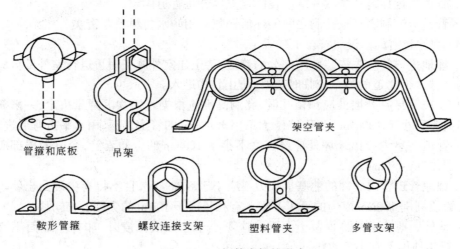

图 20.2.5   铜管支架的形式

(2) 铜管道固定支撑件的设置

A. 无伸缩补偿装置的直管段,固定支撑件的最大间距:冷水管道不宜大于 6.0m,热水管道不宜大于 3.0m,且应配置在管道配件附近。

B. 管道采用伸缩补偿器的直管段,固定支撑件的间距应经计算确定,管道伸缩补偿器应设在两个固定支撑件的中间部位。

C. 管道伸缩量 ΔL 的计算:

$$\Delta L = 16.8 \times 10^{-6} (T_1 - T_2) L$$

式中 ΔL——管道热伸长(冷压缩)量,mm;

T_1——管内介质温度,℃;

T_2——管道安装地点环境温度,室内取 -5℃,室外取供暖室外计算温度,℃;

L——计算管道的长度,m;

16.8×10^{-6}——铜材的线膨胀系数,mm/m·℃。

D. 采用管道折角进行伸缩补偿时,悬臂长度不应大于 3.0m,自由臂长度不应小于 300mm。

E. 固定支撑件的管卡与管道表面应为面接触,管卡的宽度宜为管道公称外径的 1/2,收紧管卡时不得损坏管壁。

F. 滑动支撑件的管卡应卡住管道,可允许管道轴向滑动,但不允许管道产生横向位移,管道不得从管卡中弹出。

G. 连接制冷机的吸、排气管道须设单独支架。管径小于或等于 20mm 的铜管道,在阀门等处应设置支架。

(3) 管道穿越无防水要求的墙体、梁、板的做法应符合下列规定

A. 应设置穿越墙体、梁、板的钢制套管,钢制套管的内径应比穿越管道的公称外径大 30~40mm。垂直穿梁、板的钢制套管底部应与梁、板底平齐,钢制套管上端高出地面 20~50mm;水平穿墙、梁的钢制套管的两端应与墙体、梁两侧表面平齐。

B. 管道靠近穿越孔洞的一端应设固定支撑件将管道固定。

C. 管道与钢制套管或孔洞之间的环形缝隙应用防水材料填塞密实。

(4) 埋地管道的敷设应符合下列规定

A. 埋地进户管应先安装室内部分的管道,待土建室外施工时再进行室外部分管道的安装与连接。但管道的敞口应临时堵严,防止异物进入。

B. 进户管穿越外墙处应预留孔洞,孔洞高度应根据建筑物沉降量决定,一般管顶以上的净高不宜小于 100mm。公称外径 ϕ 不小于 40mm 的管道,应采用水平折弯后进户。

C. 管道在室内穿出地坪处应设长度不小于 100mm 的金属套管,套管的根部应插嵌入地坪层内 30~50mm。

D. 埋地管道管沟底部的地基承载力不应小于 80kN/m²,且不得有尖硬凸出物。管沟回填时管道周围 100mm 以内的填土不得含有粒径大于 10mm 的尖硬石(砖)块。

E. 室外埋地管道的管顶覆土深度除应不小于冰冻线深度外,非行车地面不宜小于 300mm;行车地面不宜小于 600mm。

F. 埋地敷设的管道及管件应做外防腐处理。

(5) 制冷剂输送管道的安装应符合 GB 50243—2002《通风与空调工程施工质量验收规范》第 8.3.4 条的相关规定,制冷系统阀门的安装应符合第 8.3.5 条的相关规定。

20.2.6 紫铜管和黄铜管管道安装的工程质量检验评定标准

依据 GB 50242—2002《建筑给水排水及采暖工程施工质量验收规范》和 GB 50243—2002《通风与空调工程施工质量验收规范》,GB 50184—93《工业管道工程质量检验评定标准》的有关规定,室内冷、热水铜管给水管道、铜管道热水供暖系统和通风空调铜管制冷剂输送系统的安装质量应符合下列规定:

A. 铜管安装质量保证项目见表 20.2.6 – 1。

B. 铜管安装质量的基本项目见表 20.2.6 – 2。

C. 安装质量允许偏差的项目见表 20.2.6 – 3。

铜管安装质量保证项目　　　　　　　　　表20.2.6-1

	项　目	质　量　标　准	检　查　方　法	检查数量
1	管子、部件、焊接材料	型号、规格、质量必须符合设计要求和规范规定	检查合格证、进场验收记录和试验记录	按系统全部检查
2	阀　门	型号、规格和强度、严密性试验及需作解体检验的阀门,必须符合设计要求和规范的规定	检查合格证和逐个试验记录	—
3	脱　脂①	忌油的管道、部件、附件、垫片和填料等,脱脂后必须符合设计要求和规范规定	检查脱脂记录	—
4	焊缝表面	不得有裂纹、气孔和未熔合等缺陷;钎焊焊缝应光洁,不应有较大焊瘤及焊接边缘熔化等缺陷	观察和用放大镜检查	按系统内管道焊口全部检查
5	焊缝探伤检查(主要用于工业管道的安装)②	黄铜气焊焊缝的射线探伤必须按设计或规范规定的数量检查。工作压力在10MPa以上者,必须100%检查;工作压力在10MPa以下者,固定焊口为10%,转动焊口为5%	检查探伤记录,必要时可按规定检查的焊口数抽查10%	按系统内管道焊口全部检查
6	弯管表面	不得有裂纹、分层、凹坑和过烧等缺陷	观察检查	按系统抽查10%,但不少于3件
7	管道试压	管道强度、严密性试验、抽真空试验、管道冲洗脱脂试验、通水试验必须符合设计要求和规范规定	按系统检查分段试验记录	按系统全部检查
8	清洗、吹除	管道系统必须按设计要求和规范规定进行清洗、吹除	检查清洗、吹除试样或记录	—

注:① 一般给水管道和热水供暖管道无此要求;
　　② 一般给水管道和热水供暖管道无此要求,它多发生于工业管道系统。

铜管安装质量的基本项目　　　　　　　　　表20.2.6-2

	项　目	质　量　标　准	检　查　方　法	检查数量
1	支吊托架安装	位置正确、平正、牢固。支架同管道之间应用石棉板、软金属垫或木垫隔开,且接触紧密。活动支架的活动面与支撑面接触良好,移动灵活。吊架的吊杆应垂直,丝扣完整。锈蚀、污垢应清除干净,油漆均匀,无漏涂,附着良好	用手拉动和观察检查	按系统内支、吊托架的件数抽查10%,但不应少于3件
2	钎焊焊缝	表面光洁,不应有较大焊瘤及焊接边缘熔化等缺陷	观察检查	按系统内的管道焊口全部检查

	项 目	质 量 标 准	检 查 方 法	检 查 数 量
3	法兰连接	对接应紧密、平行、同轴,与管道中心线垂直。螺栓受力应均匀,并露出螺母2~3扣,垫片安置正确。检查法兰管口翻边折弯处为圆角,表面无皱褶、裂纹和刮伤	用扳手拧试、观察和用尺检查	按系统内法兰类型各抽查10%,但不应少于3处,有特殊要求的法兰应逐个检查
4	管道坡度	应符合设计要求和规范规定	检查测量记录或用水准仪(水平尺)检查	按系统每50m直线管段抽查2段,不足50m抽查1段
5	补偿器安装	Π形补偿器的两臂应平直,不应扭曲,外圆弧均匀。水平管道安装时,坡向应与管道一致。波纹及填料式补偿器安装的方向应正确	观察和用水平尺检查	按系统全部检查
6	阀门安装	位置、方向应正确,连接牢固、紧密。操作机构灵活、准确。有特殊要求的阀门应符合有关规定	观察和做启闭检查或检查试验记录	按系统内阀门的类型各抽查10%,但不应少于2个。有特殊要求的应逐个检查

安装质量允许偏差的项目 表 20.2.6-3

	项 目			允许偏差	检查方法	检查数量
1	坐标标高	室外	埋 地	25mm	检查测量记录或用经纬仪、水准仪(水平尺)、直尺拉线和用尺量检	按系统检查管道起点、终点、分支点和变向点
			地沟、架空	15mm		
		室内	架 空	10mm		
			地 沟	15mm		
2	水平管道纵、横方向弯曲	每米	$\phi \leqslant 100$	0.5mm	吊线和尺量	全长为25m以上;按每50m抽2段,不足50m不小于1段;有隔墙以隔墙分段抽查5%,但不小于5段
			$\phi > 100$	1.0 mm		
		全长	$\phi \leqslant 100$	不大于13mm		
			$\phi > 100$	不大于25mm		
3	立管垂直度	每 米		2mm	用吊线和尺量检查	一根为一段两层及以上按楼层分段,各抽查5%,但不小于10段
		全长(5m以上)		不大于10mm		

	项	目		允许偏差	检查方法	检查数量
4	成排管段	在同一平面上		5mm	用尺和拉线检查	按系统抽查10%
		间 距		+5mm		
5	交 叉	管外壁和保温层间隙		+10mm	用尺检查	管道交叉处按系统全部检查
6	弯管椭圆率	紫 铜		8%	用尺和外卡钳检查	按系统抽查10%,但不小于3件
		黄 铜		8%		
7	弯管弯曲角度	$PN \leqslant 10\text{MPa}$	每米	±3mm	用样板和尺检查	按系统抽查10%,但不小于3件;一般用于大口径的工业管道
			最长	±10mm		
		$PN > 10\text{MPa}$	每米	±1.5mm		
8	弯管皱褶不平度	$PN < 10\text{MPa}$		2mm	用尺和卡钳检查	—
9	Π形补偿器外形尺寸	悬臂长度		10mm	用尺和拉线检查	按系统全部检查
		平直度	每米	≤3mm		
			全长	≤10mm		
10	补偿器预拉(压)长度	Π形补偿器		±10mm	检查预拉(压)记录单	按系统全部检查
		波纹、填料式		±5mm		
11	焊口平直度	管壁厚度	≤10	管壁厚度的1/10	用尺和样板检查	按系统内管道焊口全部检查
			>10	1mm		
12	焊缝加强层	高度		+1mm	用焊接检验尺检查	
		宽度		+1mm		
13	咬 肉	深度		<0.5mm	用尺和焊接检验尺检查	
		长度	连续长度	10mm		
			两侧总长度	小于焊缝长度的25%		

20.3 铜管管道系统的强度和严密性试验

20.3.1 热水供应铜管道系统的强度和严密性试验

（1）试压分类

单项试压——分局部隐检部分和各系统(或每根立管)进行试压,应分别填写试验记录单。

系统综合试压——按系统分别进行。

(2) 试压标准

A. 单项试压

单项试压的试验压力,当系统工作压力 $P \leqslant 1.0$MPa 时,依据 GB 50242—2002 第 6.2.1 条规定,热水管道在保温前应进行水压试验。各种材质的热水供应系统的水压试验压力应符合(A)、(B)两个条件。

(A) 热水供应系统的水压试验压力应为系统顶点的工作压力加 0.1MPa。

(B) 在热水供应系统顶点的水压试验压力 $\geqslant 0.3$MPa。

(C) 将系统压力升至试验压力,在试验压力下观察 10min 内,压力降 $\Delta P \leqslant 0.02$MPa,检查不渗不漏后,然后再将压力降至工作压力进行外观检查,不渗不漏为合格。

B. 综合试压:试验方法、压力同单项试压,其试压标准不变。

20.3.2 供暖工程铜管热水管道的冲洗

铜管热水供暖管道系统在安装完毕交付使用前均应对系统管道进行冲洗。

(1) 管道冲洗前应将管道系统上安装的流量孔板、滤网、温度计等阻碍污物通过的设施临时拆除,待管道冲洗合格后再重新安装好。

(2) 供暖铜管热水管道的冲洗水源为清水(自来水、无杂质透明度清澈未消毒的天然地表水、地下水)。冲洗水压及冲洗要求同给水工程。

20.3.3 制冷剂输送管道的强度和真空度试验

制冷剂输送管道的强度和真空度试验应符合 GB 50243—2002《通风与空调工程施工质量验收规范》第 8.2.10 条、第 8.3.6 条及 GB 50274—98《制冷设备、空气分离器设备安装工程施工及验收规范》的相关规定。

(1) 制冷剂输送系统的吹污

制冷剂输送系统管道的强度和真空度试验前应进行系统吹污,吹污可用压力为 0.5 ~ 0.6MPa 的干燥压缩空气或用氟利昂系统可用惰性气体如氮气,按系统顺序反复进行多次吹扫,并在排污口处设靶检查(如用白布),检查 5min 无污物为合格。吹污后应将系统中阀门的阀芯拆下清洗(安全阀除外)干净后,重新组装。

(2) 制冷剂输送系统的检漏

制冷剂输送系统的检漏方法有:肥皂水检漏、检漏灯检漏和电子自动检漏仪检漏等方法。

A. 肥皂水检漏

当制冷剂输送系统内达到一定压力(低压系统不低于 0.2MPa)后,用肥皂水涂抹各连接、焊接和紧固等可疑部位,若发现有不断扩大的气泡出现,即说明有泄漏存在。

B. 检漏灯检漏

检漏灯(也称卤素灯)对氟利昂制冷剂输送系统是一种简便有效的检漏工具。如果检漏灯吸入的空气中含有氟利昂气体,则氟利昂遇到火焰后便分解为氟、氯元素,这些元素与灯头上炽热的铜丝网接触即合成卤素铜化合物,并使火焰变成光亮的绿色、深绿色。当氟利昂大量泄漏时,火焰则变成紫罗兰色或深蓝色,以至火焰熄灭。但系统泄漏严重时不宜采用检漏灯检漏,以免产生光气引起中毒事故。

C. 电子卤素检漏仪检漏

这种检漏仪对卤素的检漏灵敏度很高,反映速度快,重量轻,携带方便。

(3) 制冷剂输送系统和阀门的气密性试验

依据 GB 50274—98《制冷设备、空气分离器设备安装工程施工及验收规范》第 2.5.3 条、第 2.5.11 条的规定,制冷剂输送系统的气密性试验应分高压、低压两步进行。试验介质可采用氮气、二氧化碳或干燥的压缩空气。制冷剂输送系统和阀门的试验压力按表 20.3.3 的试验压力取值。

系统气密性的试验压力(绝对大气压)　　　表 20.3.3

系统压力	活 塞 式 制 冷 机			离心式制冷机
	R717、R502	R22	R12、R134a	R11、R123
低压系统	1.8	1.8	1.2	0.3
高压系统	2.0	高冷凝压力 2.5	高冷凝压力 1.6	0.3
		低冷凝压力 2.0	低冷凝压力 1.2	

A. 低压制冷剂输送系统的气密性试验

试验前在高、低压部分安装压力表,拆去原系统中不宜承受过高压力的部件和阀件(如恒压阀、压力控制器、热力膨胀阀等),并用其他阀门或管道代替,开启手动膨胀阀和管路上其他阀门,自高压系统的任何一处向系统充氮气,并使压力达到试验的低压试验压力,即停止充气。观察系统压力下降情况,若无明显下降,则用肥皂液进行检漏。若检查无渗漏,则稳压保持 24h。前 6h 系统的压力降不应大于 0.03MPa,后 18h 开始记录压力降,除因环境温度变化而引起的误差外(一般不超过 0.01~0.03MPa),若压力按下式计算不超过 1%为合格。

$$\Delta P = P_1 - \left[(273 + t_1)/(273 + t_2) \right] P_2$$

式中　ΔP——压力降,MPa;

　　　P_1——开始时系统中气体的压力,MPa(绝对压力);

　　　P_2——结束时系统中气体的压力,MPa(绝对压力);

　　　t_1——开始时系统中气体的温度,℃;

　　　t_2——结束时系统中气体的温度,℃。

B. 高压制冷剂输送系统的气密性试验

低压制冷剂输送系统压力试验合格以后,再继续充气对制冷剂输送系统的高压部分进行压力试验。当压力达到试验的高压试验压力时,即停止充气,观察系统压力下降的情况,若无明显的压力下降,则用肥皂液进行检漏。若无渗漏,则稳压保持 24h,前 6h 系统的压力降不应大于 0.03 MPa,后 18h 开始记录压力降,除因环境温度变化而引起的误差外(一般不超过 0.01 ~ 0.03MPa),若压力降按上式计算不超过 1%为合格。

(4) 制冷剂输送系统的抽真空试验

抽真空试验可用系统本身的压缩机对系统进行抽真空,大型的制冷剂输送系统也可用专门的真空泵对系统进行抽真空。制冷剂输送系统抽真空试验的余压对于氨输送系统不应高于 8kPa,氟利昂输送系统不应高于 5.3kPa。稳压保持 24h 后,氨输送系统压力以无变化为合格;氟利昂输送系统压力回升值不应大于 0.53kPa。但依据 GB 50274—98《制冷设备、空气分离器设备安装工程施工及验收规范》第 2.6.5 条要求应符合设备技术文件的规定。

21　气体灭火系统安装技术交底内容的编制

本节按某工程实例的设计设备型号编写,其他型号应依据产品说明进行修改。

21.1　气体灭火系统的安装

21.1.1　安装步骤和工艺流程

(1) 气体灭火系统的安装步骤

气体灭火系统的安装步骤分为管道安装、设备及配件安装和系统调试及功能验收。

(2) 气体灭火系统的工艺流程(图 21.1.1)

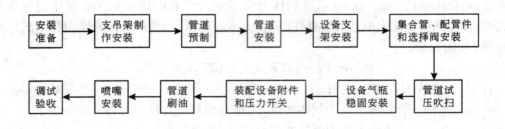

图 21.1.1　气体灭火系统安装基本流程

21.1.2　气体灭火系统的管道安装

(1) 灭火剂输送(不锈钢管)管道的安装

灭火剂输送管道的材质一般为不锈钢管,灭火剂输送管道安装的技术交底内容参见前面不锈钢管道安装技术交底内容编制的相应部分。

（2）灭火剂输送（不锈钢管）管道支架的安装

A. 灭火剂输送（不锈钢管）管道支架的间距

灭火剂输送（不锈钢管）管道支架的间距应符合表 21.1.2 的要求。

灭火剂输送（不锈钢管）管道支、吊架之间的最大间距(m)　　　表 21.1.2

管道公称直径(mm)	15	20	25	32	40	50	65	80	100	150
支吊架最大间距	1.5	1.8	2.1	2.4	2.7	3.4	3.5	3.7	4.3	5.2

B. 系统抗晃动支架和固定支架的设置

（A）系统抗晃动支架的安装

$DN \geqslant 50$ 的主干管，其垂直和水平方向至少应各安装一个抗晃动支架。当管道穿过楼层时，每层应安装一个抗晃动支架。当水平方向管道改变方向时，管道改变方向处应设置一个抗晃动支架。

（B）固定支架的设置

管道末端喷嘴处应设置固定支架。支架与喷嘴之间的管道长度不应大于 500mm。

21.1.3　气体灭火系统设备及配件的安装

（1）选择阀的安装

A. 选择阀的位置应安装在容易手动操作的位置，选择阀的位置还应安装在手动杆的上部。

B. 选择阀的连接采用法兰连接，法兰的螺栓孔与水平或垂直中心线对称分开。安装螺栓时应注意对角拧紧，填料采用耐热石棉和"O 形垫圈"。

（2）喷嘴的安装

A. 安装前应检查喷嘴孔口有无堵塞。

B. 喷嘴的形式、尺寸、开孔直径等应与设计一致。

C. 在吊顶保护区内，吊顶下的喷嘴应安装喷嘴的挡流罩，以控制气体的喷射方向，防止损坏吊顶或易损灯具。

（3）灭火剂储存容器的安装

A. 钢瓶（储存容器）组的操作面应距离墙面或操作面之间的距离不宜小于 1000mm。

B. 钢瓶（储存容器）上的头阀的压力表应朝向操作面，各压力表的安装高度和方向应一致。

C. 钢瓶（储存容器）的支、框架应固定牢靠，且应做防腐处理。

D. 钢瓶的安装应严格按照设计图纸要求进行，钢瓶的位置、数量应与图纸相符。

（4）阀驱动装置的安装

A. 电磁驱动装置的电气连接线应沿固定灭火剂储存容器的支、框架或墙面固定。

B. 拉索式的手动驱动装置的安装必须有外露的拉索部分，且应有内外防腐处理的钢管防护。拉索转弯处应采用专用导向滑轮，末端拉手应设在专用的保护盒内。拉索的套管和保护盒必须固定牢靠。

C. 安装以物体重力为驱动力的机械驱动装置时,应保证重物在下落行程中无阻挡,其行程应超过阀开启所需行程 25mm。

D. 气动驱动装置安装时,驱动气瓶的支、框架或箱体应固定牢靠,且应做防腐处理。驱动气瓶正面应标明驱动介质的名称和对应防护区名称的编号。

E. 气动驱动装置的管道布置应横平竖直,平行管道或交叉管道之间的间距应保持一致。管道应采用支架固定,支架的间距不宜大于 0.6m。平行管道宜采用管夹固定,管夹的间距不宜大于 0.6m,转弯处应增设一个管夹。

F. 气动驱动装置的管道安装后应进行气压严密性试验。试验时应采取防止灭火剂和驱动气体误喷射的可靠措施,加压介质采用氮气或空气,试验压力不低于驱动气体的储存压力。压力升至试验压力后,关闭加压气源,5min 内被试验管道内压力应无变化。

(5) 集流管的制作和安装

A. 组合分配系统的集流管宜采用焊接方法制作,焊接前每个开口均应采用机械加工的方法开口。采用钢管制作的集流管,制作完毕后,应进行镀锌处理,镀锌层的质量,应符合 GB 3091《低压流体输送用镀锌焊接钢管》的有关规定。

B. 组合分配系统的集流管应进行水压强度试验和气压严密性试验,试验要求同灭火剂输送(不锈钢管)管道系统。

C. 非组合分配系统的集流管可与灭火剂输送(不锈钢管)管道系统一起进行水压强度试验和气压严密性试验。

D. 集流管安装前应清洗内腔并封闭进出口。集流管应牢靠地固定在支、框架上,并应做防腐处理,其外表面应涂刷红色的油漆。

E. 装有泄压装置的集流管,泄压装置的泄压方向不应影响操作面。

21.2　气体灭火系统管道的试验

21.2.1　气体灭火系统管道的吹扫

气体灭火系统灭火剂输送管道气压严密性试验之前,应先进行系统管道的吹扫。系统管道的吹扫可用压缩空气或氮气。吹扫时管道末端的气流速度应不少于 20m/s。采用白布检查,直至无铁锈、尘土、水渍及其他脏物。

21.2.2　气体灭火系统管道的气压严密性试验

管道系统气压严密性试验的试验压力为水压强度试验压力的 2/3。试验介质为空气或氮气。试验时应将压力升高至试验压力,然后关断气源,3min 内压力降应小于试验压力的 10%。且用涂刷肥皂水等方法检查防护区外的管道连接处有无气泡产生。

22 给水供暖附件和附属设备安装技术交底内容的编制

22.1 给水供暖附件的安装

22.1.1 消火栓箱体安装

（1）消火栓箱应在土建抹灰之后，精装修之前，管道安装、水压试验合格后安装。

（2）消火栓箱与墙体固定不牢的，可用 CUP 发泡剂（单组分聚氨酯泡沫发泡剂）封堵作为弥补措施，安装时箱体标高应符合设计和规范要求，箱体应水平，箱面应与墙面平齐（墙体厚度比箱体厚度薄的除外），为防止污染，应贴粘胶带保护。

（3）消火栓箱的安装质量应符合下列要求：

A. 消火栓口出水方向朝外，并安装在离门轴一侧，且垂直于箱体所在墙面或成 45°角。消火栓栓口中心距离地面为 1.1m，允许偏差为 ±20mm。

B. 消火栓箱内的消火栓阀门中心距箱体侧面为 140 ± 5mm，距离箱体后内表面为 100mm，允许偏差为 ± 5mm。

C. 消火栓箱体安装垂直度的允许偏差为 3mm。

（4）室内消防给水立管从上到下一种规格不变。消防给水立管底部距地面 500mm 处，应设置球形阀，阀上应有明显的启动标志。

（5）多层建筑消火栓箱布置应在耐火的楼梯间内；公共建筑在每层楼梯处、走道或大厅出口处；厂房在人员经常出入的地方。

（6）消火栓箱为暗装或半明装时，留洞尺寸为 $700(b)\text{mm} \times 800(h)\text{mm} \times 280\text{mm}$ 或 $120(d)\text{mm}$，距地 1080mm。

（7）水龙带与消火栓、水枪接头连接时应用 16 号铜丝缠 2 ~ 3 道，每道 2 ~ 3 圈。

（8）消火栓箱安装时应取出内部水龙带、水枪等全部配件，进水管不小于 50mm，箱体表面应平整、零件齐全可靠。

22.1.2 水表的安装

冷水表应用于水压 ≤ 1.0MPa、t ≤ 40℃、无杂质的水体。

（1）水表应安装在查看方便、不受暴晒、不受污染和不易损坏的地方，引入管的水表安装在室外水表井内、地下室或专用房间内；家用水表安装在每户进水总管上。

（2）水表安装前应清理管中的污物，以免堵塞。

（3）水表应水平安装，水流方向应与表壳箭头方向一致。

（4）水表前应安装阀门，不准停水和没有另设消防管道的建筑物，在水源入口的水表应安装旁通管,且水表后侧还应安有止回阀门,旁通阀应铅封。

(5) 水表前应有≥10 倍水表口径的直管段。

(6) 户用小水表前应有阀门,且水表前后直管段大于 300mm 时,其超出的管段应用弯头引向靠近墙面位置,管中心距墙应在 20～25mm。

(7) 户用水表外壳距墙面的净距离不得大于 30mm,一般在 10～30mm;中心距另一侧墙面为 450～500mm,水表进水口中心高度在 600～1200mm,允许偏差为 ±10mm。水表前后应有可拆卸的配件,以利检修更换。

22.1.3 喷洒系统喷头的安装

(1) 喷头应在给水管安装试压、冲洗完毕,土建内装修完成后安装。

(2) 喷头安装时应使用厂家生产的专用扳手,应密切配合土建,结合吊顶分格布置喷头的位置,使其在不违反施工规范的情况下尽量位于分块的中心,且分块均匀,横向竖向两对角线均在一条直线上,做到整齐划一。

(3) 喷洒系统横管坡度宜为 0.002～0.005,坡向泄水装置。充水系统管道坡度应不小于 0.002,充气系统及分支管坡度应不小于 0.004,应避免用补心变径。为防止自动喷水装置管道晃动,应设支架固定,设计无要求时按下列原则敷设:

A. 吊架与喷头的距离应不小于 300mm,距末端喷头不大于 750mm。

B. 吊架应设在相邻喷头之间的管段上,相邻喷头间距不大于 3.6m 的可装 1 个,小于 1.8m 的允许隔段设置支架。

(4) 自动喷水管道负担喷头的个数最大值见表 22.1.3－1,且分配在支管上的喷头最多不得超过 6 个。

消防管道负担喷水头数最大值　　　　　　　　　　　表 22.1.3－1

一般火灾		严重火灾		一般火灾		严重火灾	
管径(mm)	最多喷头数	管径(mm)	最多喷头数	管径(mm)	最多喷头数	管径(mm)	最多喷头数
20	1	25	1	80	40(30)	100	55
25	2	32	2	100	100	125	120
32	3	40	5	125	160	150	200
40	5	50	8	150	275	—	—
50	10	70	15	200	400	—	—
70	20(15)	80	27	—	—	—	—

注:括号内数字表示当喷水头或分布支管间距大于 3.6m 时的喷头数量。

(5) 水幕喷头距吊顶应不小于 80mm,但也不应大于 400mm。距墙面、梁面的水平距离不大于 600mm。距库房内货堆顶面不小于 900mm。生产厂房内应布置在生产设备上方,如设备并列或重叠造成隐蔽空间宽度大于 1.0m 时,该处应单设喷头。

(6) 水幕喷头可向上或向下安装。窗口水幕喷头一般布置在窗口下 50mm 处,中间层和底层窗口水幕喷头与窗口玻璃面的距离 L 见表 22.1.3－2。

中间层和底层窗口水幕喷头与窗口玻璃面的距离 L　　　　表 22.1.3－2

窗　宽（mm）	900	1200	1500	1800
L　（mm）	580	670	750	830

(7) 布置水幕喷头时要防止因障碍物造成的空白点,应使水幕喷到应该保护的部位。

(8) 水幕和自动喷洒消防系统管道的连接:湿式系统应采用丝接或卡箍连接。

(9) 消防管道安装完毕应根据设计要求和施工规范进行相关试验。

22.1.4　管道分质直供饮水系统饮水器的安装

(1) 管嘴下端要比器具溢流缘高出 20mm,并固定在使用时的管嘴上部没有滴落的角度处。

(2) 管嘴及护架的安装位置应不使水嘴喷出水后又碰溅到管嘴上。

(3) 饮水器底盘和喷嘴的安装高度应根据使用方便决定。

(4) 采用铜管和配件应有产品合格证书和材质试验报告书。

22.1.5　供暖散热器的安装

(1) 供暖散热器应在土建抹灰之后,精装修之前,管道安装、水压试验合格后安装。

(2) 散热器必须用卡钩与墙体固定牢、位置准确,支架、托架数量应符合 GB 50242－2002 第 8.3.5 条的规定。

(3) 散热器组对应平直紧密,组对后的平直度应符合表 22.1.5－1 的要求。

组对后散热器平直度允许的偏差　　　　表 22.1.5－1

项　　次	散热器类型	片　　数	允许偏差（mm）
1	长翼型	2～4	4
		5～7	6
2	铸铁片式	3～15	4
	钢制片式	16～25	6

(4) 组对后散热器的垫片外露不应大于 1mm,填片应采用耐热橡胶。

(5) 散热器背面与墙体装修后表面的距离应为 30mm。安装后的偏差应符合表 22.1.5－2 的要求。

散热器安装允许的偏差 表22.1.5-2

项次	项　目	允许偏差(mm)	检验方法
1	散热器背面与墙内表面距离	3	尺量
2	与窗中心线或设计定位尺寸	20	
3	散热器垂直度	3	吊线和尺量
4	散热器支管坡度	≥1%	—

22.1.6　低温热水地板辐射供暖和分户供暖系统入口的安装

（1）分水器、集水器、压力表、温度计、热量表等的型号规格、公称压力及安装位置、高度等应符合设计和产品说明书的要求。

（2）与分水器、集水器、压力表、温度计、热量表等连接处的空间应能满足安装操作的需要和便于使用期间记录人员查读。

（3）涉及到的地面以下敷设的盘管埋地部分不应有接头。

（4）连接管道的管径、间距、长度应符合设计的要求，间距偏差不大于±10mm。

22.1.7　伸缩器的安装

（1）伸缩器安装应注意事项

伸缩器的安装应符合 GB 50242—2002《建筑给水排水及采暖工程施工质量验收规范》第8.2.5条、第8.2.6条、第8.2.15条的规定。

A．伸缩器应水平且应与管道同心，固定支座埋设应牢靠。

B．伸缩器(套管式的除外)应安装在直管段中间，靠两端固定支座附近应加设导向支座。有关安装要求参见相关规范。

C．波形伸缩器水压试验压力绝对不允许超过波形伸缩器的使用压力，且试压前应将伸缩器用固定架夹牢，以免过量拉伸。

D．伸缩器与固定架固定安装前，应按照设计要求(或经过计算)拉伸(或压缩)量的1/2进行拉伸或压缩，然后再加以固定。

E．伸缩器、管道的安装和保温质量应符合规范的相关质量要求。

（2）方形伸缩补偿器的制作与安装

方形伸缩补偿器由同等管道加工而成，加工方法一般采用煨弯制作。尺寸较小的方形伸缩补偿器可用一根管道煨成，大尺寸的方形伸缩补偿器可用两根或三根管道煨制后再焊接而成。因方形伸缩补偿器作用时其顶部受力最大，因此要求顶部采用一根管道煨制，不得有焊口存在，焊口只能在垂直臂中部。伸缩器组对时应在平地上连接，连接点应在受力较小的垂直臂中部位置，组对尺寸应正确，四个弯曲角要在一个平面内，弯曲角必须是90°，否则会引起组对不易，造成横向位移，使支架偏心受力，甚至发生管道脱离支架。伸缩器安装时应将两臂拉伸(或压缩)其补偿量一半长度，误差允许值为±10mm。方形伸缩补偿器垂直安装时,应加装排气、泄水装置。伸缩器安装时应在两固定支座附近增设导向支座(活动支座),以防止运行时因管道伸缩脱离支座。

(3) 套筒式伸缩器

套筒式伸缩器有套筒伸缩补偿器和填料式伸缩补偿器两种,其材质有铸铁和钢制。一般用于管径 $DN > 100$,且工作压力也较大。PN 小于 1.6MPa 时用钢制补偿器;PN 小于 1.3MPa 时用铸铁补偿器。套筒式补偿器的特点是补偿能力较大,占地小,安装简单,但易漏水,需要经常更换填料。因此在遇水能发生危险的场合及埋地敷设的管道不能采用。套筒式伸缩器还有单向和双向补偿之分,单向补偿应安装在固定支架旁边的直管段上,双向补偿应安装在直管线中间。安装前应将伸缩器拆开,检查内部零件及填料是否齐备,质量是否符合要求。安装时还应使伸缩器中心线与管道中心线一致,不得偏斜,并在靠近伸缩器两侧各设一个导向支架,以免运行时管道偏离中心位置。套筒式伸缩器安装时应进行预拉伸(预压缩),预拉伸(预压缩)后的安装长度由管道最大伸缩量确定,但同时还应考虑到管道低于安装温度下运行的可能性,因此其导管支撑环与外壳支撑环之间应留有一定间隙。其预留间隙可参照表 22.1.7 - 1 取值。套筒式补偿器安装还应符合下列要求。

套筒式伸缩补偿器的安装间隙(△ 值)　　　　　　表 22.1.7 - 1

固定支座间的直管段长度(m)	在下列温度安装时其间隙量 △ 的最小值(mm)		
	5℃	5 ~ 20℃	20℃
100	30	50	60
70	30	40	50

A. 与管道保持同心,不得歪斜。

B. 按设计规定安装长度,并考虑气温变化,留有剩余伸缩量(△ 值),允许偏差为 ±5mm。

C. 在靠近补偿器两侧,至少各有一个导向支座,保证运行时自由伸缩,不偏离中心。

D. 插管应安装在介质的流入端。

E. 填料石棉绳应涂石棉粉,并逐圈装入,逐圈压紧,各圈接口应相互错开。

(4) 波纹伸缩器(波形伸缩补偿器)

波形伸缩补偿器由波节、内衬套筒组成,内衬套筒一端与波壁焊接,另一端可以自由移动。波形伸缩器一般用 3 ~ 4mm 厚钢板制成,强度较低,补偿力小,只用于工作压力 $PN \leq 0.7MPa$ 的气体管道或管径大于 150mm 的低压管道。安装时应注意使管道内输送的介质流动方向从焊端流向自由端,并与管道坡度一致,防止凹槽内大量积水;同时还需在波峰的下端设置放水装置,中心线不得偏离管道中心线;不能在波节上安置吊装绳和焊接支架或附件。波形伸缩器的预拉伸量和预压缩量见表 22.1.7 - 2,安装可分 2 ~ 3 次逐次加大,并使每个波节四周受力均匀,其拉伸量允许偏差值为 ±5mm。波形伸缩器安装后应符合下列要求。

A. 按设计规定进行预拉伸(或预压缩),使受力均匀。

B. 内套有焊缝的一端,水平管道应迎介质流向安装,垂直管道应置于上部。

C. 应与管道保持同心,不得偏心。

D. 安装时应设临时固定,待管道安装固定后再拆除临时固定设施。

E. 水压试验时压力绝对不允许超过波形伸缩器的使用压力。为避免过量拉伸,试压前应将伸缩器用固定架夹牢。

波形伸缩器的预拉伸量和预压缩量(mm)　　　　　表 22.1.7-2

实际安装温度(℃)	-20	-10	0	10	20	30	40	50	60	70	80
预拉伸量	0.5ΔL	0.4ΔL	0.3ΔL	0.2ΔL	0.1ΔL	0					
预压缩量						0	0.1ΔL	0.2ΔL	0.3ΔL	0.4ΔL	0.5ΔL

(5) 管道伸缩量 ΔL 的计算

$$\Delta L = 0.012(t_1 - t_2)L$$

式中　　ΔL——管道热伸长(冷压缩)量,mm;

　　　　t_1——管内介质温度,℃;

　　　　t_2——管道安装地点环境温度,室内取 -5℃,室外取供暖室外的计算温度,℃;

　　　　L——计算管道的长度,m;

　　0.012——钢材的线膨胀系数,mm/m·℃。

22.2　给水、供暖设备的安装

22.2.1　水箱、水泵、供水设备安装的施工条件

(1) 设计图纸(包括相关的标准图册)、设备和材料出厂资料(样本、合格证、说明书、相关安装图纸)应齐全,并且已经过图纸会审及设计技术交底,设计中存在的问题已得到解决。

(2) 工程施工方案、水箱安装和泵组的安装方案已经编制,各工序施工技术交底资料已编制和交底手续已进行,并填写相关的施工技术资料记录单。

(3) 设备、材料进场检验合格,相关试验合格,进场检验、试验、开箱记录单已填写,且合格齐全。材料、设备已具备安装规程要求的合格指标。

(4) 水箱、泵组等设备所在地的水箱间、泵房结构已封顶,门窗等封闭设施齐全,内部粗装修已完成,设备基础已浇筑,并且办理基础验收手续,验收记录单符合技术资料管理要求,基础混凝土强度已达到60%以上。

(5) 与水箱、泵组等设备相连接的管线安装已进入设备间。

(6) 施工运输道路畅通,施工照明、水源、电源已具备连续正常作业条件。

22.2.2　水箱的安装

(1) 水箱安装前的准备

A．做好安装前水箱进场的验收工作,必须经过严格交接检验。

B．检查水箱的制造质量。主要检查水箱的部件、配件的数量,尺寸、外观质量等是否符合设计、规范和订货合同的要求,并填写检验记录单,办理交接手续。

C．检查设备基础质量和有关坐标、尺寸、接口位置等。

(2) 贮水箱和高位水箱的安装

A．安装前应检查水箱的制造质量,做好安装前的设备检验验收工作,和水泵安装一样检查基础质量和有关尺寸。

B．安装后检查安装坐标、接口尺寸、焊接质量、除锈防腐质量、清除污染物。

C．检查水箱溢流管和排泄管应设置在排水点附近,但不得与排水管直接连接。

D．供暖膨胀水箱的膨胀管及循环管上不允许安装阀门。

E．做好满水试验(有压水箱则做水压试验);有保温或深度防腐的则做好保温防腐工作。

(3) 太阳能热水器闭式水箱安装

A．水箱进场必须经过严格交接检,填写检验记录,没有合格证、检验记录,不能就位安装。器具固定件必须做好防腐处理,且安装必须牢固平稳,外表干净美观。水箱安装应在土建做防水之前,上水管安装完毕后进行。

B．水箱的基座用原有的水箱基座,安装前要仔细检查基座的质量,若基座的质量不符合要求,会影响水箱的安装质量。基座表面应平整,并且清理干净。水箱就位前应根据图纸,复测基座的标高和中心线,并用标记明显地标注在确定的中心线位置上,然后画出各固定螺栓的位置。

C．水箱的开箱、清点和检查。水箱进场要进行检查,开箱前应检查水箱的名称、规格、型号。开箱时,施工质检人员应会同监理工程师进行检查,根据制造厂商提供的装箱单,对箱内的设备、附件逐一进行清点,检查水箱的零件、附件和备件是否齐全,有无缺件现象,检查设备有无缺损或损坏锈蚀等不合格现象。

D．水箱的找正、找平。第一步,主要是初步找标高和中心线的相对位置;第二步,是在初平的基础上进行精密的调整,直到完全达到符合要求的程度。水箱进水管应安装可靠的支架,不将管道的重量落在水箱上。

E．集热器的上、下集管接往热水箱的循环管道应有 5‰的坡度。自然循环的热水箱底部与集热器的上集管之间应有 0.3～1.0m 的距离。水箱及上、下集管等循环管道均应保温。

(4) 水箱安装和保温允许的偏差

水箱安装允许的偏差应符合 GB 50242—2002《建筑给水排水及采暖工程施工质量验收规范》第4.4.7条的规定,即表 22.2.2-1 的要求。

水箱安装允许的误差和检验方法   表 22.2.2-1

项次	项　　目	允许偏差(mm)	检验方法
1	坐　　标	15	经纬仪或拉线、尺量

项次	项　目	允许偏差(mm)	检验方法
2	标　高	±5	水准仪、拉线和尺量
3	垂直度(每米)	5	吊线和尺量检查

水箱保温允许的偏差应符合 GB 50242—2002《建筑给水排水及采暖工程施工质量验收规范》第4.4.8条的规定,即表22.2.2-2的要求。

室内给水设备保温允许的误差和检验方法　　　　　表22.2.2-2

序号	项　目		允许偏差(mm)	检验方法
1	厚　度		+0.1δ, -0.05δ	用钢针刺入
2	表　面 平整度	卷　材	5	用2m靠尺和楔形塞尺检查
		涂　抹	10	

22.2.3　水箱配管的安装

(1) 配管安装前的准备工作

A. 应充分审图,了解工艺流程,在纸面上进行大比例尺(如1:50、1:20等)的放样。将管道走向、阀门和支、吊、托架的位置及安装尺寸进行认真安排,对设计不合理或不明确的作相应的调整与标注。

B. 然后再到现场进行实地放线校对。对不合理部分再次进行调整,并在现场实地放线,标出管道走向、标高、坡度及阀件、支、吊、托架位置,并确定作为现场安装误差积累调节的管段,此管段的下料必须等到整个配管安装就位后再依据现场实测长度下料。

C. 检查进场管材、阀件等配件的质量和进场检验记录单,若一切事项均符合设计和规范要求,则按上款确定尺寸,对调节管段下料加工与安装。

(2) 配管的安装

水箱配管的种类、材质、安装要求依水箱用途而定,主要有进水管、出水管、溢流管、排污管、水位讯号管、检查管、膨胀管、循环管等。管道要求详见相应的室内给水、消防、供暖、热水供应、蒸汽管道安装部分。

22.2.4　水泵安装

(1) 安装前的准备

A. 设备进场的验收

泵的开箱清点和检查应对零件、附件、备件、合格证、说明书、装箱单进行全面清点。数量是否齐全,有无损伤、缺件、锈蚀现象,各个堵盖是否完好。

B. 设备基础检查和划线

泵安装前应复测基础的标高、中心线,将中心线标在基础上,以检查预留孔或预埋地脚螺栓的准确度,若不准,应采取措施纠正。

C. 设备基础的清理

水泵就位前的基础混凝土强度、坐标、标高、尺寸和螺栓孔的位置应符合设计要求,水泵就位于基础前,必须将泵底座表面的污浊物、泥土等杂物清除干净,将泵和基础中心线对准定位,要求每个地脚螺栓在预留孔洞中都保持垂直,其垂直度偏差不超过 1/100;地脚螺栓应距离孔壁大于 15mm,地脚螺栓与预留孔孔底距离应有 100mm 以上。

(2) 水泵的就位、固定、找平

A. 水泵的找平与找正

泵的找平与找正就是对水平度、标高、中心线的校对。可分初平和精平两步进行。

B. 固定螺栓的灌浆固定

上述工作完成后,将基础铲成麻面并清除污物,将碎石混凝土填满并捣实,浇水养护。

C. 水泵的精平与清洗加油

当混凝土强度达到设计强度 70%以上时,即可紧固螺栓进行精平。在精平的过程中进一步找正泵的水平度、同轴度、平行度,使其完全达到设计要求后,就可以加油试运转。

D. 水泵减振器的安装

水泵减振器的安装方式如图 22.2.4 所示。立式水泵的减振装置不应采用弹簧减振器。

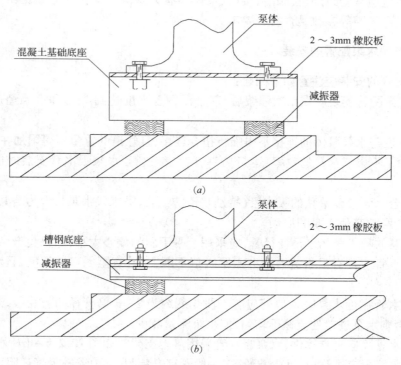

图 22.2.4　水泵减振器的安装

(a)空调水泵减振基础安装;(b)小型水泵减振器基础的安装

（3）水泵安装允许的偏差

水泵安装允许的偏差应符合 GB 50242—2002《建筑给水排水及采暖工程施工质量验收规范》第 4.4.7 条，即表 22.2.4 的规定。

室内给水设备安装允许的偏差和检验方法 表 22.2.4

项次	项　目		允许偏差（mm）	检　验　方　法
1	静置设备	坐　标	15	经纬仪或拉线、尺量
		标　高	±5	水准仪、拉线和尺量
		垂直度（每米）	5	吊线和尺量检查
2	离心式水泵	立式泵体垂直度（每米）	0.1	水平尺和塞尺检查
		卧式泵体水平度（每米）	0.1	水平尺和塞尺检查
		联轴器同心度　轴向倾斜度（每米）	0.8	在联轴器互相垂直的四个位置上用水准仪、百分表或测微螺钉和塞尺检查
		联轴器同心度　径向位移	0.1	

（4）水泵试运转前的检查

试运转应检查密封部位、阀门、接口、泵体等有无渗漏。运转中应测定压力、转速、电压、轴承温度、噪声等参数是否符合要求。

22.2.5　水泵配管的安装

水泵配管的安装应注意如下问题：

（1）水泵配管安装应在二次灌浆后，基础混凝土强度达到 75% 和水泵经过精校后进行。

（2）管道与水泵泵体的连接不得强行扭合连接，且管道的重量不得附加在泵体上。

（3）为了不影响水泵的效率、运行功率、出水参数等，水泵吸水管安装时应注意如下事项：

A. 每台水泵宜设单独的吸水管（特别是消防水泵、吸水式水泵），因为若共用吸水管，运行时可能影响其他水泵的启动。

B. 水泵的吸水管如果是变径管，应采用上平下斜的偏心大小头，以免产生"气塞"。

C. 吸水管应具有沿水流方向向水泵入口不断上升，直至入口的坡度，且坡度应不小于 0.005。

D. 吸水管靠近水泵吸入口处应有一段长度约为 2~3 倍管径的直管段，避免直接安装弯头。否则水泵进口处流速不均匀，使水泵流量减少。

E. 吸水管段应有支撑件，水泵吸水管采用落地支架时如图 22.2.5-1 所示。

F. 吸水管段应尽量短，且少配弯头，一般不宜安装阀件，力求减少管道阻力损失。

G. 当水泵直接从管网抽水时（管道加压泵例外），应在吸水管上安装阀门、止回阀、压力表，并应设绕开水泵的旁通管，旁通管上应装阀门。

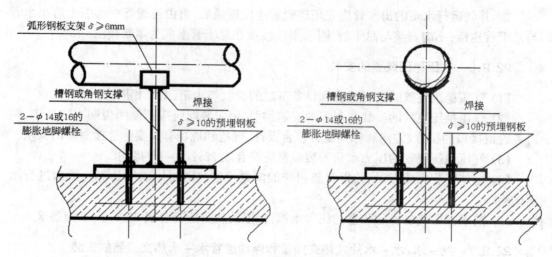

图 22.2.5 - 1　水泵吸入管落地支架图

H. 若水泵直接从蓄水池抽水,吸水管的进口应在水池最低水位 0.5～1.0m 处;水泵的底阀与水池底部的距离应不小于喇叭口的直径,且距池壁也不小于 0.75～1.0D。

(4) 水泵出水管安装中应注意的事项

A. 水泵出水管上应安装阀门、止回阀、压力表,止回阀应安装在靠近水泵一侧。出水管底部采用落地支架,如图 22.2.5 - 2 所示,上部采用单管减振吊架。

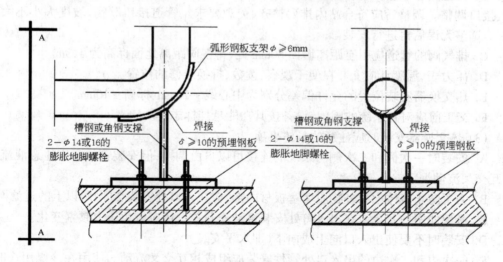

图 22.2.5 - 2　水泵出水管底部落地支架图

B. 消防水泵出水管与管网连结不宜少于两条,且应构成环状连接,并应设置试验和检查用的放水阀门。

C. 在出水管可能滞留空气的拐弯处上部,应安排气阀。

D. 离心式水泵出水管的第一个拐弯处,若拐弯管与叶轮在同一平面内,拐弯应与叶轮转向一致,不宜逆向拐弯。

E. 并联运行水泵的出水管应先用连通管连接连通后,再由连通管中部引出总出水管与总干管连接,不应直接与总干管连接,形成接点在总干管上成为串联接法。

22.2.6 气压稳压装置的安装

(1) 气压稳压装置的进场检验和设备基础的验收与水箱、水泵相同。

(2) 气压稳压装置的安装与水箱的安装类似,但安装前应按照使用说明书的要求,核对各管道接口的位置、方向和标高是否符合设计、规范和现场有关实际连接对象的要求。

(3) 气压稳压装置的压力水箱安装质量应符合表22.2.2-1的要求。

(4) 主体安装完成无误后,再安装相应的测量仪表(压力计、温度计等),然后进行水压试验。

(5) 要求保温气压稳压装置的压力水箱,保温的质量应符合表22.2.2-2的要求。

22.2.7 汽-水、水-水片式热交换器和浮动盘管水-水热交换器的安装

(1) 安装前的准备

如同水泵安装一样应做好设备进场检验、设备基础检验、设备安装和安装后的验收和单机试运转试验,应特别注意其与配管的连接和接口质量。

(2) 热交换器的安装

A. 熟悉设备使用说明书的注意事项和安装要求。

B. 实地丈量设备尺寸,并依据设备尺寸进行纸面放样,再到现场进行就地放样和位置、接口调整。调整后应符合站内排列整齐、美观要求。管道接口顺畅、坡度大小不大于2‰。调整无误后再进行安装。

C. 排气阀的管道应引至距离墙面50mm处,排气阀距离地面标高为1.3m。

D. 压力表、温度计应安装在便于观察、读数、拆换维修的位置。

E. 热交换器安装位置的允许偏差分别为中心线±20mm、标高±10mm。

F. 交工前应对各系统的阀门、设备按其功能悬挂标志牌。

(3) 热交换器安装时应注意的具体事项

A. 安装时一次侧和二次侧与系统的连接可以自由调换,但安装管件时应注意液流应相互交叉流动。

B. 为了防止液体中异外物质堵塞板材内部,应在入口处安装20网眼以上的过滤网。

C. 避免使用柱塞泵或在出入口处安装直动式开关。还应避免压力频繁变化。

D. 安装时不要使出入口向上或向下(即水平安装)。

E. 一次边和二次边的出入口处管件安装应组成相互交叉流动。使用在冷媒用途时,冷媒应流向一次边。

22.2.8 软化水装置(含电子软化水装置)的安装

其相关事项与水泵、水箱安装类同,但更应注意软水罐的水位视镜应布置便于观察的方向,同时还应注意罐体接口与配管连接尺寸的准确性及接口的连接质量。

22.3 给水、供暖附件和设备的试验

22.3.1 进场阀门强度和严密性试验

依据 GB 50242—2002《建筑给水排水及采暖工程施工质量验收规范》第 3.2.4 条、第 3.2.5 条和 GB 50243—2002 第 8.3.5 条、第 9.2.4 条规定。

(1) 各专业各系统主控阀门和设备前后阀门(关断阀门)的水压试验

A. 试验数量及要求

100%逐个进行编号、试压、填写试验单,并进行标识存放,安装时对号入座。本项目包括减压阀、止回阀、调节阀、水泵室外结合器等。

B. 试压标准

强度试验为该阀门额定工作压力的 1.5 倍作为试验压力;严密性试验为该阀门额定工作压力的 1.1 倍作为试验压力。在观察时限内试验压力应保持不变,且壳体填料和阀瓣密封面不渗不漏为合格。

阀门强度试验和严密性试验的时限见表 22.3.1。

阀门强度试验和严密性试验的时限　　　　　　　　　表 22.3.1

公称直径 DN (mm)	最短试验持续时间(s)			
	严密性试验			强度试验
	金属密封	非金属密封	制冷剂管道	
≤50	15	15	30	15
65~200	30	15		60
250~450	60	30	—	180
≥500	120	60	—	—

(2) 其他阀门的水压试验

其他阀门的水压试验标准同上,但试验数量按规范的规定。

A. 按不同进场日期、批号、不同厂家(牌号)、不同型号、规格进行分类。

B. 每类分别抽 10%,但不少于 1 个进行试压,合格后分类填写试压记录单。

C. 10%中有不合格的,再抽 20%(含第一次共计 30%)进行试压后,如果又出现不合格的,则应 100%进行试压。但工程合同要求若第二批(20%)中又出现不合格的,应全部退货。

D. 阀门应有当地地方政府的用水器具注册证书。

22.3.2 水暖附件的检验

(1) 进场的管道配件(管卡、托架)应有出厂合格证书。

（2）应与 91SB3 图册附件的材料明细表中各型号的零件规格、厚度及加工尺寸相符，且外观美观，与卫生器具结合严密等要求进行验收。

22.3.3 太阳能集热器的水压试验

（1）依据 GB 50242—2002《建筑给水排水及采暖工程施工质量验收规范》第 6.3.1 条的规定，即安装太阳能热水器的玻璃前，应对集热排管和上、下集管进行水压试验。试验压力为 1.5 倍的工作压力，时限 10min 内，压力不降、不渗不漏为合格。

（2）依据 GB 50242—2002《建筑给水排水及采暖工程施工质量验收规范》第 13.6.1 条规定，太阳能集热器玻璃前应对集热器排管和上、下集管的试验压力不应低于 0.4MPa。

22.3.4 热交换器的水压试验

依据 GB 50242—2002《建筑给水排水及采暖工程施工质量验收规范》第 6.3.2 条规定，水－水热交换器和汽－水热交换器水部分的试验压力为 1.5 倍的工作压力，时限 10min 内，压力不降、不渗不漏为合格。汽－水热交换器的蒸汽部分的试验压力应不低于蒸汽供汽压力加 0.3MPa；热水部分应不低于 0.4MPa，在试验压力下时限 10min 内，压力不降、不渗不漏为合格。

22.3.5 组装后散热器的水压试验

（1）依据 GB 50242—2002《建筑给水排水及采暖工程施工质量验收规范》第 8.3.1 条规定，组对后或整组出厂的散热器，在安装前应做水压试验。

（2）试验数量及要求

要 100% 进行试验，试验压力为工作压力（设计工作压力）的 1.5 倍，但不小于 0.6MPa，试验时间 2～3min 内，压力不降、不渗不漏为合格。

（3）试压后办理散热器组对预检记录和水压试验记录单（按系统分层填写）。

22.3.6 密闭水箱（罐）的水压试验

依据 GB 50242—2002《建筑给水排水及采暖工程施工质量验收规范》第 4.4.3 条、第 6.3.5 条、第 8.3.2 条、第 13.3.4 条的规定，密闭水箱（罐）的水压试验必须符合设计和本规范的规定，试验压力为工作压力的 1.5 倍，但不得小于 0.4MPa，在试验压力下 10min 内压力不下降，不渗不漏为合格。

22.3.7 分汽缸（分水器、集水器）的水压试验

GB 50242—2002《建筑给水排水及采暖工程施工质量验收规范》第 13.3.3 条的规定，分汽缸（分水器、集水器）安装前应做水压试验，试验压力为工作压力的 1.5 倍，但不得小于 0.6MPa。试验时在试验压力下，维持 5min，无压降、无渗漏为合格。

22.3.8 各种贮水箱和高位水箱满水试验

（1）水箱的满水试验

依据 GB 50242—2002《建筑给水排水及采暖工程施工质量验收规范》第 4.4.3 条、第 6.3.5 条、第 8.3.2 条、第 13.3.4 条的规定,各类敞口水箱应单个进行满水试验,并填写记录单。试验标准同卫生器具,但静置观察时间为 24h,不渗不漏为合格。

(2) 煤油渗透试验

在水箱外表面的焊缝上涂满白粉,晾干后,在试验时间内,在水箱内表面的焊缝上涂满煤油 2~3 次,使焊缝表面能得到充分浸润。若在白粉上没有发现油迹为合格。试验时间为:

垂直焊缝或煤油由下往上渗透的水平焊缝为 35min。

煤油由上往下渗透的水平焊缝为 25min。

22.3.9 大型水泵的试运转

(1) 水泵试运转前应作以下检查。

A. 原动机(电机)的转向应符合水泵的转向。

B. 各紧固件连接部位不应松动。

C. 润滑油脂的规格、质量、数量应符合设备技术文件的规定,有预润滑要求的部位应按设备技术文件的规定进行预润滑。

D. 润滑、水封、轴封、密封冲洗、冷却、加热、液压、气动等附属系统管路应冲洗干净,保持通畅。

E. 安全保护装置应灵敏、齐全、可靠。

F. 盘车灵活、声音正常。

G. 泵和吸入管路必须充满输送的液体,排尽空气,不得在无液体的情况下启动;自吸式水泵的吸入管路不需充满输送的液体。

H. 水泵启动前的出入口阀门应处于下列启闭位置:

(A) 入口阀门全开;

(B) 出口阀门离心式水泵全闭,其他形式水泵全开(混流泵真空引水时全闭);

(C) 离心式水泵不应在出口阀门全闭的情况下长期运转,也不应在性能曲线的驼峰处运转,因在此点状态下运行极不稳定。

(2) 泵在设计负荷下连续运转不应少于 2h,且应符合下列要求:

A. 附属系统运转正常,压力、流量、温度和其他要求符合设备技术文件规定。

B. 运转中不应有不正常的声音。

C. 各个静密封部位不应渗漏。

D. 各紧固连接部位不应松动。

E. 滚动轴承的温度不应高于 75℃,滑动轴承的温度不应高于 70℃。

F. 填料的温升正常;在无特殊要求的情况下,普通软填料宜有少量的渗漏(每分钟不超过 10~20 滴);机械密封的渗漏量不宜大于 10mL/h(每分钟约 3 滴)。

G. 电动机的电流应不超过额定值。

H. 泵的安全保护装置应灵敏、可靠。

I. 振动振幅应符合设备技术文件规定,如无规定,而又需要测试振幅时,测试结果应符合(用手提振动仪测量)表 22.3.9 要求。

测试水泵允许振幅值　　　　　　　　表 22.3.9

转速(r/min)	≤375	>375~600	>600~750	>750~1000	>1000~1500
振幅≤(mm)	0.18	0.15	0.12	0.10	0.08
转速(r/min)	>1500~3000	>3000~6000	>6000~12000	>12000	—
振幅≤(mm)	0.06	0.04	0.03	0.02	—

(3) 运转结束后应做好如下工作

A. 关闭水泵出入口阀门和附属系统的阀门。

B. 输送易结晶、凝固、沉淀等介质泵,停泵后应及时用清水或其他介质冲洗水泵和管路,防止堵塞。

C. 放净泵内的液体,防止锈蚀和冻裂。

(4) 填写水泵安装和试运行、调试记录单。

23　卫生器具及附件安装技术交底内容的编制

23.1　室内卫生器具安装的条件

23.1.1　室内卫生器具安装的环境条件

(1) 所有卫生器具进场检验已进行,且检验合格,检验记录单、设备合格证、说明书齐全。

(2) 施工机具、安装配套的管件、阀门、支、吊、托架、垫片、螺栓、螺母等辅材已筹备齐全。预制器具应先预制好且检验合格。

(3) 所有与卫生器具连接的给水、排水、热水供应管道已安装就绪,灌水试验、水压试验合格,并已办理隐检、预检记录手续。

(4) 本工序技术交底资料已编写就绪,且已向施工班组进行技术交底。

(5) 蹲式大便器的台阶已砌筑,土建防水层及保护层已施工验收合格。

(6) 除蹲式大便器和浴盆外,室内的抹灰、喷白、镶贴瓷砖等室内装修已基本完成。

(7) 按施工组织设计方案要求的安装条件已经具备,施工的房间已达到关闭条件。

23.1.2　卫生器具安装的共同要求

平:即同一房间、同一种器具上口边缘拉线应在同一水平线上,且间距均匀一致。

稳：安装后无松动现象。

准：平面位置、标高、间距准确。

牢：安装稳固，无脱落松动现象。

不漏：上下水接口连接必须严密不漏。

使用方便：即零部件布局和阀门及阀门手柄位置、朝向合理，便于操作。

性能良好：即阀门、水嘴使用灵活、管内通畅。

23.2 卫生器具的安装应注意的问题

23.2.1 卫生洁具的质量要求

卫生洁具的规格、型号必须符合设计要求，并有出厂产品合格证。卫生洁具外观应规矩、造型周正，表面光滑、美观、无裂纹，边缘平滑，色调一致。卫生洁具零件规格应标准，质量应可靠，外表光滑，电镀均匀，螺纹清晰，锁紧螺母松紧适度，无砂眼、裂纹等缺陷。

23.2.2 卫生器具安装中应注意的若干问题

(1) 依据卫生器具设计位置、标高、间距等尺寸及设备实际尺寸、标准图集安装要求，在现场进行安装前放线定位。

(2) 卫生器具的固定宜采用预埋支架或用膨胀螺栓进行固定。若用木螺钉固定时，应预先埋设经浸泡沥青漆作防腐处理的木砖，木砖伸入墙体结构层内应不小于100mm。

(3) 卫生器具稳装前应进行检查、清洗，与卫生器具配套的配件应配套齐全。卫生器具配件的塑料下水口及塑料返水弯等，不得使用再生树脂制作，且应保证其圆度和硬度，不得造成渗漏、脱落等质量事故。

(4) 卫生器具的陶瓷件与支架接触处应平稳妥贴，必要时应加软垫，但不得用垫灰、垫块等方法固定器具和调整标高。扁铁支架的用材应≥40mm×4mm(扁钢)，螺栓≥M8。陶瓷件直接用预埋螺栓或膨胀螺栓固定在墙上时，螺栓应加软垫圈。坐便器和妇女卫生盆底部与地面接触处应加橡胶垫。螺栓拧紧时不得用力过猛，以免陶瓷破裂。

(5) 管道及附件与卫生器具陶瓷件的连接处，应垫胶皮、油灰等垫料和填料。大便器、小便器排水口的承插接头应用油灰填充，不得用水泥砂浆充填。

(6) 各种盆具排水口的固定接头应通过拧紧螺母来实现，不得强行旋转落水口，落水口应与盆底持平或略低于盆底。

(7) 同时安装冷热水龙头的卫生器具应遵循"左热右冷"的安装规则。

(8) 卫生器具平面安装位置和高度、排水管管径和最小坡度，以及给水配件安装高度，如设计无明确要求时，可参照表23.2.2-1～表23.2.2-3中的尺寸安装。镀镍龙头等配件不准使用管钳拧紧，以免镀镍皮脱落，影响寿命和美观。水龙头应采用新型陶瓷密封件产品，不得使用淘汰产品。

卫生器具的安装高度 表 23.2.2-1

项次	卫生器具名称		安装高度(mm)		备注
			居住和公共建筑	幼儿园	
1	污水盆（池）	架空式	800	800	—
		落地式	800	500	—
2	洗涤盆（池）		800	800	—
3	洗脸盆和冲手盆(有塞、无塞)		800	500	自地面至器具上缘
4	洗槽		800	500	
5	浴盆		520	—	
6	蹲式大便器	高位水箱	1800	1800	自台阶面至高水箱底
		低位水箱	900	900	自台阶面至低水箱底
7	坐式大便器	高位水箱	1800	1800	自台阶面至高水箱底
	低位水箱	外露排出管式	510	—	自地面至低位水箱底
		虹吸喷射式	470	370	自地面至低位水箱底
8	小便器	立式	1000		自地面至上边缘
		挂式	600	450	自地面至下边缘
9	小便槽		200	150	自地面至台阶面
10	大便槽冲洗水箱		不低于2000		自台阶面至水箱底
11	妇女卫生盆		360		自地面至器具上边缘
12	化验盆		800		自地面至器具上边缘
13	淋浴器		2100		自喷头底部至地面

连接卫生器具的排水管管径和最小坡度 表 23.2.2-2

项次	卫生器具名称	排水管直径(mm)	管道最小坡度	项次	卫生器具名称	排水管直径(mm)	管道小坡度最
1	污水盆	50	0.025	9	大便器	—	—
2	单双格洗涤盆	50	0.025		高低位水箱	100	0.012
3	洗手盆、洗面盆	30～50	0.020		自闭式冲洗阀	100	0.012
4	浴盆	50	0.020		拉管式冲洗阀	100	0.012
5	淋浴器	50	0.020	10	小便器	—	—
6	妇女卫生盆	40～50	0.020		手动冲洗阀	40～50	0.020
7	饮水器	25～50	0.01～0.02		自动冲洗阀	40～50	0.020
8	化验盆	40～50	0.025	11	家用洗衣机	50(软管为30)	

一般卫生器具给水配件的安装高度

项次	卫生器具名称	给水配件中心距地面高度(mm)	冷热水龙头距离(mm)
1	架空式污水盆(池)水龙头	1000	—
2	落地式污水盆(池)水龙头	800	—
3	洗涤盆(池)水龙头	1000	150
4	住宅集中给水水龙头	1000	—
5	洗面盆水龙头	1000	
	洗涤盆上配水龙头	1000	150
	下配水龙头	800	150
	冷热水上下并行(其中热水龙头)	1100	—
	角阀(下配式)	450	—
6	洗涤盆上配水龙头	1000	150
	下配水龙头	800	150
	冷热水上下并行(其中热水龙头)	1100	—
	角阀(下配式)	450	—
7	盥洗槽水龙头	1000	150
	冷热水上下并行(其中热水龙头)	1100	150
8	浴盆水龙头(上配水)	670	
	冷热水上下并行(其中热水龙头)	770	
9	淋浴器 截止阀	1150	95(成品)
	莲蓬头下沿	2100	
10	蹲式大便器(从台阶面算起)	—	
	高位水箱角阀或截止阀	2040	
	低位水箱角阀	250	
	手动自闭式冲水阀	600	
	脚踏式自动冲水阀	150	
	拉管式冲洗阀(从地面算起)	1600	
	带防污助冲器阀门(从地面算起)	900	
11	坐式大便器 高位水箱角阀及截止阀	2040	—
	低位水箱角阀	250	—

项次	卫 生 器 具 名 称	给水配件中心距地面高度(mm)	冷热水龙头距离(mm)
12	大便槽冲洗水箱截止阀(从台阶面算起)	不低于 2400	—
13	立式小便器角阀	1130	—
14	挂式小便器角阀及截止阀	1050	—
15	小便槽多孔冲洗管	1100	—
16	实验室化验盆龙头	1000	—
17	妇女卫生盆混合阀	360	—
18	饮水器喷嘴口	1000	—

注:装在幼儿园洗手盆、洗脸盆、盥洗槽的水龙头距地面高度应减少为 700,其他相应减少。

（9）电加热器、电煮沸器应有接地保护装置,通电前应校对当地电源电压与产品规定电压是否相符。试验时应注满水(电煮沸器注水水位应高于电热管)后,再启动电源通电试验。试验后应将电加热器、电煮沸器内的余水排净,并填写单机试验记录单。

（10）卫生器具的排出口应设存水弯,阻止管道中的污浊气体返回室内。

（11）排水地漏和三用排水器不得设置在无防水层的地面上。地漏应安装在地面最低处,箅子顶面应低于该处地面 5mm。水封深度不得小于 50mm,扣碗安装位置正确,箅子应开启灵活,且应做好防腐措施。交工前必须清除水封处的污物。

（12）为防止通水时堵塞,卫生器具排水口在通水前应堵好,存水弯的排水丝堵可以后再安装。管件安装时应尽量采用阻力小的 Y 型和 TY 型三通和 45°弯头。

（13）卫生器具安装允许偏差应控制在下列范围之内

坐标允许偏差:单独器具 ≤10mm

成排器具 ≤5mm

标高允许偏差:单独器具 ≤ ±15mm

成排器具 ≤ ±10mm

器具水平度允许偏差 ≤2mm

器具垂直度允许偏差 ≤3mm

（14）卫生器具应结合给水系统和排水系统的通水试验对卫生器具进行灌水试验。灌水试验时试验水量应达到卫生器具的溢水口处,并检查器具溢水口的通畅能力及排水点的通畅情况,管路设备无堵塞、无渗漏为合格。试验数量为 100%,试验结果与室内排水系统一起填入通水试验记录单内。

（15）卫生器具给水配件安装标高允许的偏差应符合表 23.2.2－4 的要求。

（16）卫生器具排水管道安装允许的偏差应符合表 23.2.2－5 的要求。

项次	项　目	允许偏差(mm)	检 验 方 法
1	大便器高、低水箱角阀及截止阀	±10	
2	水　嘴	±10	尺量检查
3	淋浴器喷头下沿	±15	
4	浴盆软管淋浴器挂钩	±20	

卫生器具排水管道安装允许的偏差　表 23.2.2－5

项次	项　目		允许偏差(mm)	检验方法
1	横管弯曲度	每 1m 长	2	用水平尺量检查
		横管长度≤10m,全长	<8	
		横管长度>10m,全长	10	
2	卫生器具的排水口及横支管的纵横坐标	单独器具	10	用尺量检查
		成排器具	5	
3	卫生器具的接口标高	单独器具	±10	用水平尺和尺量检查
		成排器具	±5	

23.3　几种卫生器具的安装

23.3.1　大便器的安装

大便器由便盆、冲洗装置和排出装置三部分组成。大便器安装前应先对大便器及附件进行检查,各接口是否合适,便器和存水弯的两耳螺孔及内部有无渗漏和裂纹等。带水箱的大便器安装过程中应用水平尺找平找正,使进水口对准水箱出水口,冲水管呈垂直安装,不得歪斜。

(1) 蹲式大便器的安装

A. 蹲式大便器的稳装

(A) 清扫安装蹲式大便器的地面,再根据图示尺寸划出蹲便器的纵向中心线和排出口的中心线,确定存水弯位置,并装好存水弯。同规格、同型号的蹲便器安装时,可以利用三合板或竹胶板制作统一的安装模具。

(B) 蹲便器的存水弯在楼板下安装时,应在卫生间地面防水施工前安装到位,将存水弯的进口中心对准校核好的蹲便器排水口中心,并将带有承口的短管接至地面以上120mm。

(C) 将胶皮碗的大头套在蹲便器的进水口上,套正、套实。采用成品不锈钢喉箍或者

14号铜丝绑扎牢固(铜丝应绑扎两道,同时应保证铜丝不压结在一条线上,铜丝的拧紧要错位90°)。

(D) 将排水管的承口内抹油灰,蹲便器的周围用水泥砂浆砌筑好经过润湿的红砖。在蹲便器下面满铺石灰膏拌制的炉渣,将蹲便器排水口插入排水管的承口内。

(E) 用水平尺对蹲便器进行横向、纵向的找平、找正。蹲便器的进水口应对准预先划好的中心线,然后将排出口挤出排水管承口的腻子抹光刮平。

(F) 将蹲便器排水口临时封堵,在蹲便器两侧用红机砖稳定牢固,用水泥砂浆将蹲便器与红砖接触的两侧抹成"八"字形,露出已安装胶皮碗大头的坐便器进水口。

(G) 以蹲便器的进水口中心的位置确定水箱出水口中心的位置,向上测量出水箱的安装高度。根据水箱后壁上固定孔与给水口的距离找出固定螺栓的高度及位置,按照此位置利用冲击钻打出 $\phi 30 \times 100$mm 的圆孔,用水冲净孔眼内的杂物。将燕尾螺栓插入洞内用水泥捻牢。将安装好配件的高水箱挂在固定螺栓上,加胶垫、眼圈,带好锁紧螺母,然后将锁紧螺母拧紧至松紧适度。

(H) 蹲式大便器安装后应满足下列要求,即

a. 大便器的上边缘要比便台低 20mm 左右。

b. 大便器上边缘平面应抹入地面 2/3,以防止便台积水,引起渗漏。

c. 对于高级建筑,便器上边缘可露出便器台上,但要注意采取防水措施。

B. 高位水箱配件安装

(A) 水箱安装前,首先将散装的水箱虹吸管、锁母、根母、下垫涂抹油灰,然后将虹吸管插入水箱的出水孔。将管下垫、眼圈套在管上。拧紧根母至松紧适度,然后将螺母拧在虹吸管上。

(B) 将浮球拧在浮杆上,并与浮球阀连接好。

(C) 拉把支架安装时应首先将拉把上的螺母眼圈卸下,再将拉把上螺栓插入水箱一侧的上沿加垫圈紧固。调整挑杆的距离(40mm 左右),挑杆的另一端连接拉把,将水箱的备用上水眼用塑料胶盖堵死。

C. 高位水箱的稳装

(A) 成排的水箱安装时,首先安装两端的水箱,并采用水平尺和透明塑料管将两个水箱找平、找正。然后利用小白线确定其他水箱的安装高度,最后利用膨胀螺栓安装牢固。

(B) 高位水箱冲洗管的连接:先上好八字门,测量出高位水箱浮球阀距离八字水门中口给水管尺寸,配好短节,装在八字水门上及给水管口内。将铜管或塑料管断好,需要煨制灯叉弯的先把弯煨好。然后将浮球阀和八字水门锁母卸下,背对背套在铜管或者塑料管上,两头缠石棉绳或铅油麻线,分别插入浮球阀和八字水门进出口内拧紧锁母。

(2) 坐式大便器的安装

A. 坐便器安装之前应清理排水口,取下临时管堵,检查管内有无杂物。

B. 坐式大便器是由木螺钉固定在地板中的预埋木块上的,因此便器应在地板面层施工前安装找正,并固定好。

C. 安装时因坐便器结构特点不同,其安装的顺序应依其结构特点进行调整。因坐便器自带存水弯,因此排出口一般通过短管、弯头与排污三通连接,安装方法与蹲式大便器

基本相同。

D. 将坐便器排水口对准预留排水管口,然后找平、找正,并于坐便器两侧螺栓孔处画标记。

E. 移开坐便器,在画有标记的螺栓孔处栽上 ϕ10 膨胀螺栓,并检查固定螺栓与器具是否吻合。

F. 将坐便器排水口及排水管口抹上油灰,然后将坐便器找平、找正固定。

G. 坐便器水箱配件的安装应参照其安装使用说明书进行。

(3) 大便器冲洗设备的安装

大便器的冲洗设备有自动虹吸式和手动虹吸式冲洗水箱及延时自闭式冲洗阀。

延时自闭式冲洗阀与一般阀门安装一样,没有特别之处。冲洗水箱的安装前应检查所有零件是否完好,再组装调整、冲水试验,调节浮球水位,以防溢水。水箱固定时应注意使水箱中心线与便器中心线对齐,接口应严密不渗漏。

23.3.2 妇女净身盆的安装

妇女净身盆的安装与蹲式大便器的安装有所不同。

A. 净身盆配管和阀门的安装应注意冷热水管道和冷热水阀门的排列应遵循"左热右冷"的安装规则。

B. 净身盆三个阀门(冷、热、混合阀门)的安装高度应一致,安装后上根母与阀门颈丝扣应基本相平。

C. 排水口与净身盆排水孔眼的凹面应紧密无松动和无不严密现象。若有松动和不严密现象时,可将排水口锯掉一部分,使尺寸合适后再在排水口圆盘下加抹油灰,外面加胶垫眼圈,使溢水口对准净身盆溢水孔眼,拧入排水三通口上。

D. 安装就绪后,应接临时水源,通水试验无渗漏后,再进行净身盆的稳装。

E. 净身盆稳装前应将排水预留管口周围清理干净,取下管堵,并检查排水口内无杂物方能将净身盆排水管插入下水排水管内,并将净身盆稳平找正。

F. 净身盆找正后,中心线应垂直于后墙面,尾部距墙面尺寸应一致。

G. 净身盆的固定螺栓上应加胶垫和垫圈。底座与地面有缝隙之处,应用白水泥浆堵严找平,并将余灰擦拭干净。

23.3.3 小便器的安装

(1) 小便器安装中应注意的事项

A. 小便器安装间距、高度应符合设计要求,冲洗管与小便器的进、出水管中心线应重合,便器之间间距应一致。

B. 固定便器的木砖应作防腐处理,埋设应牢固,且在土建防水施工之前进行。

C. 便器安装应横平竖直,既美观又便于管道的连接。

D. 小便器排出口与排水管三通承口间隙应用油灰填塞密封。

E. 立式小便器在土建防水施工之前应对小便器进水、排水口与暗装上下水管甩口连接的关系进行校验,偏差大而影响安装的,应在防水施工前进行调整(包括剔除加厚墙体粉刷层)。且应使给水口、排水口在一条直线上。

F. 冲水水箱内部零件在水箱内的位置要合理,便于操作。

(2) 小便器的安装

A. 按照立式小便器排水口及预留排水管甩口的中心位置,确定小便器安装的中心线和地脚固定螺栓的位置,划十字线做好标记。

B. 移开小便器,按照地面上已经划好的螺栓孔的标记钻出 $\phi 20 \times 60mm$ 的孔洞,用清水将孔洞内的灰土冲净。

C. 将 $\phi 12$ 的膨胀螺栓垂直插入孔洞内,使用与楼板混凝土同强度等级的膨胀水泥将螺栓垂直固定牢固。固定螺栓的混凝土强度达到 70% 后,将预留排水管的存水弯管周围抹好油灰,在小便器的安装位置上铺好白水泥和石灰膏的混合浆(混合比例为 1:5)。

D. 将立式小便器对准已经安装好地脚螺栓坐稳就位,利用水平尺找平、找正。将地脚螺栓加弹簧垫、平垫,拧紧螺母。

E. 将立式小便器与墙面、地面的缝隙采用白水泥浆抹平,抹光。

(3) 小便槽喷淋管的安装

小便槽喷淋管应特殊制作,按图下料套丝及打孔(孔径 $\phi 2mm$ 孔距 12mm),安装时使喷淋孔与墙面成向下倾斜 45°角,并用钩钉或管卡固定。

23.3.4 洗脸盆的安装

(1) 洗脸盆安装的一般要求

A. 固定的木砖应作防腐处理,埋入墙体结构层内,埋设位置应准确、牢固,室内有防水的,应在土建防水施工之前进行埋设。

B. 安装时冷热水管道、冷热水阀门和冷热水龙头的排列应遵循"左热右冷"的安装规则。

C. 瓷器(脸盆、洗涤盆)安装必须平、稳、牢靠、间距均匀,在同一个房间内的标高一致。

D. 固定件应为镀锌制品,配件应齐全,开关灵活,无松动现象。排水管是塑料的,其颜色应与排水立管一致。不要发生颜色差异太大。

E. 支架应小巧、美观,固定应牢靠,与瓷器的结合应紧密无晃动现象。

F. 各接头无漏水、渗水现象出现。

G. 柱式面盆在下水管排水口预埋之前,应依据产品具体尺寸认真校核其旁边的地漏下水口与脸盆中心线间的间距,防止将来安装时,因间距太小,使脸盆支柱压在地漏上,影响地漏的使用与维修。

(2) 台式洗脸盆稳装

A. 洗脸盆托架安装

根据进场洗脸盆的成品与托架尺寸,按照排水管口的中心线在安装洗脸盆的墙上弹出洗脸盆的安装中心线和上沿水平线。按照洗脸盆托架的组合样式及尺寸,确定托架到脸盆中心线的尺寸及托架固定孔中心至洗脸盆上沿的尺寸。根据固定孔的位置在墙上打好孔洞,将脸盆托架找平、用膨胀螺栓固定牢固。

B. 洗脸盆安装

将外观检查完好的洗脸盆安放在托架上,在洗脸盆与支架接触的部位垫好橡胶垫,将洗脸盆找平正,用紧固螺栓固定牢固。

C. 脸盆排水配件安装

将排水口圆盘下加上 1mm 厚的胶垫,抹匀油灰,插入洗脸盆排水孔眼,外面再套上胶垫、平垫,带好锁母。在排水口的丝扣上涂抹铅油,缠绕麻丝或者生料带,用活动扳手卡住排水口内的十字筋,同时,将排水口的溢流孔对准脸盆的溢流孔。再用扳手拧紧锁母,至松紧适度,再在接口处抹油灰。

D. 脸盆水嘴安装

将水嘴根母、锁母卸下,在水嘴根部垫好油灰,插入脸盆给水孔眼,下面再套上胶垫、平垫。带好根母后,左手按住水嘴。右手用自制八字扳手将锁母拧至松紧适度。

E. 脸盆排水管连接

(A)S 型存水弯安装

在脸盆的排水口丝扣下端涂抹铅油,缠好麻丝或者生料带。将存水弯上节拧在排水口上,拧至松紧适度。然后将存水弯的下节的下端缠好油麻绳插在排水口内,将胶垫放在存水弯的连接处,将锁母用手拧紧后,调直找正。最后用扳手将锁母拧至松紧适度,再用油灰将下水口塞严、抹光、抹平。

(B)P 型存水弯安装

在脸盆的排水口丝扣下端涂抹铅油,缠好麻丝或者生料带。将存水弯立节拧在排水口上,拧至松紧适度。再将存水弯的横节按照所需的长度配好,用锁母和护口盘背靠背套在横节上,在端头缠好油麻绳,将胶垫放在锁口内,将锁母拧至松紧适度。将护口盘内填满油灰后向墙面找平、压实。将下水口外露的麻丝或者生料带清理干净。

F. 脸盆给水管连接

按照现场脸盆的安装高度量好配水短管的高度,断好短管,在短管的一端装上八字门。再将短管的另一端丝扣处涂抹铅油,然后缠麻丝或者生料带,拧在预留的给水管口上。需要安装护口盘的管道应先将护口盘套在短管上,然后再上短管。将供水短管按照尺寸断好,将八字水门与水嘴的锁母卸下,背靠背套在短管上,分别插好麻丝或者生料带,上端插入水嘴根部,下端插入八字门中口。将上下锁母分别拧至松紧适度,找直、找正。最后,将外露的麻丝或者生料带清理干净。

(3)支柱式洗脸盆安装

A. 支柱式洗脸盆配件安装

(A)将混合水嘴的根部加 1mm 厚的胶垫、油灰。插入脸盆上沿中间孔眼内,下端加胶垫和平垫,扶正水嘴,拧紧根母至松紧适度,带好给水锁母。

(B)脸盆排水口加胶垫、油灰,插入脸盆排水孔眼内,外面加胶垫、平垫,丝扣处涂抹铅油,缠好麻丝或者生料带。用自制扳手卡住下水口十字筋,拧入下水三通口,使中口向后,溢水口应对准脸盆溢水眼。

(C)将手提拉杆和弹簧万向珠装入三通口内,将锁母拧至松紧适度。再将立杆穿过混合水嘴空腹管至四通下口,四通和立杆接口处缠油盘根绳,拧紧压紧螺母。立杆、横杆交叉点用卡具连接好,同时调整定位,稳定牢固。

B. 支柱式洗脸盆稳装

按照排水管口中心画出竖线,将支柱立好,将脸盆转放在立柱上,使脸盆中心对准竖线,找平后画好脸盆固定孔眼位置,同时将支柱在地面上的位置做好标记。按照墙上的标记栽好固定螺栓。将地面支柱标记内放好石灰膏,稳好支柱及脸盆,将固定螺栓加胶皮垫、眼圈,戴上螺母拧至松紧适度。再次将脸盆面找平,支柱找直。将支柱与脸盆接触处及支柱与地面接触处用白水泥勾缝抹光。

C. 支柱式洗脸盆给排水管道的连接

支柱式洗脸盆给排水管道的连接方法参照支架式洗脸盆给排水管道安装。

23.3.5 洗涤盆和化验盆的安装

洗涤盆和化验盆的安装与洗脸盆的安装相似,但化验盆已自带水封,因此下水管与排水口之间不需再设存水弯。

23.3.6 浴盆的安装

(1) 浴盆安装的一般要求

A. 浴盆规格很多,材质不一,因此安装尺寸也不一。安装前一定要认真核算其安装尺寸与其他设施及墙面之间间距的相互关系,将矛盾解决在浴盆定货之前。

B. 浴盆安装除了本身要平稳、与土建墙面的衔接要合理、美观外,尚应依供水设计配件的标准认真安装,达到质量符合设计和规范要求,外观布局合理、美观,接口不渗漏。

C. 浴盆排水口与排水管的排出口的连接要牢靠,不渗、不漏、不堵,便于检修。

(2) 浴盆稳装

带腿浴盆安装前,应先将浴盆腿部带销的螺钉卸下,插入浴盆底卧槽内,然后将浴盆腿上的螺母扣在螺钉上,拧紧找平。浴盆如砌砖腿时,应配合土建施工人员确定砖腿的标高。浴盆与砖腿底缝隙处采用1:3的水泥砂浆填充抹平。

(3) 浴盆排水安装

将浴盆排水三通口套在排水横管上,缠好油盘根绳,插入三通口内,拧紧螺母。三通口下口装好铜管,插入排水管预留口内。将排水口圆盘下加胶垫、油灰,插入浴盆排水孔眼,外面再套胶垫、平垫。丝扣处涂抹铅油,缠麻丝或者生料带,用扳手卡住排水口十字筋,拧入弯头内。将溢水立管下端套上锁母,缠上油盘根绳,插入三通上口对准浴盆的溢水孔,带好锁母。溢水管弯头处加1mm的胶垫、油灰,将浴盆堵螺栓穿过溢水孔花盘,拧入弯头丝扣上,无松动即可。最后将三通上口螺母拧至松紧适度,浴盆排水三通出口和排水管接口处缠油盘根绳捻实,用油灰封闭。

(4) 混合水嘴安装

将冷、热水管口找平、找正。将混合水嘴的转向对丝抹铅油,缠麻丝或者生料带,带好护口盘,用扳手插入转向丝内,并分别拧入冷、热水预留管口内。校好尺寸,找平、找正,使护口盘紧贴墙面。然后将混合水嘴对正转向对丝,加垫后拧紧螺母找平、找正,用扳手拧至松紧适度。

（5）冷、热水嘴安装

将冷、热水预留管口找平、找正。将水嘴拧紧找正,清除外露麻丝。

23.3.7　淋浴器安装

（1）暗装供水管道安装

将预留的冷、热水管道管口找平、找正。量好短管的尺寸,断管、套丝、涂抹铅油、缠麻丝,将弯头上好。

（2）明装供水管道安装

按照标高规定制作元宝弯,上好管箍。

（3）淋浴器的稳装

A. 带软管的淋浴器稳装

在淋浴器外丝丝头处抹油,缠好麻丝或者生料带。用扳手卡住内筋,拧入弯头或者管箍内。然后将淋浴器对准螺母外丝,将锁母拧紧。将固定圆盘上的孔眼找平、找正,画出标记,卸下淋浴器,打好孔洞,栽好膨胀螺栓。将锁母外丝口加垫抹油,将淋浴器对准螺母外丝口,用扳手拧紧至松紧适度。最后将固定圆盘与墙面靠严,孔眼平正,用自攻螺钉固定在墙上。

B. 不带软管的淋浴器稳装

将淋浴器上部铜管预装在三通口上,使立管垂直,固定圆盘与墙面贴实,孔眼平正,画出固定圆盘上孔眼标记,打好孔洞,栽好膨胀螺栓,用自攻螺钉将固定圆盘固定在墙面上。

24　通风空调系统风管及附件制作技术交底内容的编制

24.1　通风空调风管及附件制作的材质

24.1.1　本节编写内容范围的说明

本节仅阐述金属风管的制作问题,其他材料风管的制作问题请参见第二篇相关部分。

24.1.2　通风空调风管及附件制作的材质要求

（1）金属风管板材的厚度要求

通风送风系统为优质镀锌钢板,而排烟风道和人防手摇电动两用送风机前的风道一般采用 $\delta = 2.0mm$ 厚度的优质冷轧薄板。前者以折边咬口成形,后者则以卷折焊接成形。法兰角钢选用优质钢材产品。

A. 钢板风道板材的厚度应符合表24.1.2－1的要求。

钢板风道板材的厚度(mm)　　　　　　　　　表24.1.2－1

类别 风管直径 D 或边长尺寸 b	圆形风管	矩　形　风　管		除尘系统风管
		中、低压系统	高压系统	
$D(b) \leqslant 320$	0.5	0.5	0.75	1.5
$320 < D(b) \leqslant 450$	0.6	0.6	0.75	1.5
$450 < D(b) \leqslant 630$	0.75	0.6	0.75	2.0
$630 < D(b) \leqslant 1000$	0.75	0.75	1.0	2.0
$1000 < D(b) \leqslant 1250$	1.0	1.0	1.0	2.0
$1250 < D(b) \leqslant 2000$	1.2	1.0	1.2	按设计
$2000 < D(b) \leqslant 4000$	按设计	1.2	按设计	

注:1. 螺旋风管的钢板厚度可适当减少10%～15%;

　　2. 排烟系统风管的钢板厚度可按高压系统选用;

　　3. 特殊除尘系统风管的钢板厚度应符合设计要求;

　　4. 不适用于地下人防与防火隔墙的预埋管道。

B. 高、中、低压系统不锈钢板风道板材的厚度应符合表24.1.2－2的要求。

高、中、低压系统不锈钢板风道板材的厚度(mm)　　　表24.1.2－2

风管直径或边长尺寸 b	不锈钢板的厚度
$b \leqslant 500$	0.5
$500 < b \leqslant 1120$	0.75
$1120 < b \leqslant 2000$	1.0
$2000 < b \leqslant 4000$	1.2

C. 中、低压系统铝板风道板材的厚度应符合表24.1.2－3的要求。

中、低压系统铝板风道板材的厚度(mm)　　　　　表24.1.2－3

风管直径或边长尺寸 b	不锈钢板的厚度
$b \leqslant 320$	1.0
$320 < b \leqslant 630$	1.5
$630 < b \leqslant 2000$	2.0
$2000 < b \leqslant 4000$	按设计

（2）碳素钢金属风管法兰的规格要求

金属风管、不锈钢钢板或铝板圆形和矩形风管的法兰采用碳素钢时，其规格应符合表24.1.2-4的规定（采用加固方法提高了风道法兰部位强度时，其法兰材料规格相应的使用条件可以适当放宽。无法兰连接的薄钢板法兰高度应参照金属法兰风道的规格执行）。

金属风管、不锈钢钢板或铝板风管的法兰采用碳素钢规格（mm） 表24.1.2-4

圆 形 风 道				矩 形 风 道		
风管直径 D	法兰材料规格		螺栓规格	风道长边尺寸 b	法兰材料规格（角钢）	螺栓规格
	扁钢	角钢				
$D \leqslant 140$	20×4	—	M6	$b \leqslant 630$	25×3	M6
$140 < D \leqslant 280$	25×4	—		$630 < b \leqslant 1500$	30×3	M8
$280 < D \leqslant 630$	25×3	—		$1500 < b \leqslant 2500$	40×3	
$630 < D \leqslant 1250$	—	30×4	M8	$1250 < D \leqslant 2000$	40×4	M10
$2500 < b \leqslant 4000$	—	40×4		—	—	

（3）金属风管制作的抽样检查数量

检查数量应按材料与风道加工批数抽查10%，但不少于5件。

24.1.3　金属风管的制作可按照常规进行，但应注意以下问题

（1）材料均应有合格证及检测报告。

（2）防锈除尘必须彻底，不彻底的不得进入第二道工序。镀锌板可用中性洗涤剂清除油污，冷轧板、角钢应用钢刷进行彻底清除锈迹和浮尘，直至露出金属本色。

（3）咬口不能有胀裂、半咬口现象，焊缝应整齐美观、无夹渣和漏焊、烧熔现象，翻边宽度为6～9mm，不得出现开裂。

（4）制作应严格执行 GB 50243—2002《通风与空调工程施工质量验收规范》的有关规定和要求。

（5）洁净空调的风道制作应严格执行 GB 50243—2002《通风与空调工程施工质量验收规范》和 JGJ 71—90《洁净室施工及验收规范》的规定，加工后应进行灯光检漏，安装后应按设计要求进行漏风率检测。

（6）风道规格的验收：风管以外径或外边长为准，法兰以内径或内边长为准。其质量应符合设计和规范要求。

24.2　通风空调风管及附件的制作

24.2.1　通风空调工程风管和附件制作的质量要求

金属风管和附件制作质量应符合 GB 50243—2002《通风与空调工程施工质量验收规

范》第 4.3.1 条 ~ 第 4.3.4 条的有关规定。

（1）圆形弯管的曲率半径和最少分节数量应符合表 24.2.1 - 1 的规定。圆形弯管的弯曲角度和圆形三通、四通支管与总管夹角的制作偏差不应大于 3°。

圆形弯管的曲率半径和最少分节数量　　　　表 24.2.1 - 1

弯管直径 D （mm）	曲率半径 R	弯管角度和最少节数							
		90°		60°		45°		30°	
		中节	端节	中节	端节	中节	端节	中节	端节
80 ~ 220	≥1.5D	2	2	1	2	1	2	—	2
220 ~ 450	D ~ 1.5D	3	2	2	2	1	2	—	2
450 ~ 800	D ~ 1.5D	4	2	2	2	1	2	1	2
800 ~ 1400	D	5	2	3	2	2	2	1	2
1400 ~ 2000	D	8	2	5	2	3	2	2	2

（2）风管与配件的咬口缝应紧密、宽度一致；折角应平直，圆弧应均匀，两端面平行。无明显的扭曲与翘角，表面平整，凹凸不大于 10mm。

（3）风管的外径或外边长的允许偏差：当风管的外径或外边长小于或等于 300mm 时，为 2mm；当大于 300mm 时，为 3mm。管口平面度的允许偏差为 2mm，矩形风管两条对角线长度之差不应大于 3mm。圆形法兰任意正交两直径之差应不大于 2mm。

（4）焊接风管的焊缝应平整，不应有裂缝、凸瘤、穿透的夹渣、气孔及其他缺陷等，焊接后板材的变形应矫正，并将焊渣及飞溅物清除干净。

（5）风管法兰的焊缝应熔合良好、饱满，无假焊和孔洞。法兰的平面度的允许偏差为 2mm。同一批加工的相同规格法兰的螺栓孔排列应一致，并具有互换性。

（6）风管与法兰采用铆接连接时，铆接应牢固，不应有脱铆和漏铆现象。翻边应平整、紧贴法兰，其宽度应一致，且不应小于 6mm。咬缝与四角处不应有开裂与孔洞。

（7）风管与法兰采用焊接连接时，风管端面不得高于法兰接口平面。当风管与法兰采用点焊固定连接时，焊点应熔合良好，间距不应大于 100mm，法兰与风管应紧贴，不应有穿透的缝隙或孔洞。角钢法兰的铆钉规格及间距应符合表 24.2.1 - 2 的要求。

角钢法兰的铆钉规格及间距(mm)　　　　表 24.2.1 - 2

角钢规格	铆钉规格	铆 钉 间 距	
		低、中压系统	高压系统
∟25 × 3	φ4	≤150	≤100
∟30 × 3			
∟40 × 4			
∟50 × 5			

（8）金属风管、不锈钢钢板或铝板风管的法兰采用碳素钢时,其规格应符合表24.1.2-4的规定。采用加固方法提高了风道法兰部位强度时,其法兰材料规格相应的使用条件可以适当放宽。无法兰连接的薄钢板法兰高度应参照金属法兰风道的规格执行。

（9）金属风道的连接应符合下列要求

A. 风道板材拼接的咬口缝应错开,不得有十字形的拼接缝。

B. 金属风道法兰连接的中低压系统风道法兰的螺栓及铆钉孔的间距不得大于150mm,高压系统和洁净空调系统的风道不得大于100mm,矩形风道法兰的四角应设有螺栓孔。

（10）以上各项的检查数量:一般通风空调工程按制作数量10%,但不少于5件;净化空调工程按制作数量20%,但不少于5件抽查。

（11）金属风道的加固应符合 GB 50243—2002 第4.2.10条的规定,即圆形风道(不包括螺旋风道)直径大于等于800mm,且其管段长度大于1250mm 或表面积大于4m²,均应采取加固措施。矩形风道长边大于630mm、保温风道长边大于800mm,管段长度大于1250mm 或低压风道单边平面积大于1.2m²,中、高压风道单边平面积大于1.0m²,均应采取加固措施。非规则椭圆形风道的加固,应参照矩形风道执行。

抽查数量:按加工批数量抽查5%,但不少于5件。

（12）矩形风道弯管的制作一般应采用曲率半径为一个平面边长的内外同心圆弧弯管。当采用其他形式的弯管时,平面边长大于500mm时,必须设置弯管导流片。抽查数量20%,但不少于2件。

（13）净化空调系统风道还应符合下列规定:矩形风道边长小于或等于900mm时,底板不应有拼接缝;大于900mm时,不应有横向拼接缝。风道所用的螺栓、螺母、垫圈和铆钉应采用与管材性能相匹配、不会产生电化学腐蚀的材料,或采用镀锌或其他防腐措施,并不得采用抽芯铆钉。不应在风道内设加固框及加固筋,无法兰风道的连接不得使用 S 形插条、直角形插条及立联合角形插条等形式。

（14）空气洁净度等级为1~5级的净化空调系统风道不得采用按扣式咬口。风道清洗不得用对人体和材质有危害的清洁剂。

（15）镀锌钢板风道不得有镀锌层严重损害的现象,如表层大面积白花、锌层粉化等。抽查数量按风道数量的20%,但每个系统不得少于5件。

（16）防火风道的本体、框架与固定材料、密封垫料必须是不燃材料,其耐火等级应符合设计要求。

（17）风管的翻边应平整、紧贴法兰、宽度均匀,翻边宽度不应小于6mm(也不应大于9mm),翻边后的咬缝及四角处应无开裂与孔洞;铆接应牢固,无脱铆和漏铆(矩形管道四角应有铆钉)。

（18）风道必须通过工艺性的检测或验证,其强度和严密性要求符合 GB 50243—2002 第4.2.5条的规定,详见第二篇的相关部分。

24.2.2　风管的加固措施

（1）风管的加固措施可采用楞筋、立筋、角钢(内外加固)、扁钢、加固筋、管内支撑等形式,风管的加固形式如图 24.2.2 所示。

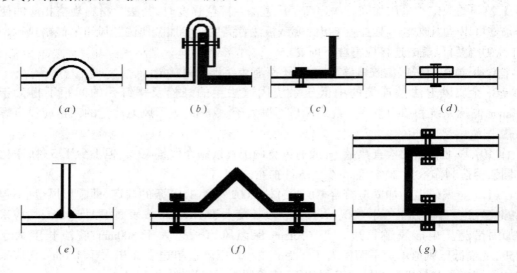

图 24.2.2   风管的加固形式
(a)楞筋;(b)立筋;(c)角钢加固;(d)扁钢平加固;
(e)扁钢立加固;(f)加固筋;(g)管内支撑

（2）楞筋或楞线的加固排列应规则,间隔应均匀,板面不应有明显的变形。

（3）角钢、加固筋的加固应排列整齐、均匀对称,其高度应小于或等于风管法兰的高度。角钢、加固筋与风管铆接应牢固、螺栓或铆接点的间距应均匀,不应大于 220mm,外加固框的四角处(两相交处)应连接成为一体。

（4）管内支撑与风管的固定应牢固,各支撑点之间或与风管的边沿或法兰的间距应均匀,且不应大于 950mm。

（5）中压和高压系统风管的管段,其长度大于 1250mm 时,还应有加固框补强。高压系统金属风管的单咬口缝还应有防止咬口缝胀裂的加固或补强措施。

（6）薄钢板法兰风管宜轧制加强筋,加强筋的凸出部分应位于风管外表面,排列间隔应均匀,板面不应有明显的变形。

（7）风管的法兰强度低于规定强度时,可采用外加固框和管内支撑进行加固,加固件距风管连接法兰一端的距离不应大于 250mm。

24.2.3   焊接冷轧薄钢板风管制作应符合下列规定

（1）焊接风管可采用搭接、角接和对接三种形式。风管焊接前应除锈、除油。焊缝应熔合良好、平整,表面不应有裂纹、焊瘤、穿透、夹渣和气孔等缺陷,焊后的板材变形应矫正,焊渣及飞溅物应清除干净。

（2）壁厚大于 1.2mm 的风管与法兰的连接可采用连续焊或翻边断续焊。管壁与法兰内口应紧贴,焊缝不得突出法兰端面,断续焊的焊缝长度宜在 30～50mm,间距不应大于 50mm。

24.2.4　无法兰薄钢钢板风道的制作

无法兰连接风管的制作应符合 GB 50243—2002 第 4.3.3 条的规定。风道的无法兰连接可以节约大量的钢材，降低工程造价，但是要有相应的风道加工机械。其具体要求参见第一篇第 3 章第 3.3.4 – (1)节"风管无法兰连接的安装工艺"。薄钢钢板风管制作应符合下列规定。

（1）板材成型

薄钢板法兰风管连接(图 24.2.4)法兰的高为 33mm、宽为 10mm，厚度与风管厚度相同(图 24.2.4a)，两节风管的连接是通过 L 骨完成的，L 骨由厚度 $\delta \geqslant 1.2mm$ 的镀锌钢板制成(图 24.2.4b)，无法兰风管四角连接是通过"角"完成的。

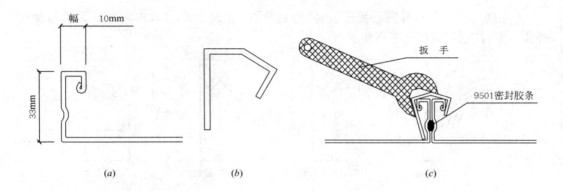

图 24.2.4　薄钢板法兰风管连接
(a)连接法兰；(b)L 骨；(c)无法兰风管的连接

（2）薄钢板风管连接

薄钢板法兰风管连接与角钢法兰连接的方法大致相同，先在前一节风管的法兰侧粘上 9501 密封胶条，并利用法兰上轧压成型的弧形槽固定住，然后把两节风管的法兰对齐，对角穿螺丝，最后用特制扳手在法兰边上扳上 L 骨 (图 24.2.2c)，L 骨的使用数量与风管尺寸的关系详见表 24.2.4。

L 骨使用数量与风管尺寸的关系　　　　　　　　　　表 24.2.4

风管尺寸(mm)	L 骨数	L 骨长(mm)	A(mm)	B(mm)
200	0	—	—	—
250	1	150	100	—
300	1	150	100	—
350 ~ 550	1	150	100 ~ 200	—
600 ~ 1000	2	150	100 ~ 200	100 ~ 300

风管尺寸(mm)	L骨数	L骨长(mm)	A(mm)	B(mm)
1050~1450	3	150	150~200	150~300
1500~1900	4	150	180~200	180~300

（3）薄钢板法兰的制作

A. 薄钢板法兰应采用机械加工。风管折边应平直,弯曲度不应大于5‰。

B. 弹簧夹应具有相应的弹性强度,形状和规格应与薄钢板法兰匹配,长度宜为120~150mm。

24.2.5 矩形弯管的制作应符合下列要求

（1）矩形弯管分内外同心弧形、内弧外直角形（图24.2.5-1）、内斜线外直角形及内外直角形,其制作应符合下列要求。

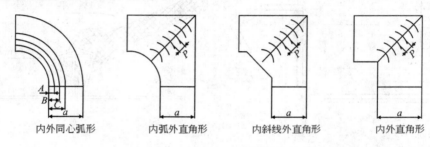

内外同心弧形 　　内弧外直角形 　　内斜线外直角形 　　内外直角形

图24.2.5-1 矩形弯管

A. 矩形弯管宜采用内外同心弧形。弯管曲率半径宜为一个平面边长,圆弧应均匀。

B. 矩形内外弧形弯管平面边长大于500mm,且内弧半径与弯管平面边长之比小于或等于0.25时应设置导流片。导流片弧度应与弯管弧度相等,迎风边缘应光滑,导流片的设置位置应符合表24.2.5-1的规定。

内外弧形矩形弯管导流片数及设置位置　　　　　　　　表24.2.5-1

弯管平面边长 a (mm)	导流片数	导流片位置		
		A	B	C
500 < a ≤ 1000	1	$A/3$	—	—
1000 < a ≤ 1500	2	$A/4$	$A/2$	—
a > 1500	3	$A/8$	$A/3$	$A/2$

（2）矩形风管的弯管、三通、异径管及来回弯管等配件所用的材料厚度、连接方法及制作要求应符合风管制作的相应规定。

（3）矩形内外直角形弯管以及边长大于500mm的内弧外直角形、内斜线外直角形弯管按图24.2.5-2选用并设置单弧形或双弧形等圆弧导流片。导流片圆弧半径及片距宜按表 24.2.5 – 2 的规定。

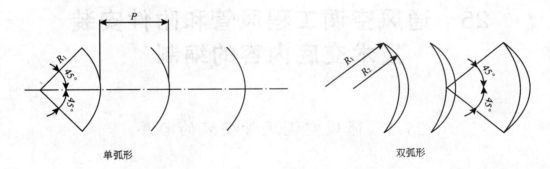

单弧形

双弧形

图 24.2.5 – 2　单双弧形导流片

单弧形或双弧形导流片圆弧半径及片距　　　　　　　　表 24.2.5 – 2

单圆弧导流片		双圆弧导流片	
$R_1 = 50$ $P = 38$	$R_1 = 115$ $P = 83$	$R_1 = 50$ $R_2 = 25$ $P = 54$	$R_1 = 115$ $R_2 = 51$ $P = 83$
镀锌板厚度宜为 0.8		镀锌板厚度宜为 0.6	

（4）组合圆弧形弯管可采用立咬口，弯管曲率半径和最小分节数应符合表 24.2.1 – 1 的规定。弯管的弯曲角度允许偏差宜为 3°。

（5）变径管单面变径的夹角（θ）宜小于 30°，双面变径的夹角宜小于 60°。

24.3　风管严密性检验

漏光法检测

对一定长度的风管，在漆黑的周围环境下，用一个电压不高于 36V，功率 100W 以上的带保护罩的灯泡，在风管内从风管的一端缓缓移向另一端（检漏装置如图 24.3.0 所示），所检测的风管采用分段检测，抽检率为 5%，若在风管外能观察到光线射出，说明有严重的漏风。低压系统风管每 10m 的漏光点不应超过 2 处，且每 100m 的平均漏光点不应超过 16 处；中压系统每 10m 的漏光点不应超过 1 处，且每 100m 的平均漏光点不应超过 8 处，如发现漏光，应对风管进行修补后再查，如发现有条缝漏光，应进行打胶密封处理。

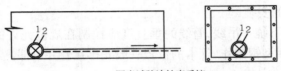

漏光试验法检查系统

图 24.3.0　灯光检漏装置
1—保护罩；2—灯炮；3—电线

25 通风空调工程风管和附件安装
技术交底内容的编制

25.1 通风空调风管安装的顺序

25.1.1 安装准备

（1）熟悉图纸,对施工人员进行安装技术交底,并组织安装人员学习相应的安装施工工艺标准和规范、规程。

（2）按设计图纸纸面绘制施工草图。在草图中确定分路开口位置,管道变径位置、规格、长度尺寸,预留接口、阀件、附件的位置和长度尺寸。并实地进行核对、调整长度和标志。丈量管道分段长度尺寸,进行下料、加工。

（3）绘制零件加工图纸,送加工厂加工。

（4）检查现场建筑结构预留孔洞的位置、尺寸是否符合图纸要求、有无遗漏现象,预留的孔洞应比风管实际截面每边尺寸大 100mm。

（5）若预留孔洞有遗漏或有变更洽商,必须进行孔洞剔凿时,按以下程序进行:准确核对孔洞位置并向设计单位土建设计人员提供安全核算资料,经相关专业设计人员签字认可,然后由专业施工人员与土建办理剔凿申请单。

（6）手续齐全后在墙(或板)上准确划出开孔位置,用专业打孔机开孔。断筋部位要焊接恢复并绑扎加固,焊接处做防腐处理。

（7）管道加工完后应临时封堵,防止灰尘污物进入管内;风管进场后应再次进行加工的质量检查和修整,并用棉布擦净内壁后再进行吊装。

25.1.2 干管安装

安装顺序一般由总引入口开始。安装前应进行风管内腔吹扫,安装完后进行找直、找正,复核管道坡度、变径管位置和规格、管道甩口位置和规格、管道走向等等。

25.1.3 立管安装

（1）竖井内立管的安装

竖井内立管应上下统一吊线,管线的垂直度应控制在规范允许的范围之内。然后安装管卡,管卡一般采用型钢制作,管卡的位置一般安排在管井口部。

（2）墙体内立管的安装

墙体内立管的安装应在结构施工中预留管槽或砌筑半敞开的管井,安装完后应吊线找直,并用管卡固定。支管的甩口处应明露,并加临时封堵。

25.1.4 支管安装

支管安装时应将预制好的支管按立管(或水平干管)的甩口位置和顺序,依次逐段安装。并依据管道的长度适当安装临时固定卡,核定预留管口位置和高度。找平、找正后,安装支管卡架,去掉临时固定卡,封堵管口。

25.1.5 风管的防腐保温

按设计要求进行风管支架、风管的油漆和风管保温。

25.2 通风空调风管支、吊、托架制作与安装记录

25.2.1 通风空调风管支、吊、托架制作与安装的要求

(1) 风管支、吊架间距和安装应符合表 25.2.1 – 1 的要求。

风道支、吊架间距和安装要求　　　　　表 25.2.1 – 1

直径 D 或长边 L	水平风道			垂直风道		位　置	质　　量
	一般风道	薄钢板法兰风道	螺旋风道	一般	单根直管		
≤400	≤4m	≤3m	≤5m	≤4m	≥2 个	应离开风口、阀门、检查口、自控机构处;距离风口、插接管≥200mm	1. 抱箍支架折角应平直、紧贴箍紧风道 2. 圆形风道应加托座和抱箍,它们圆弧应均匀,且与外径相一致 3. 非金属风道应适当增加支吊架与水平风道的接触面 4. 吊架的螺孔应用机械加工,吊杆应平直,螺纹应完整、光洁。受力应均匀,无明显变形
>400	≤3m	≤3m	≤3.75m	—	—		
>2500	按设计要求设置						

(2) 金属矩形水平风管吊架的最小规格应符合表 25.2.1 – 2 的要求。

金属矩形水平风管吊架的最小规格(mm)　　　表 25.2.1 – 2

风管边长 b	吊杆直径	横担规格	
		角　钢	槽型钢
b≤400	φ8	∟25×3	[40×20×1.5
400<b≤1250	φ8	∟30×3	[40×40×2.0
1250<b≤2000	φ10	∟40×4	[40×40×2.5 [60×40×2.0

风管边长 b	吊杆直径	横 担 规 格	
		角 钢	槽 型 钢
2000 < b ≤ 2500	φ10	∟50×5	—
b > 2500	按设计确定		

（3）金属圆形水平风管吊架的最小规格应符合表25.2.1-3的要求。

金属圆形水平风管吊架的最小规格(mm)　　　　　　表25.2.1-3

风管直径	吊杆直径	抱箍规格		角钢横担
		钢 丝	扁 钢	
D ≤ 250	φ8	φ2.8		
250 < D ≤ 450	φ8	**φ2.8或φ5	25×0.75	—
450 < D ≤ 630	φ8	φ3.6		
630 < D ≤ 900	φ8	φ3.6		
900 < D ≤ 1250	φ10		25×1.0	—
1250 < D ≤ 1600	*φ10		***25×1.5	
1600 < D ≤ 2000	*φ10		***25×2.0	∟40×4
D > 2000	按设计要求			

注:1. 吊杆直径中的"*"表示两根圆钢;

　　2. 钢丝抱箍中的"**"表示两根钢丝合用;

　　3. 扁钢中的"***"表示上、下两个半圆弧。

（4）采用膨胀螺栓固定支、吊架时,应符合膨胀螺栓使用技术条件的规定。膨胀螺栓宜安装于强度等级 C15 及其以上混凝土构件上,螺栓至混凝土构件边缘的距离不应小于螺栓直径的 8 倍。螺栓组合使用时,其间距不应小于螺栓直径的 10 倍。

（5）常用膨胀螺栓的型号、钻孔直径和钻孔深度参见表25.2.1-4。

常用膨胀螺栓的型号、钻孔直径和钻孔深度(mm)　　　　表25.2.1-4

胀锚螺栓种类	规格	螺栓总长	钻孔直径	钻孔深度
内螺纹胀锚螺栓	M6	25	8	32~42
	M8	30	10	42~52
	M10	40	12	43~53
	M12	50	15	54~64

胀锚螺栓种类	规格	螺栓总长	钻孔直径	钻孔深度
单胀管式胀锚螺栓	M8	95	10	65～75
	M10	110	12	75～85
	M12	125	18.5	80～90
双胀管式胀锚螺栓	M12	125	18.5	80～90
	M16	155	23	110～120

(6) 垂直安装的风管支架间距不应大于4m,单根直管上至少应有两个固定点。

(7) 直径或边长超过2500mm的超宽、超重风管,支吊架按设计采用。

(8) 支吊架不宜设置在风口、阀门、检查门及自控机构处,支吊架离风口和插接风管的距离不宜小于200mm。

(9) 当水平悬吊的主、干管长度超过20m时,应设置防止摆动的固定点,固定点的设置每个系统不应少于1个。

(10) 吊架的螺孔应采用机械加工。吊杆应平直,螺纹完整、光洁。安装后各副支吊架的受力应均匀,无明显的变形。

(11) 风管或空调设备使用的可调隔振支吊架的拉伸或压缩量应按设计要求进行调整。

(12) 抱箍支架的折角应平直,风管的抱箍应紧贴风管,并箍紧风管。安装在支架上的圆形风管应设托座和抱箍,其圆弧应均匀,且与风管外径相一致。

25.2.2 通风空调风管附件制作安装的质量要求

(1) 安装前应实地检查各类风道部件、操作机构的位置、空间是否符合规范要求,并能保证其正常使用功能和方便操作、维修的需要。应特别防止将防火阀安装在管道井内。以免出现既不便于操作,更无法维修、更换的质量的事故。

(2) 斜插板阀的阀板开启方向必须为向上拉启,水平安装时插板阀的阀板的插入方向应顺气流方向插入;止回阀、自动排气阀的安装应正确。风道附件的安装应符合以下的质量要求。

A. 手动单叶片或双叶片调节阀的手轮或扳手应顺时针方向转动为关,逆时针方向转动为开,调节范围和开启指示应和叶片开启角度相对应。除尘系统的调节阀关闭时应能密封。

B. 电动、气动调节阀的驱动装置动作应可靠。

C. 净化空调系统风阀的紧固件、活动件均应为镀锌件或经过防腐处理,阀体与外界相通的缝隙应有可靠的密封措施。

D. 消声弯管的平面边长大于800mm时,应加设吸声导流片。消声器内直接迎风面的布质覆盖面层应有保护措施。净化空调的消声器内覆盖面层应是不起尘的材料。

E. 止回阀的启动、关闭应严密,转轴、铰链应采用不易锈蚀的材料制作,水平安装的止回阀应有可靠的平衡机构。

F. 插板风阀壳体应严密，内壁应做防腐处理。插板应平整、启闭灵活，有可靠的定位装置。斜插板阀上下接管应成一直线。

G. 三通调节阀拉杆或手柄的转轴与风管的结合处应严密，拉杆可在任意位置固定，手柄开关应标明调节角度。阀板应调节方便，不与风管相碰擦。

H. 风罩尺寸应正确、连接牢固，形状规则表面平整光滑，外壳无尖锐边角，转角处弧度均匀。排油烟排气罩的材料应采用不易锈蚀的材料制作，下部集水槽应严密不漏水，并坡向排放口，油烟过滤器应便于拆洗。

I. 风帽尺寸应正确，结构牢靠。接管尺寸允许偏差同风管的规定。伞形风帽的伞盖边沿应有加固措施，支撑高度应一致。锥形风帽内外锥体的中心应同心，锥体组合连接缝应顺水流方向，下部排水应畅通。筒形风帽筒体的上下沿口应加固，其不圆度不应大于直径的2%。三叉形风帽三个支管的夹角应一致，与主管连接应严密，主管与支管的锥度应为3°～4°。

J. 柔性短管应选用防腐、防潮、不透气、不易霉变的柔性材料。用于空调系统的应采取防结露措施，用于洁净空调系统的内壁应光滑，不起尘。长度一般为150～300mm。用于变形缝处的软管长度应为变形缝的宽度加100mm以上。防排烟系统的柔性短管应选用不燃材料制作。

K. 矩形弯管导流叶片的迎风侧边缘应圆滑，固定牢固，导流叶片的弧度应与弯管的角度一致。导流叶片的长度超过1250mm时，应有加固措施。

（3）防火阀、排烟阀（口）应符合消防产品的标准规定，其安装方向、位置应正确。风口制作的尺寸允许偏差应符合表25.2.2的要求。

风口的尺寸允许偏差（mm）　　　　　　　表25.2.2

矩　形　风　口				圆　形　风　口		
边长	< 300	300～800	> 800	直径	≤250	> 250
允许偏差	0～－1	0～－2	0～－3			
对角线长度	< 300	300～500	> 500	允许偏差	0～－2	0～－3
对角线长度之差	≤1	≤2	≤3			

25.3　风管的吊装

25.3.1　风管吊装的工艺流程

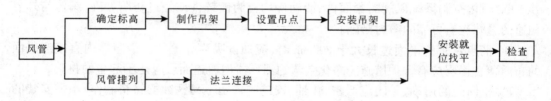

396

25.3.2 风管吊装的准备

（1）风管的进场检验

A. 风道加工后经由工厂质检员检验，填写《风管制作质量评定表》，并擦净封口之后，将风道及部件运至现场。

B. 风管从车间运到现场，不允许有变形、扭曲、开裂、法兰脱落、法兰开焊、漏铆、漏开螺栓孔等有缺陷的风管进场。

C. 经现场人员检验办理质量和规格、数量的交接验收后，应再次对敞口进行检查和封闭，并堆放在便于吊装的适当场所。做好成品保护，防止现场被再次损坏。

（2）风管支吊架安装

A. 确定支吊架安装标高

依据设计图纸和放线的施工单线图，并参照土建基线找出风管中心标高和支吊架的安装高度。

B. 安装支吊架

（A）一般工程通风空调风管的吊架采用角钢或槽钢作横担，圆钢作吊杆，其构造如图25.3.2所示。

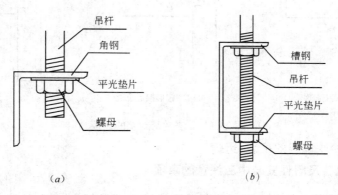

图 25.3.2　风管角钢和槽钢横担构造图

（B）依据风管的中心线找出吊杆的敷设位置，单吊杆敷设在风管的中心对应处；双吊杆可以按托盘（横担）的螺孔距离风管的中心线对称位置安装。

（C）吊杆依据吊件形式可以焊在吊件上，也可以挂在吊件上。连接后应涂刷防锈漆。

（D）支、吊架安装应注意的问题：

a. 风管安装，应在管线的适当位置增设防止摆动的固定点，一个系统最少应设一个防止摆动的固定点。本工程依据主干管和水平管的长度，一个系统设一个防止摆动的固定点即可。

b. 支、吊架的标高应用水平仪和经纬仪测量定位。

c. 支、吊架的间距要符合设计和施工规范要求。

25.3.3　风管的组装

（1）风管安装前不得拆开风管及部件封口；安装时应随时拆开端部封闭的薄膜，并立即组装。组装时应装一个敞口打开一个封闭薄膜，不要长期敞开开口，致使风道再次受污染。

（2）风阀、消声器等配件安装前必须清除内表面的油污及尘土，并检查质量是否合格后再组装。

（3）风管组装后应用密封胶对接缝进行涂抹、封堵。未安装完的敞口应及时用薄膜封堵。

（4）组装时对法兰四周螺栓的拧紧力大小要一致，安装后不应有松紧不均的现象。洁净空调系统的法兰密封垫片严禁用乳胶海绵、泡沫塑料、厚纸板、石棉绳、铅油、麻丝、油毡等容易产生灰尘和积尘的材料，应采用闭孔海绵橡胶、氯丁橡胶等橡胶制品。

（5）密封垫厚度一般为 4～6mm，厚薄应均匀，铺放应平直，不要有重叠现象。压紧量约 2/3，不要压得太紧，也不要太松。不要涂涂料，以免发生硬化老化。法兰密封垫料应尽量减少接头，接头应采用阶梯形或企口形，并涂密封胶，如图 25.3.3 所示。

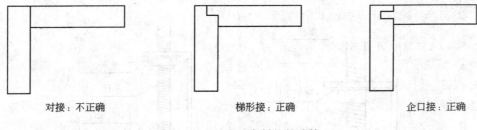

图 25.3.3　法兰密封垫的连接

25.3.4　风管及附件安装中应注意的事项

（1）风管及配件可拆卸的接口不得装设在墙和楼地板内，排气除尘的风道宜在服务的设备就位后再安装。风道出屋面应设防雨罩。风道拼接时螺栓帽应位于同一侧，螺栓杆伸出螺帽长度为 1/2 螺栓直径的长度。

（2）风阀、测试口应安设在易操作的地方，当风管隐蔽安装时，应在土建工程隐装处开设调节测试窗口。

（3）斜插板阀垂直安装时，阀板应向上拉起；水平安装时应顺气流方向插入。风口应平整、位置正确、转动部件灵活，与风道的连接应牢固、严密。

（4）风管水平安装的水平度允许偏差，每米应不大于 3mm，总偏差不应大于 20mm。垂直安装的垂直度每米允许偏差不大于 2mm，总偏差不大于 20mm。

（5）保温层外表面应平整、严密、无胀裂、松弛现象。洁净室内保温层外表面应做金属保护壳，外壳表面应光滑、不积尘、易清扫，接缝必须密封。

（6）穿墙、楼板的套管壁厚不得小于 2mm，并牢固地预埋在墙、楼地板内，且应带翼板做好刚性密封。

（7）安装在防火分区隔墙两侧的防火阀距离墙面不应大于 200mm。防火阀的直径或边长尺寸大于等于 630mm 时，宜设独立支吊架。

（8）排烟阀（口）及手控装置（包括预埋套管）的位置应符合设计要求，预埋套管不得有死弯及瘪陷。

（9）调节阀、密闭阀及各类调节阀应安装在便于操作和检修的部位，安装后的手动或电动机构启闭应灵活、可靠，阀板关闭应保持严密。设备与周围围护结构应留足检修空间。

（10）除尘系统吸入管段的调节阀，宜安装在垂直的管段上。

（11）风帽安装必须牢固，连接风管与屋面的交接处不应有渗水。

（12）风管与风口的连接应严密、牢固，风口与装饰表面应相互紧贴。风口的表面平整、不变形，调节灵活、可靠。条形风口的接缝处应衔接自然，无明显的缝隙。同一房间的风口安装高度应一致，排列整齐。水平风口允许的水平度偏差不应大于 3‰，垂直风口允许的垂直度偏差不应大于 2‰，安装位置和标高允许偏差不应大于 10mm。

（13）净化空调系统风口安装前应清扫干净，边框与顶棚或墙面间的接缝处应加设密封垫料或密封胶，不应漏风。带高效过滤器的风口应采用分别调节高度的吊杆。

25.3.5　风管安装后的质量检查

（1）风管及配件安装的外观检查

A. 安装必须牢固，位置、标高和走向符合设计要求，部件安装方向正确，操作方便。防火阀、检查孔的位置必须在便于操作的部位。支、吊、托架的形式、规格、位置、间距及固定必须符合设计要求和施工规范规定，支、吊、托架不得设在风口、阀门及检视门处。

B. 洁净空调系统的风管底面不要有接缝，当风道断面较大，底部不得不安排接缝时，应作密封处理和逐条检查。接缝表面应注意是否平整、美观。

C. 输送产生凝结水或含有潮湿空气的风道，安装坡度应符合设计要求。

D. 风管的法兰对接应平行、严密，螺栓紧固，法兰垫料、接头方法符合设计要求。螺栓外露长度适宜一致（一般不要超过螺栓直径的 1/2 倍），同一管段的法兰螺母应在法兰的同一侧。

E. 斜插板阀垂直安装时，板阀必须向上拉启；水平安装时，阀板应顺气流方向插入，阀板不应向下拉启。

F. 风帽安装必须牢固，风管与屋面交接处要做好防水处理，填料要严密，泼水检查不漏水。

G. 柔性短管检查所采用的材料是否与设计相符，洁净空调系统必须采用不起尘、不积尘、不透气、内壁光滑的材料；与风道、设备的连接松紧适度，长度符合设计要求（一般为 100～300mm），无开裂、扭曲现象，连接严密，灯光检漏不漏光。

H. 洁净系统风道、静压箱安装后用白绸布擦拭内壁，必须清洁、无浮尘、油污、锈蚀及杂物等。

（2）风管及配件安装精度的检查

风管及配件安装尺寸的允许偏差必须符合表 25.3.5 的规定。

项次	项　目		允许偏差	检　验　方　法
1	风管	水平度 每米	3	拉线、液体连通器和尺量检查
		总偏差	20	
2		垂直度 每米	2	吊线和尺量检查
		总偏差	20	
3	风口	水平度	5	拉线、液体连通器和尺量检查
		垂直度	2	吊线和尺量检查

（3）灯光检漏和漏风率的测定

通风空调系统风管安装后,风口开口和保温前应进行灯光检漏和漏风率检测。检查可以整个系统进行,也可以分段分部进行。灯光检漏和漏风率测定详见第二篇第 8 节或第一篇附录 F3 相关部分。

25.4　若干风管附件的安装

25.4.1　风口安装

（1）风口安装的条件

墙上风口的安装,应随土建装修进行,在土建专业内装饰墙抹灰刮白、吊顶安装基本完毕,环境降尘措施良好的情况下以及室内装修设计不再改动的基础上,才能开始安装风口。

有吊顶房间内的风口布置,风管吊装前,应与土建、电气施工人员依据吊顶的材质协调吊顶的分割尺寸、灯具、烟温感探头、喷淋头和风口的布置方案,并适当调整风管的走向和布局,以免因吊顶分割尺寸不当,造成风口与支管错位太大,连接困难。

（2）风口的定位与安装

风口的型号、规格、安装位置在尊重原设计的基础上,也要根据施工现场的实际情况,比如在有活动方格吊顶的房间内,风口要尽量居于方格的中央(图 25.4.1 - 1),不能居中的也要尽量照顾装修美观(图 25.4.1 - 2)。

墙上风口的安装,应随土建装修进行,先做好埋设的木框,木框应精刨细作。然后在风口和阀件上钻孔,再用木螺丝固定,安装时要注意找平,并用密封胶堵缝。与土建排风竖井的固定应预埋法兰,固定牢靠,周边缝隙应堵严。

（3）风口的安装质量检查

风口的安装质量应符合 GB 50243—2002 第 6.3.11 条的规定和要求。风口与风道的连接应严密、牢固,与装饰面相紧贴,表面平整、不变形,调节灵活、可靠。条形风口的安装接缝处应衔接自然,无明显缝隙。同一厅室内的相同风口的安装高度应一致,排列应整齐。明装无吊顶的风口安装位置和标高偏差不应大于 10mm。风口水平安装水平度偏差不应大于 3/1000,垂直安装的垂直度偏差不应大于 2/1000。检查数量 10%,但不少于一个系统或不少于 5 件和两个房间的风口,其效果图如图 25.4.1-3 所示。

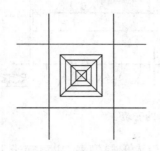

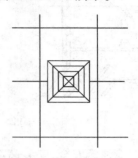

图 25.4.1-1 风口位于分格中央   图 25.4.1-2 风口位于分格线中央

图 25.4.1-3 室内顶棚风口安装效果图例

顶棚风口与风管连接采用拉铆枪拉铆,风管管壁在风口内边外侧,风口管壁与风管之间用海绵条或 9501 密封胶带封严,详见图 25.4.1-4。安装时需两个人配合,一个人用手托起风口和找平,另一个人对风口进行拉铆,安装完后用塑料布封严。

(4) 风口安装应注意事项

A. 风口安装操作人员每人要随带两副白手套(每天换洗),因为铝合金风口和喷塑风口脏后很难擦拭,安装时要带白手套,不得把风口摸脏。对污染的风口只能用丝绵沾酒精或洗涤剂擦拭干净。

B. 拉铆时铆钉应尽量靠近边角和上方,不要拉铆在下方,否则容易造成铆钉外露而不美观。

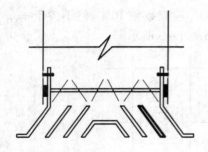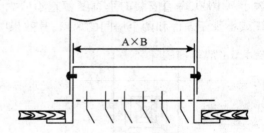

图 25.4.1 - 4　顶棚风口的安装

C. 安装时应注意安全,安装高度在 4m 以下采用人形梯攀高,注意梯子下面支撑要稳;4m 以上采用搭架子攀高,操作人员要系安全带。

25.4.2　净化空调系统风口的安装

净化空调系统风口的安装应符合 GB 50243—2002 第 6.3.12 条的规定和要求。高效过滤送风口安装前应对系统进行 8 ~ 12h 的吹扫干净后,才能运至现场进行拆封安装。安装时应使风口周围边框与建筑顶棚或墙面的紧密结合,其接缝处应加设密封垫料或密封胶封堵严密避免污染,检查无漏风,然后封上保护罩。带高效过滤器的送风口,应采用可分别调节高度的吊杆。检查数量为 20%,但不少于一个系统或不少于 5 件和两个房间的风口。

25.4.3　风帽、吸排气罩的安装

风帽的安装必须牢固,连接风道与屋面或墙面的交接处不应有渗水。吸排气罩的安装位置应正确、排列应整齐,安装应牢固可靠。检查数量 10%,但不少于 5 个。

25.4.4　风量、风压、压差测定孔的安装

系统上应设风量、压差测定孔,过滤器前后应设测尘、测压孔,测孔在安装前应除去油污,安装后必须将孔口封闭,测定孔安装详图见图 25.4.4。

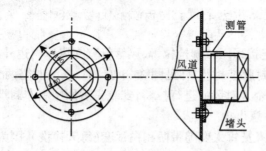

图 25.4.4　风量风压测定孔详图

(1) 风道风量、风压测孔的安装位置在安装前应依据设计和规范的要求和调试方案的检测布局,事先做好安排。

（2）风道的风量、风压测孔的安装位置还应随管道周围情况而定，要便于测量的操作和测量数据的读取。

25.4.5 消声器的安装

（1）消声器有特殊要求的部位均按照设计和标准图进行制作加工、组装。

（2）消声器、消声弯头、消声风管和消声静压箱应选用专业设备生产厂的产品，产品应具有检验报告和质量证明文件。

（3）消声器等设备运输时，不得有变形现象和过大振动，避免外界冲击破坏消声性能。

（4）消声器、消声弯头应有单独的吊架，不得由风道承受其重量。其支、吊架的设置位置应正确、牢固可靠。

（5）消声器的支、吊架的横托板穿吊杆的螺孔距离，应比消声器宽 40～50mm。为了便于调节标高，可在吊杆端部套 50～60mm 长的丝扣，以便找平、找正。

（6）消声器的安装方向必须正确，消声器与风管或管件的法兰连接应严密、牢固。

（7）当通风、空调系统有恒温、恒湿要求时，消声设备的外壳应作保温处理。用于净化空调系统的消声部件（消声器、消声弯头等）其内腔表面应是不起尘的材料，一般选用微穿孔消声器。

（8）消声器等安装就位后，可用拉线或吊线尺量的方法进行检查，对位置不正、扭曲、接口不齐等不符合要求部位进行修整，以达到设计和使用的要求。消声器吊架安装应平整、牢固，坐标、标高正确，吊杆不应自由摆动，吊杆与托盘相连应用双螺母紧固、找平、找正。

25.4.6 洁净空调高效过滤器安装

（1）高效过滤器应在建筑装修、通风管道、设备安装就绪，试运转合格完成、洁净室清洁后，并经过 12h 系统运行吹风除尘后安装；在安装前应逐个进行外观检查，高效过滤器的表面（框架表面）涂层应完好，损坏的应修补。并清洗干净，除去油污、尘土。有歪斜变形的不得使用。

（2）高效过滤器安装前应进行漏光检查，漏光的应进行修补，修补无效的不得使用。

（3）高效过滤器风口的尺寸应符合设计要求。在室内安装和更换过滤器的送风口翻板和顶板之间的接缝应加密封垫。

（4）在技术夹层内安装更换的高效过滤器风口，应配合土建施工，在钢筋混凝土顶板上预埋短管和木框。短管、木框的尺寸应与过滤器匹配，短管与吊顶板间有缝隙的，必须封堵严密。

（5）高效过滤器风口安装完毕应立即和风管连接好，并将开口端用塑料薄膜、胶带密封。

25.4.7 其他通风空调附件的安装

防火阀、防火排风口、风帽、调节阀、插板阀、各种罩类等其他通风空调附件的安装，参见产品说明书。其质量要求详见本节 25.3.4 条。

25.5　通风空调系统的防腐与保温

25.5.1　通风空调系统的防腐

（1）风管喷涂底漆前，应清除表面的灰尘、污垢与锈斑，并保持干燥。

（2）油漆工程应采取防火、防冻、防雨措施，不应在低温环境下喷涂。

（3）面漆与底漆漆种宜相同。漆种不同时，涂刷前应做亲溶性试验。

（4）薄钢板在制作咬接风管前，宜涂防锈漆一遍。

（5）喷、涂油漆，应使漆膜均匀，不得有堆积、漏涂、皱纹、气泡、掺杂及混色等缺陷。

（6）支、吊架的防腐处理应与风管和管道一致，其明装部分必须刷面漆。

（7）明装系统的最后一遍面漆，宜在安装完成后喷涂。

（8）空调制冷各系统管道的外表面，应按设计规定做色环。

25.5.2　风道及部件的保温

（1）通风空调风管保温应注意事项

A. 绝热工程冬期及户外施工应有防冬与防雨措施。

B. 风管、部件及设备绝热工程施工应在风管系统漏风试验或质量检验合格后进行。

C. 绝热层应平整密实，不得有裂缝、空隙等缺陷。

D. 胶粘剂应符合使用温度和环境卫生的要求，并与绝热材料相匹配。

E. 粘结材料应均匀的涂在风管、部件及设备的外表面上，绝热材料与风管、部件及设备表面应紧密贴合。

F. 风管保温材料下料要准确，切割面要平齐，在裁料时要使水平、垂直搭接处以短边顶在大面上，绝热层的纵、横向接缝应错开，详见图 25.5.2。

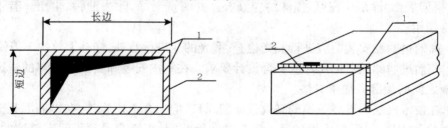

图 25.5.2　保温板的切割与安置
1—保温板；2—风管

G. 屋顶露天安装的排风管道采用 $\delta = 2mm$ 钢板制作，外表面采用环氧煤沥青防腐。

（2）通风空调风管的保温

A. 塑料粘胶保温钉的保温

空调送回风管道采用 $\delta=40mm$ 带加筋铝箔贴面离心玻璃棉板保温。排烟风道采用 $\delta=30mm$ 厚离心玻璃棉板保温,外缠玻璃丝布保护。保温板下料要准确,切割面要平齐。在下料时要使水平面、垂直面搭接处以短边顶在大面上,粘贴保温钉前管壁上的尘土、油污应擦净,将胶粘剂分别涂在保温钉和管壁上,稍后再粘接。保温钉分布为管道侧面 10 个/m^2、下面 16 个/m^2、顶面 6 个/m^2。保温钉粘接后,应等待 12~24h 后才可敷设保温板。

B. 碟形帽焊接保温钉的保温

保温钉的材质应和基层材质接近,两种金属受热熔化后能在熔坑中混合,使得加热区内材料性质变硬、变脆,因此金属保温钉的钢材含碳量应低于 0.20%。当风管钢板厚度 δ $\geqslant 0.75mm$ 时,焊枪的焊接电流应控制在 3~4.5A 之间。焊钉个数控制在——侧面和顶面 6 个/m^2,底面 10 个/m^2。

(3) 风管保温的质量要求

A. 风管保温的质量要求必须符合表 25.5.2 的要求。

风道保温的质量要求 表 25.5.2

序号	项　　目	质　　量　　要　　求
1	保温板板面	应平整,下凹或上凸不应超过 ±5mm
2	保温板拼接缝	应饱满、密实无缝隙
3	保温板面层质量	保温板面层应平整、基本光滑,无严重撕裂和损缺
4	保温钉焊接质量	用校核过的弹簧秤套棉绳垂直用力拉拔,读数≥5kg 未被拔掉为合格
5	保温钉直径 ϕ	$\phi \geqslant 3$

B. 绝热层采用保温钉固定时,应符合下列规定:

(A) 保温钉与风管、部件及设备表面应粘接牢固,不得脱落。

(B) 矩形风管及设备保温钉应均布,其数量底面不应少于每平方米 16 个,侧面应少于 10 个,顶面不应少于 6 个。首行保温钉距离风管或保温材料边缘的距离应小于 120mm。

C. 绝热材料纵向接缝不宜设在风管或设备底面。

D. 保温钉的长度应能满足压紧绝热层及固定压片的要求。固定压片应松紧适度,均匀压紧。

26　通风空调工程部件和设备安装技术交底内容的编制

26.1　通风空调设备安装的前期工作

26.1.1　设备进场检验

（1）设备到场后，应会同建设单位、监理、设备供应部门共同组织人员进行设备开箱验收。

（2）开箱验收前应检查设备包装的外观有无损坏和受潮。

（3）开箱后应认真查对设备名称、规格、型号是否符合设计图纸要求。产品说明书、合格证是否齐全。并按装箱清单和设备技术文件，检查设备附件、专用工具等是否齐全，设备表面有无缺陷、损坏、锈蚀、受潮等现象。

（4）打开设备活动面板或通过检查门进入设备内部检查有无缺陷、损坏、锈蚀、受潮等现象。

（5）用手盘动可动的部件，检查活动部分是否符合该部件的性能要求。并检查有无损伤、缺陷、锈蚀等情况。

（6）需要通电、通气检查的部件应通电、通气检查，检查该部件是否完好，动作是否符合要求。

（7）空调机组等设备应检查其表冷器凝结水是否畅通、有无渗漏，加热器及旁通阀是否严密、可靠。过滤器零部件是否齐全、滤料及过滤形式是否符合要求。

26.1.2　设备的搬运与运输

（1）设备安装人员应熟悉图纸及有关设备的技术要求，并依据设备的数量、规格、到场时间，安排好设备进场次序。

（2）依据设备的不同安装地点和位置，制定出不同的设备运输路线。

（3）根据各种设备的不同安装和吊装方法，制定出切实可行的设备安装实施方案。

（4）会同有关人员，进行设备安装运输路线的清理，确保设备在进行运输时，没有其他方面的干扰和保证施工安全。

（5）通风空调工程的各种设备，由于相对的外形较大，且外壳较薄，运输中应按照事先制订的预案，尽量保护好设备的运输安全。此类设备在水平运输和垂直运输之前，应尽可能不要开箱，并保留好原厂方包装送货的底座，开箱验收宜安排在安装地点进行。

（6）按照设备进场验收制订的成品保护预案，做好设备就位后的成品保护工作。尤其是新风机组，要封闭风口，防止杂物进入，并防止外力碰撞机组的外壳。

26.1.3　设备安装的工艺流程

基础验收→开箱检查→搬运→设备安装→找平、找正→试运转、检查验收。

26.2 通风机安装

26.2.1 通风机主体的安装

(1) 风机安装前应根据设计图纸、产品样本或风机实物对设备基础进行全面检查,基础尺寸、标高、坐标、混凝土强度、预留孔洞尺寸、预埋铁件或地脚螺栓应符合设计、规范和风机实物安装尺寸的要求。

(2) 风机安装前设备基础的中间验收手续应齐全、合格。设备开箱验收手续也应齐全、合格。

(3) 风机安装前应将基础表面铲出麻面,以使二次浇筑的混凝土或砂浆能与基础紧密结合。

(4) 大型风机的搬运应配有起重工,并设专人指挥。搬运过程使用的工具及绳索必须经过检查符合安全要求。

(5) 风机设备安装就位前,应依据设计图纸和建筑物的轴线、边缘线及标高放出风机安装的基准线。并将设备基础表面的油污、泥土、杂物和地脚螺栓预留孔内的杂物清除干净。

(6) 整体风机安装时,可直接吊装并放置在基础上。然后用垫铁找平、找正。基础的垫铁一般应放在地脚螺栓两侧,斜垫铁必须成对使用。设备安装就位后,同一组垫铁应点焊在一起,以免受力时松动。

(7) 风机安装在无减振器的支架上,应垫上 4~5mm 厚的橡胶板,找平、找正后,固定牢固。

(8) 通风机的机轴必须保持水平,风机与电动机用联轴器连接时,两轴中心线应在同一直线上。

(9) 通风机与电机用三角皮带传动时,两者应进行找正,以保证电动机与通风的轴线互相平行,并使两个皮带轮的中心线重合。三角皮带拉紧程度一般可用手敲打已装好的皮带中间,以稍有弹跳为准。

(10) 通风机与电动机安装皮带轮时,操作者应紧密配合,防止将手碰伤。挂皮带时不要把手指伸入皮带轮内,防止发生事故。

(11) 风机与电动机的传动装置外露部分应安装防护罩,风机的吸入口或吸入管直通大气时,应加装保护网或其他安全装置。

(12) 通风机出口的接出风管应顺叶轮旋转方向接出弯管。在现场条件允许的情况下,应保证出口至弯管的距离大于或等于风口的出口长边尺寸的 1.5~2.5 倍。如果受现场条件限制达不到要求,宜设法调换风机的安装方向,使风机叶轮的旋转方向与弯管方向一致。确实无法满足要求的应在弯管内设导流叶片弥补,详见图 26.2.1－1 和图 26.2.1－2。

(13) 风机安装在有减振器的基座上时,地面要平整,各组减振器承受的荷载应均匀,不偏心。安装后应采取保护措施,防止减振器损坏。

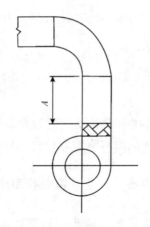
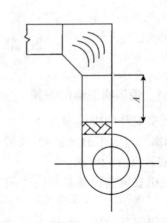

图26.2.1-1 风机叶轮旋转方向与弯管方向一致　图26.2.1-2 风机叶轮旋转方向与弯管方向不一致

（14）风机安装为吊挂安装时，宜采用减振吊架，如图 26.2.1-3 所示。各组减振器承受的荷载应调节均匀，不得偏心。为减少吊架因风机启动的位移，应设置吊架摆动限制装置，如在风机吊架前设置挡铁，以阻止风机启动惯性前移过量。

（15）通风机的进风管，出风管等装置应有单独的支撑，并与基础或其他建筑构件连接牢固；机壳不应承受风管等其他机件的重量，以防止机壳变形。风管与风机

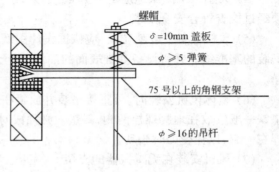

图26.2.1-3 弹簧支吊架示意图

连接时，当两法兰面不平行时，不得硬拉连接或强扭安装，应对风管进行改造调整，达到两法兰面相互平行、间距合适。风机进、出风口应通过软短管与风管连接。

（16）通风机安装的允许偏差和检查方法应符合表 26.2.1 的要求。

通风机安装的允许偏差和检查方法　　　　　　　　　　　表 26.2.1

项次	项　　目	允许偏差	检　查　方　法
1	中心线的平面移位	10mm	经纬仪或拉线和尺量检查
2	标　　高	±10mm	水准仪或水平仪、直尺、拉线和尺量检查

26.2.2　风机试运转

（1）风机调试前，应将轴承、传动部位及调节机构进行拆卸、清洗，装配后应转动灵活。直联传动的风机可不拆卸清洗。轴流风机组装，叶轮与机壳的间隙应均匀分布，并符合设备技术文件的要求，通风机的叶轮旋转后，每次都不应停留在原来的位置上，并不得有碰壳现象。

(2) 风机试运转前必须加上适度的润滑油,并检查各项的安全措施;盘动叶轮,应无卡阻和摩擦现象,叶轮旋转方向必须正确。

(3) 试运转持续时间不应小于 2h。滑动轴承升温一般为 35℃,最高温度不得超过70℃;滚动轴承升温一般为 40℃,最高温度不得超过 80℃。转动后,再进行检查风机减振基础有无移位和损坏现象,做好记录。

26.3 风幕、空调机组和风机盘管的安装

26.3.1 柜式空调机组和分体式空调机的安装

(1) 风冷式空调机组的安装

由厂家安装,但应注意电源和孔洞、预埋件、室外基础的预留位置和浇筑质量的验收。

(2) 水冷整体式空调机组(含热泵)的安装

水冷整体式空调机组的安装按下列顺序进行:

1) 安装前认真熟悉图纸、设备说明书以及有关的技术资料。

2) 空调机组安装前机座必须平整,一般应高出地面 100~500mm。

3) 空调机组如需安装减振器,应严格按设计要求的减振器型号、数量和位置进行安装,并找平找正。

4) 将整体式空调机组稳装就位,找平找正,并调整标高。

5) 空调机组的冷却水系统管道及电气动力与控制线路,由管道工和电工负责安装,安装质量应符合设计和规范要求。

26.3.2 风幕的安装

(1) 风幕安装位置方向应正确、牢固可靠,与门框之间应采用弹性垫片隔离,防止风幕的振动传递到门框上产生共振。

(2) 风幕的安装不得影响其回风口过滤网的拆除和清洗。

(3) 风幕的安装高度应符合设计要求,风幕吹出的空气应能有效地隔断室内外空气的对流。

(4) 风幕的安装纵向垂直度与横向水平度的偏差均不应大于 2/1000。

(5) 风幕冷热源输送管道的安装应符合设计和冷热水管道安装的规定和质量要求。

26.3.3 风机盘管、诱导器的安装

(1) 风机盘管、诱导器的进场质量检查

A. 风机盘管、诱导器在安装前必须逐台进行质量检查。

B. 检查电机壳体及表面热交换器有无损伤、锈蚀等缺陷。

C. 应进行每台通电作单机三速试运转试验,检查机械部分不得摩擦,电气部分不得漏电。

D. 应逐台进行水压试验,试验压力为系统工作压力的 1.5 倍,然后定压观察 2~

3min,压力不得下降、机组不得渗漏为合格。

（2）吊装风机盘管、诱导器的安装

A．吊装风机盘管、诱导器的吊架安装应平整牢固,位置正确。吊杆不应自由摆动,吊杆与托盘相联应用双螺母紧固找平、找正。

B．热媒水管与风机盘管、诱导器的连接宜采用钢管或紫铜管,接管应平直。接管紧固时应用长扳手卡住六边形接头,以防损坏铜管。

C．凝结水管宜采用软性连接,软管长度一般不大于300mm。安装后接头应严密、不得渗漏,凝结水管的坡度和坡向应正确,凝结水应能畅通地流到指定位置。凝结水盘不得倒坡,应无积水现象。

D．风机盘管、诱导器与冷热媒管道的连接,应在管道系统冲洗排污后进行,以防止堵塞热交换器。冷热媒管道安装时供回水阀门及水过滤器应靠近风机盘管机组安装。

E．吊顶内安装卧式风机盘管时,吊顶安装风机盘管处应设置活动检查门(孔),检查门(孔)的大小和位置应便于机组的整体拆卸和维修。

F．风机盘管与风管,回风静压箱(室)及风口的连接处应严密,安装见图26.3.3。

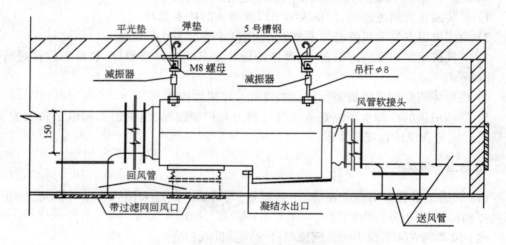

图26.3.3 吊顶内卧式风机盘管的吊装

G．吊顶内风机盘管与条形风口的连接应注意如下问题:即风机盘管出口风道与风口法兰上下边不得用间断的铁皮拉接,应用整块铁皮拉铆搭接;当风道两侧宽度比风口窄,出风口与条形风口距离太短,不能安装硬性或软性的渐扩管,风管盖不住整个风口的,应用铁皮覆盖封堵,铁皮的三个折边与风口法兰铆接,另一边反向折边与风管侧面铆接。封板的四角应有铆钉,且铆钉间距应不大于100mm。接缝应用玻璃胶密封。

H．风机盘管与冷热媒管道的连接宜采用弹性接管或软接管(金属或非金属软管)连接,其耐压值应高于1.5倍的工作压力,软管连接应牢靠、不应有强扭或瘪管。

（3）立式风机盘管、诱导器的安装

立式风机盘管、诱导器的安装与吊装方式基本相同,但一般无与风口衔接的问题。其安装位置和标高应符合设计要求。

26.4　空气处理设备的安装

26.4.1　空气处理设备安装的工艺流程

基础验收→空气处理设备开箱检查→$\left\{\begin{array}{l}\text{分段式组对就位}\\ \text{现场运输}\end{array}\right\}$→找平找正→二次灌浆→精平调整→试整体式安装就位运转→检验验收。

26.4.2　空气处理设备的现场运输

（1）设备水平搬运时尽量采用小拖车运输。

（2）设备起吊时,应在设备的起吊点着力,吊装无起吊点时,起吊点应选在主梁上。

26.4.3　金属空调箱分段组对安装

金属空调箱是分段定型产品时,应按下列步骤进行安装:

（1）安装时首先检查金属空调箱各段体与设计图纸是否相符,各段体内所安装的设备、部件是否完备无损,配件是否齐全。

（2）准备好安装所用的螺栓、衬垫等材料和必需的工具。

（3）安装现场必须平整,将加工好的空调箱槽钢底座就位(或浇筑混凝土墩),并找正、找平。

（4）当现场有几台空调箱安装时,注意不要将段位拉错,分清左式、右式(视线进风口方向观察)。安装前对段体进行编号。段体的排列顺序必须与设备图相符。

（5）从空调设备的一端开始,逐一将段体抬上底座上,校正位置后加上衬垫,将相邻的两个段体用螺栓连接严密、牢固。每连接一段体前,将内部清除干净。

（6）空调机组分段组装连接必须严密,不应产生漏风、渗水、凝结水外溢或排不出去等现象,连接好后必须分段进行单独的漏风试验。

（7）与加热段相连接的段体,应采用耐热非燃材料作衬垫。

（8）粗效空气过滤器(框式或袋式)的安装,应便于拆卸和更换滤料。空气过滤器的安装应平整、牢固。过滤器与框架之间、框架与空调机组的维护结构之间缝隙应封堵严密。

（9）安装完的金属空调设备应进行检查,不应有漏风、渗水、凝结水外溢或排不出等现象。

（10）冷、热源管道、水管及电气线路、控制元器件等由管道工和电工进行安装,安装质量应符合设计、规范和产品文件的要求。

（11）一次、二次回风调节阀及新风调节阀应调节灵活。密闭监视门应符合门与门框平正、牢固、无渗漏、开关灵活的要求,凝结水的引流管(槽)畅通。空调机组的进、出风口与风管间用软接头连接。

（12）安装完的金属空调设备应进行设备单机试运转、盘管强度试验,并测出空调设备的风量、风压、噪声、电机转数。

26.5 新风机房和新风机组的安装

26.5.1 安装前应详细审阅图纸,明确工艺流程和各设备的接口位置和尺寸,先在纸面上放大,再到实地检验调整,使各管道部件加工尺寸合适、连接顺利、外观整齐。

26.5.2 安装前应做好设备进场开箱检验,办理检验手续,研读使用安装说明书,充分了解其结构尺寸和性能,加速施工进度,提高安装质量。

26.5.3 安装前应和水泵安装一样检查设备基础,验收合格后再就位安装。安装后按 GB 50243—2002 相关条文要求进行单机试运转,并测试有关参数,填写试验记录单。

26.5.4 机房配管安装应严格按设计和规范要求进行,安装后应进行渗漏检查和隐检验收后,再进行保温。

26.5.5 新风机组的安装步骤和质量要求同金属空调机空气处理设备,详见本节26.4 款。

26.6 冷水机组的安装

26.6.1 冷水机组基础的施工

冷水机组基础的施工参照厂家样本进行,基础混凝土强度达到 80% 后,进行基础预检。认真检查基础的各项技术参数、预埋件的位置及标高、偏差等,是否符合设备安装的要求,详见水泵安装部分。预检合格后,填写预检记录。

26.6.2 冷水机组的吊装、运输

(1) 设备安装人员要熟悉机组的样本及有关技术要求,根据机组的数量、规格、到场时间,安排好设备进场次序。

(2) 根据机组的安装位置,确定运输路线、安装方法和吊装方法,制定出切实可行的安装施工方案。

(3) 会同土建现场管理人员,进行机组运输路线的清理,确保设备在运输时,没有其他方面的干扰,保证施工安全。

(4) 冷水机组采用大型吊车垂直运输到地下机房时,采用吊链、滚杠参照现场厂家技术人员的指导进行整体移动。

(5) 设备就位后必须由厂家技术人员检察验收,确保设备的安装平整度符合要求。采用彩条布、竹胶板及架子管对机组进行覆盖、搭棚保护,防止后期施工中可能对机组本体造成的污染和损坏。

(6) 按照机组样本及设计图纸,结合机房现场的实际情况,统一安排各个系统管路的走向及安装标高,并绘制正式的机房管道安装图。报请设计、发包方、监理工程师同意后,进行各个系统管路连接。

26.6.3　活塞式水冷制冷机组的安装

（1）活塞式制冷机组进场时应做开箱验收记录，内容同水泵进场验收；同时还应对基础进行验收和修理，并核查与机组有关的相关尺寸。安装前应研读使用说明书，按使用说明书和规范要求安装。

（2）安装时应对机座进行找平，其纵、横水平度偏差均以不大于 0.2/1000 为合格。

（3）机组接管前应先清洗吸、排气管道，合格后方能连接。接管不得影响电机与压缩机的同轴度。

（4）安装中的其他相关问题按产品说明书和 GB 50274—98《制冷设备、空气分离设备安装工程施工及验收规范》第二章第二节的相关条文规定进行。

（5）不管是厂家来人安装或自己安装，安装后均应作单机试运转记录。

26.6.4　螺杆制冷机组的安装

（1）螺杆式制冷机组进场时应做开箱验收记录，内容同水泵进场验收；同时还应对基础进行验收和修理，并核查与机组有关的相关尺寸。安装前应研读使用说明书，按使用说明书和规范要求安装。

（2）安装时应对机座进行找平，其纵、横水平度偏差均以不大于 0.1/1000 为合格。

（3）机组接管前应先清洗吸、排气管道，合格后方能连接。接管不得影响电机与压缩机的同轴度。

（4）不管是厂家来人安装或自己安装，安装后均应作单机试运转记录。

（5）螺杆式制冷机组安装中的其他相关问题按产品说明书和 GB 50274—98《制冷设备、空气分离设备安装工程施工及验收规范》第二章第三节的相关条文规定进行。

26.6.5　冷却塔及冷却水系统安装

（1）玻璃钢和塑料的冷却塔是易燃品，冷却塔安装过程中应注意防火，严禁在塔体及其邻近使用电焊等明火操作，也不允许在场人员吸烟等。如动明火，应采取相应的措施。

（2）和其他设备一样，设备进场应作开箱检查验收，并对设备基础进行验收。冷却塔基础应保持水平，要求支柱与基础垂直，各基面高差不超过 ±1mm，中心距允许偏差为 ±2mm。

（3）塔体拼装时，螺栓应对称紧固，不允许强行扭曲安装。

（4）冷却塔安装应平稳，地脚螺栓与预埋件的连接或固定应牢靠，各连接件应采用热镀锌螺栓或不锈钢螺栓，其紧固力应一致、均匀。冷却塔安装应水平，单台冷却塔安装的水平度和垂直度允许偏差均为 2/1000。多台冷却塔的安装水平高度应一致，高差不应大于 30mm。

（5）冷却塔的出水管口及喷嘴的方向和位置应正确，布水均匀。其转动部分应灵活，风机叶片端部与塔体四周的径向间隙应均匀，可调整的叶片角度应一致。

（6）冷却塔进、出水管及补充水管应单独设置管道支架，避免将管道重量传递给塔体。

（7）风机叶片应妥善保管，防止变形，电机及传动件应上油，并在室内存放。

(8) 为避免杂物进入喷嘴、孔口,组装前应仔细清理。

(9) 冷却塔安装完毕后,应清理管道、填料表面、集水盘等污垢及塔内遗物,并进行系统清洗。

(10) 冷却循环水系统管道安装应注意和解决大口径冷却循环水系统管道安装支架的特殊性,由于管道直径较大,因此管道的支座应按本篇第11节大型管道支座的制作和安装的要求进行施工。

26.6.6　冷却塔冷却水循环水泵和循环管道测温孔的安装

(1) 冷却塔冷却水循环水泵的安装和调试

冷却塔冷却水循环水泵的安装和调试参见给水设备安装相关部分。

(2) 空调冷却水循环管道测温孔的制作和安装

在进行系统水力平衡和试运转时要测量进出口水温,并进行调节,以便达到设计水量、供回水温度和温差的要求,因此在管道上应依据运转试验的安排,并事先按照测孔布置原则安装温度测孔,冷却水循环管道测温孔的制作和安装构造详见给水管道和附件安装相关部分。

27　通风空调系统调试技术交底内容的编制

27.1　通风空调工程调试方案编制提纲

27.1.1　总则

(1) 通风空调工程与供暖工程几乎实现了对构成室内所有环境参数的调节,特别是通风空调工程对室内环境参数中的温湿度、洁净度、空气流速、空气流场、室内静压、静压差、浮游菌浓度、菌落度、含尘浓度、有害物浓度、新鲜空气量、噪声、微振动、送(回)风口风速等等均能实现调节与控制。

(2) 通风空调系统的检测调试资料在工程竣工验收中的重要性体现于:

A. 通风空调工程各种参数的实测测定值是竣工工程施工技术资料不可缺少、省略的重要组成部分,更是衡量该工程是否合格的先决条件之一。

B. 通风空调工程各种参数的实测测定值是衡量一个空调系统施工质量和设计功能能否达到使用要求的具体体现,也是衡量分辨空调系统发生质量事故责任方的有力论据。

C. 通风空调系统的检测调试资料是施工单位摆脱非施工方造成通风空调系统运行功能达不到设计要求质量事故的有力和可靠的证据。

D. 通风空调系统依据系统服务建筑的功能可分为舒适性空调系统和工艺性空调系

统。因此通风空调系统的检测调试只有检测调试精度要求的不同,而不存在需要与不需要检测调试的差别,任何单位和个人均应严格按照 GB 50243—2002《通风与空调工程施工质量验收规范》和 JGJ 71—90《洁净室施工及验收规范》等施工规范的要求进行检测与调试。

(3) 本《提纲》的编制根据是 GB 50243—2002《通风与空调工程施工质量验收规范》和 JGJ 71—90《洁净室施工及验收规范》和其他相关规范。

(4) 本《提纲》便于在编制通风空调工程调试方案时有一完整的概念。

27.1.2　通风空调系统检测调试方案的主要内容

(1) 工程情况简介

按通风空调工程系统的分类进行,有多少系统就得一个不漏地进行罗列。

A. 一般通风工程

(A) 一般通风工程的主要项目:指一般送风系统、排风系统、排烟系统、正压送风排烟系统、事故通风系统等等(个别单个的排风机或其他通风机组仅有产品检验和单机测试内容)。

(B) 各系统简介:系统服务对象,设计风量、风压、灯光检漏及漏风率检测要求、风口分布与送风量、静压值、静压差及其他参数的设计和规范要求等等。

B. 人防通风工程

(A) 人防通风工程的主要项目:清洁通风系统、隔绝通风系统、压差检测系统等等。

(B) 各系统简介:系统服务对象,设计风量、风压、灯光检漏及漏风率检测要求、风口分布与送风量、其他参数的设计和规范要求等等。

C. 空调工程

(A) 空调工程的主要项目:全空气空调系统、风机盘管加新风补给系统、风机盘管加新风换气机系统、VRV 空调系统、事故通风系统、系统运行自动控制流程等等。

(B) 各系统简介:系统服务对象,系统精度(指温湿度波动允许范围)、设计风量、风压、灯光检漏及漏风率检测要求、风口分布与送风量、室内温湿度、室内空气流速、室内气流流场、静压值、静压差、噪声、照度、表面导静电性能、空调机组漏风率检测要求及其他参数的设计和规范要求等等。

D. 洁净空调工程

(A) 洁净空调工程的主要项目:一般有全空气空调系统或送回风加新风补给系统、事故通风系统、洁净工作台的安装、系统运行自动控制流程等等。按室内静压要求又分为正压洁净室和负压洁净室;按服务对象又分为工业生产(实验)工艺洁净室和医用生物洁净室。

(B) 各检测调试系统的简介:系统服务对象,系统过滤等级(即三级过滤——粗、中、高;粗、中、亚高效,或二级高效过滤——粗、中、高效过滤加排风高效过滤等)、设计风量、风压、灯光检漏及漏风率检测要求、风口分布与送风量、室内洁净度、室内温湿度、室内空气流速、室内气流流场、静压值、静压差、噪声、照度、表面导静电性能、室内浮游菌浓度、沉降菌菌落度、自净时间、空调机组漏风率检测要求及其他参数的设计和规范要求等等。

E. 空调系统的冷热源

（A）空调系统冷热源的主要项目：制冷机组、热交换站、空调冷冻水循环系统、空调热水循环系统、软化水系统、空调冷却水循环系统、制冷剂输送系统等。

（B）各检测调试系统的简介：应介绍各系统设备的配置情况、服务对象，需要检测和调试的内容和参数。如机组的出率、转速、噪声、设备和设备基础的微振测定、进出口温度、电机和轴承表面温度、单机试运转、系统运行联合试运转等等。

（2）调试检测仪表、仪器、设备的选择与配置

A. 一般通风工程

（A）依据相关规范、规程(应列出规范规程名称、条文编号及条文内容简述)的要求确定调试和检测参数项目的精度(波动幅度)要求、合格标准值和单机试运转要求。

（B）依据相关规范、规程(应列出规范规程名称、条文编号及条文内容简述)的要求确定检测和调试采用的方法。

（C）依据检测和调试采用的方法与检测参数要求的内容和精度确定采用的检测仪器、仪表及设备的名称、型号规格、量程范围、精度等级、数量。

（D）依据设计和规范要求确定检测点的位置和测口的结构、大小及安装方法。

（E）依据检测和调试过程中的需要，确定检测和调试过程中必需应用的辅助设施，如检测散流器风口风量的导管等等。

B. 人防通风工程

（A）依据相关规范、规程(应列出规范规程名称、条文编号及条文内容简述)的要求确定调试和检测参数项目的精度(波动幅度)要求、合格标准值和单机试运转的要求。

（B）依据相关规范、规程(应列出规范规程名称、条文编号及条文内容简述)的要求确定检测和调试采用的方法。

（C）依据检测和调试采用的方法与检测参数要求的内容和精度确定采用的检测仪器、仪表及设备的名称、型号规格、量程范围、精度等级、数量。

（D）依据设计和规范要求确定检测点的位置和测口的结构、大小及安装方法。

（E）依据检测和调试过程中的需要，确定检测和调试过程中必需应用的辅助设施等等。

C. 空调工程

（A）依据相关规范、规程(应列出规范规程名称、条文编号及条文内容简述)的要求确定调试和检测参数项目的精度(波动幅度)要求、合格标准值和单机试运转、系统联合试运转及系统运行自动控制流程调试。

（B）依据相关规范、规程(应列出规范规程名称、条文编号及条文内容简述)的要求确定检测和调试采用的方法。

（C）依据检测和调试采用的方法与检测参数的内容和精度要求，确定采用的检测仪器、仪表及设备的名称、型号规格、量程范围、精度等级、数量。

（D）依据设计和规范要求确定检测点的位置和测口的结构、大小及安装方法。

（E）依据检测和调试过程中的需要，确定检测和调试过程中需应用的辅助设施，如检测散流器风口风量的导管等等。

D. 洁净空调工程

（A）依据相关规范、规程（应列出规范规程名称、条文编号及条文内容简述）的要求确定调试和检测参数项目的精度（波动幅度）要求、合格标准值和单机试运转、系统联合试运转及系统运行自动控制流程调试。

（B）依据规范和设计要求，确定各种参数检测的状态（空态、静态、动态，按 JGJ 71—90 要求检测的状态一般为静态或空态。空态——指使用单位的设备未进场的状态；静态——指使用单位的设备已进场或部分已进场，但未投入运行的状态；动态——指使用单位的设备已进场，并投入运行的状态）。

（C）依据相关规范、规程（应列出规范规程名称、条文编号及条文内容简述）的要求确定检测和调试采用的方法。

（D）依据检测和调试采用的方法与检测参数的内容和精度要求，确定采用的检测仪器、仪表及设备的名称、型号规格、量程范围、精度等级、数量。

（E）依据设计和规范要求确定检测点的位置和测口的结构、大小及安装方法。

（F）依据检测和调试过程中的需要，确定检测和调试过程中需应用的辅助设施，如检测散流器风口风量的导管等等。

（G）依据检测项目的内容、检测技术条件，确定邀请相关部门协助检测的必要性和协作单位。

E. 空调系统的冷热源

（A）依据相关规范、规程（应列出规范规程名称、条文编号及条文内容简述）的要求确定调试和检测参数项目的精度（波动幅度）要求、合格标准值和单机试运转、系统平衡和联合试运转及系统运行自动控制流程调试。

（B）依据相关规范、规程（应列出规范规程名称、条文编号及条文内容简述）的要求确定检测和调试采用的方法。

（C）依据检测和调试采用的方法与检测参数的内容和精度要求，确定采用的检测仪器、仪表及设备的名称、型号规格、量程范围、精度等级、数量。

（D）依据设计和规范要求确定检测点的位置和测口的结构、大小及安装方法。

（3）检测与调试步骤的编制

A. 检测与调试步骤的编制应分分项（一般通风工程、人防通风工程、空调工程、洁净空调工程、空调系统冷热源）、系统、各个检测参数的具体检测方法和实施步骤逐个编写。

B. 检测与调试步骤的编制应明确采用记录表格格式和事先编制好现场检测数据记录辅助用表格式。要记录数据的计算公式和整理方法。

C. 检测与调试步骤的编制应明确检测人员的名单、职务、分工职责（即组长、组员、承担该项参数检测调试的工作内容）。

D. 检测与调试步骤的编制应明确与其他工种矛盾的解决方案和技术措施。

E. 洁净空调工程竣工检测调试验收合格后，应由甲方组织设计、监理、施工（含装配式洁净室安装厂家）各方，并邀请与建设、设计、施工三方没有任何关系、具备国家认定检测资质的检测单位进行洁净室性能的综合检测与评定。因此，应编制配合检测鉴定单位的人力、物力和检测环境条件的保障计划等。

（4）灯光检漏与漏风率检测

A. 依据 GB 50243—2002《通风与空调工程施工质量验收规范》第4.1.5条确定各系统的压力等级（低压、中压、高压）。

B. 依据 GB 50243—2002《通风与空调工程施工质量验收规范》第4.2.5条、第6.2.8条确定各系统漏风率检测允许漏风率标准（单位 $m^3/m^2 \cdot h$）。

C. 依据测试系统风道的展开总面积 A 乘以单位面积允许漏风率，求出测试系统允许漏风量。

D. 依据 GB 50243—2002《通风与空调工程施工质量验收规范》第4.2.5条、第7.2.3条确定现场组装空调机组的漏风率允许标准。

E. 依据 GB 50243—2002《通风与空调工程施工质量验收规范》第7.2.3条和 JGJ 71—90《洁净室施工及验收规范》第3.5.3条确定整体式空调机组（空调器）的漏风率允许标准。

F. 依据 GB 50243—2002《通风与空调工程施工质量验收规范》第4.2.5条、第6.2.8条、第7.2.3条、第7.2.5条确定装配式洁净室漏风量测试的允许标准。

G. 依据 GB 50243—2002《通风与空调工程施工质量验收规范》附录A确定各个不同压力等级系统的灯光检漏允许漏光点数量。

H. 依据 GB 50243—2002《通风与空调工程施工质量验收规范》第6.2.8条确定各系统灯光检漏和漏风率检测的数量（个数）。洁净空调系统灯光检漏和漏风率检测标准尚应符合 JGJ 71—90《洁净室施工及验收规范》第3.3.7条规定。

I. 依据采用漏风率检测方法选择确定漏风率检测系统装置、设备和量测仪表的型号、规格、量测范围、精度、数量。

J. 确定检测系统的连接方案，画出检测装置连接示意图、检测仪器的安装位置。并确定漏风率的检测时间［应在系统主干道风口开口（挖洞）之前］，密封方法及注意事项。

K. 向风道加工厂提出各个系统每批风道加工灯光检漏的标准和数量要求。

L. 分析测定结果，提出不合格项的处理方案。

（5）通风空调系统的调试

A. 通风空调系统调试应有系统单线布局示意图。在示意图中应标注各管段风量、风口风量、阀件位置、测点位置。

B. 通风空调系统风量平衡调节方法和步骤：通风空调系统风量平衡调节方法有基准风口法和流量等比分配法（测定风量采用热球式风速仪测定调整风量的称流量等比分配法；当测定风量采用测压管和倾斜式微压测定仪调整风量的称动压等比分配法），应确定采用的方法，并结合示意图进行简明扼要阐述调试步骤。

C. 依据规范要求确定系统内风量、风压（静压、动压、全压）、风速的检测方法（采用毕托管与倾斜式微压测定仪测量风速和风压的应有静压、动压、全压量测时毕托管与微压计的连接示意图），各室内送风口、回风口风速、风量的检测方法，及测点分布图，仪器仪表装置示意图。

D. 确定进行系统平衡的测试记录表格、计算公式和整理方法。

E. 分析测定结果，提出不合格项的处理方案。分析达不到设计功能要求项目的原因，针对具体项目及现场观测的实际现象提出解决问题的方案与办法。如何分析可参见中国建筑工业出版社出版的《暖卫通风空调技术手册(设计、施工、调试、管理)》(编者金练等)、《暖通空调规范实施手册》等资料。

F. 明确配合工种、记录表格、测试人员及其分工职责。

(6) 各参数的检测

在检测调试方案中,通风空调系统各参数的检测步骤与方法、采用仪表设备等应有自己的检测计划、步骤、方法、仪表配置等相关内容。各参数的检测步骤与系统平衡中风速、风量、风压的检测类同。但必须依据测量不同参数相关规范要求,对其相应的测试方法、采用仪表、装置、设备等进行认真核定。同样检测方案中应有测试系统图、装置图等等,具体按照 GB 50243—2002《通风与空调工程施工质量验收规范》、JGJ 71—90《洁净室施工及验收规范》及 GB/T 16292—1996《医药工业洁净室(区)悬浮菌的测试方法》、GB/T 16294—1996《医药工业洁净室(区)沉降菌的测试方法》等规范和《暖通空调规范实施手册》内相关内容提供的方法、装置及检测要求进行。

(7) 测试与调试人员组成名单

A. 测试主管工程师

姓名、学历、职称、职务。

B. 测试组长

姓名、学历、职称职务、上岗证。

C. 通风组组长

姓名、学历、职称职务、上岗证、承担工作(职责)。

D. 通风组成员

姓名、学历、职称职务、上岗证、承担工作(职责)。

E. 水暖组组长

姓名、学历、职称职务、上岗证、承担工作(职责)。

F. 水暖组成员

姓名、学历、职称职务、上岗证、承担工作(职责)。

G. 电气组组长

姓名、学历、职称职务、上岗证、承担工作(职责)。

H. 电气组成员

姓名、学历、职称职务、上岗证、承担工作(职责)。

以上内容应用列表形式编写。

27.1.3 编制与报审

(1) 通风空调工程调试方案由工地专业工程项目经理部(技术组)负责人负责组织编制。由工地专业工程项目经理部(技术组)负责人负责校核、校对、定稿,并上报专业项目经理部专业主任工程师审校核定。由专业项目经理部专业主任工程师负责审校核定无误后,一式三份上报公司审批(公司备案一份,退回二份)。

(2) 通风空调工程检测调试方案的文本应做到文字编排美观、页面整洁,测试项目内容、标准、使用仪表、装置等应依据规范要求尽量做到齐全、无遗漏现象。

(3) 通风空调工程调试方案应于该项工程开工后 30d 内上报公司审批。若开工后施工图纸暂未到位,应及时通报公司技术质量检查处。在图纸到位后,应在 20d 内上报公司审批。工程出现较大的变更应向公司上报变更调试检测补充方案或重新调整的编制方案。

(4) 通风空调工程调试方案公司审批后,尚应报监理工程师审批后才能实施。

(5) 工程中通风空调安装分部工程仅有分散的局部送风(机)或排风(机)系统,可以不编制通风空调工程调试方案上报审批,但应有详细的调试技术交底材料,且依据规范该测试的内容不得缺少。

27.2 通风空调工程调试方案编制实例

实例:中国中医研究院×××医院医用辅助楼通风空调工程系统调试方案

27.2.1 工程概况

以下各表中风量单位为 m^3/h,风压单位为 Pa。

(1) 一般送排风系统:详见表 27.2.1-1。

一般送排风系统

表 27.2.1-1

序号	系统所在位置	系统编号	系统风机风量	系统风机风压	需测试的项目
1	地下二层	送风系统	24000	250	
2	地下二层	排风排烟系统	19761/13129	945/417	
3	地下一层	车库送风系统	24000	250	
4	地下一层冷冻机房送风	XF-10、F-11、XF-12	4190	251	
5	地下一层配电室	排风系统	1510	201	设备转速、出率、噪声、风口风量、室内风量、系统风量和系统风量平衡;风机扬程 $P \leqslant 500Pa$ 系统应做灯光检漏试验,$P > 500Pa$ 应做灯光检漏和漏风率试验;单机试运转和系统联合试运转
6	地下一层机房	排风系统	5600	247	
7	地下一层男女浴室	排风系统	1000	235	
8	地下一层告别室	PF-12	2000	245	
9	七层屋顶	PF-1	8000	320	
10	七层屋顶	PF-2	10000	320	
11	九层热交换间内	PF-3	1400	404	
12	七层屋顶	PF-4	2070	245	
13	七层屋顶	PF-5	1540	257	
14	七层屋顶	PF-6	2070	245	
15	七层屋顶	PF-7	2070	245	

序号	系统所在位置	系统编号	系统风机风量	系统风机风压	需测试的项目
16	七层屋顶	PF－8	1700	257	
17	七层屋顶	PF－9	5000	318	
18	六层屋顶	PF－10	1000	＜500	
19	八层音像	音像中心	9210	249	
20	七层动物中心	排风	3500	300	设备转速、出率、噪声、风口风量、室内风量、系统风量和系统风量平衡；风机扬程 $P \leqslant$ 500Pa系统应做灯光检漏试验，$P >$ 500Pa应做灯光检漏和漏风率试验；单机试运转和系统联合试运转
21	七层操作间	毒气柜排风	5000	318	
22	六层实验室	毒气柜排风	5000	318	
23	五层实验室	毒气柜排风	5000	318	
24	地下二层	车库排烟排风	30000/19723	600/260	
25	地下一层	车库排烟排风	30000/19723	600/260	
26	地下一层配电室	排烟补风	2070	245	
27	七层屋顶	PY－1	15000	650	
28	七层屋顶	PY－2	15000	650	
29	八层走道吊顶内	ZS－1	27000	650	
30	八层走道管井内	ZS－2	15000	650	
31	八层走道吊顶内	ZS－3	23000	650	

（2）人防通风工程：详见表27.2.1－2。

人防通风工程　　　　表27.2.1－2

序号	系统位置	系统编号	风机风量	风机风压	需测试的项目
1	地下二层	清洁式通风系统	3142	364	设备转速、出率、噪声、风口风量、系统风量和系统风量平衡、室内温湿度、室内外静压差、灯光检漏试验；单机试运转和系统联合试运转等
2	地下二层	隔绝式		＜500	

（3）一般空调工程

A. 风机盘管加新风系统

共20个系统，其中排风系统见"（1）一般送排风系统"项，新风系统共计有4个，详见表27.2.1－3。

B. 全空气空调(八层音像中心)系统：详见表27.2.1－4。

序号	系统编号	系统机房所在位置	承担风机盘管空调系统	系统风机风量	系统风机风压	需测试的项目
1	XF-1	地上一层空调机房	一层供应室、二层多媒体阅览、三层办公南区、四层办公南区、五层办公南区、六层办公南区、七层办公南区	13000	400	设备转速、出率、噪声、室内风量、风口风量、系统风量和系统风量平衡、室内温湿度等;风机扬程 $P \leqslant 500Pa$ 系统应做灯光检漏试验,$P > 500Pa$ 应做灯光检漏和漏率试验;单机试运转和系统联合试运转
2	XF-2	地上一层空调机房	一层血透中心附属用房、二层档案室、三层办公北区、四层办公北区、五层办公北区、六层办公北区	13000	300	
3	XF-3	地上一层空调机房	二层西区、三层办公西区、四层办公西区、五层办公西区、六层办公西区、七层办公中区、八层办公中区	17000	300	
4	XF-4	地上一层空调机房	一层血透中心	4000	600	

全空气空调系统　　　　　　　　　表 27.2.1-4

系统机房位置	空调系统承担对象	风机风量	风机风压	需测试的项目
八层	音像中心	10000	300	设备转速、出率、噪声、风口风量、系统风量和系统风量平衡、室内温湿度、灯光检漏试验;单机试运转和系统联合试运转等

C. 变频分体式空调机组

室外机型号 RX8KY1 制冷量 $L = 23kW/h$,室内机七台,每台制冷量 $L = 3kW/h$,详见表 27.2.1-5。

变频分体式空调机组　　　　　　　　　表 27.2.1-5

序号	空调机名称	安装所在位置	承担空调对象	系统风量	系统风压	需测试的项目
1	室外机	七层屋顶	—	—	—	由厂家安装调试
2	室内机	室内	四、五、六、七层	—	—	

（4）洁净空调工程:详见表 27.2.1-6。

| 洁净空调工程 | | | | | 表27.2.1-6 |

序号	机房类别	机房所在位置	承担空调对象系统	系统风机风量	系统风机风压	需测试的项目
1	送风机房	七层室内	七层实验动物饲养室	3800	200	系统风量、送回风口风量、设备转动部件的温升、系统风量平衡；单机试运转和系统联合试运转，以及下列两项室内各参数值的测试等
	回风机房	六层屋顶	七层实验动物饲养室	3500	300	
2	XF-4	一层空调机房	一层无菌室、血透中心、抢救室	4000	600	各送风口风量、室内温湿度、洁净度、室内静压值、相邻房间或房间与走道的静压差值、噪声值；风机扬程 $P \leqslant 500Pa$ 系统应做灯光检漏试验，$P > 500Pa$ 应做灯光检漏和漏风率试验等
3	由七层动物饲养室的洁净送风系统送风		五、六层无菌室	—	200	

注：序号2、3项采取送风口加高效过滤器来达到洁净空调要求。

(5) 空调冷(冻)热水循环系统：详见表27.2.1-7。

| 空调冷(冻)热水循环系统 | | | | 表27.2.1-7 |

序号	冷热源	机房位置	系统	承担范围
1	WRH-2802型冷水机组	地下一层	系统-1	建筑南半部空调系统
2	热源	院热力站	系统-2	建筑北半部空调系统
3	冷热水补水系统	地下一层	—	—
4	冷却水循环系统	—	—	—
5	测试内容	各支路和总干管的水量、水温、系统水量平衡、设备噪声、转动处和电机的转速、发热量、软化水的各项水质指标		

27.2.2 调试检测仪表、仪器、设备的选择与配置

(1) 室内设计参数及其精度(表27.2.2-1)

| 室内设计参数及其精度表 | | | | | | | | 表27.2.2-1 |

房间名称	夏季室内温湿度		冬季室内温湿度		新风补给量		洁净级别	静压(Pa)	总送风循环次数(次/h)
	温度	湿度	温度	湿度	(m³/h)	(次/h)			
血透室	26	≤60	22	≥30	5	—	—	30	—
门厅办公室	26	≤65	20	≥30	30	—	—	—	—
音像中心	26	≤65	20	30	20	—	—	—	—
无菌室	26	≤60	22	≥30	5	—	—	30	20

房间名称	夏季室内温湿度		冬季室内温湿度		新风补给量		洁净级别	静压(Pa)	总送风循环次数(次/h)
	温度	湿度	温度	湿度	(m³/h)	(次/h)			
抢救室	26	≤60	22	≥30	—	5	—	30	20
动物饲养实验室	24±2℃	≤60±10%	22±2℃	≥40±10%	—	12	10万级	50	≥25
洁净走道	24	≤60	22	≥40				20	
污染走道	24	≤60	22	≥40				10	

注:动物饲养室及走道的室内参数依据相关规范要求进行调整,执行时应与设计人员再次商定。

(2) 选用的测试仪表(表 27.2.2 - 2)

选用的测试仪表　　　　　　　　表 27.2.2 - 2

序号	仪表名称	型号规格	量程	精度等级	数量	备注
1	水银温度计	最小刻度 0.1℃	0～50℃	—	5	—
2	水银温度计	最小刻度 0.5℃	0～50℃	—	10	—
3	酒精温度计	最小刻度 0.5℃	0～100℃	—	10	—
4	带金属保护壳水银温度计	最小刻度 0.5℃	0～50℃	—	2	—
5	带金属保护壳水银温度计	最小刻度 0.5℃	0～100℃	—	2	—
6	热球式温湿度表	RHTH - 1 型	- 20～85℃ 0～100%	—		—
7	热球式风速风温表	RHAT - 301 型	0～30m/s - 20～85℃	<0.3m/s ±0.3℃	5	—
8	电触点压力式温度计		0～100℃	1.5	2	毛细管长 3m
9	非接触式红外线温度测试仪	Raynger ST20 型			1	—
10	干湿球温度计	最小分度 0.1℃	- 26～51℃		5	—
11	压力计	—	0～1.0MPa	1.0	2	—
12	压力计	—	0～0.5MPa	1.0	2	—
13	转速计	HG - 1800	1.0～99999r/s	50ppm	1	—
14	噪声检测仪	CENTER320	30～13dB	1.5dB	1	—
15	叶轮风速仪	—	—	—	2	—
16	标准型毕托管	外径 φ10	—	—	2	—
17	倾斜微压测定仪	TH - 130 型	0～1500Pa	1.5 Pa	2	—

序号	仪表名称	型号规格	量程	精度等级	数量	备注
18	U形微压计	刻度1Pa	0~1500Pa	—	4	—
19	灯光检测装置	24V100W	—	—	2	带安全罩
20	激光粒子计数器	BCJ-1型	—	—	1	—
21	多孔整流栅	外径=100mm	—	—	1	—
22	节流器	外径=100mm	—	—	1	—
23	测压孔板	外径$D_0=100$,孔径$d=0.0707$m,$\beta=0.679$			2	—
24	测压孔板	外径$D_0=100$,孔径$d=0.0316$m,$\beta=0.603$			2	—
25	测压软管	$\phi=8,L=2000$mm			6	—
26	电压计	—			1	—

(3) 测量辅助附件(表27.2.2-3)

测量辅助附件的配置　　　　　　　　　　　　　　　表27.2.2-3

序号	附 件 名 称	规格	数量	附图编号
1	带高效过滤器风口末端加罩测试装置	320×320	1	图27.2.2-1
		500×500	1	
2	方形散流器送风口加罩测试装置	—	—	

(4) 灯光检漏测试装置(表27.2.2-4)。

灯光检漏和漏风量测试装置　　　　　　　　　　　　表27.2.2-4

序号	附 件 名 称	规格	数量	附图编号
1	灯光检漏装置	—	1	图27.2.2-2
2	系统漏风量测试装置	—	1	图27.2.2-3

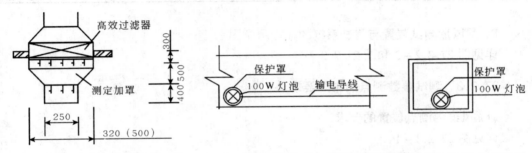

图27.2.2-1 带高效过滤风口　　　　图27.2.2-2 灯光检漏装置

425

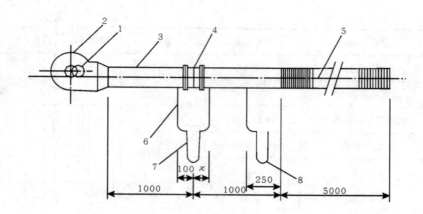

图 27.2.2 – 3　风管漏风测试装置

孔板 1($D = 0.0707$m);$x = 45$mm;孔板 2($D = 0.0316$m);$x = 71$mm

1—逆风挡板;2—风机;3—钢风管 $\phi100$;4—孔板;5—软管 $\phi100$;

6—软管 $\phi8$;7、8—压差计

(5) 风道漏风量检测装置设备的配置

按 JGJ 71—90《洁净室施工及验收规范》规范的要求配置。

A. 风道漏风量检测装置设备的配置(表 27.2.2 – 5)。

风道漏风量检测装置设备的配置　　　　　　　　　　表 27.2.2 – 5

序号	系统漏风量 (m^3/h)	测试风机		测试孔板			压差计	风道	软接头
		$Q(m^3$/h)	H(Pa)	直径(m)	孔板常数	个数			
1		1600	2400	—	—	—	—	—	—
2	$\geqslant 130$	—	—	0.0707	0.697	1	—	—	—
	< 130	—	—	0.0316	0.603	1	—	1	—
3	—	—		0 ~ 2000Pa			2 个	—	—
4	—	—		镀锌钢板风道 $\phi100$、$L = 1000$mm			—	3 节	—
5	—	—		软接头 $\phi100$、$L = 250$mm			—	—	3 个

B. 漏风量测试装置与测试系统的连接示意图

详见图 27.2.2 – 3 和图 27.2.2 – 4。

27.2.3　测试参数测点的布局要求

(1) 风道内测点位置的要求

详见图 27.2.3 – 1。

(2) 圆形断面风口或风道参数扫描测点分布图

426

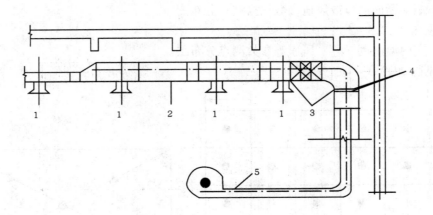

图 27.2.2 – 4　漏风检测系统连接示意图

1—风口；2—被试风管；3—盲板；4—胶带密封；5—试验装置

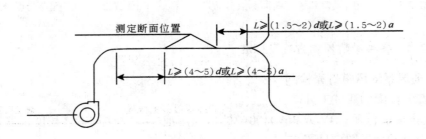

d 圆形风道直径

a 矩形风道长边长度

图 27.2.3 – 1　风道内测点位置的要求

详见图 27.2.3 – 2。

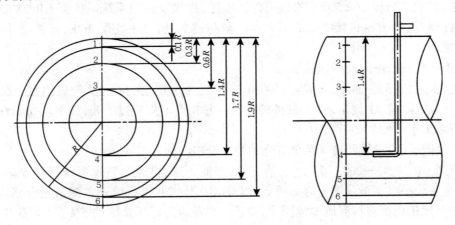

图 27.2.3 – 2　圆形风口和风管断面测点分布图

（3）矩形断面风口或风道参数扫描测点分布图

详见图 27.2.3 - 3。

（4）室内温湿度、噪声、风速等参数测点分布图。

详见图 27.2.3 - 4。

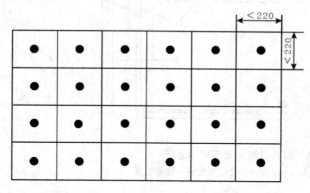 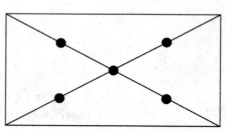

图 27.2.3 - 3　矩形风口和风管断面测点分布图　　　图 27.2.3 - 4　五点测点分布图

27.2.4　各种参数检测方法及标准

（1）通风系统风道灯光检漏

A. 灯光检漏的测试工具

带安全罩的低压（24V 或 36V）100W 的白炽灯泡一盏,拉绳一条（长度视安装系统长度而定）。试验装置图详见图 27.2.2 - 2。

B. 灯光检漏系统数量的确定

低压系统、中压系统、高压系统（本工程无高压系统）均应 100% 进行灯光检漏试验。

C. 灯光检漏的质量标准

（A）低压送、排风及新风系统

送、排风机扬程 $H \leqslant 500Pa$ 的系统为低压送、排风及新风系统。依据 GB 50243—2002 附录 A1 规定,每 10m 拼接缝长的漏光点不得超过 2 处,且平均每 100m 拼接缝中不应大于 16 处。

（B）中压送、排风及新风系统

送、排风机扬程 $500Pa < H \leqslant 1500Pa$ 的系统为中压送、排风及新风系统。依据 GB 50243—2002 附录 A1 规定,每 10m 拼接缝长的漏光点不得超过 1 处,且平均每 100m 拼接缝中不应大于 8 处。

（C）低压送、排风及新风系统灯光检漏不合格的处理

依据 GB 50243—2002 第 7.1.5 条规定,当低压送、排风及新风系统灯光检漏不合格时,应在系统单线测试草图上对漏风点进行标识记录,并进行修补重测直至合格为止;同时增加对低压系统进行漏风率检测,测检系统数量应为低压系统的 5% 个（但不少于一个系统）。

D. 灯光检漏记录单

灯光检漏记录单采用 DBJ 01—51—2002《建筑工程资料管理规程》的表式 C6 – 6 – 2 或表式 C6 – 6 – 2A。

(2) 通风系统的漏风量检测

A. 本工程需进行漏风量检测的系统和允许的漏风率[q]见表 27.2.4 – 1。

检测的系统和允许的漏风率[q]　　　　　　　　　表 27.2.4 – 1

序号	系统编号或名称	系统风压	允许漏风率	备　注
1	地下二层排风排烟系统	945/417Pa	3.14m³/h·m²	
2	地下二层车库排风排烟系统	600/260	2.25m³/h·m²	
3	地下一层车库排风排烟系统	600/260	2.25m³/h·m²	
4	PY – 1	650	2.71m³/h·m²	
5	PY – 2	650	2.71m³/h·m²	依据 GB 50243—2002 第 7.1.5 条抽检测系统数量为 20% 个,但不少于一个系统
6	ZS – 1	650	2.71m³/h·m²	
7	ZS – 2	650	2.71m³/h·m²	
8	ZS – 3	650	2.71m³/h·m²	
9	XF – 4 血透中心	600	2.25m³/h·m²	
10	XF – 4 血透中心辅助用房	600	2.25m³/h·m²	
11	XF – 4 无菌室	600	2.25m³/h·m²	
12	XF – 4 抢救室	600	2.25m³/h·m²	
13	抽检系统为 5% 个的低压系统,但不少于一个系统	≤500	6.00m³/h·m²	灯光检漏出现不合格时
		≤400	5.19m³/h·m²	
		≤300	4.30m³/h·m²	

B. 漏风量检测的设备和仪器(表 27.2.4 – 2)。

漏风量检测的设备和仪器　　　　　　　　　表 27.2.4 – 2

序号	设备和仪表名称	型号	规格或量程	精度等级	数量	单位	备注
1	测试风机	—	$Q = 1600m³/h$, $H = 2400Pa$	—	1	台	—
2	测压孔板	—	$D_0 = 100$, $d = 0.0707$, $\beta = 0.679$	—	2	套	漏风量 ≥130
3	测压孔板	—	$D_0 = 100$, $d = 0.0316$, $\beta = 0.603$	—	2	套	漏风量 <130
4	测压软管	—	$\phi8mm$, $L = 2000mm$	—	6	条	—
5	标准型毕托管	—	外径 $\phi10$	—	2	台	—

序号	设备和仪表名称	型号	规格或量程	精度等级	数量	单位	备注
6	倾斜微压测定仪	TH-130 型	0～1500Pa	1.5 Pa	2	套	—
7	U 形微压计	刻度 1Pa	0～1500Pa	—	4	套	—
8	镀锌钢板风道	—	$\phi100$, $L=1000mm$	—	3	节	—
9	软 接 头	—	$\phi100$, $L=250mm$	—	3	个	—
10	天圆地方变径管	—	—	—	1	节	—

C. 风道全压、动压、静压测量时毕托管与微压计的连接详见图 27.2.4－1。

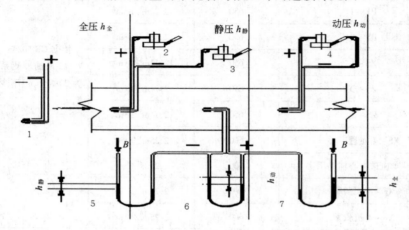

图 27.2.4－1 风管全压、动压、静压的测量

1—复合测压计(风压管);2、3、4—风压管和维压计测量全压、动压、静压的连接方法;

5、6、7—风压管和 U 形管测量全压、动压、静压的连接方法

D. 漏风量测试的前提及测试装置连接应注意的问题:

(A) 漏风量测试的前提

a. 漏风量测试应在系统安装预检合格之后,保温、隐蔽之前进行;

b. 漏风量测试应在系统送、排风口开洞之前进行;

c. 若有处于竖井内的系统,应在竖井内会出现妨碍系统测试、返修和保温工序的外排系统管道安装之前进行。

(B) 测试装置连接应注意的问题:

a. 连接风管的要求

连接风管均为光滑圆管。孔板至上游 2D 范围内其圆度允许偏差为 0.3%;下游为 2%。

b. 孔板与风管连接的要求

孔板与风管连接的前端与管道轴线垂直度允许偏差为 1°;孔板与风管同心度允许偏

差为 $0.015D$。

c. 连接部分的严密性要求:在第一整流栅后所有连接部分应严密不漏风。

E. 实测漏风量 Q 和允许漏风量$[Q]$的计算

(A) 实测漏风量的计算:漏风量按下式计算

$$Q = 4647.58\varepsilon\alpha A_n(\Delta P)0.5 \qquad \text{m}^3/\text{h}$$

式中　ε——气流束膨胀系数(查表 27.2.4－3);

　　　α——孔板的流量系数(查 GB 50243—2002《通风与空调工程施工及验收规范》附录 A 的孔板流量系数图);

　　A_n——孔板开口面积,m^2;

　　ΔP——孔板压差,Pa。

采用角接取压标准孔板流束膨胀系数 ε 值　　　　　表 27.2.4－3

β^4	P_2/P_1								
	1.0	0.98	0.96	0.94	0.92	0.90	0.85	0.80	0.75
0.08	1.000	0.9930	0.9866	0.9803	0.9742	0.9681	0.9531	0.9381	0.9232
0.1	1.000	0.9924	0.9854	0.9787	0.9720	0.9654	0.9491	0.9328	0.9166
0.2	1.000	0.9918	0.9843	0.9770	0.9698	0.9627	0.9450	0.9275	0.9100
0.3	1.000	0.9912	0.9831	0.9753	0.9676	0.9599	0.9410	0.9222	0.9034

注:本表允许内插,不许外延。P_2/P_1 为孔板后与孔板前的全压值比。

孔板的流量系数查 GB 50243—2002 附录 A 的孔板流量系数图确定,其适应范围应满足下列要求:

$10^5 < Re_p < 2.0 \times 10^6$　　　$0.05 < \beta^2 \leqslant 0.49$　　　$500\text{mm} < D \leqslant 1000\text{mm}$

在此范围内不计管道粗糙度对流量系数的影响。

若雷诺数小于 10^5 时,则按现行国家标准《流量测量节流装置》求得流量系数 α。

(B) 允许漏风量$[Q]$的计算

$$[Q] = \Sigma F \times [q] \qquad \text{m}^3/\text{h}$$

式中　$[Q]$——允许漏风量,m^3/h;

　　　ΣF——测试系统风道展开面积之和,m^2;

　　　$[q]$——测试系统允许的漏风率,$\text{m}^3/\text{h}\cdot\text{m}^2$。

(C) 测试合格的标准

$$Q \leqslant [Q]$$

F. 漏风量测试采用的记录单:漏风量测试采用的记录单为表式 C6－6－2。

(3) 洁净空调系统空调器漏风量的测试(本测试可在定货时向厂家提出测试要求,由厂家测试并提供测试报告单)

A. 洁净空调系统空调器漏风量的测试装置

(A) 洁净空调系统空调器漏风量所需的测试装置和仪表:详见图 27.2.4－2 和表

27.2.4 - 4。

洁净空调系统空调器漏风量所需的测试装置和仪表   表 27.2.4 - 4

序号	设备和仪表名称	型号	规格或量程	精度等级	数量	单位	备注
1	测试风机	—	$Q = 1600\text{m}^3/\text{h}, H = 2400\text{Pa}$	—	1	台	—
2	测压孔板	—	$D_0 = 100, d = 0.0707, \beta = 0.679$	—	1	套	漏风量 ≥ 130
3	测压孔板	—	$D_0 = 100, d = 0.0316, \beta = 0.603$	—	1	套	漏风量 < 130
4	测压软管	—	$\phi 8\text{mm}, L = 2000\text{mm}$	—	2	条	—
5	标准型毕托管	—	外径 $\phi 10$	—	2	台	—
6	倾斜微压测定仪	TH-130 型	$0 \sim 1500\text{Pa}$	1.5 Pa	2	套	
7	U 形微压计	刻度 1Pa	$0 \sim 1500\text{Pa}$	—	2	套	
8	镀锌钢板风道	—	$\phi 100, L = 1000\text{mm}$	—	3	节	
9	软接头	—	$\phi 100, L = 250\text{mm}$	—	3	个	
10	天圆地方变径管	—	—	—	1	节	—
11	多孔整流栅	—	$\phi 100$	—	1	个	
12	节流器	—	$\phi 100$	—	1	个	

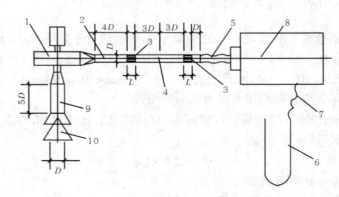

图 27.2.4 - 2   空调器漏风率检测装置
1—试验风机;2—出气风道;3—多孔整流器;4—测量孔;5—连接软管;
6—压差计;7—连接胶管;8—空调器;9—进气风道;10—节流器

（B）洁净空调系统空调器漏风量所需的测试装置

B．检测前提和检测系统

（A）检测前提和注意事项

a．空调器漏风率检测应在空调器与连接风道安装前进行。

b．空调器漏风率检测应在空调器安装就绪,单机试运转无问题后进行。

c. 空调器漏风率检测前应将所有孔洞和检查门封闭严密后进行。

d. 空调器漏风率检测注意事项

依据 JGJ 71—90《洁净室施工及验收规范》附录四规定：

（a）试验风机额定风量：700～2000m³/h；

（b）试验风机额定风压：2400～1400Pa；

（c）进气风道直径：依据管内风速 $V = 5 ～ 15m/s$ 进行选择；

（d）出气风道直径：依据管内风速 $V = 5 ～ 15m/s$ 进行选择；

（e）节流器、整流栅应符合 GB 1236《通风机空气动力性能试验方法》中的有关规定：

第一，整流栅分进气整流栅和出气整流栅，进气整流栅隔板厚度 $\delta = (0.012 ～ 0.015)D$，出气整流栅隔板的间距 $b = (0.25 ～ 0.08)D$。整流栅示意图见图 27.2.4 – 3。

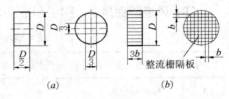

图 27.2.4 – 3　整流栅构造示意图
（a）进气整流栅；（b）出气整流栅

第二，网栅节流器用于进气端风道试验上，操作时可采用铁纱网分层叠加或用纸片分别均匀吸附在固定网上。

（f）试验风机运转后，调节整流器，使空调器内部静压上升并保持在 1000Pa，测出出气风道断面风速，计算进气的进风量。

（B）本工程需进行空调器漏风率检测的系统

本工程仅七层实验动物饲养室的送风空调机组和回风空调机组需进行空调器漏风率检测。

C. 空调器漏风率的计算和合格标准

（A）空调器漏风率的计算

a. 空调器漏风量 L 的计算

$$L = 3600Fv \qquad\qquad m^3/h$$

式中　F——出气风道的断面积，m^2；

　　　v——出气风道内的风速，m/s。

b. 空调器漏风率 ξ 的计算

$$\xi = (L_{实测值}/L_{额定值})\%$$

式中　$L_{额定值}$——被测试空调器的额定风量，m^3/h。

（B）空调器漏风率测试的合格标准

依据 JBJ 71—90《洁净室施工及验收规范》第 3.5.3 条规定，洁净度低于 1000 级的系统空调器的漏风率 $\xi \leqslant 2\%$。

D. 空调器漏风率测试采用的记录单

空调器漏风率测试采用的记录单为 DBJ 01—51—2002《建筑工程资料管理规程》的表式 C6 – 6 – 1。

（4）风道和风口断面风量 L、平均动压 P_d、平均风速 v 的计算

A. 风道和风口断面风量、平均动压、平均风速的测量条件

风道和风口断面风量、平均动压、平均风速的测量一般随系统的平衡调试同时进行。

B. 风道和风口断面风量、平均动压、平均风速测量的仪表

（A）风口断面风量、平均风速测量的仪表

详见表 27.2.4 – 5（或选表 27.2.4 – 6 的仪表进行测定）。

热球式风速风温表的规格 表 27.2.4 – 5

序号	设备和仪表名称	型号	规格或量程	精度等级	数量	单位
1	热球式风速风温表	RHAT-301 型	0 ~ 30m/s -20 ~ 85℃	< 0.3m/s ± 0.3℃	2	台

（B）风道断面风量、平均动压、平均风速测量的仪表：详见表 27.2.4 – 6。

标准毕托管和倾斜微压测量仪规格 表 27.2.4 – 6

序号	设备和仪表名称	型号	规格或量程	精度等级	数量	单位	备注
1	标准型毕托管	—	外径 ϕ10	—	1	台	—
2	倾斜微压测定仪	TH-130 型	0 ~ 1500Pa	1.5 Pa	1	套	—

C. 风道和风口断面测量扫描测点的确定

（A）圆形断面风道测点和风口扫描测点的确定

圆形断面风道测点和风口扫描测点的布局按图 27.2.3 – 2 确定，但测定内圆环数按表 27.2.4 – 7 选取。

圆形断面风道和风口扫描测点环数选取表 表 27.2.4 – 7

圆形断面直径(mm)	200 以下	200 ~ 400	401 ~ 600	601 ~ 800	801 ~ 1000	> 1001
圆环个数(个)	3	4	5	6	8	10

（B）矩形断面风道测点和风口扫描测点的确定

矩形断面风道测点和风口扫描测点的布局按图 27.2.3 – 3 确定，但依据 GB 50243—2002《通风与空调工程施工及验收规范》第 12.3.5 条规定，匀速扫描移动不应少于 3 次，测点个数不应少于 5 个。

D. 采用表 27.2.4 – 5 仪表测试时风道和风口断面风量 L、平均动压 P_d、平均风速 v 的计算

（A）风道和风口断面平均动压 P_d 的计算

$$P_d = [\sum (P_{dk})^{0.5} / n]^2$$

式中　P_d——断面平均动压，Pa；

　　　P_{dk}——断面测点动压，Pa；

　　　k——1、2、3、4……n；

　　　n——测点数。

（B）平均风速 v 的计算

434

$$v = (2P_{\mathrm{d}}/\gamma)^{0.5} = 1.29(P_{\mathrm{d}})^{0.5} \qquad\qquad \text{m/s}$$

(C) 风道断面风量 L

$$L = 1.29A(P_{\mathrm{d}})^{0.5} \qquad\qquad \text{m}^3/\text{h}$$

式中 A——风道断面面积，m^2。

E. 采用表 27.2.4-6 仪表测试时风口断面风量 L、平均风速 v 的计算

(A) 平均风速 v 的计算

$$V_{\mathrm{d}} = \sum V_{\mathrm{dk}}/n$$

式中 V_{d}——断面平均风速，$\mathrm{m/s}$；

　　　V_{dk}——断面测点风速，$\mathrm{m/s}$；

　　　k——1、2、3、4……n；

　　　n——测点数。

(B) 风口风量 L 的计算

$$L = A \cdot V_{\mathrm{d}} \qquad\qquad \text{m}^3/\text{h}$$

式中 A——风道断面面积，m^2。

(C) 风口、房间和系统风量测定的允许相对误差

a. 风口风量、房间和系统风量测定相对误差值 Δ 的计算

$$\Delta = \left[(L_{\text{实测值}} - L_{\text{设计值}})/L_{\text{设计值}} \right]\%$$

式中 $L_{\text{实测值}}$——实测风量值，m^3/h；

　　　$L_{\text{设计值}}$——设计风量值，m^3/h。

b. 允许相对误差值

依据 GB 50243—2002《通风与空调工程施工质量验收规范》第 12.3.2 条第 2 款规定，$\Delta \leqslant 10\%$。

F. 风口、房间和系统风量采用记录单

风口、房间和系统风量采用记录单为 DBJ 01—51—2002《建筑工程资料管理规程》的表式 C6-6-3 或 C6-6-3A。

(5) 室内温湿度及噪声的测量

A. 室内温湿度的测定

(A) 测点布置和测试方法

室内测点布置为送风口、回风口、室内中心点、工作区测四点。室中心和工作区的测点高度距地面 0.8m，距墙面 $\geqslant 0.5$m，但测点之间的间距 $\leqslant 2.0$m；房间面积 $\leqslant 50\mathrm{m}^2$ 的测点五个，每超过 $20 \sim 50\mathrm{m}^2$ 增加 $3 \sim 5$ 个。测定时间间隔为 30min。测试方法采用悬挂温度计、湿度计，定时考察测试。或采用便携式 RHTH-I 型温湿度测试仪表定时测试。

(B) 测定仪表选择

温度计、干湿球温度计或其他便携式 RHTH-I 型温湿度测试仪表详见表 27.2.4-8。

序号	仪表名称	型号规格	量程	精度等级	数量	备注
1	水银温度计	最小刻度 0.1℃	0 ~ 50℃	—	5	—
2	水银温度计	最小刻度 0.5℃	0 ~ 50℃	—	10	—
3	酒精温度计	最小刻度 0.5℃	0 ~ 100℃	—	10	—
4	热球式温湿度表	RHTH-1 型	− 20 ~ 85℃ 0 ~ 100%	—	5	—
5	热球式风速风温表	RHAT-301 型	0 ~ 30m/s − 20 ~ 85℃	< 0.3m/s ± 0.3℃	5	—
6	干湿球温度计	最小分度 0.1℃	− 26 ~ 51℃	—	5	—

（C）测试条件

室内温湿度的测定应在系统风量平衡调试完毕后进行，也可与系统联合试运转同时进行。

B．允许误差值和采用的记录单

（A）测定值的允许误差

室温和相对湿度允许误差详见表 27.2.1 – 1。

（B）室内温湿度测试记录单采用 DBJ 01—51—2002《建筑工程资料管理规程》的表式 C6 – 6 – 3B。

C．室内噪声的测定

噪声测定采用五点布局（图 27.2.3 – 4）和普通噪声仪（如 CENTER320 型或其他型号的噪声测定仪）。测定时间间隔同温度测定。测点高度距离地面 1.1m，房间面积 ≤ 15m² 可仅测中间点，设计无要求的不测。测试记录单采用 DBJ 01—51—2002《建筑工程资料管理规程》的表式 C6 – 6 – 3C。室内噪声的测定应在系统风量平衡调试完毕后，也可与系统联合试运转同时进行。

（6）室内风速的测定

依据设计和工艺的要求安排测点的分布并绘制出平面图，主要应重点测试工作区和对工艺影响较大的地方。如控制通风柜操作口周围的风速，以免风速过大将通风柜内的污染空气搅乱溢出柜外或影响柜内的操作，通风柜入口测定风速应大于设计风速 v，但误差不应超过 20%。采用仪表为 RHAT – 301 型热球式风速风温仪或 MODEL24/6111 型热线式风速仪。室内风速的测定应在系统平衡调试完毕后，也可与系统联合试运转同时进行。

（7）洁净室静压和静压差的测试

A．洁净室室内静压测试的前提（洁净度的测定条件）

（A）土建精装修已完成和空调系统等设备已安装完毕。

（B）空调系统已进行风量平衡调试和单机试运转完毕。

（C）各种风口已安装就绪。

（D）系统联合试运转已进行、且测试合格后进行。

（E）测定前应按洁净室的要求进行彻底清洁工作，并且空调系统应提前运行 12h。

（F）进入洁净室的测试人员应穿白色的工作服，戴洁净帽，鞋应套洁净鞋套。进入人员应受控制，一般不超过 3 人。

B. 洁净室室内静压的测试方法

测定设备应用最小刻度等于 1.6Pa 的倾斜式微压计和胶管。测试时将门关闭，并将测定的胶管（最好口径在 5mm 以下）从墙壁上的孔洞伸入室内，测试口在离壁面不远处垂直气流方向设置，测试口周围应无阻挡和气流干扰最小。测得静压值与设计要求值的误差值不应超过设计允许的误差值或 ±5Pa。

C. 需测试静压差的项目

需测试静压差的项目有室内与走廊静压差、高效过滤器和有要求设备前后的静压差等。相邻不同级别的洁净室之间和洁净室与非洁净室之间测得的静压差值应大于 5Pa；洁净室与室外测得的静压差值应大于 10Pa。

（8）洁净度的测定

A. 测点数和测定状态的确定

洁净度的测试委托总公司技术部测定。

（A）洁净度的测定状态

依据 JGJ 71—90《洁净室施工及验收规范》规定测定状态为静态或空态，本工程确定为静态。

（B）洁净度的测定点数

依据 JGJ 71—90《洁净室施工及验收规范》附表 6－1 规定每间房间测点数确定，详见表 27.2.4－9，测点布局可按图 27.2.3－4 五点布局原则进行。当测点少于五点或多于五点时，其中一点应放在房间中央，且测点尽量接近工作区，但不得放在送风口下。测点距地面 0.8～1.0m。

最低限度采样点点数 表 27.2.4－9

房间面积(m²)	室内洁净度级别			
	100 级及高于 100 级	1000 级	10000 级	100000 级
<10	2～3	2	2	2
10	4	3	2	2
20	8	6	2	2
40	16	13	4	2
100	40	32	10	3
200	80	63	20	6

注：每点采样次数不小于 3 次。

（C）测定洁净度的最小采样量

依据 JGJ 71—90《洁净室施工及验收规范》附表 6 - 2 规定测定洁净度的最小采样量见表 27.2.4 - 10。

每次采样的最小采样量（L）　　　　　　　　　　表 27.2.4 - 10

洁净度级别	粉尘粒径　（μm）				
	0.1	0.2	0.3	0.5	5
1	17	85	198	566	—
10	2.83	8.5	19.8	56.6	—
100	—	2.83	2.83	5.66	—
1000	—	—	—	2.83	85
10000	—	—	—	2.83	8.5
100000	—	—	—	2.83	8.5

B. 采用测试仪器

洁净度的测试采用 BCJ - 1 激光粒子计数器（图 27.2.4 - 4）（或其他型号的激光粒子计数器），测得含尘计数浓度应小于设计允许值（如 10 万级应 $\leqslant$ 3500 个/L）。

C. 室内洁净度测定值的计算。

（A）室内平均含尘量 N 的计算。

（B）测点平均含尘浓度的标准误差 σ_n。

（C）每个采点上的平均含尘浓度 C_i。

$$C_i \leqslant 洁净级别上限$$

$$\sigma_n = \sqrt{\frac{\sum_{i-1}^{n}(C_i - N)^2}{n(n-1)}}$$

（D）室内平均含尘浓度与置信度误差浓度之和（测试浓度的校核）

$$N + t\sigma \leqslant 洁净级别上限$$

式中　　n——测点数量；

$\quad\quad\quad C_i$——每个采点上的平均含尘浓度；

$\quad\quad\quad t$——置信度上限为 95% 时，单侧 t 分布的系数，其值见表 27.2.4 - 11。

分布的系数 t　　　　　　　　　　表 27.2.4 - 11

点数	2	3	4	5 ~ 6	7 ~ 9	10 ~ 16	17 ~ 29	$\geqslant$ 20
t	6.3	2.9	2.4	2.1	1.9	1.8	1.7	1.65

D. 洁净度测定合格标准

本工程洁净度为 100000 级，测定值同时达到 $C_i \leqslant 3500$ 个/L 和 $N + t\sigma \leqslant 3500$ 个/L 为

438

合格。

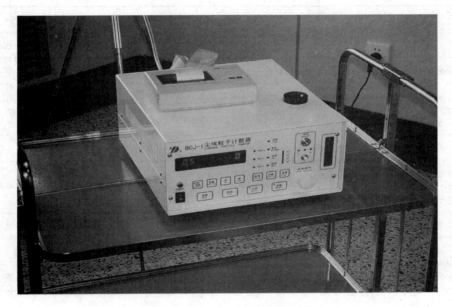

图 27.2.4 – 4　BCJ – 1 尘粒测量计数仪

E. 综合评定检测

（A）综合评定工作的组织和对评定单位的要求

上述测试为竣工验收测试，竣工验收后，交付使用前，尚应由甲方委托建设部建筑科学研究院空调研究所或其他具备国家认定检测资质的检测单位测定。但核定单位必须与甲方、乙方、设计三方同时没有任何关系的单位。

（B）综合评定检测的项目

依据 JGJ 71—90《洁净室施工及验收规范》第 5.3.2 条规定见表 27.2.4 – 12。

综合性能全面评定检测项目和顺序　　　　　　　　表 27.2.4 – 12

序号	项　　　　　　　目	单向流洁净室		乱流洁净室
		高于 100 级	100 级	1000 级及 1000 级以下
1	室内送风量、系统总新风量(必要时系统总送风量)，有排风时的室内排风量	检　　测		
2	静压差	检　　测		
3	房间截面平均风速	检　　测		不检测
4	房间截面风速不均匀度	检　测	必要时检测	不检测
5	洁净度级别	检　　测		
6	浮游菌和沉降菌	必要时检测		
7	室内温度和相对湿度	检　　测		

序号	项 目	单向流洁净室		乱流洁净室
		高于 100 级	100 级	1000 级及 1000 级以下
8	室温(或相对湿度)波动范围和区域温差	必要时检测		
9	室内噪声级	检 测		
10	室内倍频程声压级	必要时检测		
11	室内照度和照度的均匀度	检 测		
12	室内微振	必要时检测		
13	表面导静电性能	必要时检测		
14	室内气流流型	不 测		必要时检测
15	流线平行性	检 测	必要时检测	不 测
16	自净时间	不 测	必要时检测	必要时检测

（C）测定结果由检测单位提供测试资料、评定结论和提出出现相关问题的责任方,综合评定的费用由甲方(建设单位)支付。

27.2.5 系统管网风量的平衡调试

（1）风量平衡调试原理

由流体力学原理知道,风道阻力与风道内风量的平方成正比,即:

$$H = KL^2$$

式中　H——风道的阻力;

　　　L——风道内流过的风量;

　　　K——风道的阻力系数,它与风道的局部阻力和摩擦阻力等因数有关,对于同一风道,如果其他条件不变,只改变风道的风量,则 k 值不变,但阻力也随风量的改变而变化。因在同一系统中,各支路的设计阻力相同,所以风量的平方比与 k 值成正比,即:

$$(L_1 / L_2)^2 = k_1 / k_2$$

（2）系统风量平衡方法的选择

系统风量平衡的方法有基准风口法和流量等比分配法(测定风量采用热球式风速仪测定调整风量的称流量等比分配法;当测定风量采用毕托测压管和倾斜式微压计测定调整风量时称动压等比分配法)。这两种方法的原理是一样的。

（3）基准风口法的调试步骤

现以图 27.2.5 - 1 为例说明基准风口法的调试步骤。

A. 风量调整前先将所有三通调节阀的阀板置于中间位置(详见图 27.2.5 - 2 三通调节阀示意图),而系统总阀门处于某实际运行位置,系统其他阀门全部打开。然后启动风机,初测全部风口的风量,计算初测风量与设计风量的比值(百分比),并列于记录表格中。

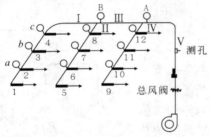

图 27.2.5 - 1　管网风量平衡示意图

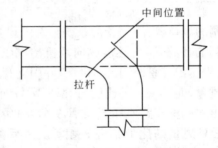

图 27.2.5 - 2　三通调节阀

B. 在各支路中选择比值最小的风口作为基准风口,进行初调。

C. 先调整各支路中最不利的支路,一般为系统中最远的支路。用两套测试仪器同时测定该支路基准风口(如风口 1)和另一风口的风量(如风口 2),调整另一个风口(风口 2)前的三通调节阀(如三通调节阀 a),使两个风口的风量比值近似相等;之后,基准风口的测试仪器不动,将另一套测试仪器移到另一风口(如风口 3),再调试另一风口前的三通调节阀(如三通调节阀 b),使两个风口的风量比值近似相等。如此进行下去,直至此支路各个风口的风量比值均与基准风口的风量比值近似相等为止。

D. 同理调整其他支路,各支路的风口风量调整完后,再由远及近,调整两个支路(如支路Ⅰ和支路Ⅱ)上的手动调节阀(如手动调节阀 B),使两支路风量的比值近似相等。如此进行下去。

E. 各支路送风口的送风量和支路送风量调试完后,最后调节总送风道上的手动调节阀,使总送风量等于设计总送风量,则系统风量平衡调试工作基本完成。

F. 但总送风量和各风口的送风量能否达到设计风量,尚取决于送风机的出率是否与设计选择参数相符。若达不到设计要求就应寻找原因,进行其他方面的调整,具体方法参见《暖卫通风空调工程施工技术与资料管理手册》第 1 篇第 9 节"9.6 测试中发现问题的分析与改进办法"(欧阳金练等编著　中国建筑工业出版社 2004.12)部分内容。调整达到要求后,在阀门的把柄上用油漆做好标记,并将阀位固定。

G. 为了自动控制调节能处于较好的工况下运行,各支路风道及系统总风道上的对开式电动比例调节阀在调试前,应将其开度调节在 80% ~ 85% 的位置,以利于运行时自动控制的调节和系统处于较好的工况下运行。

H. 调试中应注意的问题

(A) 因实际风道断面是分级扩大的,而不是无级渐进的,因此设计阻力平衡不能满足工程实际阻力的平衡,必须进行系统平衡调试。但是设计中往往未设计三通调节阀,因此在系统风量平衡时只能靠调节可调风口的断面进行调节,这将给系统平衡工作带来一定的困难;故拟与设计单位协商,可否在各系统分支路处增设三通调节阀。

(B) 调试中除了结合系统风量平衡对各风口风量、空调房间风量进行测试外,尚应测试系统总送(排)风量、电机外壳和轴承温升(正常温升不超过 70℃、滚动轴承温升 ≤ 80℃)、风机转速、风机噪声、电源电压、电源功率。

(4) 流量等比分配法(也称动压等比分配法)

此方法用于支路较少,且风口调整试验装置(如调节阀、可调的风口等)不完善的系统。系统风量的调整一般是从最不利的环路开始,逐步调向风机出风段。如图 27.2.5 - 3 所示,先测出支管 1 和 2 的风量,并用支管上的阀门调整两支管的风量,使其风量的比值与设计风量的比值近似相等。然后测出并调整支路 4 和 5、支管 3 和 6 的风量,使其风量的比值与设计风量的比值都近似相等。最后测定并调整风机的总风量,使其等于设计的总风量。这一方法称"风量等比分配法"。调整达到要求后,在阀门的把柄上用油漆记上标记,并将阀位固定。

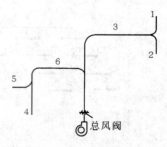

图 27.2.5 - 3　流量等比分配法调节示意图

(5) 风量平衡调试采用的记录单:风量平衡调试采用的记录单有表式 C6 - 6 - 3、C6 - 6 - 3A、C6 - 6 - 4 等。

27.2.6　空调冷冻(热水)、冷却水循环系统的调试

(1) 空调冷冻(热水)、冷却水循环系统调试的前提

A. 空调冷冻(热水)、冷却水循环系统的调试必须各空调冷冻(热水)、冷却水循环系统安装就绪,水压试验、管道冲洗合格后,且水源、热源、电源供应正常的情况才能进行。

B. 空调冷冻(热水)、冷却水循环系统的调试必须在各相关机组单机试运转合格后进行。需进行单机试运转的有:

(A) 风机盘管机组

依据 GB 50243—2002《通风与空调工程施工质量验收规范》第 8.7.1 ~ 8.7.4 条规定,运转时无明显的振动与噪声。

(B) 带动力的空调箱、空调机组

依据 GB 50243—2002《通风与空调工程施工质量验收规范》第 8.6.1 ~ 8.6.3 条规定,运转时无明显的振动与噪声;运转时间不得少于 2h。

(C) 换热设备和热交换器

安装质量应符合 GB 50243—2002《通风与空调工程施工质量验收规范》第 8.9.1 ~ 8.9.9 条规定,运转时应平稳,无明显的振动与噪声。

(D) 净化机组

净化设备的安装质量各项检测数据应符合 GB 50243—2002《通风与空调工程施工质量验收规范》第 8.6.1 ~ 8.6.3 条规定,运转时无明显的振动与噪声;运转时间不得少于 2h。

(E) 冷冻(热水)水、冷却水的循环泵

应按 GB 50243—2002《通风与空调工程施工质量验收规范》第 11.2.2 条规定,在设计负荷下连续运转 2h 以上,并测得水泵流量、扬程、转速、噪声、轴承和电机的温升等参数符合规范和使用说明书要求时,且运行无明显的振动与噪声。

(F) 活塞式制冷机组:应按 GB 50243—2002《通风与空调工程施工质量验收规范》第 9.4.2 条规定,活塞式制冷机组无负荷单机试运转 2h 以上和在空气负荷下的试运行 4h 以

上无异常现象出现。

C. 空调冷冻(热水)、冷却水循环系统的调试可与空调系统联合试运转同时进行。

(2) 空调冷冻(热水)、冷却水循环系统调试的内容

A. 对各系统进行水力平衡调节。

B. 测定空调冷冻水、冷却水循环系统供、回水干管进出口温度;并对进出口温度的进行调节使其符合空调系统冷源供应负荷的要求。

C. 调节热交换器一次循环热媒(热水)流量,调节空调循环热水(二次水)供回水温度使其符合空调系统热源供应负荷的要求。

D. 测定各空调房间温湿度检验空调系统冷(热)源设计负荷及现供应负荷是否符合实际要求。

(3) 空调冷冻(热水)、冷却水循环系统调试应测定的参数

冷冻循环水进出口水温、热水循环水进出口水温、各机组噪声、电机外壳及轴承温升(温升≤70℃、滚动轴承温升≤80℃)、电源电压、电源功率、各机组转速、空调房间温湿度等。

(4) 空调冷冻(热水)、冷却水循环系统调试测定采用仪表:详见表27.2.6-1。

空调冷冻(热水)、冷却水循环系统调试所需的测试仪表　　表 27.2.6-1

序号	仪表名称	型号规格	量程	精度等级	数量	备注
1	带金属保护壳水银温度计	最小刻度 0.5℃	0~50℃	—	2	—
2	带金属保护壳水银温度计	最小刻度 0.5℃	0~100℃	—	2	—
3	热球式温湿度表	RHTH-1 型	-20~85℃ 0~100%	—	5	—
4	热球式风速风温表	RHAT-301 型	0~30m/s -20~85℃	<0.3m/s ±0.3℃	5	—
5	电触点压力式温度计	—	0~100℃	1.5	2	毛细管长 3m
6	非接触式红外线温度测试仪	Raynger ST20 型	—	—	1	—
7	转速计	HG-1800	1.0~99999rps	50ppm	1	—
8	压力计	—	0~1.0MPa	1.0	2	—
9	压力计	—	0~0.5MPa	1.0	2	—
10	噪声检测仪	CENTER320	30~13dB	1.5dB	1	—
11	标准型毕托管	外径 ϕ10	—	—	2	—
12	倾斜微压测定仪	TH-130 型	0~1500Pa	1.5 Pa	2	—
13	U 形微压计	刻度 1Pa	0~1500Pa	—	4	—
14	测压软管	ϕ = 8mm, L = 2000mm	6	—	5	—

（5）空调冷冻(热水)、冷却水循环系统调试测定采用的记录表

空调冷冻(热水)、冷却水循环系统调试测定采用 DBJ 01—51—2002《建筑工程资料管理规程》的记录表有 C6 – 6 – 1、C6 – 6 – 3、C6 – 6 – 3A、C6 – 6 – 3B、C6 – 6 – 3C、C6 – 6 – 4。

27.2.7 通风空调系统的联合试运行

（1）通风空调系统的联合试运行的前提

A. 通风空调系统的联合试运行的前提是各系统的调试和风量测定、平衡已完成。

B. 通风空调系统的联合试运行应在系统静态或空态下进行。

C. 通风空调系统的联合试运行应在水源、热源、电源供应正常的情况才能进行。

（2）通风空调系统的联合试运行的内容

依据 GB 50243—2002《通风与空调工程施工质量验收规范》第 12.3.2 条规定。

A. 应分不同系统测定风机(或空调机组等)风量、余压、转速、噪声、轴承和电机外壳温升($\Delta t \leqslant 75℃$ 为合格、滚动轴承温升 $\leqslant 80℃$)、环境温度,测定记录采用表式 C6 – 6 – 5。

B. 系统、风口、房间风量的测定:依据 GB 50243—2002《通风与空调工程施工质量验收规范》第 12.3.3 条规定。风道测定断面位置应符合图 27.2.3 – 1,测定断面应距离局部阻力之后 $\geqslant 4D$ 或 4 倍矩形风道断面长边的气流均匀直管段处,或距离局部阻力之前 $\geqslant 1.5D$ 或 1.5 倍矩形风道断面长边的气流均匀直管段处。当测量断面上的气流不均匀时,应增加测量断面上的测点数。风量的实测值与设计值偏差不应大于 10%。

C. 风机前后测定风量值误差不应大于 5%。

D. 消防正压送风排烟系统楼电梯间前室的静压值不应 $\leqslant 25Pa$。

E. 洁净室的洁净度、静压值及相邻房间的静压差。

F. 通风空调系统房间的相关设计参数。

G. 空调系统冷冻水、热水、冷却水系统的调试及相应的参数测定。

H. 检查空调系统自动控制系统的联动工作情况。

（3）试验记录单的填写

上述测定数据应有原始记录表、计算书、测试单线系统示意图、测试结果和测试情况的分析报告书。报告书应附单线系统示意图、原始记录表、计算书、空调系统的调试方案,一并归档。

（4）通风空调系统的联合试运行采用的仪表:详见表 27.2.6 – 1。

（5）通风空调系统的联合试运行中出现的问题分析及措施:应依据实测中出现的问题分析原因,提出解决办法及实施结果。若测试中确实有问题出现,在测试报告书中应有详细内容。内容待调试后视情况补充。

27.2.8 调试与测试人员组成

（1）调试方案的编制

××建设开发总公司第×公司技术处欧阳××、××建设开发总公司第×公司第×项目经理部副经理兼主任工程师刘××。

（2）测试组长兼测试现场总指挥

A．测试组长兼总指挥

××建设开发总公司第×公司第×项目经理部副经理兼主任工程师刘××。

B．测试副组长兼副总指挥

××建设开发总公司第×公司第×项目经理部副经理周××。

(3) 通风组

A．组长：刘××

B．副组长：佟××

C．成员：姚××、陈××、丘××、马××、杨××、冯××、张××、苏××、钱××

(4) 暖卫组

A．组长：王××

B．副组长：杨××、佟××

C．成员：夏××、刘××、杨××

(5) 电气组

A．组长：姜××

B．副组长：魏××、贾××

C．成员：和××、裴××

(6) 相关人员的工作职责

A．测试组长兼总指挥：负责整个调试工作全过程的组织、领导，调试方案的技术交底工作，组织相关人员解决调试中出现的问题。

B．测试副组长兼副总指挥：协助测试组长兼总指挥完成整个调试工作全过程的组织、领导，调试方案的技术交底工作，解决调试中出现的问题和调试工作的后勤物资保障任务。

C．各专业组长：在测试组长兼总指挥和测试副组长兼副总指挥领导下，负责组织实施本专业的各项测试和调节工作，并负责测试资料的整理。

D．各专业副组长：协助本专业组长完成本专业的各项测试和调节工作和测试记录工作，测试仪表的领取、发放、保管与上交工作。

E．各组组员：认真完成组长分配的测试和调试中的各项具体工作。

(7) 测试系统单线系统图集(另附)

(8) 补充记录表(略)

28　锅炉本体安装技术交底内容的编制

注：以下三节均以×××医院五台燃气锅炉的工程实例进行编制。

28.1 锅炉本体安装的准备

28.1.1 进场路线的选择

经与建设、运输、环保、公安部门共同研究,确定锅炉由×××经×××至本院北门,再由东侧院区东干线运至锅炉房安装场地。……

28.1.2 设备的清点与验收

由建设单位组织设备供方、运输、施工安装、监理、设计等单位进行设备进场验收。

(1) 验收步骤

通过开箱单对设备部件、元件逐项进行数量清点、外观质量验收。对损坏轻微而不影响使用的,可以按合格品验收;损坏较严重的经适当修理可以使用而不影响质量的,经修理后再办理补充验收手续;损坏严重不能使用的应逐项登记造册进行更换;必须进行现场手动、电动或水压试验的应当场进行压力试验,并办理设备验收和压力试验验收单的填写等工作。

(2) 成品保护与工程标识

验收后零部件安装前必须进行覆盖、封堵、包装等相应的成品保护措施,并做好工程标识、编号、登记造册。

28.1.3 锅炉设备基础的放线与验收

(1) 依据设计图纸和锅炉技术资料提供的相关参数配合土建专业进行基础浇筑前的放线工作与验收。

(2) 设备基础的验收:设备基础拆模后,与土建专业办理设备基础验收手续。主要有混凝土(或钢筋混凝土)的强度、基础相应尺寸、预留孔洞位置及尺寸、预埋件的位置和大小等。设备基础尺寸和位置允许偏差值见表 28.1.3。

设备基础尺寸和位置允许偏差值   表 28.1.3

序号	项 目	允许偏差(mm)
1	基础坐标位置(纵横轴线)	± 20
2	基础各不同高度平面的标高	+ 0 − 20
3	基础外形表面平整度误差 表面上凸尺寸误差 表面凹穴尺寸误差	± 20 + 0 − 20 + 20 − 0
4	基础表面水平度的误差	每米≤5、全长≤10
5	竖向偏差(即垂直度偏差)	每米≤5、全长≤10

序号	项　　　目	允许偏差(mm)
6	预埋地脚螺栓标高	±20
	预埋地脚螺栓中心距(从根部和顶部两处测量)	+20 -0
7	预埋地脚螺栓孔中心位置	±20
	预埋地脚螺栓孔深度	+20
	预埋地脚螺栓孔壁的垂直度	-0 +10

(3) 办理设备基础检验单的填写工作。

28.1.4　锅炉安装基准线的放线与标记

依据锅炉房的平面图和锅炉基础图进行下列基准线的放样与设置。

(1) 锅炉纵向中心基准线或锅炉支架纵向中心基准线。

(2) 锅炉前面板基准线。

(3) 省煤器纵向中心基准线和横向中心基准线。

(4) 鼓风机纵向中心基准线和横向中心基准线。

(5) 锅炉基础标高基准线。在锅炉基础上或四周选择有关的若干个点分别作出标记,各标记的相对偏移不超过 1mm。

(6) 当检查所有尺寸均符合设计图纸和施工规范要求后,办理有关基础放线记录单。

28.2　锅炉的就位

28.2.1　锅炉就位的条件和方案

(1) 锅炉的就位必须在锅炉基础验收合格、设备进场的预留洞预留完成和就位方案确定后进行。

(2) 锅炉就位的方案

经多方比较和专项讨论,确定锅炉就位采用滚杠牵引就位方案。

28.2.2　锅炉牵引路线的准备

本工程因锅炉基础与室外地平线高差 1.2m,每台锅炉基础之间有基础梁相连接。因此在锅炉房室外,沿施工洞(锅炉外墙设备进场的预留孔洞)至第一台的基础方向敷设宽 6m、长 8m、高 1.2m 的砖砌施工平台。平台内用素土夯实,使其与基础形成一平面,作为锅炉就位牵引的移动通道(其中有一小段坡度为 10°);在通道上敷设双排 160mm×200mm ×2500mm 的枕木作为下滚道,在枕木上敷设 $\phi 89 \times 11$ 的无缝钢管作为滚杠,锅炉底座作为滚动平面供锅炉就位时使用。

(1) 滚杠数量的计算

A. 每根滚杠能承担的荷载为

$$P = 220bd = 220 \times 8.9(20 \times 2) = 78.32\text{kN}$$

式中　P——每根滚杠承受的荷载，kN；

　　　b——滚杠与轨道接触的长度 = 20×2(20是枕木的宽度，2是两排)，cm；

　　　d——滚杠的直径，$d = 8.9$cm。

B. 所需的滚杠数量 n

$$n = 9.8Q/P = 9.8 \times 32000 \div 78320 = 4.004 \text{ 根}$$

式中　Q——锅炉的重量，N；

　　　P——每根滚杠能承担的荷载，N。

考虑到锅炉结构长度为 7.13m，可设计 6～7 根滚杠。为了预防滚杠的损坏，故准备 12 根，以便轮换倒用。

(2) 滚运拖动启动牵引力的计算(详见《机械设备安装手册》)

$$F = \frac{9.8Qk(f_1 + f_2)}{D} = \frac{9.8 \times 32000 \times 2.5(0.10 \times 0.05)}{9.0} = 13.07\text{kN}$$

式中　k——拖动启动时阻力增加系数 $k = 2.5$；

　　　Q——设备(锅炉)的重量，N；

　　　f_1——拖动启动时滚杠与枕木间的滚动摩擦系数 $f_1 = 0.10$；

　　　f_2——拖动启动时滚杠与锅炉底板间的滚动摩擦系数 $f_2 = 0.05$；

　　　D——滚杠的直径 $D = 8.9 \approx 9.0$cm。

(3) 滑轮组钢丝绳(跑绳)的拉力计算

选用"二二起四"滑轮组(即跑绳是从定滑轮绕出的动、定、导向滑轮数为 $2 + 1 + 1 = 4$ 个的滑轮总数的滑轮组)，金属滑轮阻力系数 $\mu = 1.04$，工作绳索根数 $n = 5$，滑轮总数 $m = 4$(其中含导向滑轮 1 个即 $m = 3$、$j = 1$)。则牵引钢丝绳的拉力为 S。

查该参考书(《机械设备安装手册》)表 2 – 40 得 $\alpha = 0.276$，则滑轮组牵引绳(即跑绳)的牵引力 S_0

$$S_0 = \frac{\mu - 1}{\mu^n - 1}\mu^m\mu^j F = \frac{\mu - 1}{\mu^5 - 1}\mu^3\mu^1 F = \frac{\mu - 1}{\mu^5 - 1}\mu^4 F = \alpha \times F$$

$$S_0 = \alpha F = 0.276 \times 13.07 = 3.606 \approx 3.6\text{kN} \qquad \text{(滑道是水平时)}$$

因其中有一段滑道有 $\beta = 10°$ 的坡度故滑轮组牵引绳(即跑绳)的牵引力 S 应为：

$$S = S_0 + Q\text{tg}\beta = 3.6 + 32 \times \text{tg}10° = 9.24\text{kN}$$

(4) 牵引设备的选择

依据钢丝绳的拉力 $S = 9.24$kN 选用 JJK – 2 型电动卷扬机。

(5) 钢丝绳型号的选择

依据钢丝绳的拉力 $S = 9.24$kN 可选用抗拉强度为 1400N/mm^2、6×19 型钢丝绳。钢丝绳直径为 15.5mm 时的破坏拉断拉力为 106.3kN、安全系数 $k = 5$，则允许拉力为 106.3/5 = 21.26kN > 钢丝绳的拉力(9.24kN)。故选用 $d = 15.5$mm、6×19 型钢丝绳是合理的。

(6) 滑轮的选择

依据钢丝绳的拉力选用起重重量为 10t、滑轮个数 3 个(不含导向滑轮)、直径为 $D = 165mm$ 的 H 系列滑轮组。

(7) 牵引柱的受力计算

牵引柱,即锅炉牵引时用于固定和支撑牵引滑轮组的立柱,为了避免牵引柱表面被钢绳损害,在牵引柱与钢丝绳之间用 $\delta = 4mm$ 厚的钢板作垫块。锅炉自重 32t。并假设牵引时拉绳与地面平行。

A. 牵引柱受到的拉力 F

$$F = 13.07kN$$

B. 牵引柱内力的计算

牵引柱为锅炉房侧墙(B)轴抗风柱,其计算图如图 28.2.2(a)。

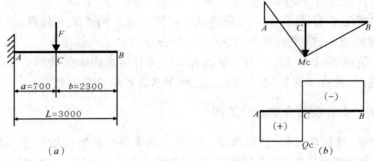

图 28.2.2　牵引柱内力计算图
(a)计算草图;(b)内力分布图

(A) 弯矩计算

$$M_{MAX} = M_C = \frac{Fba^2}{2L^2}(3 - \frac{a}{L}) = \frac{13.07 \times 2.3 \times 0.7^2}{2 \times 3^2}(3 - \frac{0.7}{3}) = 2.2kN \cdot m$$

(B) 剪力计算 V_A

$$R_A = V_A = \frac{Fb}{2L}(3 - \frac{b^2}{L^2}) = \frac{13.07 \times 2.3}{2 \times 3}(3 - \frac{2.3^2}{3^2}) = 12.086kN$$

(C) 弯矩剪力图如图 28.2.2(b)。

C. 钢筋混凝土柱强度核算

该柱断面为 400mm×400mm,保护层厚度 $h = 25mm$,混凝土为 C25,$h_0 = 575mm$ 的配筋图(设计结构施工图)。

(A) 弯矩验算:查表得

$f_Y = 310$　　　　$A_S = 1256$　　　　$h_0 = 575 - 25 = 550mm$

$\therefore M_u = 310 \times 1256 \times 550 = 214kN \cdot m > M_C = 2.26 \ kN \cdot m$

(B) 剪力验算:取 $\lambda = 1.4$　　　$f_c = 12.5$

$V = 0.2 \times 12.5 \times 400 \times 575 \div (1.4 + 1.5) + 1.25 \times 210 \times 3 \times 78.5 \times 575 \div 200 = 376kN > 12.086 \ kN$

综上所述,该柱能承受锅炉安装的牵引力。

28.2.3 锅炉就位应注意的事项

(1) 锅炉就位前应依据锅炉进场的具体包装情况,采用帆布包装保护,防止拖动过程中其外表被划伤。

(2) 锅炉在水平运输时,为确保基础不受损害,必须使轨道木高于锅炉基础表面。

(3) 当锅炉运至基础位置后,不撤出滚杠进行校正,并要达到如下要求:

A. 锅炉前轴中心线应与基础前轴中心基准线吻合,允许偏差为 2mm;

B. 锅炉纵向中心线应与基础纵向中心线相吻合或锅炉支架纵向中心线与基础前轴中心基准线吻合,允许偏差为 10mm;

(4) 锅炉就位过程中可能出现的位移应用千斤顶校正至允许偏差范围内。

(5) 锅炉安装应留有 3‰ 的坡度,以利排污。

(6) 当锅炉横向不平时,应用千斤顶将锅炉偏低一侧连同支架一起顶起,再在支架之下垫以适当厚度的垫铁,垫铁的间距为 500 ~ 1000mm。

(7) 锅炉就位找平、找正后,应用干硬性的高强度等级水泥砂浆将锅炉支架底板与基础之间的缝隙堵严,并在支架的内侧与基础之间用水泥砂浆抹成斜坡。

28.2.4 锅炉安装就位完成后的工作

(1) 设备找平、找正后,用比基础混凝土强度高的干硬性的豆石混凝土将地脚螺栓孔浇筑满,浇筑时应边浇灌边捣实,并应防止地脚螺栓歪斜。待混凝土强度达到 75% 以上时再拧紧螺帽将底座固定在基础上,在拧紧时应交替进行,并用水平仪进行复核。

(2) 将预留的孔洞砌筑封堵,并用水泥砂浆抹平。

28.3　锅炉本体的试验

28.3.1 锅炉本体的水压试验

(1) 依据 GB 50273—98《工业锅炉安装工程施工及验收规范》第 5.0.1 条的规定,锅炉的汽、水系统及其附属装置安装完毕应做水压试验。锅炉本体水压试验前应将连接在上面的安全阀、仪表拆除,安全阀、仪表等的阀座可用盲板法兰封闭,待水压试验完毕后再安装上。同时水压试验前应将锅炉、集箱内的污物清理干净,水冷壁、对流管束应畅通。然后封闭人孔、手孔,并再次检查锅炉本体、连接管道、阀门安装是否妥当。并检查各拆卸下来的阀件阀座的盲板是否封堵严密,盲板上的放水、放气管安装质量和长度是否合适,并引至安全地点进行排放。

(2) 依据 GB 50273—98《工业锅炉安装工程施工及验收规范》第 5.0.3 条和 GB 50242—2002《建筑给水排水及采暖工程施工质量验收规范》第 13.2.6 条的规定,水压试验压力应符合表 28.3.1 的规定。

锅炉汽、水系统的水压试验压力　　　　表 28.3.1

序号	设备名称	工作压力(MPa)	试验压力(MPa)
1	锅炉本体	$P < 0.59$	$1.5P$ 但不小于 0.2
		$0.59 \leqslant P \leqslant 1.18$	$P + 0.3$
		$P > 1.18$	$1.25P$
2	可分式省煤器	P	$1.25P + 0.5$
3	非承压锅炉	大气压	0.2

注:工作压力 P 对蒸汽锅炉指锅筒工作压力,对热水锅炉指锅炉的额定出水压力。铸铁锅炉水压试验同热水锅炉非承压锅炉水压试验压力为 0.2MPa,试验期间压力应保持不变。

(3) 水压试验应符合如下条件:

A. 试验的环境温度应不低于 5℃,低于 5℃时应采取防冻措施。

B. 水温应高于周围的露点温度。

C. 锅炉内应充满水,待排尽空气后方可关闭放空阀。

D. 当初步检查无漏水现象时,再缓慢升压。当升至 0.3～0.4MPa 时应进行一次检查,必要时可拧紧人孔、手孔和法兰的螺栓。

E. 当水压上升至额定工作压力时,暂停升压,检查各部分应无漏水或变形等异常现象。然后关闭就地水位计,继续升压到试验压力,在试验压力下保持 5min,其间压力降 $\Delta P \leqslant 0.02$MPa(GB 50273—98 为 $\Delta P \leqslant 0.05$MPa)。最后将压力回降到额定工作压力进行检查,检查期间压力保持不变、不渗不漏。同时观察检查各部件不得有残余变形,各受压元件金属壁和焊缝上不得有水珠和水雾,胀口处不应滴水珠。

F. 水压试验后应及时将锅炉内的水全部放尽,在冰冻期应采取防冻措施。

G. 每次水压试验应有记录,水压试验合格后应办理签证手续。

28.3.2　锅炉主气阀、出水阀、排污阀、给水阀、给水止回阀、安全阀的水压试验

(1) 主气阀、出水阀、排污阀、给水阀、给水止回阀的水压试验

依据 GB 50273—98《工业锅炉安装工程施工及验收规范》第 5.0.2 条的规定,主气阀、出水阀、排污阀、给水阀、给水止回阀应一起进行水压试验。试验压力见锅炉汽、水系统的水压试验压力表 28.3.1。

(2) 安全阀的水压试验

依据 GB 50273—98《工业锅炉安装工程施工及验收规范》第 5.0.2 条的规定,安全阀应单独进行水压试验。其试验压力和过程详见本篇第 29 节相关部分。

28.3.3　锅炉受热面管子的通球实验

依据 GB 50273—98《工业锅炉安装工程施工及验收规范》第 4.2.1 条第六款的规定,锅炉受热面管子应做通球试验。通球后应有可靠的封闭措施。通球的直径应符合表

28.3.3 的规定。

通球直径 表 28.3.3

弯管直径	$< 2.5D_W$	$\geqslant 2.5D_W$,且$< 3.5D_W$	$\geqslant 3.5D_W$
通球直径	$0.70D_0$	$0.80D_0$	$0.85D_0$

注：D_W——管子公称外径；D_0——管子公称内径。

29 锅炉附件和附属设备安装技术交底内容的编制

注：本节以×××医院五台燃气锅炉的工程实例进行编制。

29.1 锅炉附件的安装

29.1.1 省煤器的安装

（1）省煤器安装前的检查和试验

A. 外观检查

安装前应认真检查省煤器四周嵌填的石棉绳是否严密牢固，外壳箱板是否平整、各部结合是否严密，缝隙过大的应进行调整。肋片有无损坏，每根省煤器管上破损的翼片数不应大于总翼片数的 5%；整个省煤器中有破损翼片的根数不应大于总根数的 10%。

B. 省煤器的水压试验

外观检查无问题后，应进行水压试验。依据 GB 50273—98《工业锅炉安装工程施工及验收规范》第 5.0.3 条~第 5.0.5 条的规定，试验压力为 1.25P + 0.49MPa，本工程锅炉的工作压力为 1.27MPa，故试验压力为 2.08MPa。试验时将压力升至 0.3~0.4MPa 时，应进行检查，没有问题后再继续升压，压力升至试验压力 2.08MPa 时稳压 5min，且压力降 ≤ 0.05MPa。然后将压力降到工作压力 1.27MPa，再进行检查无渗漏为合格。

（2）省煤器支架的安装

省煤器支架的安装与其他支架的安装类同，应调整支架的位置、标高、水平度、垂直度。当其各项误差在允许范围内时，再如同锅炉支架的安装一样，浇筑支架地脚螺栓的混凝土，待混凝土强度达到要求后方可进行省煤器吊装。

（3）省煤器的吊装

省煤器吊装就位后应检查省煤器的安装位置、标高、烟气进出口位置和标高是否与锅炉烟气出口相符，连接法兰螺栓孔是否对齐。进出水管管口位置、标高、方向是否与设计相符，各种仪表阀门安装位置是否正确。不符合要求的应进行调整。

(4) 省煤器安装允许的误差

省煤器安装允许的误差值见表 29.1.1。

省煤器安装允许的误差值　　　　　　　　　表 29.1.1

序　号	项　　　目	允　许　偏　差
1	支承架的水平方向位置的偏差	± 3mm
2	支承架的标高偏差	+ 0mm − 5mm
3	支承架的纵、横的水平度	长度的 1/1000

(5) 省煤器上安全阀及其他仪表的安装

A. 安全阀安装前应送锅炉检测中心检验其始启压力、起座压力、回座压力，在整定压力下安全阀应无渗漏和冲击现象。经调整合格的安全阀应铅封和做好标志。

B. 蒸汽锅炉省煤器安全阀的启动压力为安装地点工作压力的 1.1 倍（本工程为 1.4MPa）。其调整应在锅炉严密性试验前用水压试验的方法进行。

C. 其他仪表的安装详见后文仪表安装部分。

29.1.2　安全阀的安装

(1) 安全阀安装前必须逐个进行严密性试验，并应送锅炉检测中心检验其始启压力、起座压力、回座压力，在整定压力下安全阀应无渗漏和冲击现象。经调整合格的安全阀应铅封和做好标志。

(2) 依据 GB 50273—98《工业锅炉安装工程施工及验收规范》第 6.1.2 条的规定，锅筒上必须安装两个安全阀，其中一个的启动压力应比另一个的启动压力高，而其他设备为一个。它们的启动压力见表 29.1.2。

安全阀启动压力表　　　　　　　　　表 29.1.2

设备	蒸汽锅炉(MPa)		热水锅炉(MPa)		分汽缸、热交换器、分水器、集水器		备　注
编号	1	2	1	2	蒸汽锅炉	热水锅炉	
起始压力(MPa)	$1.04P=$ 1.32	$1.06P=$ 1.35	$1.12P=$ 1.43 $\geq P+0.07$	$1.14P=$ 1.45 $\geq P+0.10$	$1.04P=$ 1.32MPa	1.43MPa	P 为安装地点的工作压力

(3) 安全阀应垂直安装，并装设排泄放气(水)管，排泄放气(水)管的直径应严格按设计规格安装，不得随意改变大小，也不得小于安全阀的出口截面积。

(4) 安全阀与连接设备之间不得接有任何分叉的取汽或取水管道，也不得安装阀门。

(5) 安全阀的排泄放气(水)管应通至室外安全地点，坡度应坡向室外。排泄放气(水)管上不得安装阀门。

(6) 安全阀的排泄放气(水)管的设置应一个阀门一根，不得几根并联排放。

（7）设备水压试验时应将安全阀卸下，安全阀的阀座可用盲板法兰封闭，待水压试验完毕后再安装。

29.1.3　水位计的安装

（1）依据 GB 50273—98《工业锅炉安装工程施工及验收规范》第 10.3.6 条及劳动人事部《蒸汽锅炉安全技术监察规程》的有关规定，本工程每台锅炉应安装两副水位计（额定蒸发量≤0.2t/h 的锅炉可以只安一副）。水位计应按设计和规范要求安装在易观察的地方。当安装地点距离操作地面高于 6m 时应加装低位水位计，低位水位计的连接管应单独接到锅筒上，其连接管的内径应≥18mm，并有防冻措施。锅炉水位监视的低位水位计在控制室内应有两个可靠的低位水位表，水位表的安装应符合规范的有关规定。

（2）水位计安装前应检查旋塞的转动是否灵活，填料是否符合要求，不符合要求的应更换填料。玻璃管或玻璃板应干净透明。

（3）安装时应使水位计的两个表口保持垂直和同心，玻璃管不得损坏，填料要均匀，接头要严密。

（4）水位计的泄水管应接至安全处。当锅炉安装有水位报警器时，其泄水管可与水位计的泄水管接在一起，但报警器的泄水管上应单独安装一个截止阀，不允许只在合用管段上安装一个阀门。

（5）水位计安装后应划出最高、最低水位的明显标志，最低安全水位比可见边缘水位至少应高 25mm；最高安全水位应比可见边缘水位至少应低 25mm。

（6）当采用玻璃水位计时应安装防护罩，防止损坏伤人。

29.1.4　温度计的安装

（1）本工程锅炉及热力管道上安装的温度计均为压力式温度计。

（2）安装时温度计的丝接部分应涂白色铅油，密封垫应涂机油石墨。温度计的温感器应装在管道的中心。温度计的毛细管应有规则的固定好，多余的部分应卷曲好固定在安全处，防止硬拉硬扯将毛细管扯断。

（3）温度计的表盘应安装在便于观察的地方。安装完毕应在表盘上画出高运行温度的标志。

29.1.5　减压阀的安装

（1）安装前应检查减压阀的进场验收记录单，审查其使用介质、介质温度、减压等级、弹簧的压力等级（如公称压力为 $P=1.568MPa$ 的减压阀，配备有压力段为 0~0.3MPa、0.2~0.8MPa、0.7~1.1MPa 三种减压段的弹簧，在本工程应配置 0.7~1.1MPa 减压段的弹簧）等参数是否符合设计和规范的要求。

（2）安装前应将减压阀送到有检测资格的检测单位进行检测与校定，并出具检测报告试验单，方可进行就位安装。

（3）减压阀的进出口压力差应≥0.15MPa。

29.1.6 排污阀的安装

(1) 依据锅炉安全技术监察规程规定,排污阀安装前应送到相关检测单位进行检测与校验,并出具检测记录单。

(2) 排污阀应为专用的快速排放的球阀或旋塞,不得采用螺旋升降的截止阀或闸板阀。

(3) 排污管应尽量减少弯头,所有的弯头或弯曲管道均应采用煨制制造,其弯曲半径 $R \geq 1.5D$(D 为管道外径)。排污管应按设计要求接到室外安全的排放地方。明管部分应加固定支架,其坡度应坡向室外。

(4) 为了操作方便,排污阀的手柄应朝向外侧。

29.1.7 金属烟囱的安装

(1) 烟囱的加工和验收

本工程采用每台锅炉独立排烟系统,各自有独立的烟囱。烟囱的材质为 $\delta = 8mm$ 冷轧钢板。为了保证质量,本工程拟委托专业加工厂加工。因此:

A. 编制加工工艺和加工质量的标准:主要有材质要求、原材料的除锈及防腐要求、焊工等级要求、焊接质量采用标准和要求、焊缝质量检测和检测报告记录要求、外观质量要求等。

B. 制定严格进场检查技术条件和检验制度:检测内容应有加工厂家的材质报告书、焊工等级证书、各种检测记录和加工质量报告书;外观检查有几何尺寸(直径、长度、厚度、圆度等)、防腐质量(遍数和结合紧密性、外表的光泽度)以及各项外观质量及数量。

(2) 金属烟囱的吊装

A. 烟囱的就位:用吊装设备将烟囱吊装就位,用拉绳调整烟囱的垂直度。

B. 烟囱的连接前应检查其位置、垂直度(允许偏差为 1/1000)、水平度、水平管道的支吊架等,烟囱的水平度、垂直度及防腐保温的各项指标和安装质量应符合 GB 50243—2002《通风与空调工程施工及验收规范》的误差要求和质量要求。

C. 烟囱的连接采用石棉板绳作垫料,螺栓头一律朝上。螺栓外露长度为其直径的 0.5 倍。拧紧应对称拧紧,防止各个螺栓拧紧度不均,结合不严。

D. 烟囱拉绳的安装:拉绳应按设计要求成 120°分布。拉绳与地平面呈 45°布置,在距离地面 $\geq 3m$ 的地方设绝缘子,以隔离其与地面的导电联系。在拉绳的适当位置设花篮螺栓以便拉紧拉绳,并拧紧绳卡和基础螺栓将烟囱固定。

E. 按设计要求做好烟囱穿越屋面的隔热保护套、填料和防水措施。

F. 按设计要求做好避雷线的安装与验收。

(3) 金属烟囱的保温

A. 烟囱的保温材料采用 $\delta = 50mm$ 厚的岩棉保温板,外表面保护层采用 $\delta = 0.5mm$ 厚的铝质薄板。订货时应按烟囱外径向厂家预订圆筒形保温壳,以便于施工。

B. 安装前应严格进行材料进场检验,不合格品不得采用一律退回。保温板就位前应进行挑选,以保证安装后烟囱的外径粗细一致。

C. 保温层的安装应自下而上,逐步推进,并用细铁丝捆绑牢靠。

D. 保温层安装后再进行铝薄板的外壳安装。铝薄板的加工和安装工艺应符合 GB 50243—2002《通风与空调工程施工质量验收规范》的技术要求。

E. 为防止雨水渗漏,在烟囱根部应加防雨罩。防雨罩应将土建的烟囱出口台度覆盖住,防雨罩的上端应与烟囱保温层的外保护层铆接牢靠,接缝处应用密封胶封堵严密。

29.1.8 分汽缸、分水器、集水器的安装和水压试验

(1) 分汽缸、分水器、集水器的安装

分汽缸、分水器、集水器均属压力容器,其进货的生产厂家应具备有压力容器加工和生产的资格。安装前应对进货产品进行认真的检查和办理进场验收手续。还应上报压力容器监察机构审批,方可进行就位安装。其水压试验要求详见前述。分汽缸、分水器、集水器的保温采用石棉矽藻土涂抹外包 $\delta = 0.5\text{mm}$ 铝薄板。

(2) 分汽缸(分水器、集水器)的水压试验

GB 50242—2002《建筑给水排水及采暖工程施工质量验收规范》第 13.3.3 条的规定,分汽缸(分水器、集水器)安装前应做水压试验,试验压力为工作压力的 1.5 倍,但不得小于 0.6MPa。试验时在试验压力下,维持 5min,无压降、无渗漏为合格。

29.2 锅炉附属设备的安装

29.2.1 锅炉给水泵及其他输送泵的安装与调试(略)

详见本篇第 22 节"给水、供暖附件及附属设备安装技术交底内容的编制"。

29.2.2 贮水箱(膨胀水箱、凝结水箱、软化水箱、贮水箱、热交换器、软化水装置(含电子软化水装置、除氧器等等)的安装(略)

详见本篇第 22 节"给水、供暖附件及附属设备安装技术交底内容的编制"。

29.2.3 锅炉鼓风机的安装(略)

详见本篇第 26 节第 26.2 项。

29.3 锅炉房配管管道的安装

29.3.1 锅炉房配管管道的种类

锅炉房管道可分为两大类。即工艺管道(锅炉的配管:有锅炉给水管道、蒸汽输送管道、冷凝水管道、排污放气管道等)、暖卫管道(锅炉房的供暖和给排水管道)。

29.3.2 材料进场检验与验收

(1) 进场材料必须按材质种类、进场日期、型号、规格分批进行验收;验收时必须供方、使用(或监理)、施工三方在场共同进行验收;

(2) 验收前应检查合格证书、质量检验证书齐全,质量检验证书的填写和项目必须符

合国家标准的规定。外观检查中应特别注意管材规格、厚度是否符合国家标准的要求。证书检查合格后再进行抽样检查,抽样检查率为10%,但不少于1件(管件不少于5件)。

29.3.3 工艺管道的安装

(1) 安装前的准备

由于锅炉房内管道分布密集、管道类型多,且一般情况下设计图纸的管道排列与现场实际情况脱离较大,因此安装前应先在纸面上按各类管道的安装间距和工艺要求重新进行排列。在排列中应特别注意减少管道的交叉和拐弯,使管道走向流畅合理、坡度坡向符合要求、外观整齐简洁明快,便于支架、保温、阀门以及控制元件、控制线路的安装与操作。然后再到现场进行核实与调整,最后在建筑物的维护结构的面上放线。

(2) 预留孔洞及预埋件施工和管道的安装

详见本篇相关章节内容。但是这里应注意弹簧支吊架的应用。由于锅炉房内管道口径比较大、重量较重,且有的管道温度较高(如蒸汽管道等),管道的伸缩量变化也较大,因此,对弹簧支吊架和伸缩器的应用就显得特别重要。在施工中应特别注意和重视。

30　锅炉和辅助设备调试的技术
交底内容的编制

注:本节以×××医院五台燃气锅炉的工程实例进行编制。

30.1　锅炉辅助设备和系统的调试

30.1.1　供暖系统的热工调试

按(94)质监总站第036号第四部分第20条规定进行调试,按高区、低区分系统填写记录单。

30.1.2　水泵、风机、热交换器等的单机试运转

水泵的单机试运转详况详见水泵安装部分或第1篇第3节附录F3。为了测流量,应在机组前后事先安装测试口,以便安装测试仪表。水泵等设备的单机试运转应在安装预检合格和配管安装后进行,每台设备应有独立的安装预检记录单和单机运转试验单。试运转记录单中应有流量、扬程、转速、功率、轴承和电机发热的温升、噪声的实测数据及运转情况记录。

30.1.3　软化水系统的联合运行试运转

软化水系统应进行联合运行试运转,并测试处理后的水质相关的各项指标。

30.2 锅炉的各项参数测试和试运转

30.2.1 锅炉的煮炉试验

如果选用的锅炉厂家出厂时已对炉内进行清洁处理,为避免炉体化学损伤厂家不同意再进行煮炉试验,则可不必进行。如果选用的锅炉厂家出厂时无说明,则应按 GB 50242—2002《建筑给水排水及采暖工程施工质量验收规范》第 13.5.1 条～第 13.5.4 条及 GB 50273—98《工业锅炉安装工程施工及验收规范》第 9.2.1 条～第 9.2.8 条的要求进行煮炉试验,煮炉时间一般 2～3d。

本工程选用的锅炉为德国菲斯蔓公司 16t/h 的燃油燃气两用锅炉,按厂家要求,出厂时已对炉内进行清洁处理,为避免炉体化学损伤厂家不同意进行煮炉试验。

30.2.2 锅炉联合试运行试验

锅炉机组及其附属系统的单机试运行与联合试运行同期进行。

(1)锅炉启动的准备

启动前应检查炉内及系统内有无遗留物品,各相关阀门和检测仪表是否处于启动的开启或关闭状态。

(2)炉水灌注和其他辅助设备状态的检查

炉水是否注满或注到应有的水位,循环泵、给水泵、鼓风机的运转是否正常,安全阀、水位计、电控及电源系统、燃气供应系统、燃烧设备的调试是否达到运行条件,给水水质是否符合要求。

(3)送风系统的漏风试验的检查

送风系统的漏风试验已经进行(可用正压法进行试验,即关闭炉门、灰门、看火孔、烟道排烟门等,然后用鼓风机鼓风,炉内能维持 50～100Pa 正压;再用发烟设备产生烟雾,由送风机吸入口吸入,送入炉内,检查无渗漏为合格)。

(4)锅炉安全阀的启动压力状态下的运行

调整安全阀的启动压力,锅炉带负荷运行 24～48h,运行正常为合格。

(5)锅炉设备及附属设备运行过程中的检查

运行过程应检查锅炉设备及附属设备的热工性能和机械性能;测试给水、炉水水质、炉膛温度、排烟温度及烟气的含尘、含硫化合物、含氮化合物、一氧化碳、二氧化碳等有害物质的浓度是否符合国家规定的排放标准(此项应事先委托环保部门测试)。同时测试锅炉的出率(即发热量或蒸发量)、压力、温度等参数;与此同时测试给水泵、引(鼓)风机的相关参数。

30.2.3 锅炉的高低水位报警器和超温、超压报警器及连锁保护装置的联动试验

依据 GB 50242—2002《建筑给水排水及采暖工程施工质量验收规范》第 13.4.4 条及 GB 50273—98《工业锅炉安装工程施工及验收规范》第 6.1.9 条、第 6.1.10 条规定,应对锅

炉的高低水位报警器和超温、超压报警器及连锁保护装置进行启动、联动试验,验证这些装置安装是否齐全和有效。这些试验可在锅炉的试运行中同时进行,并做好记录。

30.2.4 蒸汽管道的吹洗

依据 GB 502373—98《工业锅炉安装工程施工及验收规范》第 8.4.1 条~第 8.4.6 条的规定,蒸汽管道的吹洗用蒸汽,蒸汽压力和流量与设计同,但流速应≥30m/s,管道吹洗前应慢慢升温,并及时排泄凝结水,待暖管温度恒温 1h 后,再次进行吹扫,应吹扫三次。

30.2.5 锅炉安装工程的验收

在试运转的末期,应请建设、监理、设计、劳动部门、环保部门到场,共同对锅炉设备及其附属设备、管道系统安装、控制系统进行验收,并办理验收手续。